여행은 꿈꾸는 순간, 시작된다

여행 준비 체크리스트

D-60	여행 정보 수집 & 여권 만들기	☐ 가이드북, 블로그, 유튜브 등에서 여행 정보 수집하기 ☐ 여권 발급 or 유효기간 확인하기
D-50	항공권 예약하기	☐ 항공사 or 여행플랫폼 가격 비교하기 * 저렴한 항공권을 찾아보고 싶다면 미리 항공사나 여행플랫폼 앱 다운받아 가격 알림 신청해두기
D-40	숙소 예약하기	☐ 교통 편의성과 여행 테마를 고려해 숙박 지역 먼저 선택하기 ☐ 숙소 가격 비교 후 예약하기
D-30	여행 일정 및 예산 짜기	☐ 여행 기간과 테마에 맞춰 일정 계획하기 ☐ 일정을 고려해 상세 예산 짜보기
D-20	현지 투어, 교통편 예약 & 여행자 보험 및 필요 서류 준비하기	☐ 내 일정에 필요한 패스와 입장권, 투어 프로그램 확인 후 예약하기 ☐ 여행자 보험, 국제운전면허증, 국제학생증 등 신청하기
D-10	예산 고려하여 환전하기	☐ 환율 우대, 쿠폰 등 주거래 은행 및 각종 애플리케이션에서 받을 수 있는 혜택 알아보기 ☐ 해외에서 사용할 수 있는 여행용 체크(신용)카드 준비하기
D-7	데이터 서비스 선택하기	☐ 여행 스타일에 맞춰 데이터로밍, 유심칩, 포켓 와이파이 결정하기 * 여러 명이 함께 사용한다면 포켓 와이파이, 장기 여행이라면 유심칩, 가장 간편한 방법을 찾는다면 로밍
D-1	짐 꾸리기 & 최종 점검	☐ 짐을 싼 후 빠진 것은 없는지 여행 준비물 체크리스트 보고 확인하기 ☐ 기내 반입할 수 없는 물품을 다시 확인해 위탁수하물용 캐리어에 넣기 ☐ 항공권 온라인 체크인하기
D-DAY	출국하기	☐ 여권, 비자, 항공권, 숙소 바우처, 여행자 보험 증서 등 필수 준비물 확인하기 ☐ 공항 터미널 확인 후 출발 시각 3시간 전에 도착하기 ☐ 공항에서 포켓 와이파이 등 필요 물품 수령하기

여행 준비물 체크리스트

필수 준비물

- ☐ 여권(유효기간 6개월 이상)
- ☐ 여권 사본, 사진
- ☐ 항공권(E-Ticket)
- ☐ 바우처(호텔, 현지 투어 등)
- ☐ 현금
- ☐ 해외여행용 체크(신용)카드
- ☐ 각종 증명서(여행자 보험, 국제운전면허증 등)

기내 용품

- ☐ 볼펜(입국신고서 작성용)
- ☐ 수면 안대
- ☐ 목베개
- ☐ 귀마개
- ☐ 가이드북, 영화, 드라마 등 볼거리
- ☐ 수분 크림, 립밤
- ☐ 얇은 점퍼 or 가디건

전자 기기

- ☐ 노트북 등 전자 기기
- ☐ 휴대폰 등 각종 충전기
- ☐ 보조 배터리
- ☐ 멀티탭
- ☐ 카메라, 셀카봉
- ☐ 포켓 와이파이, 유심칩
- ☐ 멀티어댑터

의류 & 신발

- ☐ 현지 날씨 상황에 맞는 옷
- ☐ 속옷
- ☐ 잠옷
- ☐ 수영복, 비치웨어
- ☐ 양말
- ☐ 여벌 신발
- ☐ 슬리퍼

세면도구 & 화장품

- ☐ 치약 & 칫솔
- ☐ 면도기
- ☐ 샴푸 & 린스
- ☐ 바디워시
- ☐ 선크림
- ☐ 화장품
- ☐ 클렌징 제품

기타 용품

- ☐ 지퍼백, 비닐 봉투
- ☐ 보조 가방
- ☐ 선글라스
- ☐ 간식
- ☐ 벌레 퇴치제
- ☐ 비상약, 상비약
- ☐ 우산
- ☐ 휴지, 물티슈

출국 전 최종 점검 사항

① 여권 확인

② 항공권의 출국 공항 터미널 확인

③ 위탁수하물 캐리어 크기 및 무게 측정
(항공사별로 다르므로 홈페이지에서 미리 확인)

④ 기내 반입 불가 품목 확인

⑤ 유심, 포켓 와이파이 등 수령 장소 확인

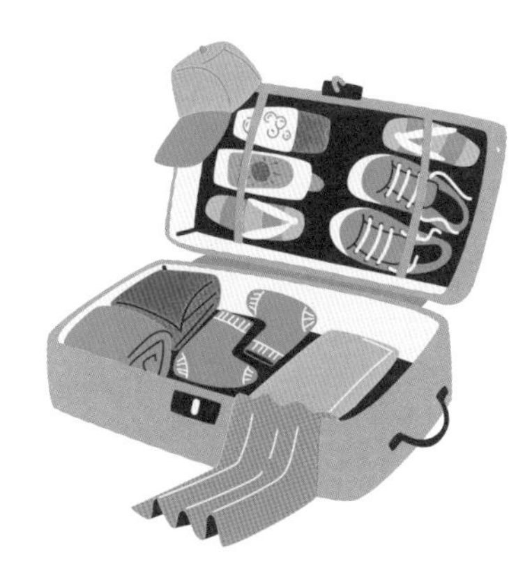

리얼
스페인

여행 정보 기준

이 책은 2024년 10월까지 취재한 정보를 바탕으로 만들었습니다.
정확한 정보를 싣고자 노력했지만, 여행 가이드북의 특성상
책에서 소개한 정보는 현지 사정에 따라 수시로 변경될 수 있습니다.
변경된 정보는 개정판에 반영해 더욱 실용적인 가이드북을 만들겠습니다.

한빛라이프 여행팀 ask_life@hanbit.co.kr

리얼 스페인

초판 발행 2024년 11월 15일
초판 2쇄 2024년 12월 17일

지은이 성혜선 / **펴낸이** 김태헌
총괄 임규근 / **책임편집** 고현진
교정교열 윤영주 / **디자인** 천승훈 / **지도·일러스트** 이설이, 안은지
영업 문윤식, 신희용, 조유미 / **마케팅** 신우섭, 손희정, 박수미, 송수현 / **제작** 박성우, 김정우 / **전자책** 김선아

펴낸곳 한빛라이프 / **주소** 서울시 서대문구 연희로 2길 62 한빛빌딩
전화 02-336-7129 / **팩스** 02-325-6300
등록 2013년 11월 14일 제25100-2017-000059호
ISBN 979-11-93080-42-9 14980, 979-11-85933-52-8 14980(세트)

한빛라이프는 한빛미디어(주)의 실용 브랜드로 우리의 일상을 환히 비추는 책을 펴냅니다.

이 책에 대한 의견이나 오탈자 및 잘못된 내용은 출판사 홈페이지나 아래 이메일로 알려주십시오.
파본은 구매처에서 교환하실 수 있습니다. 책값은 뒤표지에 표시되어 있습니다.
한빛미디어 홈페이지 www.hanbit.co.kr / 이메일 ask_life@hanbit.co.kr
블로그 blog.naver.com/real_guide_ / 인스타그램 @real_guide_

지금 하지 않으면 할 수 없는 일이 있습니다.
책으로 펴내고 싶은 아이디어나 원고를 메일(writer@hanbit.co.kr)로 보내주세요.
한빛라이프는 여러분의 소중한 경험과 지식을 기다리고 있습니다.

스페인을 가장 멋지게 여행하는 방법

리얼 스페인

성혜선 지음

HB 한빛라이프

작가의 말

스페인 남부에서 북부까지
애정과 취향을 꾹꾹 눌러 담은 여행서

2020년 2월, 스페인 원고 탈고를 마쳤다. 하지만 온통 뉴스에선 코로나19에 대한 흉흉한 소식들이 하루가 멀다 하게 나오기 시작했고 전 세계적으로 한 번도 경험하지 못한 상황이 펼쳐졌다. 그렇게 여행은 우리의 곁을 떠나갔고 일상이 돌아오기까지 3년의 시간이 걸렸다. 코로나로 잠정 보류된 책 출간은 그대로 영원히 묻힐 뻔했지만, 새롭게 '한빛 출판사'를 만나 빛을 보게 되었다. 부랴부랴 다시 취재를 시작했고 거의 모든 원고를 새로 쓰다시피 했다. 그리고 드디어 출간을 앞두고 있다. 첫 작업을 시작하고 나서 책으로 나오기까지 자그마치 6년이란 세월이 걸렸다.

해외를 자주 다니는 나에게 사람들이 가장 많이 물어 보는 질문 중 하나가 있다.
"어디가 제일 좋았어?"
음식은 몰라도 여행지에 대한 편식이 없는, 떠남이 그저 좋은 방랑자에게 더없이 힘든 질문이긴 한데, 나의 대답은 "글쎄……. 스페인? 내 인생에 한 번쯤은 스페인에서 살아보고 싶어!"

지역에 따라 차이가 있긴 하지만, 바르셀로나를 기준으로 한다면 4계절 내내 온화하고 따스한 햇살이 푸르른 가로수들 사이로 아롱지게 들어오고 한낮에도 테라스에 앉아 커피나 와인을 홀짝여도 괜찮은 여유로움이 있다. 거기에 나 홀로 여행자도 부담 없이 주문해서 먹을 수 있는 타파스 한 접시와 밤거리의 낭만을 즐길 줄 안다면, 스페인과 사랑에 빠질 확률은 100%다. 그렇게 시작된 스페인 사랑은 남부에서 북부까지 이어졌고, 취재를 핑계 삼아 드나들며 총 4~5개월의 시간을 보냈다. 직접 보고, 직접 먹어보고, 직접 찍은 사진들을 책에 담아야 된다는 강박 아닌 강박에 하루에 2~3만 보는 기본으로 걷고, 관광지와 맛집, 핫플을 찾아 헤맸다. 또한 그간 한국 여행자들에게 덜 알려진 곳들도 소개를 하고 싶어 발렌시아를 비롯한 스페인 북부 도시들을 돌았고 소도시들까지 야무지게 챙겼다. 좋은 사진을 찍으려면 피사체를 사랑해야 하고, 좋은 가이드북을 만들려면 그 도시에 애정이 있어야 함을 짧지 않은 여행 인생에서 다시금 깨달았다.

다만, 스페인은 관광 정보나 물가 상승이 다소 빠른 편이라 세부 정보가 현지 사정과는 조금 다를 수 있으니 이 점은 감안을 하고 봐주셨으면 좋겠다. 끝으로 취재를 하면서 생활자의 알찬 정보를 제공해 주신 부르고스의 첫 한식당 '두 번째 소풍'의 주인장 은아 언니, 바르셀로나 n년차 거주자 수진이, 일러스트를 그려준 안은지 작가에게 감사의 말을 전하고 싶다.

성혜선 여행 같은 일상, 일상 같은 여행을 꿈꾸는 역마살 가득한 방랑자. 나름 안정적이었던 대기업 엔지니어를 때려치우고 15년째 세계 곳곳을 여행하며 네이버 블로그 '방랑일기'를 운영하고 있다. 좋아하는 일을 하는 지금 이 순간이 가장 행복하다. 블로그와 인스타그램을 통해서도 다양한 여행 정보를 기록하고 있으며, 남미, 코카서스 등 낯선 여행지의 인솔자로도 활동하며 끊임없이 영역을 넓히고 있다.

블로그 blog.naver.com/diary_travelssun **인스타그램** @sunghyesun

일러두기

- 이 책은 2024년 10월까지 취재한 정보를 바탕으로 만들었습니다. 정확한 정보를 싣고자 노력했지만, 여행 가이드북의 특성상 책에서 소개한 정보는 현지 사정에 따라 수시로 변경될 수 있습니다. 여행을 떠나기 직전에 한 번 더 확인하시기 바라며 변경된 정보는 개정판에 반영해 더욱 실용적인 가이드북을 만들겠습니다.
- 스페인어의 한글 표기는 국립국어원의 외래어 표기법을 최대한 따랐습니다. 다만, 우리에게 익숙하거나 그 표현이 굳어진 지명과 인명, 관광지명 등은 관용적인 표현을 사용했습니다.
- 대중교통 및 도보 이동 시의 소요 시간은 대략적으로 적었으며 현지 사정에 따라 달라질 수 있으니 참고용으로 확인해주시기 바랍니다.
- 이 책에 수록된 지도는 기본적으로 북쪽이 위를 향하는 정방향으로 되어 있습니다. 정방향이 아닌 경우 별도의 방위 표시가 있습니다.

주요 기호

가는 방법	주소	운영 시간	휴무일	요금
전화번호	홈페이지	명소	상점	맛집
공항	지하철역	기차역	세르카니아스	버스터미널
푸니쿨라	케이블카	플라멩코 공연장	관광안내소	

구글맵 QR코드

각 지도에 담긴 QR코드를 스캔하면 소개된 장소들의 위치가 표시된 구글맵을 스마트폰에서 볼 수 있습니다. '지도 앱으로 보기'를 선택하고 구글맵 앱으로 연결하면 거리 탐색, 경로 찾기 등을 더욱 편하게 이용할 수 있습니다. 앱을 닫은 후 지도를 다시 보려면 구글맵 앱 하단의 '저장됨'-'지도'로 이동해 원하는 지도명을 선택합니다.

리얼 시리즈 100% 활용법

PART 1

여행지 개념 정보 파악하기

스페인에서 꼭 가봐야 할 장소부터 여행 시 알아두면 도움이 되는 국가 및 지역 특성에 대한 정보를 소개합니다. 여행지에 대한 개념 정보를 수록하고 있어 여행을 미리 그려볼 수 있습니다.

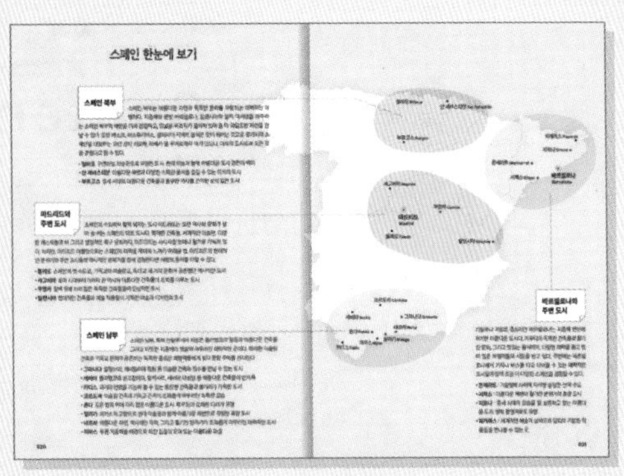

PART 2

테마별 여행 정보 살펴보기

스페인을 가장 멋지게 여행할 수 있는 각종 테마 정보를 보여줍니다. 자신의 취향에 맞는 키워드를 찾아 내용을 확인하세요. 어떤 곳을 가야 할지, 무엇을 먹고 사면 좋을지 미리 생각해보면 여행이 더욱 즐거워집니다.

PART 3

지역별 정보 확인하기

스페인에서 가보면 좋은 장소들을 도시별로 소개하고, 각 도시를 효율적으로 둘러볼 수 있는 방법을 핵심만 뽑아 알기 쉽게 설명합니다. 바르셀로나와 마드리드처럼 큰 도시는 조금 더 자세하게 구역을 나누고, 당일치기, 1박 2일로 다녀올 수 있는 주변 도시까지 소개하고 있어 취향에 맞는 나만의 여행을 설계할 수 있습니다.

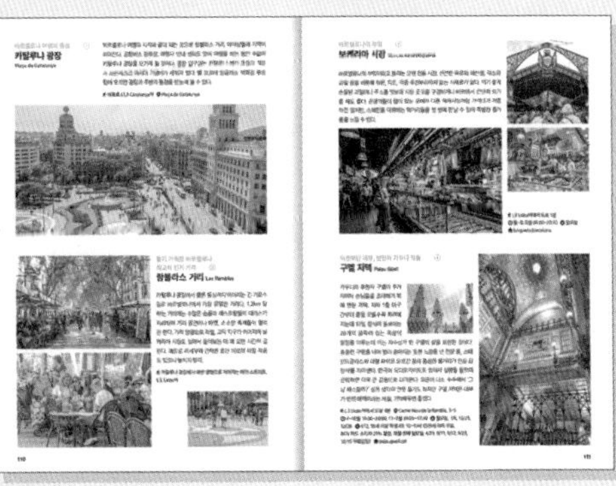

PART 4

실전 여행 준비하기

여행을 떠나기 전에 꼭 준비해야 할 사항들을 스텝별로 안내합니다. 첫 번째 스텝 항공권 예약부터 마지막 스텝 출국까지 차근차근 따라 하며 빠트린 것은 없는지 잘 확인합니다. 처음 스페인 여행을 떠나는 사람들을 위해 꼭 필요한 꿀팁도 알뜰살뜰 담았습니다.

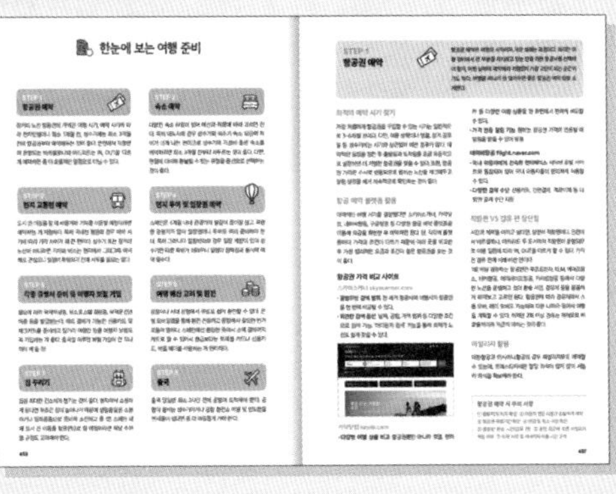

차례

Contents

PART 1

미리 보는 스페인 여행

PART 2

가장 멋진 스페인 테마 여행

PART 3

진짜 스페인을 만나는 시간

바르셀로나와 주변 도시

마드리드와 주변 도시

스페인 남부

스페인 북부

리얼 가이드

PART 4

실전에 강한 여행 준비

PART 1

미리 보는 스페인 여행

스페인을 사랑할 수밖에 없는 10가지 매력

01 _ 도시를 가득 채워주는 햇살

스페인의 태양은 뜨겁지만 기분 좋은 나른함을 안겨준다.
좁은 골목길이나 나뭇잎 사이로 쏟아지는 아롱아롱 햇살이
도시를 더욱 빛나게 한다.

02 _ 정이 넘치는 스페인 사람들

스페인 사람들은 대체로 친절하고 유쾌하다. 낯선 여행자들에게도 "올라!"라며 반갑게 인사를 건넨다. 여행의 가장 큰 감동은 늘 사람에서 오는 게 아닐까 싶다.

03 _ 하나도 놓칠 수 없는 가우디 작품들

스페인 하면 가우디를 빼놓을 수 없다. 바르셀로나에 남긴 그의 작품들은 여행의 필수 코스다. 사그라다 파밀리아 성당을 비롯해 구엘 저택, 구엘 공원, 카사 바트요 등이 바르셀로나를 거대한 야외 박물관으로 만들고 있다.

04 _ 스페인이 낳은 위대한 예술가

피카소, 달리, 호안 미로, 고야, 벨라스케스까지 세계적인 예술가들의 주옥같은 작품을 만날 수 있다. 마드리드의 프라도 미술관 외에 크고 작은 미술관에도 명화가 콕콕 박혀 있다.

05 _ 아름다운 지중해가 늘 곁에!

지중해 푸른 바다가 늘 곁에 있다는 것! 그것만으로도 스페인은 충분히 매력적이다.
일상에서 훌쩍 떠나 바다를 즐길 수 있는 해안에 자리 잡은 도시들은 휴양지 무드로 가득하다.

06 _ 이슬람 문화의 흔적

800년간 찬란하게 꽃피웠던
이슬람 문화의 흔적들이 여전히
남부 지역 곳곳에 남아 있다.
오랜 시간 동안 자연스럽게 가톨릭
문화와 융합되면서 어디에서도
없는 이국적인 분위기를 낸다.
이러한 분위기는 그라나다,
코르도바, 세비야 등 안달루시아
지역에서 두드러진다.

07 _ 스페인은 맛있다!

삼면이 바다로 둘러싸여 있어 해산물이 흔하디흔하고 갖가지 육류와
채소, 과일까지 풍부하다. 거기에 여러 문화까지 섞여 다채로운 음식이 발달했다.
가격 부담 없이 캐주얼하게 즐길 수 있는 타파스와 스페인식 점심 문화인
'메뉴 델 디아Menu del dia'까지 있어 여행자들의 오감을 만족시킨다.

08 _ 스페인 와인에 취하다

세계 3위의 와인 생산지, 스페인.
리오하, 리베라 델 두에로,
라 만차 지역의 와인이 유명하다.
훌륭한 가성비를 자랑하는 스페인
스파클링 와인 '카바'도 놓치지 말 것.
합리적인 가격과 맛, 다양성까지…
스페인 와인의 매력에 빠지지
않을 수 없다!

09 _ 스페인은 365일 축제 중!

스페인 전역에선 1년 내내 다양한
축제가 열린다. 세계적으로
유명한 토마토 축제, 팜플로나
산 페르민 축제 외에도 지역과 동네
단위로 크고 작은 축제가 끊임없이
이어진다.

10 _ 스페인의 밤은 낮보다 뜨겁다

유럽의 다른 도시들과 달리 스페인의
밤은 활기차다. 늦게까지 문을 여는
바르에서 술을 즐기거나 플라멩코나
재즈 공연을 감상할 수 있다.
새벽까지 클럽에서 흥겨운 시간을
보낼 수 있어 화려한 나이트 라이프를
즐기기에 제격이다.

스페인 한눈에 보기

스페인 북부

스페인 북부는 아름다운 자연과 독특한 문화를 자랑하는 매력적인 여행지다. 지중해와 면한 바르셀로나, 발렌시아와 달리 대서양을 마주하는 스페인 북부의 해변은 더욱 강렬하고, 드넓은 목초지가 펼쳐져 있어 좀 더 와일드한 자연을 만날 수 있다. 또한 바스크, 아스투리아스, 갈리시아 지역의 음식은 맛이 뛰어난 것으로 평가되며 스페인을 대표하는 와인 산지 리오하, 리베라 델 두에로까지 여기 있으니, 미식의 도시로써 모든 것을 갖췄다고 할 수 있다.

- **빌바오** 구겐하임 미술관으로 유명한 도시. 현대 미술과 함께 아름다운 도시 경관이 백미
- **산 세바스티안** 아름다운 해변과 다양한 스페인 음식을 즐길 수 있는 미식의 도시
- **부르고스** 중세 시대의 아름다운 건축물과 풍부한 역사를 간직한 보석 같은 도시

마드리드와 주변 도시

스페인의 수도이자 활력 넘치는 도시 마드리드는 오랜 역사와 문화가 살아 숨 쉬는 스페인의 대표 도시다. 화려한 건축물, 세계적인 미술관, 다양한 레스토랑과 바 그리고 열정적인 축구 문화까지, 마드리드는 사시사철 언제나 활기로 가득차 있다. 하지만, 마드리드 여행만으로는 스페인의 매력을 제대로 느끼기 어려운 법. 마드리드의 현대적인 분위기와 주변 도시들의 역사적인 분위기를 함께 경험한다면 여행의 풍미를 더할 수 있다.

- **톨레도** 스페인의 옛 수도로, 기독교와 이슬람교, 유대교 세 가지 문화가 공존했던 역사적인 도시
- **세고비아** 로마 시대부터 이어져 온 역사와 아름다운 건축물이 조화를 이루는 도시
- **쿠엥카** 절벽 위에 자리 잡은 독특한 건축물들이 인상적인 도시
- **발렌시아** 현대적인 건축물과 예술 작품들이 가득한 예술과 디자인의 도시

스페인 남부

스페인 남부, 특히 안달루시아 지방은 플라멩코의 열정과 아름다운 건축물 그리고 따뜻한 지중해의 햇살이 어우러진 매력적인 곳이다. 화려한 이슬람 문화와 기독교 문화가 공존하는 독특한 풍경은 여행객들에게 잊지 못할 추억을 선사한다.

- **그라나다** 알람브라, 헤네랄리페 정원 등 이슬람 건축의 정수를 만날 수 있는 도시
- **세비야** 플라멩코의 본고장이며, 알카사르, 세비야 대성당 등 아름다운 건축물이 한가득
- **카디스** 과거의 번영을 가늠해 볼 수 있는 웅장한 건축물과 볼거리가 가득한 도시
- **코르도바** 이슬람 문화와 기독교 문화가 조화롭게 어우러진 독특한 건축물이 인상적인 도시
- **론다** 깊은 협곡 위에 자리 잡은 아름다운 도시. 투우장과 오래된 다리가 유명
- **말라가** 피카소의 고향으로 현대 미술관과 함께 아름다운 해변으로 유명한 휴양 도시
- **네르하** 아름다운 자연, 역사적인 유적, 그리고 활기찬 분위기가 조화롭게 어우러진 매력적인 도시
- **미하스** 푸른 지중해를 배경으로 하얀 집들이 모여 있는 아름다운 마을

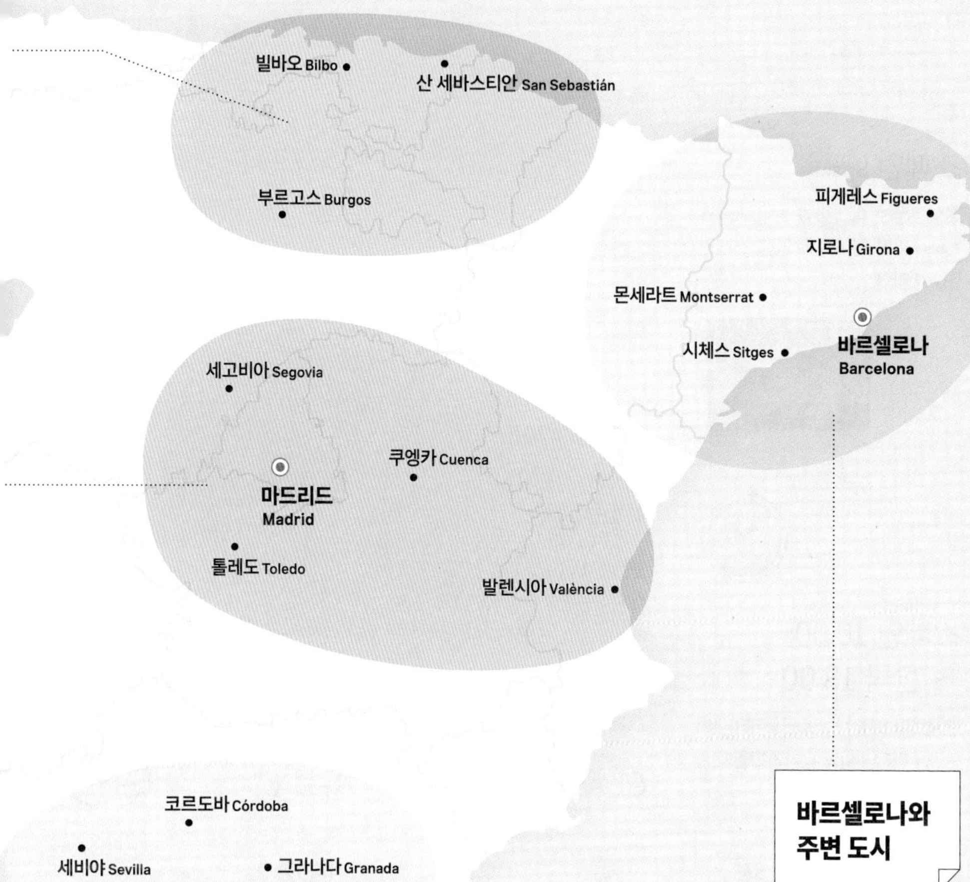

바르셀로나와 주변 도시

카탈루냐 지방의 중심지인 바르셀로나는 지중해 연안에 위치한 아름다운 도시다. 가우디의 독특한 건축물과 활기찬 문화, 그리고 맛있는 음식까지, 다양한 매력을 품고 있어 많은 여행객들의 사랑을 받고 있다. 주변에는 바르셀로나에서 기차나 버스를 타고 다녀올 수 있는 매력적인 도시들이 많아 조금 더 다양한 스페인을 경험할 수 있다.

- **몬세라트** : 기암절벽 사이에 자리한 웅장한 산악 수도원
- **시체스** : 아름다운 해변과 활기찬 분위기의 휴양 도시
- **지로나** : 중세 시대의 모습을 잘 보존하고 있는 아름다운 도시. 영화 촬영지로도 유명
- **피게레스** : 세계적인 예술가 살바도르 달리의 기발한 작품들을 만나볼 수 있는 곳

스페인 여행 기본 정보

* 전체 정보는 2024년 10월 기준

국명

스페인 Spain

정식 국명은 에스파냐 왕국Reino de España이며 영어식 국명은 스페인Spain이다.

시차

스페인 10:00 → 한국 18:00

한국보다 8시간 느리다. 서머타임(매년 3월 마지막 일요일부터 10월 마지막 일요일) 기간에는 7시간 느리다.

수도

마드리드 Madrid

비행시간

인천-바르셀로나(직항)
약 14시간 20분~

인천-마드리드(직항)
약 15시간~

인천에서 바르셀로나, 마드리드까지는 직항편이 운항하며, 1회 경유하는 외항사 노선도 다양하다.

환율

€1 = 약 1,500원

언어

스페인어, 카탈루냐어, 갈리시아어

글자는 알파벳 사용

비자

관광 90일 무비자 입국

통화

유로 €

화폐

동전 8종

€0.01(=1센트)

€0.02(=2센트)

€0.05(=5센트)

€0.10(=10센트)

€0.20(=20센트)

€0.50(=50센트)

€1

€2

지폐 7종

€5 €10 €20

€50 €100

€200

€500

전압

220V, 50Hz

대부분의 한국 전기제품 플러그를 그대로 꽂을 수 있다.

와이파이

한국과 비교하면 전반적으로 속도가 느린 편이지만 호텔, 대중교통, 레스토랑 및 주요 거리 곳곳에서 무료 와이파이를 이용할 수 있다. 하지만 원활하게 사용하려면 로밍이나 현지 유심, 이심을 사용하는 것을 추천한다.

팁

필수 아님

레스토랑 등에서 고마움을 표현하고 싶을 때는 잔돈이나 10% 정도의 팁을 줘도 좋다.

전화

· 스페인 국가 번호 +34

- 바르셀로나 지역 번호 **93**
- 마드리드 지역 번호 **91**

물가

서유럽 국가 중 꽤 저렴한 편이었으나 코로나 팬데믹 이후 환율 및 전반적인 물가가 상승했다. 글로벌 체인의 경우 한국과 비슷한 수준이지만 로컬 카페, 레스토랑에서의 외식 물가는 상대적으로 저렴하다. 대중교통 요금은 한국보다 비싸지만, 10회 권이나 패스를 이용하면 경비를 절약할 수 있다.

- 스타벅스 아메리카노 톨 사이즈

€3.1(약 4,600원)
VS
4,500원

* 일반 카페 아메리카노 €2.5~3(약 3,700원~4,500원)

- 맥주

€2~3(약 3,000~4,500원)
VS
5,000원

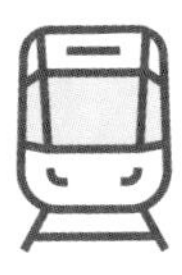

- 지하철 기본요금

바르셀로나 1회권 €2.4(약 3,570원)
마드리드 1회권 €1.5(약 2,230원)
VS
1,400원

주요 대중교통

도시 간 이동을 할 땐 부엘링, 이베리아항공, 라이언에어 등의 LCC 항공이나 렌페Renfe로 불리는 기차, 스페인 전역을 다니는 버스인 알사Alsa를 많이 이용한다. 옵션이 다양해 이동 구간에 따라 시간과 비용을 고려해 결정하면 된다. 도시마다 차이는 있지만 메트로, 버스, 트램까지 시내 대중교통도 잘 갖춰져 있어 여행자도 편리하게 이용할 수 있다.

긴급 연락처

여행 중 여권 분실, 각종 사건 사고로 인한 긴급 상황 발생 시 마드리드의 주스페인 대한민국 대사관, 비르셀로나의 주바르셀로나 대한민국 총영사관에서 도움을 받을 수 있다. 여권 분실 시 긴급 여권을 발급받을 수 있으며 부상, 질병 발생 시 현지 의료기관 정보를 받을 수 있다. 사건, 사고로 긴급 경비가 필요할 때도 국내 연고자로부터 여행경비를 재외공관을 통해 송금받을 수 있다. 통역 서비스도 제공된다.

통합 긴급 전화 112, 경찰 091, 응급의료 061

주스페인 대한민국 대사관

Sol역에서 메트로 L1 탑승, Plaza de Castilla역에서 하차 후 70번 버스 환승, 총 40분 소요 C. de González Amigo, 15, Cdad. Lineal, 28033 Madrid +34 91 353 2000, +34 648 924 695(근무 시간 외 긴급 전화) 월~금요일 09:00~14:00, 16:00~18:00 overseas.mofa.go.kr/es-ko/index.do

주바르셀로나 대한민국 총영사관

L3, L5 Diagonal역에서 도보 1분 Pg. de Gràcia, 103, 3rd floor, Eixample, 08008 Barcelona +34 93 487 3153, +82 2 3210 0404(근무 시간 외 긴급 상담) 월~금요일 09:00~13:30, 15:30~17:00 overseas.mofa.go.kr/es-barcelona-ko/index.do

최적의 시기를 알려주는 스페인 여행 캘린더

스페인은 우리나라 면적의 5배에 이른다. 지중해성, 서안 해양성, 대륙성, 반건조, 고산, 아프리카성 기후들이 스페인 각 지역에서 특징적으로 나타나기 때문에 여행 시기뿐 아니라 방문 지역에 따라 옷차림 등을 준비해야 한다. 하지만 지역에 상관없이 4~6월, 9~11월이 여행하기에 가장 무난하다.

스페인 지역별 기후 특징

① 서안 해양성 기후

갈리시아, 아스투리아스, 바스크 지방 등 북서부 해안

온화하고 습한 날씨가 특징으로 여름은 비교적 시원하고 겨울은 온화하며 연중 고른 강수량을 보인다. 여름 평균 기온은 20℃, 겨울 평균 기온은 10℃ 전후라 여름 피서지로 사랑받고 있다.

② 고산 기후

피레네산맥, 시에라 네바다 산맥의 고지대

여름은 20℃ 이하로 시원하고 겨울에는 영하로 내려가기도 한다. 눈도 많이 내려 추운 편이다.

③ 반건조 기후

알메리아, 무르시아 등 남동부 일부

여름은 35℃ 이상으로 매우 덥고, 겨울은 온화하며 강수량이 적다.

④ 지중해성 기후

바르셀로나, 발렌시아, 말라가 등 동부 및 남동부 해안

여름은 고온 건조, 겨울은 온난 다습하다. 여름 평균 기온은 30℃, 겨울 평균 기온은 10℃ 전후로 강수량은 주로 가을과 겨울에 집중된다.

⑤ 대륙성 기후

마드리드, 레온, 아라곤 등 중북부 내륙

여름은 매우 덥고 겨울은 추운 극단적인 기후 특징을 보여준다. 여름에는 30℃ 이상, 겨울엔 0℃ 이하로 떨어지기도 한다. 전반적으로 강수량이 적어 건조한 편이다.

⑥ 아프리카성 기후

카나리아 제도 남부

연중 온화하고 따뜻한 기후로 여름과 겨울의 기온 차이가 크지 않다. 월평균 기온은 20~30℃이며, 강수량이 매우 적고 건조하다.

스페인 북부

스페인 북부는 타 지역과는 사뭇 다른 매력을 지닌 지역이다. 따뜻한 지중해성 기후를 가진 남부와 달리, 스페인 북부는 대서양의 영향을 크게 받아 서늘하고 습한 서안 해양성 기후를 보인다. 여행하기 좋은 시기는 온화한 날씨가 이어지는 봄, 가을이지만 기후적인 특성상 비가 올 때도 제법 있으니 기본적으로 우산을 챙기는 것이 좋다.

바르셀로나

전형적인 지중해성 기후의 바르셀로나는 스페인 내에서도 계절에 상관없이 많은 관광객이 찾는다. 여름에 기온은 높지만, 습도가 낮아 그늘에만 들어가면 꽤 시원하며 겨울에도 최저 기온이 5℃ 내외라 야외 활동에 지장이 없다. 햇살이 좋은 날엔 외투를 벗어들고 다녀야 할 정도이므로 겨울에 떠난다면 바르셀로나와 남부 안달루시아 지역 일대를 추천한다. 오히려 7~8월엔 날씨가 덥기도 하고 여행객이 많이 몰리는 시기라 많은 사람들로 붐벼 정신없을 수 있다. 특히 8월엔 현지인들도 길게 여름휴가를 떠나 문을 닫는 레스토랑과 상점들이 많다는 점도 감안해야 한다.

마드리드

마드리드를 포함한 스페인 중부는 대륙성 기후로 여름은 매우 덥고 겨울엔 추운 뚜렷한 사계절을 갖고 있어 한국과 비슷하다. 7~8월에는 이글이글 뜨겁고, 12~2월에는 춥고 소나기도 자주 오기 때문에 이 시기는 피하는 것이 좋다.

스페인 남부

스페인 남부는 지중해성 기후로, 뜨겁고 건조한 여름과 온화한 겨울이 특징이다. 특히 세비야, 그라나다, 말라가와 같은 도시들은 연중 따뜻한 날씨를 자랑하여 많은 여행객들이 찾는다. 가장 여행하기 가장 좋은 시기는 봄(3~5월)과 가을(9~11월). 이 시기에는 날씨가 20°C 정도로 온화하여 야외 활동을 즐기기에 좋고, 관광객도 많지 않아 여유롭게 여행을 즐길 수 있다.

스페인의 공휴일

날짜	공휴일명
1월 1일	신년 Año nuevo
1월 6일	동방박사의 날 Dia de los Reyes Magos
3~4월	부활절 Semana Santa * 매년 날짜가 변동됨
5월 1일	노동절 Dia del Trabajador
8월 15일	성모승천일 Asuncion
10월 12일	스페인의 날 Fiesta Nacional de España
11월 1일	만성절 Dia de todos los Santos
12월 6일	제헌절 Dia de la Constitucion
12월 8일	성모 수태일 Inmaculada Concepcion
12월 25일	성탄절 Navidad

스페인 평균 기온 표

마드리드

● 평균 최고기온 ● 평균 최저기온 ■ 강수량

	1월	2월	3월	4월	5월	6월	7월	8월	9월	10월	11월	12월
평균 최고기온	9.7℃	12℃	15.7℃	17.5℃	21.4℃	26.9℃	31℃	31℃	26℃	19℃	13.4℃	10.1℃
평균 최저기온	2.6℃	3.7℃	5.6℃	7.2℃	10.7℃	15.1℃	18℃	18℃	15℃	10.2℃	6℃	3.8℃
강수량	37mm	35mm	26mm	47mm	52mm	25mm	15mm	10mm	28mm	49mm	56mm	56mm

스페인은 한국과 같은 사계절을 가지고 있지만, 기후상으로는 봄과 가을이 좀 더 길고 겨울도 한국에 비해 덜 추운 편이라 사시사철 여행하기 좋다. 계절에 상관없이 떠나기 좋은 유럽 여행지로 인기를 끌고 있다.

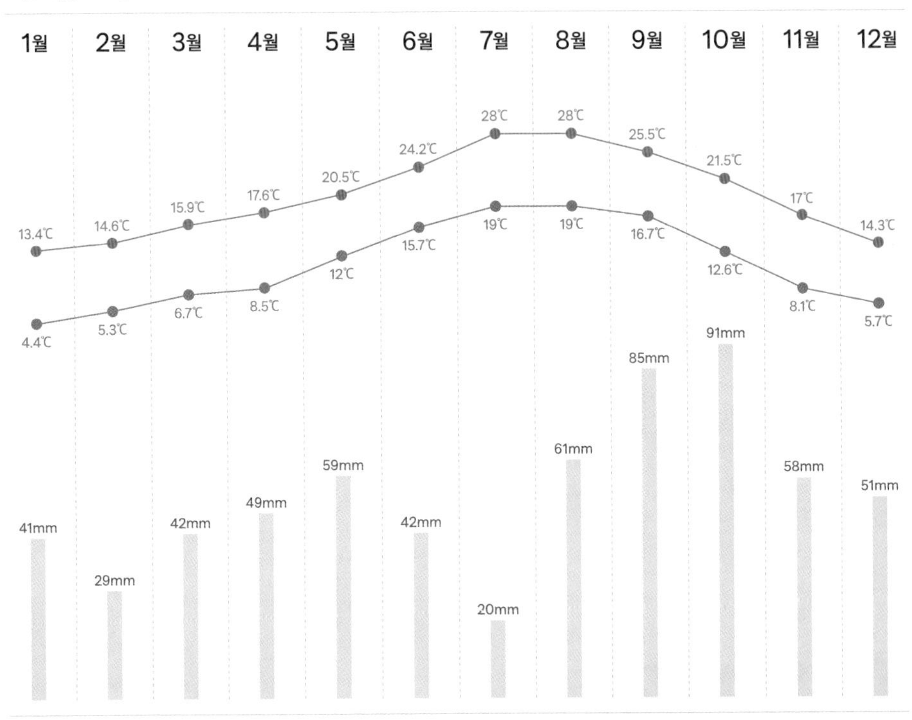

AUTUMN IN
SPAIN

기간별로 정리한 스페인 추천 여행 코스

COURSE ①

마드리드 & 바르셀로나 7박 9일 코스

이용 공항 마드리드 IN, 바르셀로나 OUT
숙소 위치 마드리드 3박, 바르셀로나 4박

- **1일차** 마드리드 도착, 솔 광장 주변
- **2일차** 마드리드 근교 세고비아, 마드리드 미술관 투어
- **3일차** 마드리드 근교 톨레도, 에스파냐 광장 주변
- **4일차** 바르셀로나 이동, 고딕, 라발, 보른 지역
- **5일차** 바르셀로나 시내 가우디 건축물 탐방, 에이샴플레 관광 및 쇼핑
- **6일차** 바르셀로나 근교 몬세라트, 시체스, 피게레스 중 한 곳 관광
- **7일차** 바르셀로나 시내 바르셀로네타, 몬주익 지구
- **8일차** 뮤지엄 관람 및 쇼핑, 바르셀로나 출발

COURSE ②

바르셀로나 & 남부 7박 9일 코스

이용 공항 바르셀로나 IN & OUT

숙소 위치 바르셀로나 2박, 그라나다 1박, 세비야 2박, 바르셀로나 2박

- **1일차** 바르셀로나 도착
- **2일차** 바르셀로나 시내 및 가우디 건축물 탐방
- **3일차** 그라나다로 이동, 구시가 관광
- **4일차** 그라나다 시내 및 알람브라 관람, 세비야 이동 후 메트로폴 파라솔 야경
- **5일차** 대성당, 알카사르, 에스파냐 광장 등 세비야 시내 관광
- **6일차** 바르셀로나로 이동, 에이샴플레 관광 및 쇼핑
- **7일차** 바르셀로나 근교 몬세라트, 시체스, 피게레스 중 한 곳 관광
- **8일차** 몬주익, 바르셀로네타 지구 관광, 바르셀로나 출발

COURSE ③

스페인 핵심 4대 도시 7박 9일 코스

이용 공항 마드리드 IN, 바르셀로나 OUT
숙소 위치 마드리드 2박, 세비야 1박, 그라나다 1박, 바르셀로나 3박

- **1일차** 마드리드 도착, 솔 광장 주변
- **2일차** 마드리드 시내 미술관 투어, 에스파냐 광장 주변
- **3일차** 세비야로 이동, 대성당, 알카사르, 메트로폴 파라솔 야경
- **4일차** 스페인 광장 관광, 그라나다로 이동
- **5일차** 그라나다 시내 및 알람브라 관람, 바르셀로나로 이동
- **6일차** 바르셀로나 시내 및 가우디 건축물 탐방, 에이샴플레 관광 및 쇼핑
- **7일차** 바르셀로나 근교 몬세라트, 시체스, 피게레스 중 한 곳 방문
- **8일차** 몬주익, 바르셀로네타 지구 관광, 바르셀로나 출발

피게레스
몬세라트
시체스
바르셀로나
마드리드
그라나다
세비야

COURSE ④

바르셀로나 집중 5박 7일 코스

이용 공항 바르셀로나 IN & OUT
숙소 위치 바르셀로나 5박

- **1일차** 바르셀로나 도착
- **2일차** 바르셀로나 시내 및 가우디 건축물 탐방, 고딕, 라발, 보른 지역
- **3일차** 바르셀로나 근교 몬세라트, 시내 몬주익, 바르셀로네타 지구
- **4일차** 바르셀로나 근교 시체스, 피게레스, 지로나 중 한 곳 방문
- **5일차** 바르셀로나 시내 에이샴플레 관광 및 쇼핑 지구, 티비다보 야경
- **6일차** 뮤지엄 관람 및 쇼핑, 바르셀로나 출발

피게레스
몬세라트
지로나
시체스
바르셀로나

COURSE ⑤

스페인 일주 10박 12일 코스

이용 공항 마드리드 IN, 바르셀로나 OUT

숙소 위치 마드리드 3박, 코르도바 1박, 세비야 1박, 론다 1박, 그라나다 1박, 바르셀로나 3박

1일차 마드리드 도착

2일차 마드리드 근교 세고비아, 마드리드 미술관 투어

3일차 마드리드 근교 톨레도, 에스파냐 광장 주변

4일차 코르도바로 이동 및 구시가 관광

5일차 세비야로 이동, 대성당, 알카사르 에스파냐 광장, 메트로폴 파라솔

6일차 론다로 이동, 구시가 및 신시가 관광

7일차 그라나다로 이동 알람브라, 구시가 관람

8일차 바르셀로나로 이동, 고딕, 라발, 보른, 에이샴플레 관광 및 쇼핑

9일차 바르셀로나 시내 및 가우디 건축물 탐방

10일차 바르셀로나 근교 몬세라트, 시체스, 피게레스 중 한 곳 관광

11일차 바르셀로네타, 몬주익 지구 관람, 바르셀로나 출발

피게레스
몬세라트
시체스
바르셀로나
마드리드
톨레도
코르도바
그라나다
세비야
론다

COURSE ⑥

스페인 일주 19박 21일 코스

이용 공항 마드리드 IN, 바르셀로나 OUT

숙소 위치 마드리드 5박, 코르도바 1박, 세비야 2박, 론다 1박, 말라가 3박, 그라나다 2박, 바르셀로나 5박

1일차 마드리드 도착, 솔 광장 주변

2일차 마드리드 시내 미술관 투어, 에스파냐 광장 주변

3일차 마드리드 근교 톨레도 관광

4일차 마드리드 근교 세고비아 관광

5일차 마드리드 근교 쿠엥카 관광

6일차 코르도바로 이동, 메스키타, 구시가

7일차 세비야로 이동, 대성당, 알카사르, 에스파냐 광장

8일차 세비야 근교 카디스, 메트로폴 파라솔 야경

9일차 론다로 이동 구시가 및 신시가 관광

10일차 말라가로 이동 알카사바, 히브랄파로성

11일차 말라가 근교 미하스, 밀라가 구시가

12일차 말라가 근교 네르하, 프리힐리아나

13일차 그라나다로 이동, 구시가 및 전망대 관광, 플라멩코 공연 관람

14일차 그라나다 시내 및 알람브라 관람

15일차 바르셀로나로 이동 고딕, 라발, 보른, 에이샴플레 관광 및 쇼핑

16일차 바르셀로나 시내 및 가우디 건축물 탐방

17일차 바르셀로나 근교 몬세라트

18일차 바르셀로나 근교 피게레스 & 지로나

19일차 바르셀로나 시내 바르셀로네타, 몬주익 지구, 티비다보 야경

20일차 뮤지엄 관람 및 쇼핑, 바르셀로나 출발

주요 사건으로 보는 스페인 역사

기원전 80만 년
이베리아반도, 인류의 정착

이베리아반도에 인류가 정착한 것은 기원전 80만 년경으로 스페인에서 확인된 가장 오래된 인종은 기원전 1만 5천 년쯤 알타미라 동굴 벽화를 남긴 크로마뇽인이다. 현재 스페인인의 선조는 기원전 1천 년경 유럽 중부의 켈트족이 정착하여 생겨난 켈트-이베리아인으로 알려져 있다.

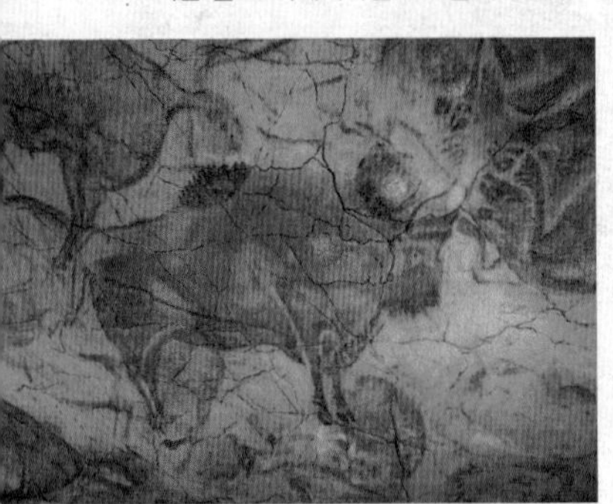

기원전 218년~711년
로마와 서고트족의 지배

기원전 10세기 스페인 지역을 점령했던 페니키아 세력이 쇠퇴하자 기원전 6세기 카르타고인들이 들어와 식민지를 건설하고 해외 교역을 시작한다. 이후 이베리아반도의 풍부한 자원을 노리던 로마의 침략으로 기원전 2세기부터 약 600년간 지배받는다. 이베리아반도는 당시 로마 제국의 행정 조직대로 분할되었고 로마의 기술력을 바탕으로 한 기반 시설이 확충되었다. 이때 보급된 라틴어는 현재 스페인어의 기본이 되는 카스티야어의 근간이 되었다.

711~1492년
이슬람의 지배와 국토 회복 운동

북아프리카에서 침입한 이슬람 세력은 8세기 초, 코르도바를 중심으로 북부를 제외한 이베리아반도의 2/3를 치지한다. 이때 수학과 과학, 건축, 장식 예술 등이 고도로 발달해 스페인의 경제와 문화가 크게 발전한다. 이후 북쪽을 중심으로 세력을 넓혀 가던 기독교인들은 국토 회복 운동(레콘키스타)을 시작해 레온, 카스티야, 나바라, 아라곤, 카탈루냐 등의 기독교 왕국이 탄생한다. 이들은 크고 작은 전투를 통해 남부로 세력을 넓히며 코르도바와 세비야를 되찾았으며, 마침내 1492년 그라나다가 함락되며 이슬람 왕국은 이베리아반도에서 사라진다.

1492~1516년
가톨릭 통일국가의 형성

1469년 아라곤 왕국의 페르난도 2세, 카스티야 왕국의 이사벨 1세의 결혼은 영토뿐만 아니라 군사, 외교의 결합, 나아가서는 스페인이라는 국가의 기틀을 마련한 중요한 사건 중 하나다. 가톨릭 부부 왕은 그라나다에서 저항 중이었던 최후의 이슬람 왕국을 무너뜨리고 가톨릭, 단일 종교를 기반으로 한 통일 왕국을 탄생시킨다.

1492~1700년
신대륙 발견, 스페인 황금시대

가톨릭 부부 왕의 적극적인 후원으로 콜럼버스가 신대륙을 발견하면서 스페인 정복 시대가 시작된다. 멕시코, 페루, 칠레 등 아메리카 대륙을 시작으로 유럽, 아메리카, 아시아에 걸친 광대한 영토를 지배하면서 막대한 부를 축적한다. 예술과 문화 또한 꽃을 피워 엘 그레코, 벨라스케스, 세르반테스 등의 예술가들이 활약했다. 하지만 잦은 전쟁과 지나친 종교적 억압으로 경제적으로 어려움을 겪었으며, 1588년 영국과의 전투에서 패배 후 스페인 무적함대는 점차 힘을 잃어간다.

1700~1873년
격동의 시대-최초의 공화국

18세기 말 발생한 프랑스 혁명의 여파로 온 유럽이 왕실의 절대 권력을 지켜내기 힘들어진다. 1808년 나폴레옹이 스페인을 침략해 조제프 보나파르트를 왕으로 세웠으나 스페인 국민들은 이에 강력히 저항하며 게릴라 전쟁을 벌였고, 끈질긴 저항을 통해 나폴레옹의 군대를 몰아낸다. 페르난도 7세가 왕위에 복귀했으나 라틴 아메리카의 식민지들이 독립을 선언하며 대규모 영토를 잃게 되었으며 내부 혼란은 사라지지 않는다. 마침내 자유주의자들의 반란을 거치며 1873년 제1공화정이 선포된다.

1873~1975년
내란, 프랑코 독재 정권

첫 공화정 성립 이후 입헌군주제와 군사 독재 정치가 반복되던 스페인은 1936년 프랑코 장군이 내란을 일으켜 집권한 뒤 파시즘 국가가 되었다. 히틀러와 무솔리니의 지원을 받는 프랑코의 정권에 대항한 스페인 내전이 일어났으며, 2년 9개월 동안 60여만 명의 사상자를 내고 1939년 마드리드 함락으로 종결되었다. 1975년 프랑코의 죽음으로 기나긴 독재가 끝이 났다.

1975년~
스페인의 현재

부르봉 왕가의 왕자 후안 카를로스 1세가 스페인 왕으로 즉위하고 새 헌법을 정하면서 스페인의 민주주의가 시작된다. 이후 나토와 유럽 연합에 가입하면서 국제 사회에서도 인정받게 되었다. 하지만 여전히 카탈루냐 분리 독립, 바스크 소수 민족 문제가 정치 등이 사회적인 쟁점으로 남아 있다.

현지에서 유용한 스페인어

현지 언어를 알면 여행은 더욱 깊어진다. 낯선 이방인에게도 오며 가며 기분 좋게 인사를 건네는 스페인에서는 "올라"라고 밝게 인사만 해도 충분하다. "그라시아스"로 감사의 말을 전하고, 요청할 땐 뒤에 "뽀르 파보르"만 붙여주면 더할 나위 없다.

기본 인사 및 의사 표현

안녕하세요.	아침 인사	오후 인사	저녁 인사
¡Hola!	Buenos días	Buenas tardes	Buenas noches
올라	부에노스 디아스	부에나스 따르데스	부에나스 노체스

안녕히 가세요.	(매우) 감사합니다.	괜찮습니다.	실례합니다.
Adiós	(Muchas) Gracias	De nada	Perdón
아디오스	(무차스) 그라씨아스	데 나다	뻬르돈

죄송합니다.	예 / 아니요	만나서 반가워요.	부탁해요.
Lo siento	Sí / No	Encantado(M), Encantada(F)	Por favor
로 씨엔또	씨 / 노	엔깐따도 / 엔깐따다	뽀르 파보르

안부 및 통성명

어떻게 지내요?	잘 지내요.	잘 못 지내요.
¿Qué tal? 께딸?	Muy bien 무이 비엔	Muy mal 무이 말
¿Cómo estás? 꼬모 에스타스?	이름이 뭐예요? ¿Cómo se llama usted? 꼬모 쎄 야마 우스뗏?	이름은 OOO입니다. Me llamo OOO. 메 야모 OOO.

알아두면 좋은 기본 어휘

티켓	기차	역	공항	입구
El billete	Tren	Estación	Aeropuerto	Entrada
엘 비예떼	뜨렌	에스따시온	아에로뿌에르또	엔뜨라다

출구	성	집	현금	카드
Salida	Castillo	Casa	Efectivo	Tarjeta
살리다	까스띠요	카사	에펙티보	타르헤타

호텔	화장실	박물관	시장	레스토랑
Hotel	Baño / Servicio	Museo	Mercado	Restaurante
오텔	바뇨 / 세르비시오	무세오	메르까도	레스따우란떼

알아두면 좋은 음식 용어

고기	닭고기	생선	물	얼음	우유	소금	설탕
Carne	Pollo	Pescado	Agua	Hielo	Leche	Sal	Azúcar
까르네	뽀요	뻬스까도	아구아	이엘로	레체	쌀	아수까르

맥주	와인	수프	튀김	채소	따뜻한	차가운
Cerveza	Vino	Sopa	Frito	Verduras	Caliente	Frio
세르베사	비노	소파	프리또	베르두라스	깔리엔떼	프리오

숫자

1	2	3	4	5
Uno 우노	Dos 도스	Tres 뜨레스	Cuatro 콰뜨로	Cinco 씬꼬

6	7	8	9	10
Seis 세이스	Siete 시에떼	Ocho 오초	Nueve 누에베	Diez 디에스

20	30	40	50	60
Veinte 베인떼	Treinta 뜨렌따	Cuarenta 꾸아렌따	Cincuenta 씬꾸엔따	Sesenta 세센따

70	80	90	100	1000
Setenta 세뗀따	Ochenta 오첸따	Noventa 노벤따	Cien 씨엔	Mil 밀

실전 회화

화장실은 어딘가요?
¿Dónde está el baño?
돈데 에스따 엘 바뇨

입장료는 얼마예요?
¿Cuánto cuesta la entrada?
꾸안또 꾸에스따 라 엔뜨라다

학생 할인이 되나요?
¿Hay descuento para estudiantes?
아이 데스꾸엔또 빠라 에스뚜디안떼스?

좀 둘러봐도 될까요?
¿Puedo echar una ojeada?
뿌에도 에차르 우나 오헤아다?

저것 좀 보여주세요.
¿Me enseña eso, por favor?
메 엔세냐 에소 뽀르 파보르?

걸어서 얼마나 걸려요?
¿Cuánto se tarda andando?
꾸안또 세 따르다 안단도?

길을 잃었어요. 도와주세요.
Me he perdido. Ayúdeme, por favor.
메 에 뻬르디도. 아유데메, 뽀르 파보르

이 주소로 어떻게 가요?
¿Cómo se va a esta dirección?
꼬모 세 바 아 에스따 디렉씨온?

예약하고 싶어요.
Quisiera hacer una reserva.
끼시에라 아쎄르 우나 레세르바

이 집에서 가장 인기 있는 메뉴는 뭐예요?
¿Cuál es la especialidad de la casa?
꾸알 에스 라 에스뻬씨알리닫 델 라 까사?

영어 메뉴판이 있나요?
¿Tiene la carta en inglés?
띠에네 라 까르따 엔 잉글레스?

레드 와인 한 잔 주세요.
Una copa de vino tinto, por favor.
우나 꼬빠 데 비노 띤또, 뽀르 파보르

계산서 주세요.
La cuenta, por favor.
라 꾸엔따, 뽀르 파보르

모두 얼마예요?
¿Cuánto es todo esto?
꾸안또 에스 또도 에스또?

신용 카드로 계산해도 될까요?
¿Se puede pagar con tarjeta de crédito?
세 뿌에데 빠가르 꼰 따르헤따 데 끄레디또?

PART 2

가장 멋진 스페인 테마 여행

인생 사진 남길 수 있는

바르셀로나 포토 스폿

어딜 가서 찍어도 곳곳에서 예쁜 사진을 남길 수 있는 바르셀로나지만
SNS용 포토존은 따로 있는 법! 찍었다 하면 인생 사진 나오는 곳은 어디?

1 호텔 콜론 루프탑
Hotel Colon

바르셀로나에서 한국인 관광객들에게 가장 큰 인기를 얻고 있는 루프탑이다. 대성당 맞은편 콜론 호텔 7~8층에 있는 파노라믹 테라스에 가면 장애물 없이 탁 트인 대성당을 마주할 수 있다. 와인이나 샹그리아를 한잔 마시며 멋진 풍경을 감상하고 인생 사진을 남기기 더없이 좋다. 예약 없이 워크인으로만 방문 가능하니 대기를 원하지 않는다면 오픈 시간에 맞춰 가야 한다. 일몰 시간대가 특히 아름답다.

바르셀로나 대성당 맞은편 · Av. de la Catedral 7
+34 933 011 404 · 12:00~22:30
맥주 €7~8, 상그리아 €13, 칵테일 €15~20 · hotelcolon.es

2 바르 테라사 세르코텔 로셀론
Bar-Terrassa Sercotel Rosselló

호텔 콜론과 함께 바르셀로나에서 가장 인기 많은 루프탑 중 하나로 아이레 로셀론 호텔에 위치한다. 사그라다 파밀리아 성당이 눈앞으로 펼쳐지는 명당으로 구글맵에 연결된 홈페이지를 통해 예약할 수 있는데 예약일 기준 일주일 뒤까지만 가능하다. 매일 오후 12시에 예약 창이 열린다. 경쟁이 만만치 않아 원하는 날짜, 시간을 잡는 건 쉽지 않지만, 멋진 뷰와 인생 사진을 위해 도전해 보자.

사그라다 파밀리아 성당에서 도보 5분 Carrer del Rosselló, 390 +34 936 009 200 13:30~23:00 상그리아 €5, 칵테일 €8~16 sercotelhoteles.com

3 카탈라냐 음악당
Palau de la Música Catalana

'음악 궁전Palace of Catala Music'이라는 본래의 명칭에 걸맞게 벽과 천장이 수천 개의 채색 유리로 꾸며져 있으며 건물 내부엔 바르셀로나 수호성인을 상징하는 장미 문양과 다채로운 컬러의 천장 스테인드글라스 장식, 샹들리에가 있어 유럽에서도 가장 아름다운 음악당으로 손꼽힌다. 2, 3층 관객석 맨 앞쪽에 서서 무대를 배경 삼아 사진을 찍으면 바르셀로나에서 가장 우아한 인생 사진을 남길 수 있다.

메트로 L1,4 Urquinaona역에서 도보 5분
Carrer de Palau de la Música, 4-6
09:00~15:30 셀프 가이드 투어 €18, 가이드 투어 €22(BCN 카드 20% 할인) palaumusica.cat

역사와 예술의 조화가
빛어낸 아름다움

스페인의 유네스코 세계문화유산

2024년 기준, 스페인에는 50개의 유네스코 세계문화유산이 등재되어 있다. 이는 이탈리아, 중국, 독일, 프랑스에 이어 세계에서 다섯 번째로 많은 숫자로 스페인 어떤 도시를 여행하더라도 풍성한 볼거리를 만날 수 있다.

바르셀로나 가우디 건축물 7곳

바르셀로나의 유네스코 세계문화유산 9개 중 7개*가 가우디의 작품으로 가우디는 개인 최대 등재 기록도 갖고 있다.

* 카사 비센스 P.188, 구엘 저택 P.111, 콜로니아 구엘 P.192, 구엘 공원 P.189, 카사 바트요 P.157, 카사 밀라 P.157, 사그라다 파밀리아 성당 P.159

1997년 등재

바르셀로나 카탈라냐 음악당

908년 모더니즘을 대표하는 건축가인 도메네크 이 몬타네르의 걸작. 형형색색의 모자이크 타일과 스테인드글라스로 장식된 실내가 특히 아름답다. P.144

1997년 등재

바르셀로나 산 파우 병원

UNESCO

카탈라나 음악당을 지은 몬타네르의 다른 작품으로 이 역시 카탈루냐 모더니즘 건축을 대표하며 세상에서 가장 아름다운 병원으로 불린다. 여러 동의 건물 사이로 아름다운 정원들이 자리한다. P.160

2001년 등재

아란후에스 왕궁

UNESCO

마드리드에서 남쪽으로 48km 정도 떨어진 아란후에스에 지어진 왕궁으로 내부는 도자기의 방, 왕자의 방, 거울의 방 등 화려함의 극치를 달린다. 현재도 스페인 왕의 거처 중 하나로 왕궁 중 일부가 대중에게 공개된다.

1985년 등재

세고비아 구시가와 수도교

세고비아 수도교는 한때 16km 떨어진 프리오강으로부터 물을 운반해 주는 역할을 했으며 2천 년 전, 로마 시대의 토목 기술을 보여 주는 뛰어난 유적 중 하나다. 세고비아 구시가와 함께 등재되었다. P.279

1986년 등재

톨레도 역사 지구

마드리드로 수도를 옮기기 전 6세기부터 16세기 중반까지 무려 천 년간 문화정치 중심지였던 톨레도. 기독교와 이슬람교, 유대교의 유적이 공존해 도시 전체가 유네스코 세계문화유산으로 지정되었다. P.266

1987년 등재

세비야 대성당

모스크를 허문 자리에 100년 넘는 기간 동안 지어진 세비야 대성당은 고딕, 르네상스, 바로크 등 다양한 건축 양식이 혼합되어 있어 더욱 눈길을 끈다. 세계에서 세 번째로 큰 성당으로 탐험가 크리스토퍼 콜럼버스의 무덤이 있다. P.339

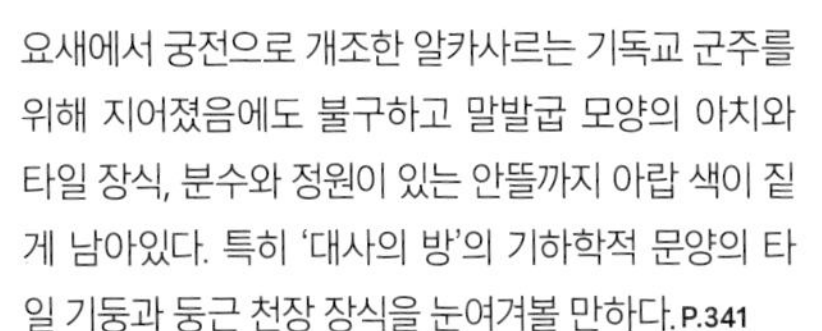

1987년 등재

세비야 알카사르

요새에서 궁전으로 개조한 알카사르는 기독교 군주를 위해 지어졌음에도 불구하고 말발굽 모양의 아치와 타일 장식, 분수와 정원이 있는 안뜰까지 아랍 색이 짙게 남아있다. 특히 '대사의 방'의 기하학적 문양의 타일 기둥과 둥근 천장 장식을 눈여겨볼 만하다. P.341

1984~1994년 등재

그라나다 알람브라, 헤네랄리페, 알바이신

본래 군사 요새로 건설되었다가 왕실의 거처로 바뀐 알람브라는 여러 대에 걸쳐 증축되며 14세기 현재의 모습을 갖췄다. 왕족이 거주하던 나스르 궁전, 여름 별궁 헤네랄리페, 카를로스 5세 궁전 등이 있으며, 1984년 유네스코 세계문화유산으로 등재 후 1994년엔 알바이신까지 지정 범위가 확대되었다. P.314

1984년 등재

부르고스 대성당

프랑스의 고딕 양식이 스페인에 융합된 훌륭한 사례를 보여주는 건축물로 뛰어난 건축 구조와 성화, 성가대석, 제단 장식, 스테인드글라스 디자인이 인상적이다. 전쟁 영웅 '엘 시드'의 유해가 안치된 곳으로도 유명하다. P.446

건축을 알면 역사가 보인다!

스페인의 건축 양식

역사와 문화가 풍부한 스페인. 그 흔적은 건축물 곳곳에도 남아 있다.
고대 로마 시대의 유적부터 이슬람의 영향을 받은 건물, 그리고 현대 건축의 걸작까지
스페인의 건축은 다채로움의 끝판왕이라고 할 수 있다.

고대 로마 건축물

기원전 2세기, 로마 정복 이후 로마인들은 콘크리트와 아치를 사용하는 등의 첨단 건축 기술을 도입해 더욱 복잡한 구조와 디자인을 가능하게 했다. 세고비아의 수도교는 별도의 접착제를 사용하지 않고 오직 아치 구조의 힘만으로 2천 년이 넘게 보존된 대표적인 로마 건축의 예라고 볼 수 있다. 타라고나와 메리다 같은 도시엔 신전, 포럼 등의 건축물이 많이 남아있다. 로마 건축의 영향은 격자형 도시 배치, 상수도 시스템 등 필수 인프라까지 스페인 반도의 건축 발전의 중요한 토대가 되었다.

무어 양식의 건축물

무어Moor는 이슬람인으로서 이베리아반도와 북아프리카에 살았던 사람들을 지칭한다. 서기 711년 이슬람의 정복으로 무어인들의 영향력이 커지며 건축에도 큰 변화가 찾아왔다. 말굽 아치, 화려한 패턴의 타일 장식, 무카르나(종유석 천장 장식), 중정 등이 추가돼 더 이국적이고 화려해졌다. 무어 양식은 안달루시아 지역에서 특히 꽃을 피웠으며 가톨릭 왕국이 장악한 후에도 로마네스크, 고딕 양식과 이슬람풍이 혼재된 무데하르 양식이 한동안 이어진다. 그라나다 알람브라, 코르도바 메스키타 등이 무어 양식의 절정을 보여 준다.

고딕 양식의 건축물

프랑스에서 유행하기 시작한 고딕 양식은 사람들의 열렬한 신앙심을 담아 하늘과 맞닿을 수 있게 뾰족한 첨탑을 세우고 '장미창'이라고 불리는 스테인드글라스와 화려하고 복잡한 조각 장식들로 꾸민 게 특징이다. 특히 스페인 고딕 건축은 웅장함과 정교한 디테일을 갖고 있으며 여러 지역의 종교 건축물에서 두드러지게 나타난다. 바르셀로나 대성당, 부르고스 대성당, 톨레도 대성당이 대표적이다.

르네상스와 바로크 양식의 건축물

15세기부턴 '새로운 부흥'이란 뜻의 르네상스 운동과 함께 건축에서도 조화와 비례, 균형이라는 고전적 이상에 대한 회귀를 이끌었다. 이전 고딕 양식의 비대한 형태를 버리고 대칭과 조화, 질서와 규칙을 강조한 것이 특징이다. 이후 17세기부턴 르네상스 양식보다 규모가 커지고 곡면 형태의 공간 구성에 빛과 그림자의 극적인 대비를 활용한 내부 장식을 갖춘 바로크 양식으로 이어진다. 르네상스에서 바로크 양식으로의 전환을 보여주는 그라나다 대성당, 로마네스크 양식에 바로크 양식이 추가된 산티아고 데 콤포스텔라 대성당을 눈여겨볼 만하다.

모더니즘과 20세기 건축물

20세기에 접어들면서 전통적인 건축 양식에서 벗어나 혁신과 개성을 수용하고자 하는 모더니즘 운동이 시작되었고 이 시기엔 창의성과 실험 정신이 깃든 건물들이 탄생했다. 특히 그 중심에 있었던 가우디는 자연에서 받은 영감을 돌과 쇠, 타일 등을 이용해 자유롭게 표현한 작품들을 많이 남겼다. 1882년부터 여전히 건설 중인 사그라다 파밀리아 성당, 구엘 공원, 카사 밀라 등 대표적인 모더니즘 건축물은 바르셀로나에서 만날 수 있다.

현대 건축물

20세기 후반~21세기 초 스페인 건축가들은 전통과 혁신, 기술력과 지속 가능성을 조화시키며 디자인의 경계를 계속 넓혀갔다. 모던하고 미래지향적인 스타일의 새로운 건축물들은 오랜 시간 동안 차곡차곡 쌓아온 다양한 양식의 건축물들과 어우러져 특별한 도시 경관을 선사한다. 세계적인 건축가 산티아고 칼라트라바의 예술 과학 도시, 장 누벨의 글로리에스 타워, 위르겐 메이어의 메트로폴 파라솔 등은 SF 영화 속 배경이라고 해도 믿을 정도!

집시들의 '한'이 서린 뜨거운 공연

정열의 스페인 플라멩코

플라멩코는 바일레(춤), 토케(기타), 칸테(노래), 할레오(손뼉과 추임새) 등 네 가지 요소로 이루어진다. 어두운 무대 위에 구슬픈 기타 소리와 거칠게 갈라지는 가수의 목소리가 울려 퍼진다. 곧 비장한 표정의 댄서가 등장해 격렬한 동작으로 춤을 추기 시작한다. 때론 빠르게, 때론 느리게, 정제된 동작부터 땀방울이 허공으로 날릴 정도의 센 동작까지 눈을 뗄 수가 없다. 화려한 춤사위와 달리 매우 애절하고 깊은 한이 느껴진다.

플라멩코의 시작

플라멩코는 15세기 안달루시아에 정착한 집시와 무어인, 유대인에 의해 만들어졌다. 가톨릭 왕국이 이베리아반도 탈환 후 종교적인 박해를 가했고 이를 거부하는 사람들은 추방되거나 산악지대로 내몰렸다. 어디서도 환영받지 못했던 이들은 자신들의 슬픈 처지와 '한'을 노래와 춤으로 표현했다. 이후 스페인 내전과 프랑코 독재 시절을 거치면서 억압된 민중의 감정과 저항의 메시지를 담는 예술로 발전해 스페인 전역에서 사랑받는 예술 장르가 되었다.

플라멩코 공연 관람 방법

안달루시아 지역에서 시작된 플라멩코는 19세기 중반 세비야에서 처음으로 무대에 공연을 올렸으며, 그라나다에선 집시들이 살던 동굴에 무대를 마련해 공연하기 시작했다. 플라멩코 전용 극장을 '타블라오(Tablao)'라고 하는데 공연만 관람하거나 저녁 식사 또는 타파스와 함께 즐기는 옵션들도 있다. 보통 40~60분 정도 공연이 진행된다. 안달루시아에선 타블라오가 아니더라도 바르나 길거리에서 공연하는 경우도 많다.

인기 플라멩코 타블라오

바르셀로나

로스 티란도스 Los Tarantos

1963년 오픈한 바르셀로나에서 가장 오래된 플라멩코 타블라오 P.138

그라나다

쿠에바 데 라 로치오 Cueva de la Rocio

동굴 집을 개조한 그라나다 최고의 인기 타블라오 P.325

세비야

플라멩코 박물관 Museo del Baile Flamenco

플라멩코의 본 고장인 세비야에 있는 박물관 겸 공연장 P.344

스페인 여행 욕구를 자극하는

영화와 드라마로 만나는 스페인

때론 책이나 영화, 시리즈를 보고 문득 여행을 결심하기도 한다.
때론 떠나기 전, 여행지가 배경이 된 영화나 시리즈를 찾아보며 미리 설렘을 느끼기도 한다.
떠나는 비행기 안에서 보면 10시간 이상의 비행시간도 짧게 느껴지는 작품들을 소개한다.

왕좌의 게임

9년간 8개의 시즌을 낸 미국 HBO 대작 〈왕좌의 게임〉은 허구의 세계인 웨스테로스 대륙 7개의 국가와 하위 몇 개의 국가들로 구성된 연맹 국가인 칠 왕국의 통치권, 철 왕좌를 차지하기 위한 싸움을 그려낸 드라마다. 엄청난 대작이었던 만큼 유럽의 수많은 도시에서 촬영했다. 스페인의 지로나, 세비야, 코르도바, 바스크 지역 일대가 등장해 시리즈 속의 명소들을 찾아내는 재미도 크다.

내 남자의 아내도 좋아

크리스티나는 결혼을 앞둔 비키와 바르셀로나로 휴가를 떠난다. 현지에서 그들은 매력적인 화가 후안 안토니오를 우연히 만나게 되고, 사랑 앞에 용감했던 크리스티나는 그와 그의 아내 레베카와도 얽히며 특별한 애정을 나눈다. 다소 막장 전개긴 하지만 우디 앨런 감독만의 유머와 감각으로 가볍게 풀어냈다. 영화 속 배경으로 바르셀로나뿐만 아니라 스페인 북부 오비에도가 등장한다.

알함브라 궁전의 추억

투자회사 대표인 현빈은 비즈니스 차 스페인 그라나다에 갔다가 전직 기타리스트였던 박신혜가 운영하는 싸구려 호스텔에 묵으며 두 사람은 기묘한 사건에 휘말린다. 드라마 제목에서 알 수 있듯이 알람브라 궁전이 있는 그라나다가 주요 촬영지이며, 바르셀로나와 지로나에도 등장해 스페인 여행 전에 감상해 보기 좋다.

향수: 어느 살인자의 이야기

18세기 프랑스, 후각이 극도로 발달해 냄새만으로도 사물을 구별할 수 있는 주인공 그르누이. 어느덧 청년으로 자란 그는 최고의 향수 제조사를 찾아가 사사를 청한다. 매혹적인 향기를 영원히, 완벽하게 소유하기 위해 그는 살인도 서슴지 않는다. 파트리크 쥐스킨트의 소설이 원작으로, 소설에서는 프랑스가 배경이지만 영화는 스페인 바르셀로나 고딕 지구, 지로나를 배경으로 촬영되었다.

푸른 바다의 전설

바닷속에서 도시로 올라온 성격 있는 여자 인어 전지현, 허세와 임기응변의 결정체인 남자 인간 이민호 주연의 특별한 러브스토리. 바르셀로나, 지로나, 시체스, 토사 데 마르까지 카탈루냐의 여러 도시와 해변이 등장해 더욱 큰 볼거리를 제공한다.

놓치면 아쉬운

스페인의 축제

축제의 나라 스페인에선 일 년 내내 축제가 끊이지 않는다. 세계적으로 유명한 축제들 외에도 도시, 동네마다 크고 작은 축제들이 수시로 열린다. 먹고 마시고 즐길 줄 아는 스페인 사람들은 축제에도 적극적으로 참여한다. 여행 일정과 맞는다면 놓치지 말고 함께 즐겨보자.

1월 6일

스페인 전역

동방 박사의 날 Dia de los Reyes Magos

가톨릭 국가인 스페인 최대의 명절. 예수의 탄생을 축하하는 동방 박사들이 어린이들에게 사탕과 선물을 주는 날로 스페인 아이들에겐 성탄절 못지않다. 가톨릭 국가인 스페인 최대의 명절로 거리마다 화려한 퍼레이드가 펼쳐지고 온갖 사탕과 젤리 폭탄을 맞을 수 있다.

3월 15~19일

발렌시아

라스 파야스 Las Fallas

발렌시아의 대표 축제로 건물 높이보다 더 큰 인형들이 거리를 메우고 퍼레이드와 불꽃놀이가 펼쳐진다. 축제의 마지막 날 전시된 작품 중 1등을 제외하고 모두 불태운다. 나쁜 기운을 없애고 새로운 길을 연다는 의미를 담고 있다.

3월 24~30일

스페인 전역

세마나 산타 Semana Santa

부활절 주간을 맞이하여 스페인 전역에서 퍼레이드가 펼쳐진다. 세비야, 말라가, 코르도바 등 남부 지역의 축제가 더욱 화려하다.

2월 8~14일

스페인 전역

카르나발 Carnaval

스페인 전역에서 열리는 축제로 화려한 분장을 한 사람들의 거리 퍼레이드와 다양한 공연이 열린다. 시체스, 카디스 카르나발이 특히 유명하다.

4월 14~20일

세비야

페리아 데 아브릴(4월 축제)

Feria de Abril

플라멩코의 본고장 세비야의 대표 축제. 거리엔 천막 카세타가 줄줄이 세워지고 화려한 플라멩코 의상을 입고 사람들은 일주일 내내 춤과 술, 파티를 즐긴다. 이 기간엔 투우 경기도 열린다.

7월 6~14일

팜플로나

산 페르민 San Fermín

스페인 북부 팜플로나에서 열리는 소몰이 축제. 흰색 상·하의에 빨간 띠를 두른 전통 의상을 입은 사람들이 투우에 참여할 소들을 몰아 투우장까지 간다. 성난 소들이 사람들을 공격하는 등 크고 작은 사고들도 있지만 여전히 스페인 내에선 큰 인기다.

5월 첫째 주

코르도바

피에스타 데 로스 파티오스 Fiesta de los Patios

안달루시아의 코르도바에서 열리는 축제로 집마다 입구 주변과 내부 중정인 파티오를 화려하게 꾸며 외부인들에게 공개하고 경연까지 한다. 갖가지 화분과 꽃으로 꾸며진 파티오와 거리 풍경을 보기 위해 많은 관광객이 찾는다.

8월 마지막 주 수요일

발렌시아

라 토마티나 La Tomatina

발렌시아 지역의 작은 마을, 부뇰에서 열리는 토마토 축제로 매년 8월 마지막 수요일에 열린다. 약 1시간 동안 서로에게 토마토를 던지는데 거리가 온통 붉게 물든다. 이 축제에서 소비되는 토마토가 약 40톤에 달한다.

9월 24일 이전 5~7일

바르셀로나

라 메르세 La Mercè

매년 9월에 바르셀로나에서 열리는 축제. 인간 탑 쌓기, 거대 인형 퍼레이드, 악마처럼 치장한 무리가 펼치는 불꽃놀이 '코레폭'까지 다양한 볼거리가 있다.

One Find Day in Spain

현지인처럼 여행해보기

여유롭게 즐기는 공원 피크닉

도시마다 크고 작은 공원들이 있고, 날씨가 좋은 날이나 주말엔 현지인들이 삼삼오오 모여 피크닉을 즐긴다. 근처 마트에서 이런저런 음식을 조금 사 들고 커다란 나무 그늘 밑 잔디밭에서 나른한 오후의 햇살을 즐겨보자.

추천 공원 **바르셀로나** 시우타데야 공원, **마드리드** 레티로 공원, **세비야** 마리아 루이사 공원

근교 바다에서의 해수욕

바르셀로나를 비롯해 해변을 끼고 있는 남부 도시에선 느긋하게 휴양지 분위기를 즐겨보자. 비치타월 한 장 들고 가볍게 방문해 지중해의 푸른 바다에서 물놀이도 하고 뜨거운 태양 아래서 태닝이나 낮잠을 즐기다 보면 하루가 눈 깜짝할 사이에 지나간다.

추천 해수욕장 **바르셀로나** 바르셀로네타 해변, **말라가** 말라게타 해변, **산 세바스티안** 라 콘차 해변

유명 관광지만 찾아다니는 여행은 이제 그만!
때론 현지인처럼, 때론 게으른 여행자로
나만의 특별한 시간을 만들어 보자. 단 하루라도 좋다!

자전거 타고 동네 한 바퀴

스페인은 자전거 도로와 여행자들도 저렴하고 편하게 이용할 수 있는 공유 자전거 시스템이 잘 갖춰져 있다. 자전거를 타고 개별적으로 도시 곳곳을 돌아보거나 투어를 이용해 바이킹과 관광을 함께 즐길 수도 있다.

주요 도시 자전거 대여 시스템 **바르셀로나** 시립 자전거 대여 시스템 Bicing, **마드리드** 시립 자전거 대여 시스템 Bicimad, **세비야** 시립 자전거 대여 시스템 Sevici

타파스 투어, 타페오 Tapeo 즐기기

스페인 음식 하면 타파스. 지역마다 타파스를 전문으로 하는 바르가 많아 여러 군데를 돌면서 타파스를 즐길 수 있다. 이런 문화를 '타페오'라고 하는데 바르마다 분위기와 타파스 스타일이 제각각이라 다채로운 즐거움을 느낄 수 있다. 스페인에선 타파스로 5차쯤은 해봐야 한다.

타파스 투어 추천 도시 **바르셀로나** 고딕 지구를 걸으며 다양한 타파스를 맛보는 투어, **마드리드** 전통적인 타파스 바를 방문하며 마드리드의 밤을 즐기는 투어, **세비야** 플라멩코 공연과 함께 타파스를 즐기는 투어

식도락에 빠질 수밖에 없는 유혹의 맛

스페인을 대표하는 8대 음식

맛있는 음식과 함께라면 여행은 배로 즐거워진다. 특히 스페인 음식은 육류와 해산물, 채소까지 다채로운 식재료에 마늘, 후추, 파프리카 가루 등의 향신료를 적극적으로 사용해 한국인 입맛에도 대체로 잘 맞는 편이다. 유럽 국가에서는 보기 드물게 쌀을 먹는 문화가 있어서 파에야 등으로 한국인의 밥심까지 충전할 수 있다. 거기에 품질 좋은 올리브유와 와인까지 더해지면 화룡점정! 스페인에선 잠시 다이어트는 잊고 풍성한 미식의 세계에 빠져보자.

스페인의 대표 음식

하몽 Jamon

하몽은 돼지 뒷다리를 소금에 절여 건조해 만든 생햄으로 1000년경, 냉장 시설이 없던 시절 돼지고기를 장기간 보관하기 위해 만들기 시작했다. 이베리코 돼지로 만든 하몽이 최상급으로 평가받는다. 하몽은 그냥 먹어도 되지만 멜론 등 달콤한 과일과 함께 먹거나 다양한 음식 재료로 사용된다. 단, 하몽 & 멜론 조합은 주로 여름에만 먹는다. 재래시장이나 음식점에서 쉽게 맛볼 수 있는 하몽은 가격과 맛이 천차만별이다.

파에야 Paella

발렌시아가 본고장인 파에야는 이젠 스페인 전역에서 즐겨 먹는 대표 음식이 되었다. 납작한 팬에 쌀과 해산물, 채소, 고기 등의 각종 재료를 넣고 사프란이나 오징어 먹물을 넣어 만든다. 쌀을 천천히 익혀 만들어 밥알이 꼬들꼬들한 편이다. 대체로 간이 세니 주문 시 '소금 빼주세요'라는 뜻의 'Sin sal, por favor(신살 뽀르 파보르)'라고 요청하면 된다. 조리 시간이 기본 20~30분 정도 걸리고, 1인분을 판매하지 않는 곳들도 있으니 방문 전 참고할 것!

판 콘 토마테 Pan con Tomate

짭조름한 스페인 음식들과 찰떡같이 잘 어울리는 판 콘 토마테. 바싹하게 구운 빵에 생마늘과 토마토를 쓱쓱 문지른 후 올리브유를 뿌리면 초 스피드로 완성이 된다. 만들어 놓은 토마토 페이스트를 취향껏 올려 먹기도 한다. 간단한 조합이지만 토마토와 올리브유 같은 재료가 한국과 한국에선 그 맛을 내기가 쉽지 않다. 아침 식사나 오후에 간식으로 먹기에도 그만이다.

감바스 알 아히요 Gambas al Ajillo

한국에서도 브런치나 와인 안주로 인기가 많은 감바스 알 아히요는 스페인의 대표 음식이다. 올리브유에 마늘, 새우, 페페론치노 등을 넣어 조리하는데 조리법도 간단하고 빵과 함께 먹기에도 좋다. 좀 더 매콤하게 즐기고 싶다면 '감바스 알 필필Gambas al Pilpil'을 주문해 보자.

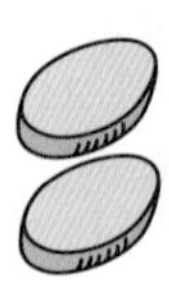

코치니요 아사도 Cochinillo Asado

세고비아 등 카스티야 지방에서 즐겨 먹는 전통 요리, 코치니요 아사도는 새끼 돼지를 특별한 양념 없이 통째로 굽는다. 육즙을 계속 발라가며 오랜 시간 익혀서 겉은 바삭하고 속은 촉촉하다. 접시로 잘라도 될 정도로 부드러운 육질을 자랑하나, 새끼 돼지의 형태가 그대로 드러나고 돼지고기 잡내가 날 수 있어 호불호가 있는 편이다.

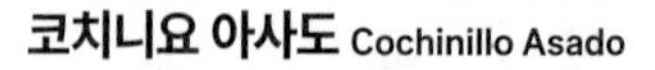

라보 데 토로 Rabo de Toro

과거 투우 경기 이후 죽은 황소의 소꼬리로 만들기 시작했던 라보 데 토로. 투우가 활성화된 안달루시아 지역을 중심으로 발전했다. 양념한 소꼬리를 오랫동안 익히는데 갈비찜과 비슷해 한국인 입맛에도 잘 맞는다. 뼈에 붙은 살들도 매우 부드럽다. 코르도바, 론다에 라보 데 토로 전문점들이 많으니 해당 지역을 간다면 꼭 한번 먹어볼 만하다.

가스파초 & 살모레호 Gaspazo & Salmolejo

가스파초는 토마토, 피망, 오이, 셀러리, 올리브오일 등을 넣어 만든 야채수프로 여름철에 주로 먹는다. 새콤하고 시원해 메인 요리를 먹기 전 입맛을 돋우기 위한 애피타이저로 좋다. 살모레호는 가스파초와 비슷하지만, 빵을 많이 넣어 되직하고 크림 같은 질감이다. 가게마다 하몽, 새우, 달걀 같은 토핑을 올리기도 한다. 살모레호는 코르도바, 론다 등 스페인 남부 안달루시아 지역에서 주로 먹는다.

추로스 & 포라스 Churros & Porras

한국 놀이동산의 인기 먹거리 추로스도 스페인이 본고장이란 사실. 오리지널 추로스의 맛은 우리나라에서 먹는 것과는 사뭇 다르다. 정통 추로스는 반죽 본연의 담백함을 살리고 바삭한 게 특징이다. 설탕이나 소금을 뿌려 먹거나 꾸덕꾸덕한 초코라테와 함께 먹곤 한다. 추로스의 다른 버전이라고 할 수 있는 포라스는 반죽에 이스트나 베이킹파우더를 넣어 스펀지처럼 부풀어 올라 바삭함 대신 포근하고 쫄깃한 식감을 낸다. 현지에선 아침 식사나 간식, 해장용으로 즐긴다.

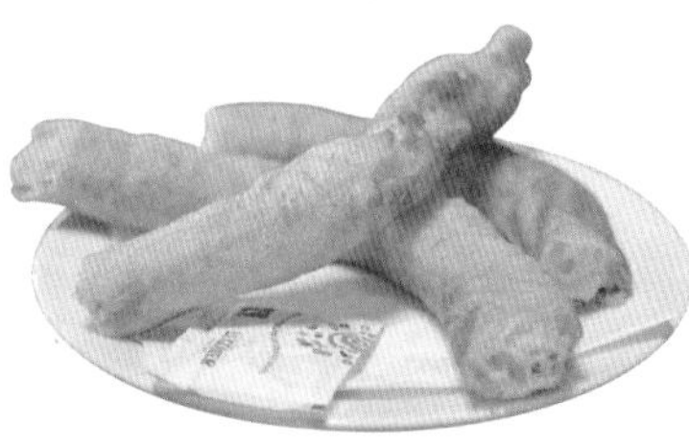

작은 접시, 큰 행복

스페인 타파스의 모든 것

'타파'는 뚜껑이란 뜻으로 과거 와인 잔에 벌레가 들어가는 것을 막기 위해 빵이나 햄, 치즈 등으로 잔의 입구를 덮었던 것에서 유래되었다. 이제 타파스는 작은 접시 단위로 파는 음식을 통칭하는 말로 스페인을 대표하는 음식 문화를 뜻하기도 한다. 식전 간식이나 술안주로 먹기 좋게 소량으로 제공되며 가격도 저렴해 나 홀로 여행자도 부담 없이 즐길 수 있다. 여러 타파스 바르를 옮겨 다니며 이것저것 맛보는 타페오Tapeo도 스페인 여행을 즐기는 또 하나의 방법이다.

타파스 주문 단위

타파는 바르에서 주문할 수 있는 최소 단위로 혼자서 먹기에도 적은 양이라 포만감을 느끼려면 보통 3~4개 정도를 시켜야 한다. 그래서 2인 이상 방문하거나 좀 더 넉넉한 양을 원한다면 일반 식사용인 라시온Ración으로 주문하면 된다. 타파와 라시온의 중간 사이즈인 메디아 라시온Media Ración도 있는데 주문 단위는 바르마다 다르게 운영된다.

타파 < 메디아 라시온 < 라시온

스페인 타파스의 대표 주자

스페인에서 가장 흔하게 볼 수 있는 타파스는 무엇일까? 간단하게 먹기도 편하고 맛도 있는 대표 타파스를 소개한다.

몬타디토 & 핀초 Montadito & Pintxo

몬타디토 Montadito

스페인에서 흔히 볼 수 있는 타파스의 종류. 몬타디토는 작은 빵 위에 다양한 재료를 올려 먹는 오픈샌드위치로 간단히 요기하기도 좋다. 토핑과 소스에 따라 수십 또는 수백 가지의 레시피가 있으니 여러 가게를 돌며 먹어보는 재미도 쏠쏠하다. 일반 샌드위치는 '보카디요'라고 한다.

핀초 Pintxo

스페인 바스크 지역의 타파스를 '핀초'라 하는데 이는 바스크어로 '꼬챙이'란 뜻으로 바게트 조각 위에 꼬치에 꿴 재료들을 얹어 주는 것을 말한다. 하지만 빵을 사용하지 않는 경우도 있으며 꼬챙이를 사용하지 않는 변형된 스타일도 모두 핀초라 칭한다. 다양한 종류의 핀초를 쌓아두고 원하는 것을 골라서 먹을 수 있는 곳을 '핀초스 바르'라고 하는데 주로 산 세바스티안, 빌바오 등의 바스크 지역에서 만날 수 있다.

한 입에 반하는 맛의 세계로!

스페인 최고의 인기 타파스

스페인 여행에서 빼놓을 수 없는 즐거움 중 하나는 바로
다양한 타파스를 맛보는 것. 작은 접시에 담겨 나오는 타파스는 스페인의 문화와
역사를 담고 있으며, 지역마다 독특한 맛과 스타일을 자랑한다.

피미엔토스 데 파드론 Pimientos de Padrón

파드론 지역의 특산물인 고추를 올리브유에 볶은 것

베렌헤나스 콘 미엘 Berenjenas con Miel

꿀을 뿌려 먹는 가지튀김

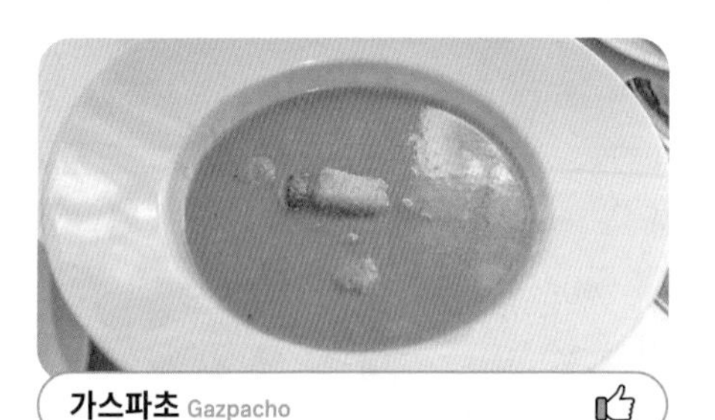

가스파초 Gazpacho

토마토 외 여러 채소를 넣고 갈아 시원하게 먹는 수프. 여름철 별미로 꼽힌다.

참피뇨네스 Champiñones

하몽 등을 넣고 올리브유로 구운 버섯 요리

판 콘 토마테 Pan con Tomate

빵 위에 마늘 향을 입히고 토마토소스와 올리브유를 뿌린 것

살모레호 Salmolejo

토마토, 빵, 올리브오일 등으로 만든 수프. 가스파초보다 좀 더 되직하고 크림 같은 질감이다.

살피콘 데 마리스코 Salpicon de Marisco

피망, 양파, 토마토에 새우, 홍합, 맛살 등의 해산물을 넣은 상큼한 샐러드

토르티야 데 파타타 Tortilla de Patata

감자를 넣은 스페인식 오믈렛. 아침 식사로 인기다.

파타타스 브라바스 Patatas Bravas

매콤한 브라바 소스와 함께 먹는 감자튀김

우에보스 데 에스트레야 Huevos de Estrella

반숙 달걀과 하몽과 섞어 먹는 감자튀김

크로케타스 Croquetas

으깬 감자에 하몽, 치킨 등을 버무려 튀긴 크로켓

하몽 Jamón

돼지 뒷다리를 염장해 만든 생햄

초리조 Chorizo

매콤한 스페인식 반건조 소시지

카라콜레스 Caracoles

소스에 졸인 달팽이 요리

감바스 프리타스 Gambas Fritas

새우튀김

치피로네스 프리토스 Chipirones Fritos

꼴뚜기튀김

칼라마레스 프리토스 Calamares Fritos

오징어튀김

보케로네스 엔 비나그레 Boquerones en Vinagre

식초에 절인 엔초비

나바하스 알 라 플란차 Nabajas a la Plancha

올리브오일에 구운 맛조개

칼라마레스 알 라 플란차 Calamares a la Plancha

그릴에 구운 오징어 요리

풀포 가예가 Pulpo Gallega

부드럽게 익힌 갈리시아 지방의 전통 문어 요리

우에바스 메를루사 프리타스 Huevas Merluza Fritas

대구알 튀김

타파스 주문 시 알아두면 좋은 팁

타파스 종류는 너무나 무궁무진해서 레스토랑, 바르의 메뉴판이 빼곡한 경우가 많다. 뭘 골라야 할지 막막할 수 있지만, 메뉴 이름이 대부분 음식 재료+조리법 순으로 표기되어 있어서 몇 가지 단어들을 알고 있으면 주문이 훨씬 쉬워진다. 예를 들어 Gambas(새우)+Fritas(튀김)=새우튀김, Pulpo(문어)+a la Plancha(팬 구이)=팬(철판)에 구운 문어를 뜻한다.

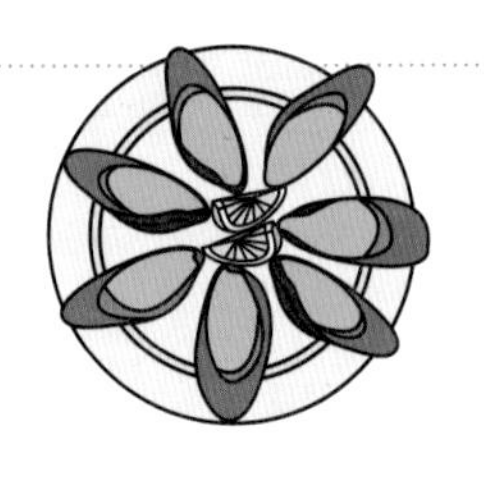

해산물 Mariscos

- **Gambas** 🔈 감바스 새우
- **Pulpo** 🔈 풀포 문어
- **Calamar** 🔈 칼라마르 오징어
- **Mejillón** 🔈 메히욘 홍합
- **Navaja** 🔈 나바하 조개
- **Chipirónes** 🔈 치피로네스 꼴뚜기
- **Boquerónes/Anchoas** 🔈 보케로네스/안초아스 멸치(정어리)
- **Bacalao** 🔈 바칼라오 대구

채소 Verdure

- **Champiñón** 🔈 참피뇽 버섯
- **Berenjena** 🔈 베렌헤나 가지
- **Pimiento** 🔈 피미엔토 피망
- **Patata** 🔈 파타타 감자
- **Oliva/Aceituna** 🔈 올리바/아세이투나 올리브
- **Tomate** 🔈 토마테 토마토
- **Ajo** 🔈 아호 마늘
- **Ajillo** 🔈 아히요 마늘 소스

육류 Carne

- **Pollo** 🔈 뽀요 치킨
- **Carne de cerdo** 🔈 카르네 데 세르도 돼지고기
- **Carne de vaca** 🔈 카르네 데 바카 소고기
- **Lomo** 🔈 로모 안심
- **Solomillo** 🔈 솔로미요 등심
- **Jamón** 🔈 하몽 하몽
- **Chorizo** 🔈 초리조 초리조

조리법

- **Asado/Parrilla** 🔈 아사도/ 파리야 불이나 화덕에 구운 직화구이
- **A la Plancha** 🔈 알 라 플란차 철판구이, 팬 구이
- **Frito/Frita** 🔈 프리토/프리타 튀김

알아두면 두고두고 유용한

스페인 음식 문화

기후 조건과 과거 귀족들의 생활상에 영향을 받은 스페인의 하루 생활 패턴은 꽤 특별하다. 한낮엔 햇살이 매우 뜨거워서 오후 2~5시 정도엔 낮잠을 자는 '시에스타Siesta'를 즐기고 오후 일과를 들어가 일을 마치면 밤 7~8시 정도가 된다. 그러다 보니 끼니와 끼니 사이에 간격이 길어 중간중간 가볍게 요기하며 늦은 퇴근 시간으로 인해 저녁 식사도 9시 이후가 보통이다. 그래서 레스토랑이나 바르도 오후 브레이크 타임이 있고, 저녁 영업도 8시 이후 시작하는 곳이 많아 방문 전에 운영 시간을 꼭 체크 해두는 게 좋다.

하루에 다섯 끼 먹는 스페인 사람들의 일상

생활 패턴 때문에 스페인에선 하루에 다섯 끼를 먹는다고 하지만, 조금씩 여러 차례 나눠 먹는 거라 총식사량은 다른 나라 사람들과 크게 다르지 않다. 여행자까지 이런 패턴을 따라 할 필요는 없지만, 현지인들의 문화를 알고 있어야 좀 더 여행을 알차게 즐길 수 있다. 한국에서처럼 정오, 저녁 6시 식사 시간을 고집하면 갈 수 있는 곳들이 제한된다.

데사유노 Desayuno	07:00~08:00	출근 전, 커피나 우유에 비스킷이나 쿠키, 작은 빵 정도를 곁들인다. 카페에서 크루아상, 커피, 오렌지 주스를 먹기도 한다.
알무에르소 Almuerzo	11:00~12:00	점심 식사 전, 바르나 카페테리아에서 보카디요, 토르티야 등으로 간단히 요기한다.
코미다 Comida	14:00~16:00	스페인 사람들은 점심을 가장 풍성하게 먹는 편이라 많은 레스토랑에서 저렴한 가격으로 '메뉴 델 디아'를 파는 곳이 많다. 애피타이저, 메인, 디저트까지 코스로 여유롭게 즐기며 맥주나 와인을 함께 마시기도 한다.
메리엔다 Merienda	18:00~19:00	퇴근 전후 카페나 바르에서 타파스나 보카디요에 가볍게 한 잔을 곁들인다. 하루의 피로를 날리는 시간.
세나 Cena	21:00 이후	스페인 가정에서는 보통 9시 이후에 저녁 식사를 하는데 수프나 샐러드, 약간의 파스타 정도로 가볍게 먹는다. 레스토랑을 방문할 땐 밤 9시도 이른 시간이다. 자정 무렵까지도 식사하러 오는 사람들이 많다.

* 시간대는 계절이나 지역에 따라, 사람에 따라 조금씩 달라질 수 있음

음식 못지않게 다채로운

스페인 음료 완벽 가이드

바르나 레스토랑에 가면 테이블에 앉자마자 메뉴판을 주지도 않고
음료 주문부터 받는 경우도 있으니 미리 알아두면 유용하다. 하우스 와인, 맥주를
베이스로 한 칵테일 음료는 가격도 합리적이라 다양하게 맛보기 좋다.

스페인에서 즐겨 마시는 음료

카페 콘 이엘로
Cafe con Hielo

에스프레소와 얼음을 따로 준다. 얼음은 딱 한두 알 정도 주기 때문에 흔히 먹는 아이스커피를 생각하면 안 된다.

카페 솔로 Cafe Solo

에스프레소

코르타도 Cortado

에스프레소에 약간의 우유 거품을 올린 커피

카페 콘 레체 Cafe con Leche

스페인 사람들이 가장 즐겨 먹는 커피. 에스프레소에 우유를 넣은 현지식 카페라테

초코라테 Chocolate

걸쭉하게 즐기는 진한 초콜릿 음료로 단맛이 적고 약간 쌉싸름하다. 주로 추로스와 함께 먹는다.

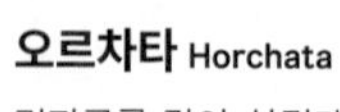

오르차타 Horchata

견과류를 갈아 차갑게 마시는 음료로 스페인은 물론 남미에서 즐겨 마신다. 한때 인기였던 한국의 '아침햇살'이란 음료와 맛이 살짝 비슷하다.

수모 데 나랑하 Zumo de Naranja

달콤한 오렌지를 그대로 착즙해 만든 주스. 아침 식사 때 즐겨 마신다.

바르셀로나 3대 카페

스페인 커피는 대체로 저렴하나 맛이 특별하지는 않다. 커피 맛을 중시하는 여행자라면 맛있는 커피에 대한 갈증이 생길 수밖에 없다. 커피에 누구보다 진심인 사람에게 추천하는 카페 Best 3.

1 엘 마그니피코
Cafés El Magnífico

세계 바리스타 대회 챔피언 출신인 주인이 원두를 직접 선별하고 블렌딩한 커피를 판매한다. 보른 지역에 있는 카페는 아담하고 자리가 많지 않아 바에 서서 마시거나 테이크아웃해야 하지만, 맛 하나만으로도 커피 마니아들의 발길이 끊이질 않는다. 호프만 베이커리에서도 엘 마그니피코 커피를 판매한다. P.151

2 노마드 커피랩 & 숍
Nomad Coffee Lab & Shop

보른 안쪽에 위치해 일부러 찾아가지 않으면 눈에 띄지 않지만, 커피 맛으로 유명해 알음알음 찾는 사람들이 많다. 원두를 자체 블렌딩해 사용하며 신선한 원두를 사용하기 위해 시즌별로 메뉴가 변동된다. 원두 선택의 폭이 넓으며 커피 맛은 굳이 말할 필요가 없다. 3개의 시점이 있고 바리스타 과정도 운영한다. P.152

3 시라 커피
Syra Coffee

그라시아 지구에서 시작한 아담한 카페 시라는 현지인들이 사랑의 힘 입어 현재 바르셀로나에서 가장 많이 보이는 카페 체인으로 성장했다. 싱글 오리진 100% 아라비카 원두를 사용해 커피 맛이 좋아 마니아들이 특히 많다. 접근성 좋은 곳곳에 지점이 있고 원두와 드립 백, 각종 굿즈들도 판매하고 있어서 커피를 좋아하는 이라면 한 번쯤 들러볼 만하다. P.152

스페인에서 즐겨 마시는 주류

세르베사 Cerveza

맥주. 용량에 따라 다른 명칭이 있는데 200mL 내외로 따라주는 '카냐Caña'를 현지에선 가장 즐겨 마신다. 물보다 저렴한 경우가 많아서 물 대신 맥주를 마시는 사람들도 많다. 400mL 정도의 큰 잔은 '도블레Doble', 병맥주는 '세르베사 데 보테야Cerveza de Botella'라고 한다. 바스크 지방에서는 까냐보다 더 작은 150mL의 '수리토Zurito'를 판매하는데 잔이 납작하고 넓어서 거품을 끝까지 즐길 수 있다.

클라라 Clara

맥주에 레몬 소다나 레모네이드를 섞어 만드는 칵테일. 새콤달콤한 맛으로 여름철에 특히 인기다.

카바 Cava

스페인에서 생산되는 스파클링 와인. 일반적인 카바 블랑코(화이트) 외에 카바 로사도(로제)도 있다.

비노 블랑코 Vino Blanco

화이트 와인. 해산물과 어울리며 여름철에 마시기 좋다.

비노 틴토 Vino Tinto

레드 와인. 스페인에서 가장 유명한 와인 산지인 리오하Rioja 지역의 와인을 주문하면 대부분 평균 이상의 맛은 한다.

상그리아 Sangria

레드 와인에 각종 과일과 설탕, 주스, 브랜디 등을 넣어 만든 것. 일반 와인보다 좀 더 가볍고 시원하게 마실 수 있다.

카바 상그리아 Cava Sangria

일반 상그리아의 카바 버전. 레드 와인 대신 카바를 사용해 좀 더 깔끔한 맛을 낸다.

틴토 데 베라노 Tinto de Verano

레드 와인과 레몬 소다를 1:1 비율로 섞은 칵테일. 상그리아보다 더 가볍고 산뜻해 '여름의 레드 와인'이란 이름에 맞게 뜨거운 계절에 잘 어울린다.

베르무트 Bermut

와인에 약초와 향신료 등을 넣어 맛을 더한 베르무트. 현지인들은 식전주로 즐겨 마신다. 특유의 향과 맛 때문에 호불호가 나뉘는 편이다.

시드라 Sidra

스페인 북부 바스크 지방에서 즐겨 마시는 사과로 만든 술. 달지 않고 신맛이 강하며 사과 향이 은은하게 느껴진다.

알면 알수록 빠져드는

스페인 와인의 매력

이탈리아, 프랑스에 이어 세계 3위 와인 생산국인 스페인. 고급 레드 와인 산지인 리오하, 리베라 델 두에로를 비롯해 카스티야 라만차, 아라곤, 갈리시아, 카탈루냐 등 많은 지역에서 와인을 생산하고 있다. 화이트, 레드 와인과 샴페인 제조 방식으로 만든 스파클링 와인인 카바, 브랜디를 첨가한 셰리 와인까지 다양해 로컬 와인을 맛보는 재미가 쏠쏠하다.

스페인 와인 숙성 등급

- **호벤** Joven 수확한 다음 해 바로 병에 넣은 어린 와인
- **크리안자** Crianza 오크통 숙성 1년 포함 병입 숙성까지 최소 2년
- **레세르바** Reserva 오크통 숙성 1년 포함 병입 숙성까지 최소 3년
- **그란 레세르바** Grand Reserva 오크통 숙성 2년 포함 병입 숙성까지 최소 5년

스페인 대표 와인 및 산지

화이트와인 차콜리 생산지

바스크 지역 Euskal Herria

차콜리Txakoli는 바스크 지역에서 생산되는 화이트 와인으로 로컬 품종인 온다라비 졸리와 온다라비 벨차 포도로 만들어진다. 레몬이나 라임 등의 시트러스, 은은하게 퍼지는 풋사과의 향이 어우러지고 적당한 산미도 있어 특히 여름철, 해산물 요리에 딱 맞는 와인이다. 그래서 바스크 지역에선 핀초스 바에서 차콜리를 즐겨 마시는데 가격도 저렴한 편이니 꼭 한 번쯤 도전해 보면 좋겠다. 병을 높이 들어 와인 잔에 졸졸 따라주는 것도 특별한 볼거리다.

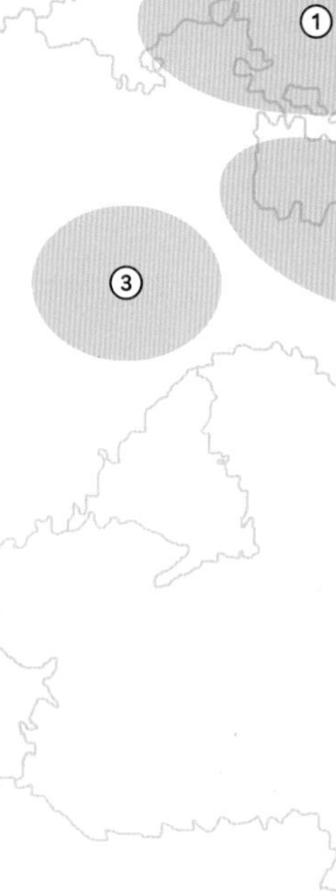

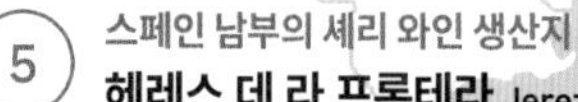

5 스페인 남부의 셰리 와인 생산지

헤레스 데 라 프론테라 Jerez de la Frontera

과거 오랜 기간 동안 항해할 때 와인이 변질되는 것을 막기 위해 브랜디를 첨가해 도수가 높은 주정 강화 와인을 만들었다. 포르투갈의 포트 와인과 함께 스페인의 셰리 와인은 세계 2대 주정 강화 와인으로 손꼽힌다. 셰리 와인은 스페인 남부 헤리스 지역에서 생산되는데 대부분 청포도 품종인 팔로미노로 만든다. 건조한 기후로 인해 '솔레라'라는 독특한 시스템으로 숙성시킨다. 드라이한 것부터 이가 아릴 만큼 달짝지근한 것까지 맛의 범위가 넓으며 알코올 함량이 15.5~22% 정도로 높다.

② 스페인 레드 와인의 대명사
리오하 Rioja

스페인 북부, 프랑스 국경 인근에 자리한 리오하 지역은 보르도와 기후, 재배 조건이 비슷하고 보르도에 있던 와인 메이커와 경영자들이 상당수 옮겨오면서 양조 스타일에도 영향을 많이 받아 스페인 최고의 레드 와인 생산지로 성장했다. 이곳에서 생산되는 2/3 가량은 레드 와인으로 템프라니요를 주요 품종으로 블렌딩해서 만든다. 템프라니요는 카베르네 소비뇽과 피노 누아의 중간적인 맛으로 산미가 좋으며 우아하다. 대표적인 와이너리로 마르케스 데 리스칼, 아르타디, 보데가스 무가, 마르케스 데 카세레스 등이 있다.

③ 스페인 와인의 신흥 강자
리베라 델 두에로 Ribera del Duero

이베리아반도에서 가장 길고 넓은 두에로 강변에 지리한 와인 산지로 높은 해발고도와 큰 일교차로 당도가 높고 풍부한 산도와 강건한 타닌을 함유한 포도가 생산된다. 주요 토착 품종인 틴토 피노는 지나치게 야성적이라 한때 싸구려 와인으로 여겨졌으나 새로운 재배법과 양조 기술을 만나 오히려 스페인 최고의 와인으로 자리 잡았다. 지역 와이너리 중 '베가 시실리아'는 오크통에서 10년 이상 장기 숙성하는 우니코Unico 와인을 만들어 스페인의 '로마 네 꽁띠'로 불린다.

④ 카바의 주요 생산지
콤타츠 데 바르셀로나 Comtats de Barcelona

프랑스에 샴페인이 있다면, 스페인엔 카바가 있다. 예부터 스페인은 프랑스 샹파뉴 지역에 코르크 수출했고, 이 지역을 왕래하던 와인 생산자들은 샴페인의 발전을 지켜보면서 양조 방식을 배웠다. 결국 1872년, 처음으로 카바를 대량 생산하기 시작했고 세계에서 두 번째로 많이 생산되는 스파클링 와인이 됐다. 총 4곳의 카바 생산지 중 카탈루냐 지역의 콤타츠 데 바르셀로나에서 약 95%가 생산된다. 그래서 바르셀로나 근교의 카바 와이너리로 투어를 다녀오기도 한다.

아는 만큼 즐긴다!

스페인 레스토랑 이용 가이드

테이블을 잡고 앉아 여유롭게 식사하고 싶을 때 찾는 레스타우란테Restaurante, 테이블 또는 바에 서서 캐주얼하게 요기하고 싶을 때 찾는 바르Bar, 레스타우란테와 바르의 분위기를 모두 갖춘 곳들도 있어 스페인 맛집 스펙트럼은 상당히 넓은 편이다. 행복한 고민 끝에 레스타우란테를 선택했다면 기본적인 이용 방법을 숙지해 매너 있게 이용해 보자.

① 좌석을 안내받은 후 착석

문을 열고 들어가면 응대해 주는 직원에게 인원수를 말하고 좌석 안내를 받은 후 착석한다. 예약했다면 이름과 시간을 말하면 확인해준다.

② 영어 메뉴판, 메뉴 델 디아 확인하기

착석 후 영어 메뉴판이나 오늘의 메뉴가 있는지 물어보고 안내해 줄 때까지 기다린다. 보통 유럽의 레스토랑에선 손을 번쩍 들거나 직원을 소리 내어 부르지 않는다.

③ 음료부터 주문, 1인 음료 1잔은 기본

스페인에선 대부분 레스토랑에서 물이 제공되지 않으며 1인 음료 1잔을 기본적으로 주문한다. 100% 의무는 아니지만, 암묵적인 룰이라고 할 수 있다. 보통 음료 주문을 먼저 받는다. 하우스 와인은 잔으로 주문할 수 있는데 2~3인이 한 두 잔 씩 마실 거라면 병으로 주문하는 게 더 낫다.

④ 인내심을 갖고 여유롭게 식사를 즐기는 게 중요!

스페인뿐 아니라 유럽 레스토랑에선 급한 마음은 내려놔야 한다. 전반적으로 음식 나오는 속도도 더디고, 메뉴 델 디아 또는 코스로 주문할 경우 앞의 음식을 다 먹어야 다음 음식이 나온다. 그래서 기본 1시간 반 정도는 잡아야 한다.

⑤ 디저트는 필수가 아닌 선택

메뉴 델 디아에는 디저트가 포함되어 있어서 보통 메인 식사가 끝나면 주문받는다. 일반 식사의 디저트를 주문할 것인지를 물어보긴 하지만 전혀 부담가질 필요가 없다. 원하지 않는다면 과감하게 패스하자.

⑥ 계산은 테이블에서

식사를 마친 후 테이블에서 계산서를 요청하자. "라 꾸엔타, 포르 파보르(La Cuenta, por favor)" 또는 손가락으로 네모 표시해도 된다. 모든 과정을 테이블에서 마친 후 일어서면 된다. 때론 계산하는 데도 오랜 시간이 걸릴 수 있지만, 느긋이 현지의 속도를 받아들여 보자.

스페인은 팁 문화가 강한 편은 아니라 자유롭게 선택할 수 있다. 만족스러운 서비스를 받았을 때 잔돈이나 음식값의 10% 정도를 팁을 주며 고마움을 표시하면 된다.

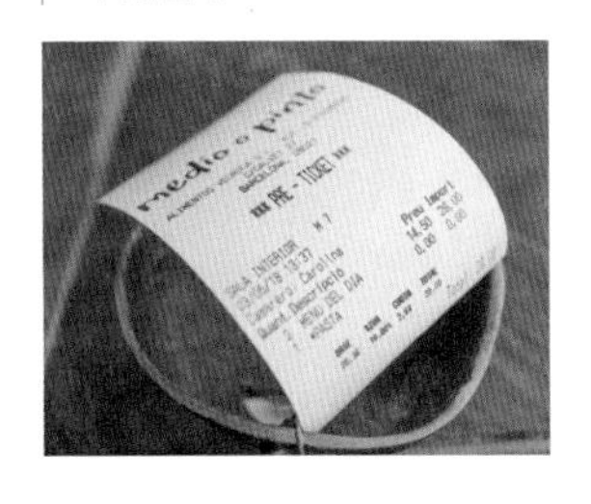

뛰어난 가성비의 코스 요리

메뉴 델 디아

스페인 사람들은 점심을 가장 든든하게 먹는 편이라 애피타이저부터 메인 요리, 디저트까지 여유롭게 정찬을 즐기는 경우가 많다. 그래서 발달한 게 메뉴 델 디아 문화다. 평일 점심시간에만 주문할 수 있으며 €15~25에 비교적 저렴하게 코스 요리를 즐길 수 있다. 스페인 전역에 활성화되어 있어 여행자들의 배를 든든하게 채워준다.

메뉴 델 디아 구성

보통 애피타이저(프리메로 플라토)-메인 요리(세군도 플라토)-디저트(포스트레) 등 3코스로 구성되어 있다. 레스토랑마다 다르지만 각 코스 당 3~5개의 종류 중 원하는 것을 하나씩 선택하면 된다. 또한 와인, 맥주, 물 등 음료도 한 잔 포함된다.

프리메로 플라토 Primero Plato

제1 요리로 수프, 샐러드, 파스타, 파에야 등의 요리들이 포함된다. 코스별로 음식량이 많은 편이라 처음부터 양 조절을 잘해야 한다. 위가 작은 편이라면 샐러드나 수프를 주문할 것.

세군도 플라토 Segundo Plato

메인 요리는 육류나 생선으로 만든 요리들이 주를 이룬다. 소고기, 돼지고기, 치킨 등을 비롯해 생선 스테이크까지 다양하다. 메뉴 델 디아의 구성은 일 단위, 주 단위로 자주 바뀌는 편이다.

포스트레 Postre

아무리 배가 불러도 놓칠 수 없는 디저트. 케이크나 푸딩, 소르베나 아이스크림, 과일 등이 일반적이다. 레스토랑에 따라 커피가 포함되어 있거나 커피나 디저트 중 한 개를 고를 수 있다.

바르셀로나 메뉴 델 디아 맛집

라 플라우타 La Flauta

시우다드 콘달, 비니투스와 함께 바르셀로나 3대 꿀 대구 맛집으로 손꼽히는 곳. 합리적인 가격대의 메뉴 델 디아를 즐기려면 무조건 라 플라우타로 가자!

엔 빌레 En Ville

프랑스 퓨전 요리를 맛볼 수 있는 라발 지구의 분위기 좋은 레스토랑. 신선한 식재료를 사용하고 음식 세팅도 훌륭해 전반적으로 만족도 높은 식사를 할 수 있다.

나인 Nine

관광지 밀집 지역에서 약간 떨어져 있어서 여행객보다는 현지인들에게 더욱 인기가 많은 곳. 가격대는 살짝 높은 편이지만 메뉴 선택의 폭이 넓고 세팅이 고급스러우며 맛도 좋다.

현지에서 만나는

스페인 로컬 브랜드

자라를 비롯해 전 세계에 7,400여 개의 브랜드 매장이 있는 세계적인 패션 기업 인디텍스사의 다양한 브랜드 외에도 트렌디하고 개성 넘치는 자국 브랜드들이 많다. 디자인도 훨씬 다양할 뿐 아니라 가격까지 저렴해 쇼핑의 즐거움을 제대로 만끽할 수 있다. 세일 기간이라면 겹친다면 금상첨화가 따로 없다.

자라 Zara

최신 트렌드를 즉각 반영해 짧은 시간에 제작하고 유통하는 패스트 패션의 선두 주자. 남녀노소를 아우르는 폭넓은 제품군에 수시로 신제품이 출시되어 현지인과 여행자 모두에게 인기다. 합리적인 가격에 유행 아이템을 구입할 수 있으며 세일 시즌엔 최대 90%까지 할인하기도 한다.

마시모 두띠 Massimo Dutti

자라와 같은 인디텍스 그룹의 계열사로 가격대가 좀 더 높게 형성되어 있지만, 도회적이고 세련된 룩을 선보인다. 소재나 디자인이 고급스럽고 캐주얼부터 정장까지 트렌디함과 클래식함을 동시에 잡았다. 특히 남성 라인이 충실해 직장 남성들에게도 인기다.

우테르케 Uterqüe

2008년 액세서리 브랜드로 시작해 지금은 합리적인 가격대의 패션과 잡화까지 확장했다. 세련된 오피스룩부터 화려한 파티룩까지 다양한 스타일을 아우르며 엣지 있는 백이나 신발들도 많다.

풀앤베어 Pull & Bear

누구에게나 무난하게 어울리는 베이직한 스타일을 기본으로 한다. 내추럴한 컬러의 제품들이 주를 이룬다. 특히 기본에 충실한 남성 의류를 찾고 있다면 추천한다.

베르슈카 Bershka

10~20대를 겨냥한 캐주얼 브랜드. 다이내믹한 컬러와 로고, 개성 넘치는 옷들이 많다. 가격이 저렴한 편으로 소재나 완성도는 다소 떨어진다. 최신 유행템을 한 시즌 정도 입는다는 생각으로 구입하기 좋다.

오이쇼 Oysho

자라와 같은 인디텍스 그룹의 브랜드로 여성 란제리를 전문으로 하고 있다. 좋은 소재와 디자인, 편안함을 갖추고 있어 폭넓은 연령대에서 인기를 끌고 있다. 그 밖에 홈웨어, 스포츠 의류, 비치 웨어까지 제품군이 다양하다.

로에베 Loewe

스페인 최고의 명품 브랜드. 마드리드 시내에서 가죽 공방으로 시작해 스페인 왕실 납품업자로 선정되었고, 지금까지 모든 제품을 장인들이 직접 제작한다.

토스 Tous

바르셀로나 외곽에서 작은 시계방으로 시작해 1970년 작은 귀금속 가게로 본격적인 사업을 시작했다. 이후 곰돌이 모양의 펜던트가 탄생하면서 토스의 브랜드 이미지가 좀 더 확고해졌다. 고급스러움과 캐주얼함을 동시에 갖고 있어 폭넓은 연령대에 인기다.

망고 Mango

자라와 함께 인지도 높은 스페인 SPA 브랜드 중 하나. 1994년 바르셀로나에서 여성 의류 브랜드로 시작해 남성복, 아동복, 액세서리, 스포츠 의류 및 속옷 등의 전문 브랜드를 갖춘 기업으로 성장했다.

빔바이롤라 Bimba y Lola

빌바오에서 시작한 젊은 감각의 브랜드로 브랜드 이름을 오너의 애완견인 빔바와 롤라의 이름에서 따왔다. 통통 튀는 컬러와 유니크한 프린트의 의류가 많으며, 가방과 신발, 지갑 등의 패션 잡화도 인기다.

아돌프 도밍게스 Adolf Dominguez

스페인 북부에서 작은 남성복 전문점으로 시작해 명성을 얻으면서 여성복 라인까지 확장했다. 고급 소재에 핏이 좋은 오피스룩이 주를 이루며 드레스 라인도 있다. 퀄리티 좋은 가죽 소재의 신발, 가방들도 많다.

데시구알 Desigual

통통 튀는 스페인 브랜드 중 하나. 데시구알은 '같지 않다'라는 뜻으로 여타 브랜드와 다르게 개성 넘치는 스타일을 추구한다. 화려한 컬러와 그래픽, 독특한 패브릭을 이용한 의류와 잡화가 주를 이룬다.

캠퍼 Camper

140년이 넘는 세월 동안 4대째 기업을 이어오고 있는 스페인 대표 신발 브랜드. 다소 투박한 디자인이긴 하지만 창의적이고 편안한 착화감으로 꾸준한 인기를 얻고 있다. 오피스룩부터 데일리룩까지 어디든 잘 어울린다.

이건 꼭 사야 해!

스페인 쇼핑 추천 리스트

웬만한 것들은 모두 국내에서도 구할 수 있어서 예전만큼의 메리트가 없긴 하지만,
그 와중에도 희소성이 있는 상품들이 있고 가격도 저렴한 편이라 쇼핑을 포기할 순 없다.
스페인 여행객들에게 인기 있는 소소한 쇼핑 리스트를 알아보자.

올리브 제품

세계 제1의 올리브 생산 국가인 스페인에서는 질 좋은 올리브로 만든 다양한 제품군이 있다. 올리브유, 올리브 절임을 비롯해 올리브로 만든 비누나 화장품 등도 있다.

와인 Vino

세계 3위의 와인 생산국인 스페인에는 가성비 좋은 와인들이 많다. 유명 와인 산지인 리오하 지역의 와인이나, 스파클링 와인인 카바를 구입하면 대부분 성공적이다. 스페인 감성을 한껏 담은 시판용 상그리아는 선물용으로 인기다. 마트나 백화점에서 구입할 수 있다.

꿀 국화차 Manzanilla con Miel

스페인 여행을 다녀오는 사람들이 꼭 사 오는 것 중 하나다. 은은한 국화 향과 달콤한 꿀이 어우러진 맛이 좋으며 티백 형태라 가볍고 가격까지 저렴하다. 스페인에선 몸살, 감기로 아플 때도 꿀 국화차를 마신다고.

꿀 Miel

깔끔한 향에 맛있기로 유명한 스페인 꿀. 저렴한 가격에 다양한 패키지와 용량으로 나와 부담 없이 구입할 수 있다.

소금 Sal

스페인 소금 중에서도 맛있기로 유명한 이비자 소금. 깨끗한 염전, 뜨거운 태양이 만들어 낸 소금은 작은 패키지 제품으로도 나온다. 백화점 식품점 등에 가면 쉽게 구입할 수 있다.

투론 Turrón

스페인 전통 과자인 투론은 땅콩, 아몬드, 마카다미아, 해바라기씨 같은 견과류에 꿀을 넣고 굳혀 달콤하고 고소하며 꾸덕꾸덕한 식감을 즐길 수 있다. 종류가 다양하고 소포장 되어 있어 선물용으로도 좋다.

마티덤 앰플 Martiderm

여행자들에게 가장 인기 많은 화장품. 비타민, 노화 방지 성분이 들어 있어 주름 개선 및 화이트닝에 효과가 탁월하다. 종류가 여러 가지니 피부 타입과 효능에 따라 선택하면 된다. 약국에서 판매하며 지점마다 약간의 가격 차이가 있다.

파에야 키트

스페인 하면 가장 먼저 떠오르는 전통 음식, 파에야. 파에야 키트나 레토르트 상품도 많이 찾아볼 수 있어 이를 구입한 후 한국에서 쉽게 만들어 먹을 수 있다. 재래시장이나 마트에서 만나볼 수 있으며 종류가 매우 다양하다.

바이파세/바이오더마 Byphasse/Bioderma

가성비 좋은 스페인 코스메틱 브랜드. 500mL 대용량 클렌징 워터로 한국 여행자들에게도 이름을 알리기 시작했고 마스크팩, 페이스 스크럽 등의 제품들도 잘 나간다. 한국에도 정식 수입이 되지만 스페인 현지가 훨씬 저렴하다.

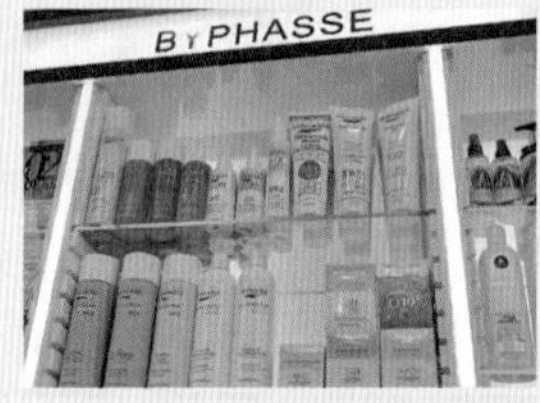

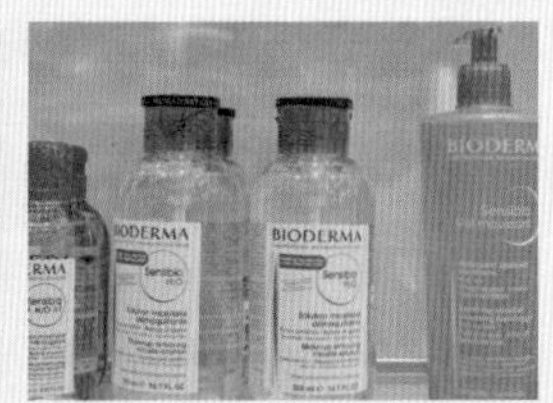

수제 비누 Jabon

천연 재료로 만든 비누를 전문으로 판매하는 곳들을 많이 찾아볼 수 있다. 올리브는 기본, 각종 과일과 꽃, 허브 등을 재료로 만들며 모양, 향, 효능까지 다양하다. 부피가 작고 가벼워 선물용으로 좋다.

에스파드류 Espadrille

삼베를 엮어 만든 바닥에 가벼운 소재의 천을 덮어 만든 핸드메이드 신발로 가볍고, 디자인도 다양해 여름 신발로 인기다. 가격도 저렴해 여러 개씩 구입해 가는 사람들이 많다.

야드로 Lladró

발렌시아에서 시작된 브랜드로 도자기로 만든 장식품이 주를 이룬다. 스페인 곳곳에서 구입할 수 있으며 파스텔톤의 감성 넘치는 장식품들이 많아. 디자인에 따라 가격이 천차만별이다.

각종 기념품

마그넷, 스노우볼, 오프너, 엽서, 기념 컵 등이 가격대가 높지 않고 소장용으로 좋아 본인을 위한 기념품 또는 지인 선물용으로도 그만이다.

축구 관련 기념품

내로라하는 축구팀과 축구 선수가 많은 스페인에선 도시마다 축구 관련 제품들을 판매하는 공식 판매처가 있다. 유니폼을 구입하면 본인의 이름도 새길 수 있다.

알아두면 유용한 스페인 쇼핑 꿀팁

스페인 정기 세일

스페인의 빅세일은 1월 6일 동방 박사의 날 다음 날인 1월 7일부터 시작된다. 세일 첫날은 백화점과 대부분의 상점은 평소보다 일찍 영업을 시작하고 이른 시간부터 쇼핑하는 사람들의 행렬이 이어진다. 보통 세일은 3단계로 진행이 되는데 뒤로 갈수록 할인율이 높아진다. 다만, 인기 제품들은 재고가 빨리 빠지니 원하는 제품이 있을 땐 세일 초반을 노려야 한다. 여름 세일은 6월 말부터 8월까지 진행된다.

식재료 쇼핑은 로컬 마트에서!

스페인의 인기 쇼핑 아이템 중엔 유난히 식재료가 많다. 세계적으로 유명한 올리브와 와인 산지답게 올리브유, 절인 올리브, 와인들이 넘쳐나고 소금이나 향신료, 각종 소스와 통조림까지 나열하기조차 힘들다. 이런 아이템들은 대형 슈퍼마켓에서 구입을 하는 게 가장 좋은데 메르카도나Mercadona, 알 캄포Al Campo, 디아Dia, 까르푸Carrefour, 콘디스Condis 까지 다양하다. 이 중에서도 메르카도나가 규모도 크고 가격까지 저렴해 현지인들에게도 가장 인기다. 가까운 마켓을 찾고 싶을 땐 구글 지도에서 'Supermercado'로 검색하면 된다.

PART 3

진짜 스페인을 만나는 시간

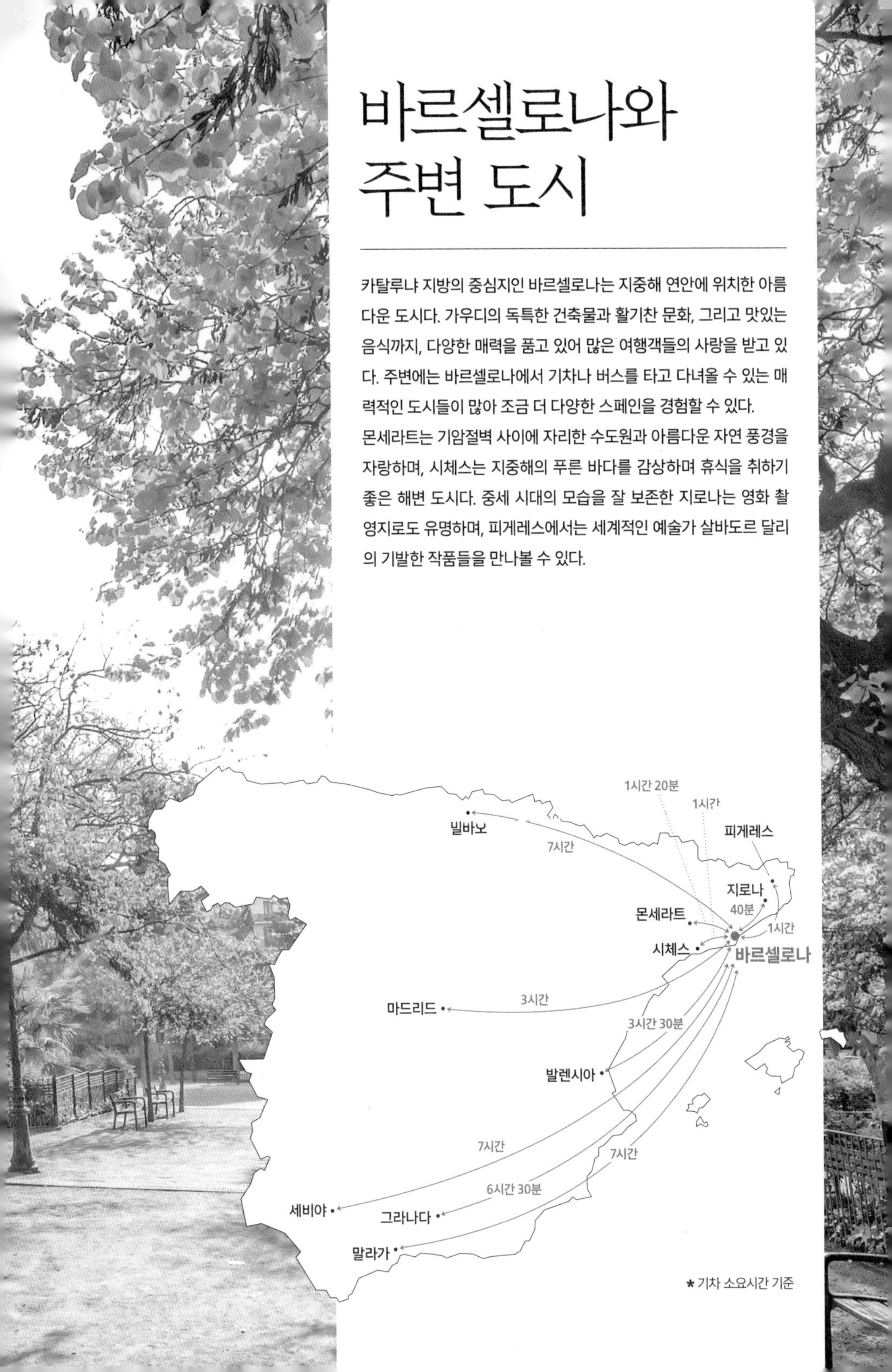

바르셀로나와 주변 도시

카탈루냐 지방의 중심지인 바르셀로나는 지중해 연안에 위치한 아름다운 도시다. 가우디의 독특한 건축물과 활기찬 문화, 그리고 맛있는 음식까지, 다양한 매력을 품고 있어 많은 여행객들의 사랑을 받고 있다. 주변에는 바르셀로나에서 기차나 버스를 타고 다녀올 수 있는 매력적인 도시들이 많아 조금 더 다양한 스페인을 경험할 수 있다.
몬세라트는 기암절벽 사이에 자리한 수도원과 아름다운 자연 풍경을 자랑하며, 시체스는 지중해의 푸른 바다를 감상하며 휴식을 취하기 좋은 해변 도시다. 중세 시대의 모습을 잘 보존한 지로나는 영화 촬영지로도 유명하며, 피게레스에서는 세계적인 예술가 살바도르 달리의 기발한 작품들을 만나볼 수 있다.

CITY ····①

스페인 여행의 중심

바르셀로나 Barceolona

#가우디의 도시 #사그라다 파밀리아 성당
#바르셀로나 대성당 #피카소 미술관 #구엘 공원

스페인을 넘어 유럽 내에서도 큰 사랑을 받고 있는 여행지 바르셀로나.
많은 이야기를 간직한 골목길, 야외 박물관을 방불케 하는
천재 건축가 가우디의 작품들, 지중해의 푸른 바다, 특유의 흥과 여유로움이
가득한 이 도시의 매력을 일일이 나열하자면 끝이 없다. 타파스, 축구,
나이트 라이프와 각종 축제들도 놓칠 수 없는 즐거움이다. 다양한 매력의
근교 도시들까지 다녀오고 싶다면 일정을 충분히 잡아야 할 것이다.

바르셀로나 가는 방법

한국에서 바르셀로나까지는 아시아나항공, 티웨이항공이 각각 주 5회, 4회 직항 편을 운항한다. 루프트한자, KLM, 알이탈리아, 에어프랑스 등의 외항사 경유 편도 다양하다. 14시간 이상의 장거리 비행이기 때문에 1회 경유해서 쉬어가는 것도 나쁘지 않다. 직항에 비해 가격도 저렴한 편이다.

항공사	출발시간	도착시간	소요시간
아시아나항공	화, 목, 금, 토, 일 11:15	17:50	14시간 35분
티웨이항공	월, 수, 금, 토 11:30	18:25	14시간 55분

* 항공 운항 스케줄은 수시로 변동되고 서머타임 적용 유무에 따라 도착 시간이 달라지므로 미리 확인 필요

공항에서 시내로 가는 방법

바르셀로나 엘 프라트 국제공항은 시내에서 약 10km 떨어진 곳에 위치한다. 총 2개의 터미널이 있으며 터미널 1(T1)은 국제선이, 터미널 2(T2)는 국내와 유럽 내를 잇는 저가 항공 노선이 운항된다. 터미널 간 이동은 무료 셔틀버스를 이용하면 된다. 공항에서 시내까지는 대중교통이 잘 되어 있어 편리하게 이동할 수 있다.

공항버스

공항버스Aerobús는 바르셀로나 여행의 중심지인 카탈루냐 광장까지 한번에 도착하기 때문에 공항에서 시내로 이동할 때 가장 많이 이용하는 방법이다. 터미널 1에서는 A1 버스를, 터미널 2에서는 A2 버스를 타고 가면 된다. 공항에서 에스파냐 광장을 거쳐 카탈루냐 광장까지 소요시간은 30~40분 정도. 티켓은 탑승하면서 운전기사에게 구입할 수 있으며 €20 이하의 현금이나 카드로 결제 가능하다. 왕복 티켓이 조금 더 저렴하고 90일 이내에 사용하면 된다. 영수증 자체가 티켓이니 왕복 티켓 구입 시 잃어버리지 않도록 주의하자. 공항버스는 24시간 운영하고 배차간격도 최대 20분이라 언제라도 부담 없이 공항을 오갈 수 있다.

€ 편도 €7.25 왕복 €12.5(90일간 유효) ⏲ 24시간/ 배차 간격 5~20분
🏠 aerobusbarcelona.es

기차

바르셀로나와 근교를 운행하는 국영 철도 렌페 로달리에스를 이용해 시내까지 갈 수 있다. 터미널 2에서 연결된 아에로포르트역에서 R2 Nord 선을 탑승하면 된다. 터미널 1에서 하차 시 무료 셔틀버스를 이용해 터미널 2까지 가면 된다. 바르셀로나 산츠역를 거쳐 파세이그 데 그라시아역까지 27분 만에 갈 수 있다. 1회권(€4.9)을 구입하는 것 보다 통합 교통권 T-casual(10회권, €12.15)을 구입해 여행하는 동안 쭉 사용하는 것이 경제적이다. 한국에서 출발할 경우 터미널 1에서 내리기 때문에 공항버스가 더 편리하긴 하다.

€ 1회권 €4.9, T-casual(10회권, €12.15)로 탑승 가능 ⏲ 공항 출발 기준 05:42~23:38/배차 간격 30분 🏠 rodalies.gencat.cat

택시

원하는 곳까지 가장 편하게 이동할 수 있는 방법. 터미널에 안내된 택시 승강장에서 탑승하면 된다. 국내 택시와 동일하게 미터기로 요금이 계산되며 월~금요일 08:00~20:00에는 일반 요금, 그 외 시간엔 할증 요금이 적용된다. 추가로 공항을 오갈 땐 공항 출입비(€4.5)가 부과되니 미리 준비해야 한다. 공항에서 카탈루냐 광장까지 €35~40 선이고 카드 결제도 가능하다.

다른 도시에서 바르셀로나 가는 방법

항공

이지젯, 라이언에어. 부엘링 등 많은 저가 항공사들이 스페인 국내외 노선들을 운항한다. 특히 스페인 국적의 저가 항공 부엘링의 경우 유럽 내 직항 노선이 70여 개, 국내 노선도 25개에 달한다. 수하물, 기내식은 따로 추가를 해야 하며 항공사마다 기준이 다르니 미리 확인을 해두자. 일찍 예약을 하면 가격이 더욱 저렴하다.

기차

스페인 각 도시를 빠르고 쾌적하게 연결해 주는 교통수단. 바르셀로나의 대표 기차역인 산츠역도 시내 중심에 있어 이용이 편리하다. 렌페 고속열차(AVE)는 가격이 비싸긴 하지만 그만큼 이동 시간을 단축할 수 있다. 탑승일 3~4개월 전부터 티켓이 오픈되는데 일찍 예약하면 프로모션 가격으로 저렴하게 구입할 수 있다. 가장 많이 이용하는 마드리드~바르셀로나 구간은 고속 열차로 약 2시간 40분 걸린다. 렌페 고속열차(AVE)보다 저렴한 아블로AVLO 라인의 경우 기내 반입 수하물(약 20인치) 이하만 허용이 되고 온라인으로 짐 추가 시 €15, 현장에선 €30가 부과되니 본인의 수하물에 맞춰 선택을 해야 한다.

🏠 renfe.com

버스

시간이 많이 걸리는 대신 가장 저렴하게 이용할 수 있는 교통수단. 예약 시기, 출발 시간대에 따라 가격 차이가 많이 난다. 대부분의 노선이 정차하는 북부 버스터미널Nord과 소규모의 산츠 버스터미널Sants이 있으니 출, 도착 터미널을 잘 확인해두자. 알사ALSA 버스가 대부분의 노선을 운행하고 있으며 마드리드에서 바르셀로나를 오가는 노선의 경우 약 8시간 소요된다. 장거리의 경우 야간 버스를 이용하면 숙박비도 아낄 수 있다. 단, 늘 소매치기의 위험이 있으니 중간 정차를 하거나 휴게소 이용 시 개인 소지품을 잘 챙겨야 한다.

🏠 **바르셀로나 북부 버스터미널** barcelonanord.cat
🏠 **알사 버스** alsa.es

바르셀로나 대중교통

바르셀로나는 공항을 비롯해 여행자들이 찾는 대부분의 장소가 1존에 해당될 정도로 규모가 크지 않고 대중교통이 잘 갖춰져 있어 여행자들도 어디든 쉽게 다녀올 수 있다. 대부분의 교통수단에 사용 가능한 통합 교통권을 이용하면 더욱 편하고 경제적이다.

메트로 Metro

바르셀로나 시내 이동을 할 때 가장 편리한 교통수단으로 총 12개의 노선이 있다. 관광객들이 주로 가는 명소는 1~5호선 라인에 모여 있다. 각 역마다 2분 이내로 구간이 짧은 편이며, 한국의 지하철과 이용 방법이 크게 다르지 않다. 단, 하차 시 버튼을 눌러야 문이 열린다. 운행시간은 보통 자정까지지만 금, 토요일, 공휴일 전날에는 새벽 2시까지 연장 운행을 한다는 것도 큰 장점이다. 1회권 및 통합 교통권은 메트로 역에서 구입할 수 있다.

시내버스 Bus

약 100개의 버스 라인이 시내 구석구석을 촘촘하게 연결해 메트로로 갈 수 없는 곳들도 편하게 다녀올 수 있다. 전반적으로 천천히 운행을 하는 편이고 교통 체증도 있기 때문에 시간은 다소 오래 걸린다. 자정이 넘은 시간에는 나이트 버스(N버스)를 운행하고 바르셀로나 통합 교통권으로 탈 수 있다.

€ 1회권 €2.55, T-casual €12.15

유용한 버스 노선

24번: 카탈루냐 광장 ↔ 구엘 공원 ↔ 벙커

150번: 에스파냐 광장 ↔ 몬주익 언덕

바르셀로나 통합 교통권 활용법

바르셀로나에서 2일 이상 묵는다면, 통합 교통권을 이용하는 것이 효율적이다. 단, 본인의 일정과 여행 계획에 맞는 타입을 선택하는 것이 중요하다.

바르셀로나 통합 교통권 검표 방법

바르셀로나 메트로 노선도

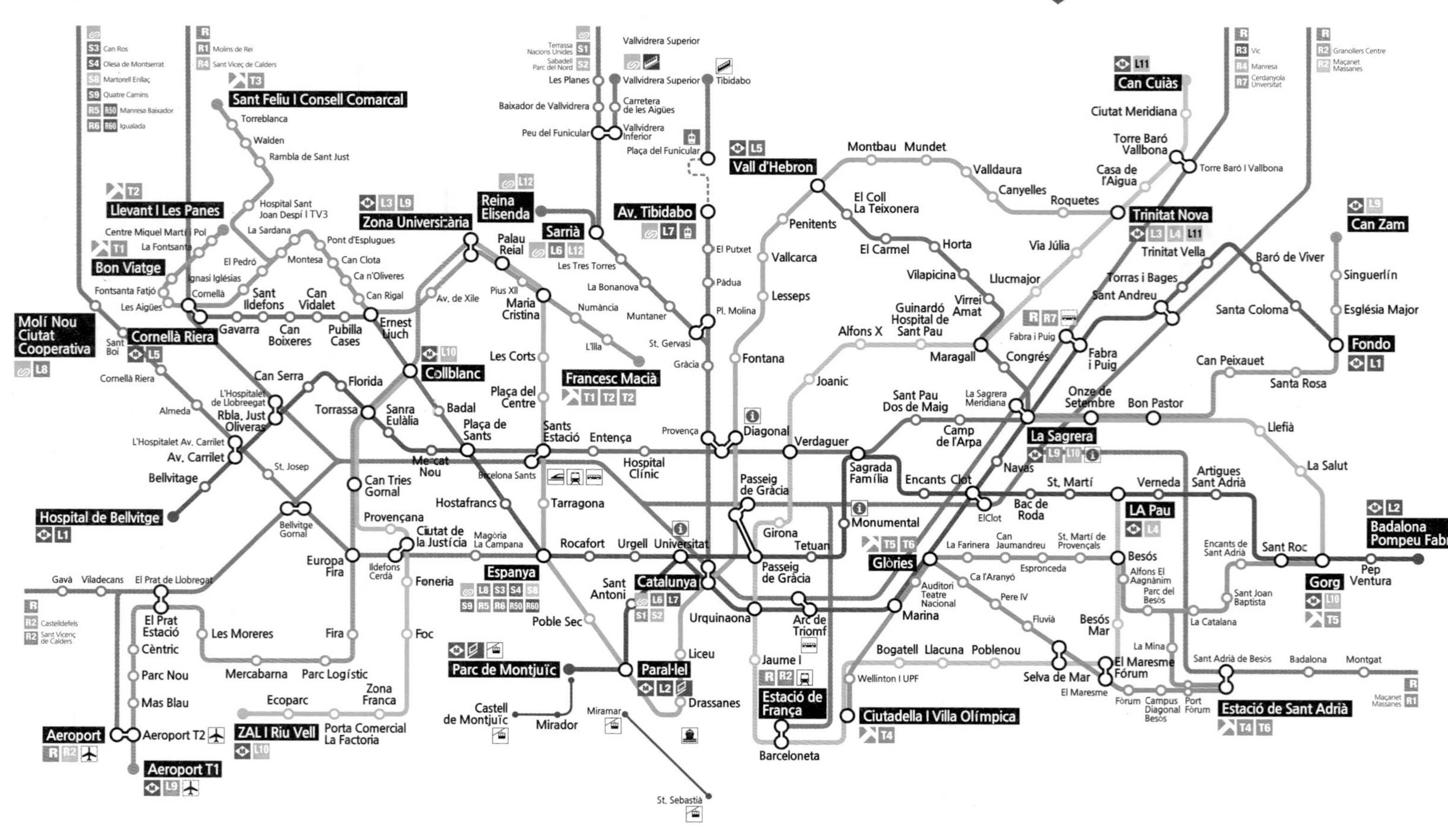

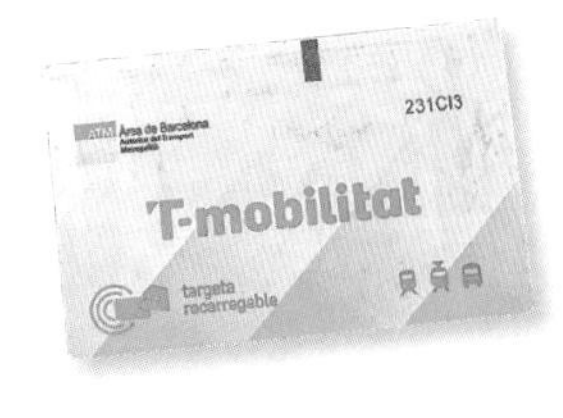

바르셀로나 통합 교통권 티 모빌리타트T-mobilitat

모든 교통권은 1회권(€2.55)으로 구입해 사용할 수 있지만 통합 교통권을 이용하는 게 더욱 경제적이다. 이 티켓으로 메트로, 시내버스, FGC, 몬주익 푸니쿨라, 트램, 로달리에스를 모두 탈 수 있으며, 75분 이내 3회까지 다른 교통수단으로 환승할 수 있다. 단, 메트로나 같은 노선의 버스를 다시 탈 때는 새로 요금이 부과된다. 대부분의 관광지는 1존에 해당되나, 2존 이상의 근교로 나갈 경우 1회권을 따로 구입해서 사용하면 된다.

통합 교통권T-mobilitat 종류

종류	요금(1존 기준)	특징
T-casual	€12.15	1인만 사용 가능, 10회권
T-familiar	€10.7	다인 사용 가능, 30일 내 8회 이용
T-usual	€21.35	1인만 사용 가능, 한 달간 무제한

* 단, 공항 출·도착 메트로 이용 불가 tmb.cat

티 모빌리타트 알아두면 좋은 정보

- 컨택리스Contactless 방식으로 버스나 메트로 이용 시 단말기에 대면 되고(한국 교통카드와 동일), 하차할 땐 태그를 하지 않는다.
- 카드는 충전을 해서 여러 번 사용할 수 있지만, 종이 재질이라 손상 우려가 있으니 보관을 잘 해야 한다. 만약 사용할 수 없을 정도로 구겨졌다면, 창구에 가서 교환을 해야 한다.

올라 바르셀로나 트래블 카드

짧은 시간 동안 많은 곳을 돌아볼 계획이라면 유효시간 내에 대부분의 교통수단을 무제한으로 이용할 수 있는 올라 바르셀로나 트래블 카드가 편리하다. 티 모빌리타트로 이용할 수 없는 공항 구간 메트로도 포함되며 온라인 구입 시 10% 할인을 받을 수 있다.

요금	2일권(48시간) €17.5, 3일권(72시간) €25.5, 4일권(96시간) €33.3, 5일권(120시간) €40.8 ※ 온라인 구입시 10% 할인, 4세 이하 무료
포함사항	메트로(공항 구간 포함), 시내버스, FGC 1존, 몬주익 푸니쿨라, 트램, 로달리에스 1존
홈페이지	holabarcelona.com

바르셀로나 메트로 노선

노선	시종착역
L1	오스피탈 데 벨비제Hospital de Bellvitge ↔ 폰도Fondo
L2	파랄렐Paral·lel ↔ 바달로나 폼페우 파브라Badalona Pompeu Fabra
L3	조나 우니베르시타리아Zona Universitària ↔ 트리니타트 노바Trinitat Nova
L4	트리니타트 노바Trinitat Nova ↔ 라 파우LA Pau
L5	코르넬랴 센트레Cornellà Riera ↔ 발 데브론Vall d'Hebron
L6	카탈루냐Catalunya ↔ 사리아Sarrià
L7	카탈루냐Catalunya ↔ 아빙구다 티비다보Av. Tibidabo
L8	에스파냐Espanya ↔ 몰리 노우-시우타트 코오페라티바Molí Nou Ciutat Cooperativa
L9	아에로포르트 T1Aeroport T1 ↔ 조나 우니베르시타리아Zona Universitària
	라 사그레라La Sagrera ↔ 칸 잠Can Zam
L10	라 사그레라La Sagrera ↔ 고르그Gorg
L11	트리니타트 노바Trinitat Nova ↔ 칸 쿠이아스Can Cuiàs
L12	사리아Sarrià ↔ 레이나 엘리센다Reina Elisenda

R R2 R, R2 : 렌페 로달리에스
L8 L8 : FGC
공항 터미널
케이블카
고속철도역
기차역
버스터미널
푸니쿨라
환승 거리가 긴 환승역
환승역

렌페 로달리에스
Renfe Rodalies

바르셀로나 시내와 근교 외곽 지역을 연결하는 국영 기차로 18개의 노선을 운행 중이다. 파세이그 데 그라시아, 산츠역에서 탈 수 있으며 바르셀로나 국제공항(R2 Nord), 시체스(R2 Sud)를 오갈 때 많이 이용한다.

€ **1회권** 1존 €2.55(구간에 따라 요금 상이)/**바르셀로나 국제공항, 시체스** 편도 €4.9(4존)
rodalies.gencat.cat

FGC
Ferrocarrils de la Generalitat de Catalunya

카탈루냐 자치 정부가 운영하는 노선으로 바르셀로나 시내와 교외를 연결한다. 카탈루냐 광장과 에스파냐 광장이 메인 역이다. 여행자들이 많이 찾는 콜로니아 구엘(S3, S4, R5, R6), 몬세라트(R5)는 에스파냐 광장에서 출발하는 라인을 이용하면 된다.

€ **1회권** 기본 €2.55(구간에 따라 요금 상이)/
콜로니아 구엘 편도 €2.55(1존),
몬세라트 편도 €6.15(4존) fgc.cat

택시 Taxi

블랙 & 옐로 조합의 택시는 멀리서도 눈에 잘 띈다. 한국보다는 요금이 비싸지만 다른 서유럽 지역에 비해 저렴한 편이다. 시간대별로 요금이 상이하며 캐리어 등의 큰 짐에 대해 비용이 부과된다. 공항, 기차역에서 탑승 시 출입비, 추가 요금이 붙는다. 우버나 볼트도 이용 가능하지만, 현지에선 Free Now, Cabify같은 모바일 앱도 많이 이용한다.

€ **요금** 월~금요일 08:00~20:00 기본요금 €2.6, km당 €1.27, **추가 요금** 공항 출입비 €4.5, 산츠 기차역 출입비 €2.5 amb.cat/taxi

자전거 Bicycle

자전거 도로가 매우 잘 정비되어 있고 언제 어디서든 쉽게 대여가 가능한 공유 자전거가 있어 여행자들도 편리하게 이용할 수 있다. 자전거를 자주 이용할 계획이라면 모바일 앱으로 쉽게 대여할 수 있는 동키 바이크Donkey Bike를 이용해보자. 좀 더 많이 보이는 바이싱bicing은 멤버십 가입을 해야 해서 장기 여행자나 거주자에게 적합하다. 곳곳에 렌탈 숍도 있으며 자전거 투어도 종류가 다양하다.

동키 바이크 donkey.bike

바르셀로나 여행을 위한
플러스 정보

관광안내소
Oficina de Turisme

바르셀로나 주요 명소마다 공식 관광안내소가 있다. 시내 지도와 대중교통 안내를 받을 수 있으며 각종 티켓, 투어 예약도 가능하다. 카탈루냐 광장, 산 자우메 광장, 콜럼버스의 탑 등 주요 명소 근처에 있어서 접근성도 좋다. 카탈루냐 광장 안내소에선 글로벌 블루의 택스 리펀 대행 업무도 하고 있다.

카탈루냐 광장 관광안내소 Plaça de Catalunya, 17, 08002 Barcelona

바르셀로나 카드
Barcelona Card

주요 관광명소의 무료, 할인 혜택은 물론 교통카드까지 결합된 카드다. 3, 4, 5일권과 익스프레스 카드(48시간)로 나뉘는데, 익스프레스 카드엔 할인 혜택만 주어진다. 바르셀로나 1구역 내에서 버스, 메트로(공항 구간 포함), FGC, 렌페 로달리에스까지 무제한으로 탑승 가능하니 짧은 시간 내에 많은 곳을 입장할 여행자들에게 유용하다.

- **무료입장** CCCB, 안토니 파티에스 미술관, 호안 미로 미술관, MACBA, 카탈루냐 박물관, 피카소 미술관, 카이샤포럼, 초콜릿 박물관, MUHBA 외
- **할인 입장** 카사 바트요, 카사 밀라, 카사 비센스, MOCO 뮤지엄, 동물원, 아쿠아리움 외

아트 티켓 Art Ticket

바르셀로나의 인기 미술관, 박물관 6곳을 무료로 입장할 수 있는 패스. 유효 기간이 12개월이라 장기 여행자들이나 해당 장소를 여유롭게 돌아보고 싶은 사람들에게 적합하다. 15세 이하의 어린이들은 무료 동반 입장도 가능하다. 여권 형태로 되어 있어 방문하는 곳마다 스탬프를 남기는 재미가 있다.

바르셀로나 한눈에 보기

몬주익 지구
1929년 바르셀로나 세계 박람회를 위한 개발을 시작하면서 올림픽 경기장, 미술관, 분수와 공원들이 들어서며 관광 명소가 된 지역. 도시 전체 풍경이 한눈에 들어오는 매력적인 곳
라발 지구
다양한 문화 공간이 생기면서 예술과 트렌디함이 공존하는 곳으로 거듭나고 있는 지역. 힙한 가게들이 많고 늦은 밤까지 활기가 넘친다.

그라시아 지구

관광 중심지와는 조금 떨어져 있지만 로컬의 트렌디함을 느낄 수 있는 지역으로, 바르셀로나의 소소한 일상을 느껴보기에 이보다 더 좋은 동네는 없다. 바르셀로나 필수 코스 구엘 공원이 있는 곳으로도 유명

에이샴플레 지구

도시 계획에 의해 조성된 신시가지로, 주요 거리인 그라시아에는 명품을 비롯한 다양한 브랜드 매장과 수많은 레스토랑이 자리한다. 가우디의 대표 건축물 사그라다 파밀리아 성당이 있는 곳이기도 하다.

고딕 지구

바르셀로나에서 가장 오래된 지역으로 당대 가장 뛰어난 건축 기술이었던 고딕 양식으로 지어진 건축물이 곳곳에 남아 있어 풍성한 볼거리를 제공한다. 미로 같은 골목길에서 마주하는 소소한 풍경들도 매력적

보른 지구

고딕 지구 옆 동네로, 중세풍의 골목 풍경은 똑같지만 신인 디자이너들의 부티크와 힙한 카페, 바르, 레스토랑이 구석구석 자리해 훨씬 트렌디한 분위기가 느껴진다.

바르셀로네타 지구

지중해의 푸른 바다에서 해수욕을 즐기고 해변 산책로를 거니는 특별한 일상을 즐길 수 있는 곳. 거리엔 수많은 해산물 레스토랑과 라운지바, 클럽들이 자리해 전 세계 여행자들의 마음을 사로잡는다.

바르셀로나 여행 방법

볼거리, 즐길 거리가 넘쳐 나는 바르셀로나에서는 얼마를 있든 시간이 순식간에 사라지는 마법을 경험하게 된다. 천재 건축가 가우디의 작품부터 수많은 뮤지엄, 역사적인 명소들. 그리고 무엇보다 도시와 해변이 어우러져 있어 관광과 휴양을 동시에 누릴 수 있다. 다만, 관광 구역이 넓기 때문에 교통 다회권(T-casual or T-Familiar)을 구입해 대중교통을 효율적으로 이용해야 이동 시간을 줄이고 편하게 여행을 할 수 있다. 숙소는 어디를 가든 접근성이 좋은 카탈루냐 광장 일대를 추천한다. 아래의 일정은 효율적인 동선으로 제안을 한 것이니 개인의 성향에 맞춰 일정을 계획하면 좀 더 만족스러운 여행이 될 것이다.

1일차

가우디 건축물 탐방 & 야경 명소

바르셀로나 여행의 진수는 가우디 건축물 탐방이다. 하지만, 유네스코 세계문화유산으로 등재된 작품만 7곳인데 3, 4일의 짧은 일정으로 모두 돌아보기엔 무리가 될 수 있다. 입장료도 만만치 않으니 내부 관람은 소신껏 선택할 것. 그래도 사그라다 파밀리아 성당과 구엘 공원은 필수 볼거리이므로 일정에 넣어두자. 카사 바트요와 카사 밀라 등 가우디의 대표 건축물이 위치한 에이샴플레 지역엔 상점과 레스토랑이 많으므로 본격적인 건축물 탐방에 앞서 가볍게 쇼핑과 식사를 해도 괜찮다. 벙커, 티비다보는 바르셀로나를 대표하는 전망 명소인데, 벙커는 현재 야간 입장이 제한되므로 야경이 목적이라면 티비다보를 추천한다.

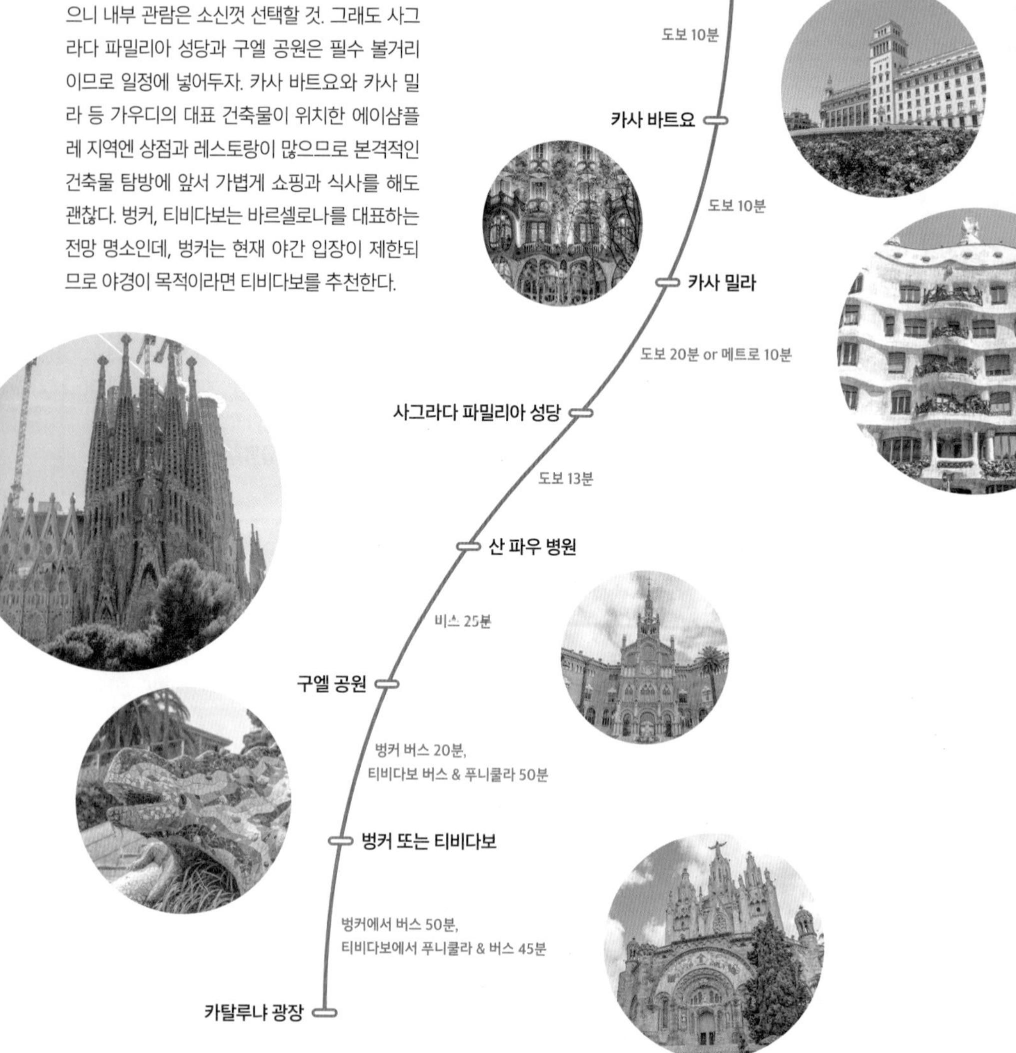

2일차

라발-몬주익-이색 지구 넘나들기

카탈루냐 광장에서 람블라스 거리를 따라 내려가면서 라발 지구와 몬주익성 일대를 돌아보는 일정. 보케리아 시장을 따라 안쪽으로 들어가면 본격 라발 지구가 펼쳐지고, 바르셀로나 현대미술관도 함께 볼 수 있다. 단, 이 지역은 치안이 나쁜 편이니 소지품을 잘 챙겨야 한다. 몬주익성은 언덕 위에 있어서 대중교통으로 이동해야 하니 교통편을 미리 숙지할 것.

3일차

고딕-보른-바르셀로네타 지구 완전 정복

3일차는 람블라스 거리의 동쪽에 위치한 고딕, 보른 지역에 집중해보자. 이 일대가 바르셀로나에서 가장 오래된 지역으로 역사적인 건축물과 많은 히스토리를 갖고 있다. 골목골목들이 복잡하게 얽혀 있고 예상치 못한 곳에서 볼거리가 툭툭 튀어나오기 때문에 여기선 잠시 길을 잃고 헤매도 즐겁다. 뮤지엄, 오래된 맛집, 트렌디한 바르와 카페와 상점들도 많다. 시우타데야 공원, 바르셀로네타 해변에서 산책이나 피크닉을 즐기는 것도 좋다. 해변은 일몰 무렵에 특히 추천.

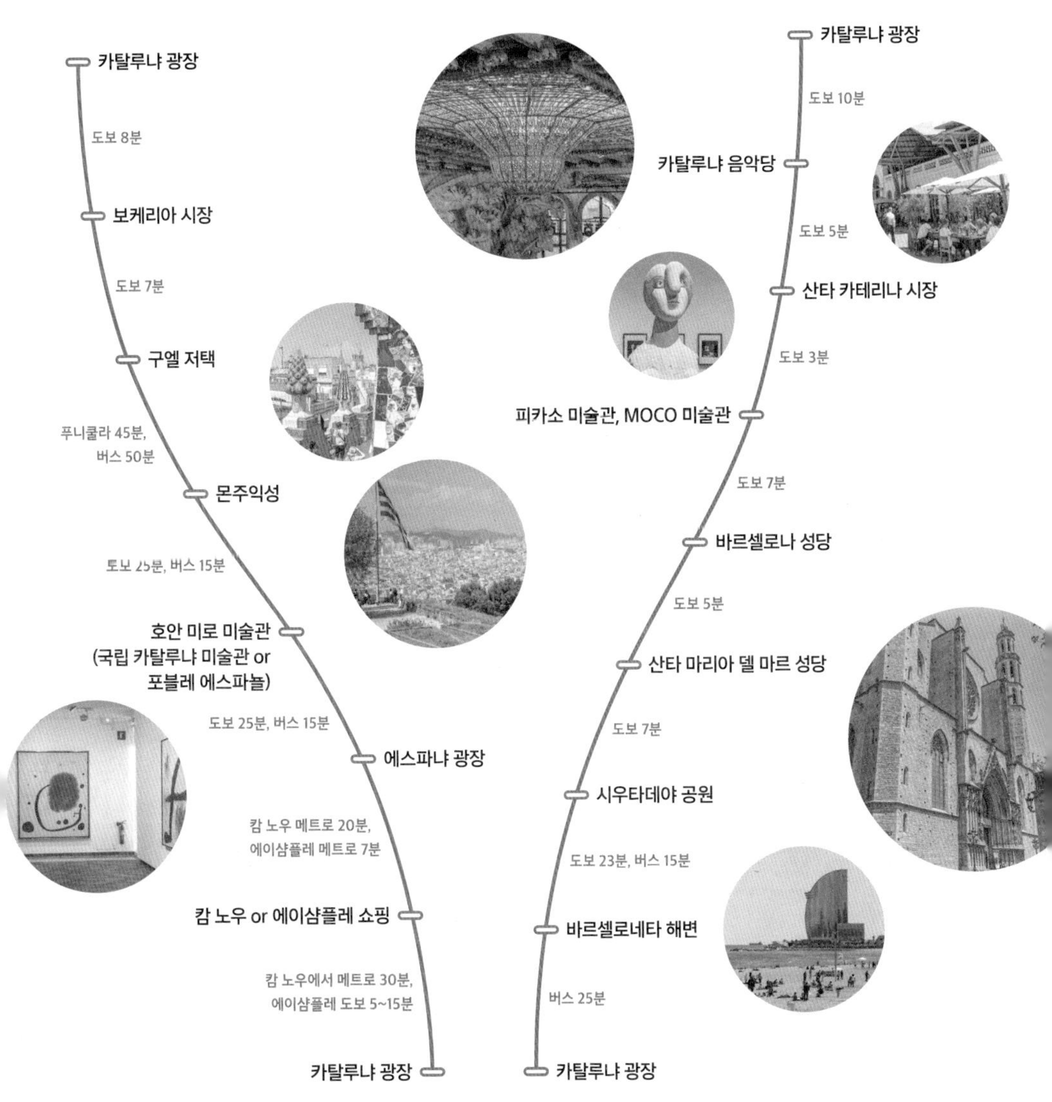

AREA ····①

라발 지구
El Raval

카탈루냐 광장부터 벨 항구까지 이어지는 람블라스 거리를
사이로 서쪽은 라발, 동쪽으로 고딕, 보른 지구가 이어진다.
한때 이민자들이 모여 사는 낙후된 곳으로 여겨졌던
라발 지구에 MACBA, CCCB 등의 문화 공간이 생기기 시작하면서
예술과 트렌디함이 공존하는 곳으로 거듭나고 있다.
힙한 가게들이 많고 늦은 밤까지 활기가 넘친다.
하지만 여전히 치안이 가장 불안한 곳이니 항상 소지품을
잘 챙기고, 밤에 외진 골목길을 다니는 건 삼가야 한다.

추천 코스

카탈루냐 광장 P.110
도보 3분
람블라스 거리 P.110
도보 5분
바르셀로나 현대미술관 P.116
도보 7분
보케리아 시장 P.111
도보 7분
구엘 저택 P.111
도보 7분
콜럼버스의 탑 P.117
도보 3분
벨 항구 P.117

라발 지구
상세 지도
Urgell
Gran Via de les Corts Catalanes
Universitat
Ronda de la Univ.
Carrer de Casanova
Rda. de Sant Antoni
공항버스 정류장
카탈루냐 광장 01
관광안내소
02 람블라스 거리
Rambla
01 엘 코르테 잉글레스
모리츠 맥주 공장
바르셀로나 현대 문화센터 06
바르셀로나 현대미술관 05
05 라 센트랄 델 라발
04 라 센트랄
La Rambla
Carrer d'Elisabets
C/ de Joaqu in Costa
C. del Doctor Dou
Sant Antoni
Carrer de la Riera Alta
란토키 03
03 센트온세
04 카라베예
C/ del Doctor Fortuny
02 토스카 델 카르메
C/ del Carme
06 촉 카르메
03 보케리아 시장
Carrer de l'Hospital
캘더콜드
바르셀로 라발
Liceu
로캄볼레스크 07
카네테 01
레이알 광장
성 바울 수도원
Carrer del Marqu es de Barber à
구엘 저택 04
플라멩코 공연장
C/Nou de la Rambla
Paral·lel
안단테 호텔
Av. de les Drassanes
Av. del Para·lell
바로셀로나 밀랍인형 박물관
Drassanes
Pg. de Colom
콜럼버스의 탑 07
08 벨 항구
Rambla de M
마레마그눔 02
0
200m

바르셀로나 여행의 중심 ······①

카탈루냐 광장

Plaça de Catalunya

바르셀로나 여행의 시작과 끝이 되는 곳으로 람블라스 거리, 에이샴플레 지역이 이어진다. 공항버스 정류장, 여행자 안내 센터도 있어 여행을 하는 동안 수없이 카탈루냐 광장을 오가게 될 것이다. 광장 입구에는 카탈루냐 분리 운동의 지도자 프란세스크 마시아 기념비가 세워져 있다. 엘 코르테 잉글레스 백화점 루프탑에 오르면 광장과 주변의 풍경을 한눈에 볼 수 있다.

🚶 메트로 L1,3 Catalunya역 📍 Plaça de Catalunya

활기 가득한 바르셀로나
최고의 인기 거리 ······②

람블라스 거리 Las Ramblas

카탈루냐 광장에서 콜론 동상까지 이어지는 긴 가로수길로 바르셀로나에서 가장 유명한 거리다. 1.2km 달하는 거리에는 수많은 숍들과 레스토랑들의 테라스가 자리하며 거리 공연이나 마켓, 소소한 축제들이 열리곤 한다. 거리 양옆으로 라발, 고딕 지구가 이어지며 보케리아 시장도 있어서 돌아보는 데 꽤 오랜 시간이 걸린다. 메트로 리세우역 근처엔 호안 미로의 타일 작품도 있으니 놓치지 말자.

🚶 까탈루냐 광장에서 해변 방향으로 이어지는 메인 스트리트, L3, Liceu역

바르셀로나의 부엌 ······③

보케리아 시장 Mercat de la Boqueria

바르셀로나의 부엌이라고 불리는 오랜 전통 시장. 신선한 육류와 해산물, 채소와 과일 등을 비롯해 하몬, 치즈, 각종 주전부리까지 없는 식재료가 없다. 먹기 좋게 손질된 과일이나 주스를 맛보며 시장 곳곳을 구경하거나 바르에서 간단히 요기를 해도 좋다. 관광객들이 많이 찾는 곳이라 다른 재래시장처럼 가격대가 저렴하진 않지만, 스페인을 대표하는 먹거리들을 한 번에 만날 수 있어 특별한 즐거움을 느낄 수 있다.

🚶 L3 Liceu역에서 도보 1분
🕓 월~토요일 08:00~20:30 ⊗ 일요일
🏠 boqueria.barcelona

외관보단 내부, 반전의 가우디 작품 ······④

구엘 저택 Palau Güell

가우디의 후원자 구엘의 주거지이자 손님들을 초대하기 위해 만든 저택. 지하 1층 마구간부터 층을 오를수록 화려해지는데 타일 장식이 돋보이는 20개의 굴뚝이 있는 옥상이 절정을 이루는데 이는 자수성가 한 구엘의 삶을 표현한 것이다. 촘촘한 구멍을 내어 별이 쏟아지는 듯한 느낌을 낸 천장 돔, 스테인드글라스와 대형 파이프 오르간 등의 풍성한 볼거리가 연실 감탄사를 자아낸다. 한국어 오디오가이드도 있어서 설명을 들으며 관람하면 더욱 큰 감동으로 다가온다. 외관이 다소 수수해서 '그냥 패스할까?' 싶은 생각이 언뜻 들기도 하지만 구엘 저택은 내부가 반전 매력이라는 사실, 기억해두면 좋겠다.

🚶 L3 Liceu역에서 도보 4분 📍 Carrer Nou de la Rambla, 3-5
🕓 4~10월 10:00~20:00, 11~3월 10:00~17:30 ⊗ 월요일, 1/6, 12/25, 12/26 € €12, 18세 이상 학생 €9, 10~17세 €5(9세 이하 무료, BCN 카드 소지자 25% 할인, 매월 첫째 일요일, 4/23, 9/11, 9/12, 9/23, 12/15 무료입장) 🏠 palauguell.cat

바르셀로나, 가우디를 빼고 논할 수 없다!

스페인이 낳은 천재 건축가 가우디! 가우디의 작품은 보는 이로 하여금 '무엇을 표현한 것일까?'라는 궁금증을 유발하게 한다. 기존의 양식이나 관념에 얽매이지 않고 자신만의 스타일을 구축해 특정한 양식으로 분류하기도, 그 누구도 따라 하기 어렵다. 비록 비극적으로 생을 마감하긴 했지만, 생애 성공한 건축가로써 많은 작품을 남겨 한 세기가 훌쩍 넘은 지금까지 바르셀로나를 빛내고 있다. 개인 최다 유네스코 세계문화유산 등재 기록도 갖고 있다.

유네스코 세계문화유산으로 등록된 가우디의 작품들

- 카사 비센스(1878~1880)
- 구엘 저택(1885~1889)
- 콜로니아 구엘(1898~1914)
- 구엘 공원(1900~1914)
- 카사 바트요(1904~1906)
- 카사 밀라(1905~1910)
- 사그라다 파밀리아 성당(1884~)

가우디의 든든한 조력자, 에우세비 구엘

가우디 작품, 일생을 이야기할 때 가장 많이 등장하는 이름이 바로 '구엘'이다. 직물사업과 무역업을 하며 큰 부를 축적했던 구엘 백작은 가우디의 열혈한 조력자이자 친구로서 그의 꿈과 상상을 현실로 만들어 주었다. 바르셀로나 도시 전체가 건축 박물관이라는 명성을 얻게 된 것은 구엘 백작도 크게 한몫했다고 볼 수 있다.

비극적으로 죽음을 맞이한 가우디

1926년 6월 7일, 성당에서 미사를 마치고 돌아오던 길에 가우디는 노면전차에 치여 치명상을 당했다. 전차 운전사는 볼품없는 그의 차림새를 보고 노숙자로 여겨 길가에 끌어다 놓은 뒤 떠났고 행인들의 도움으로 택시를 타려고 했지만 같은 이유로 3번의 승차 거부를 당한다. 그 후 경찰관의 도움을 받아 근처의 산 파우 병원으로 이송되었지만 제대로 된 치료를 받지 못했다. "옷차림을 보고 판단하는 이들에게, 그래서 이 거지 같은 가우디가 이런 곳에서 죽는다는 걸 보여주게 해라. 가난한 사람들 곁에서 있다가 죽는 게 낫다." 며 치료를 거부한 가우디는 그렇게 73세에 생을 마쳤다. 사그라다 파밀리아 성당 건설에 매진해 자신을 챙기지 못했던 세계적인 건축가, 가우디의 마지막은 이토록 허무하게 끝이 났다.

카사 비센스

26세의 가우디가 1878년 처음으로 참여한 건축 프로젝트로 중산층이 많이 거주하던 그라시아 지구에 지어진 저택이다. 타일 제조업자였던 마누엘 비센스 몬타네르의 의뢰를 받아 지어진 건물답게 형형색색의 타일들을 많이 활용했다. 당시 정원에 있던 금잔화에서 모티브를 얻은 노란색 꽃 모양의 타일, 야자수에서 영감을 받은 테라스 철창, 돌과 유리조각으로 만들어진 내부 모자이크 바닥까지 다채로운 볼거리와 포토스팟이 있다. 다른 가우디 작품에 비해 관람객이 적어 여유롭게 둘러볼 수 있다.

구엘 저택

구엘 저택은 가우디의 초기작이자 건축가로서의 입지를 굳히게 해준 작품으로 평생 그의 후원자이자 각별한 우정을 나눴던 에우세비 구엘의 초기 의뢰 작이다. 정교한 주철로 만든 대문, 상단에 새겨진 집주인의 머리글자와 카탈루냐 문장 등 당시에 지어진 것이라고 믿기지 않을 만큼 현대적인 외관을 자랑한다. 마차도 출입문을 통해 들어갈 수 있으며 별 모양 창을 낸 웅장한 천장 돔이 인상적이다. 메인 공간, 살롱, 거실 등 안으로 들어가면 갈수록, 올라가면 갈수록 화려해지는데 이는 자수성가한 구엘의 삶을 나타낸다.

콜로니아 구엘

방직 산업으로 거대한 부를 쌓았던 구엘 백작은 바르셀로나 근교에 산업과 문화가 복합된 신도시를 조성하고자 했다. 방직 공장을 중심으로 극장, 학교, 상점, 복지시설, 노동자들의 주택과 성당까지. 그중 성당을 가우디가 맡았고, 10년의 설계, 6년의 공사 끝에 지하 성당Crypt을 완성했다. 하지만 구엘이 사망하고 자금난 때문에 공사가 중단되면서 교회당 본체는 완성되지 못한 채 미완으로 남았다. 그럼에도 불구하고 혁신적인 구조, 새로운 시공 기술, 독창적인 형태 미학이 더해진 지하 성당은 어디에도 속하지 않는 가우디 양식의 출발점으로써 의미가 크다.

카사 바트요

다른 가우디의 작품들과 달리 카사 바트요는 가우디에 의해 건축된 것이 아니라 리모델링을 한 것! 파사드, 메인 살롱, 중정의 채광에 가장 공을 들였으며 5층을 증축했고 지붕을 용 형태의 아치형으로 바꿨다. 몬주익 사암으로 만들어진 카사 바트요의 파사드는 구불 거리는 형태로 조각되었으며 유리 공장에서 얻은 다양한 색상의 유리조각 세라믹으로 장식해 화려함을 더했다. 해골 같은 발코니의 모양과 뼈를 닮은 기둥들이 하나의 유기체 같아서 '인체의 집'이란 의미의 '카사 델스 오소스Casa dels ossos'라고도 불린다. 매년 '산 조르디의 날'엔 파사드에 장미꽃 장식을 하고 옥상 테라스에선 마법 같은 라이브 공연 '매직 나이트'도 진행된다.

구엘 공원

원래 유토피아적인 고급 전원주택 단지를 만들 목적이었으나 자금난을 비롯한 여러 가지 문제들로 인해 공사가 중단되었다. 14년간 걸쳐 진행된 작업의 결과물은 바르셀로나 시의회가 이 땅을 사들이고 공원으로 바꾸면서 오히려 많은 시민들이 함께 누리는 쉼터로 자리매김했다. 〈헨델과 그레텔〉에 나오는 과자의 집을 연상시키는 두 개의 집, 타일 모자이크 장식, 자연미를 살린 구불구불한 길과 인공 석굴, 나선형 벤치 등, 역시 '가우디'답지 않은 곳이 없다. 사그라다 파밀리아 성당, 해변까지 한눈에 보이는 멋진 뷰는 덤이다.

카사 밀라

구엘이 아닌 다른 사업가의 의뢰를 받아 지어진 작품으로 가우디의 가장 큰 주거 프로젝트이자 가장 상상력이 넘치는 건물 중 하나로 손꼽힌다. 석회암과 철을 이용해 파도처럼 굽이치는 곡선 모양의 외벽을 사용했으며 동굴처럼 튀어나온 발코니와 철제 장식까지 어느 것 하나 평범한 구성이 없다. 특히 옥상에 오르면 투구를 쓴 기사의 얼굴 같은 굴뚝들이 여기저기 솟아 있는데 해 질 무렵 방문하면 낙하하는 햇살에 반사되어 더욱 아름답다. 당시엔 '기괴하다', '볼품없다' 등의 평을 받기도 했지만 현재는 유네스코 세계문화유산으로 지정되어 큰 사랑을 받고 있다.

사그라다 파밀리아 성당

1882년 빌라르가 시작한 성당 건축은 2년 후 가우디가 수석 건축가로 교체, 취임하면서 고딕 양식과 아르누보 양식을 결합한 스타일로 변경되어 1926년 가우디가 전차 사고로 고인이 될 때까지 약 25% 정도가 완성되었다. 이후 공사는 계속되었지만 스페인 내전 기간 동안 중단되었고, 1950년대 다시 재개되었으나 불완전한 설계도를 해석하여 작업을 이어나가는 건 어려운 일이었다. 과연 완성이 될까 싶었는데, 가우디 사망 100주기인 2026년 완공을 목표로 막바지 공사에 박차를 가하고 있다. 성당이 완성되면 예수를 상징하는 중앙 탑의 높이가 172.5m가 되어 세계에서 가장 높은 성당으로 기록될 것이다. 갈 때마다 완성도가 높아지는 성당을 보러 오는 n회차 방문객도 많다.

가로등

1878년 바르셀로나 시에서 실시한 가로등 디자인 공모전에서 가우디가 당당히 우승을 하며 그의 재능이 더욱 널리 알려졌다. 대리석 받침대에 주철로 기둥을 세우고 6개의 조명 기구가 연결되어 있는데, 밤에 불이 켜지면 디자인이 더욱 빛을 발한다. 이것이 레이알 광장을 밤에 꼭 가야만 하는 이유!

가우디 타일

사각형이라는 기존 틀에서 벗어나 최초로 육각형 모양에 다양한 장식 부조가 새겨진 타일을 고안했다. 불가사리, 암모나이트, 해초 등 해양 생물에서 영감을 받은 디자인을 새긴 타일들은 그라시아 거리 바닥을 장식하고 있다. 카탈루냐 광장에서 카사 바트요, 카사 밀라까지 이어지는 거리를 걸을 때, 잊지 말고 발아래까지 살펴볼 것.

스페인 모던 아트의 현 주소 ⑤

바르셀로나 현대미술관 Museu d'Art Contemporani de Barcelona(MACBA)

'막바'라고도 불리는 이곳은 백색 건축으로 유명한 리처드 마이어가 설계해 건물 전체가 화이트 컬러로 모던함을 극대화했다. 오래되고 낡은 라발 지구의 분위기를 전체적으로 밝게 해주어 현지 언론에선 '진주'라고 칭하기도 했다. 풍부한 자연 채광이 내부 갤러리를 더욱 환하게 밝혀주며 관람객들에게 멋진 전망도 선사한다. 약 5,000개의 작품들이 있으며, 스페인 로컬 예술가들의 작품들도 많다.

🚶 L1,2 Universitat역에서 도보 7분
📍 Plaça dels Àngels, 1 🕒 월~금요일 11:00~19:30, 토요일 10:00~20:00, 일요일·공휴일 10:00~15:00 ⊗ 화요일
€ €12, 온라인 예약 €10.8 학생 €9.6 (13세 이하 65세 이상 무료, 토요일 16:00~20:00 BCN 카드, 아트 티켓 소지자 무료)
🏠 macba.cat

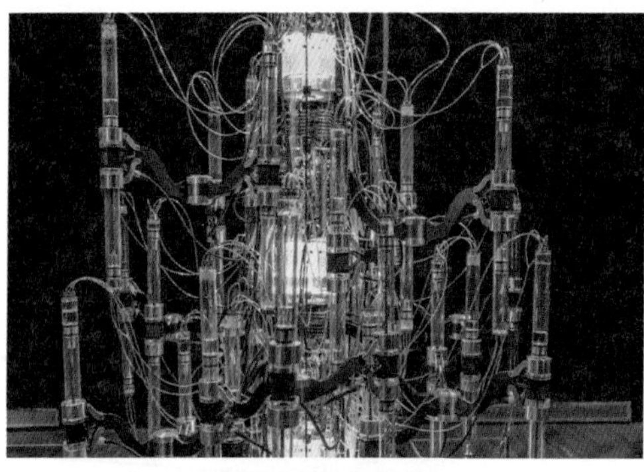

현지인들의 열린 문화 공간 ⑥

바르셀로나 현대 문화센터

Centre de Cultura Contemporània de Barcelona (CCCB)

현대미술관에서 멀지 않은 곳에 자리한 현대 문화센터. 현지인들은 쎄쎄쎄베(CCCB)로 부른다. 입장료를 지불해야 하는 전시회도 있지만, 무료로 관람 가능한 전시회 및 공연들도 많다. 건물 내 자리한 넓은 광장에서는 페스티벌, 마켓, 영화 상영회 등이 열려 바르셀로나 시민들의 열린 문화 공간으로 사랑받고 있다.

🚶 L1,2 Universitat역에서 도보 5분 📍 Carrer de Montalegre, 5 🕒 화~일요일 11:00~20:00 ⊗ 월요일
€ €6~8, 25세 이하, 경로 €4~6(일요일 15:00~20:00 BCN 카드, 아트 티켓 소지자 무료) 🏠 cccb.org

스페인 역사에서
빼놓을 수 없는 탑 ⑦

콜럼버스의 탑 Mirador de Colom

람블라스 거리 끝에 위치한 콜롬 전망대. 콜럼버스를 스페인어로 콜론Colón, 카탈루냐어로 콜롬Colom이라고 한다. 1888년 바르셀로나에서 개최된 세계 엑스포를 기념해 세운 것으로 60m 높이의 기둥 위에 콜럼버스의 동상이 서 있다. 손은 그가 발견한 신대륙이 있는 지중해 너머를 가리키고 있다. 전망대에 오르면 시내 전망을 한눈에 내려다볼 수 있다.

🚶 람블라스 거리의 남단, L3 Drassanes역에서 도보 3분 📍 Plaça Portal de la Pau, s/n
🕓 08:30~14:30 € €7.2(4~12세, 65세 이상 무료)

바다 보며 산책하기 좋은 코스 ⑧

벨 항구 Port Vell

콜롬 전망대를 지나면 푸르른 지중해와 맞닿은 항구에 다다르게 된다. 나무 데크로 만들어진 산책로, 람블라 데 마르를 따라 걷다 보면 마레 마그넘 쇼핑몰, 아쿠아리움까지 이어진다. 대부분의 쇼핑몰이 문을 닫는 일요일에도 영업을 하는 마레 마그넘에는 망고, 풀 앤 베어, 스트라디바리우스 등의 SPA 브랜드와 TAPA TAPA, 맥도날드, THE CHIPIRON 등의 레스토랑이 있어 쇼핑과 식사도 할 수 있다. 바다를 보며 걷다 벤치나 데크에 앉아서 햇볕을 쬐거나 쉬어 가는 것도 바르셀로나를 즐기는 좋은 방법이다.

🚶 메트로 L3 Drassanes역에서 도보 5분
📍 Rambla de Mar, s/n

바르셀로나에서 입장권 절약하는 꿀팁

스페인 여행지 중에서도 가장 볼거리가 많은 바르셀로나는 전반적인 물가에 비해 관광지 입장료가 비싼 편이다. 수시로 가격 변동이 있고 인상율도 높으니 그때그때 확인이 필요하다. 조금이라도 절약을 하려면 BCN 카드, 아트 티켓 등의 패스를 이용하거나 무료입장 가능한 날을 체크해 방문해 보자.

피카소 미술관

☑ 무료입장 가능일

- 매월 첫째 주 일요일, 2/11, 5/18, 9/24(사전 예약 필수)
- 11/1~4/30 목요일 16:00~19:00(사전 예약 필수)
- 5/2~10/31 목~토요일 19:00~21:00(예약 권장)
- 무료입장권 예약은 매주 월요일 오전 10시부터 홈페이지를 통해 가능

☑ BCN 카드(예약 필수), 아트 티켓 소지자 무료

€ €15(온라인 €14), 18~25세·65세 이상 €7.5
🏠 museupicassobcn.cat

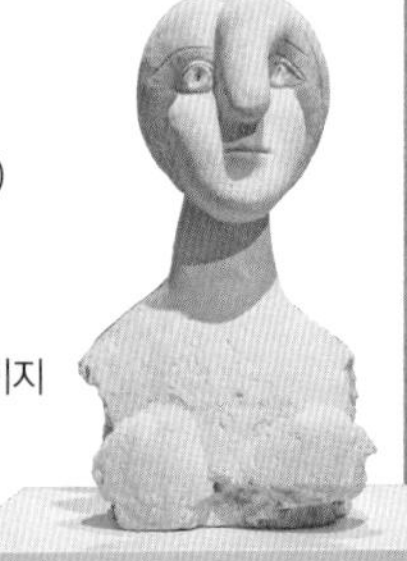

구엘 저택

☑ 무료입장 가능일, 홈페이지 사전 예약 필수

- 매월 첫째 주 일요일, 2/11, 4/23, 5/20, 9/11, 9/24, 9/25, 12/15

☑ BCN 카드 소지자 25% 할인

€ €12, 18세 이상 학생 €9, 10~17세 €5, 9세 이하 무료
🏠 inici.palauguell.cat

국립 카탈루냐 미술관

☑ 매주 토요일 15시 이후, 매월 첫 번째 일요일 무료(예약 필수)

☑ BCN 카드, 아트 티켓 소지자 무료입장

€ 루프탑 관람 포함 €12, 16세 이하 무료, 학생 할인 30%, 루프탑만 방문 시 €2
🏠 museunacional.cat

가우디르 메스 Gaudir Més

많은 사람들이 '가우디 메스'로 알고 있는 가우디르 메스. 건축가 '가우디'가 아니고, 카탈루냐 어로 "더 많이 즐기다"란 뜻이다. 도시를 더 많이 즐길 수 있도록 특별히 고안된 할인 프로그램이라고 보면 된다. 가입하는 방법이 어렵진 않지만, 휴대폰 인증을 받아야 하는데 인증 번호 수신이 잘 안되어 속을 썩이는 경우가 많아 어느 정도의 인내심이 필요하다. 그래도 입장료 물가 비싼 바르셀로나에서 구엘 공원, 몬주익 성, MUHBA, El Born CCM 등을 무료로 관람할 수 있으니 여행 출발 전 미리 가입을 해두면 유용하다.

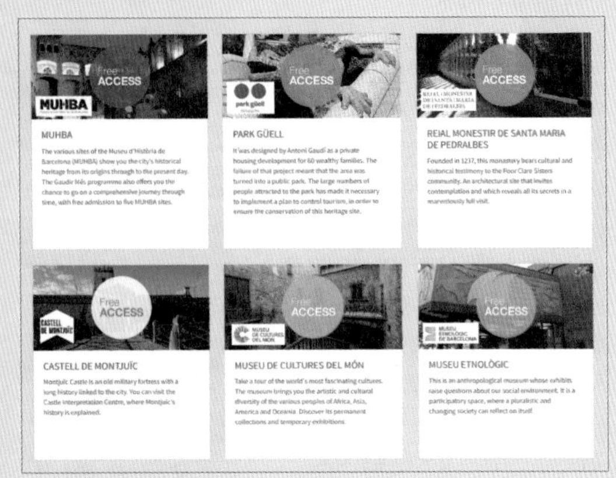

☑ OAC 가입 후 가우디르 메스 가입

- 가입 홈페이지 www.barcelona.cat/gaudirmes/en/oac
- 실물 여권 및 인증 가능한 휴대폰 필수
- 유효기간 10년

구엘 공원

☑ 가우디르 메스 가입 시 무료입장

☑ 방문 당일, 가우디르 메스로 예약 필수, 방문 시간 및 횟수 제한 없음

€ €10, 7~12세, 65세 이상 €7, 6세 이하 무료, 가우디르 메스 가입 시 무료

🏠 parkguell.barcelona

몬주익성

☑ 무료입장 가능일: 매월 첫째 주 일요일, 나머지 일요일 오후 3시 이후

☑ BCN 카드 소지자, 가우디르 메스 가입 시 무료입장

☑ 몬주익 성 입장권 구입은 온라인으로만 할 수 있으며, 가우디르 메스를 이용해 사전에 일자 및 시간 예약 가능(Gaudir+BCN 체크)

€ €12, 8~12세 €8, 8세 이하 무료

🏠 ajuntament.barcelona.cat

웨이팅을 감내할 만한
라발 인기 맛집 ······ ①

카녜테 Cañete

클래식하면서도 모던한 분위기의 까녜테에서는 안달루시아 지역의 음식들을 선보인다. 현지인, 다국적 관광객들에게 모두 인기라 저녁 시간에 워크인으로 방문하면 웨이팅을 피하기 힘들다. 기다리는 동안에도 맥주나 와인을 마시며 즐기는 분위기다. 테이블도 있지만 바에 자리를 잡으면 음식을 만드는 과정도 보고 왁자지껄 흥나는 분위기를 느낄 수 있다. 식사 시간이 대체로 긴 편이라 기다리기 싫다면 꼭 예약을 하고 방문해보자.

L3 Liceu역에서 도보 5분 · Carrer de la Unió 17 · +34 932 703 458
월~토요일 13:00~24:00 · 일요일
문어 요리 €24.45, 오늘의 파에야 €25.35, 엔초비 €6.10 · barcanete.com

분위기, 맛, 가격
삼박자가 착착 ······ ②

토스카 델 카르메

Tosca del Carme

깔끔한 분위기의 타파스 전문 레스토랑. 합리적인 가격대의 타파스 메뉴들이 주를 이루며 평일 점심땐 €15라는 합리적인 가격으로 메뉴 델 디아 주문이 가능하다. 단품으로는 바삭하게 튀겨낸 파타타스 브라바스, 허브와 버섯을 곁들인 안심 구이 등이 맛있다. 거한 식사 대신 간단히 요기를 하러 들르기도 좋으며 직원들도 친절해 만족도가 높다.

L3 Liceu역에서 도보 4분 · Carrer del Carme 40 · +34 937 308 487
12:00~01:00 · 파타타스 브라바스 €5.7, 소고기 안심구이 €8.6
toscatapas.com

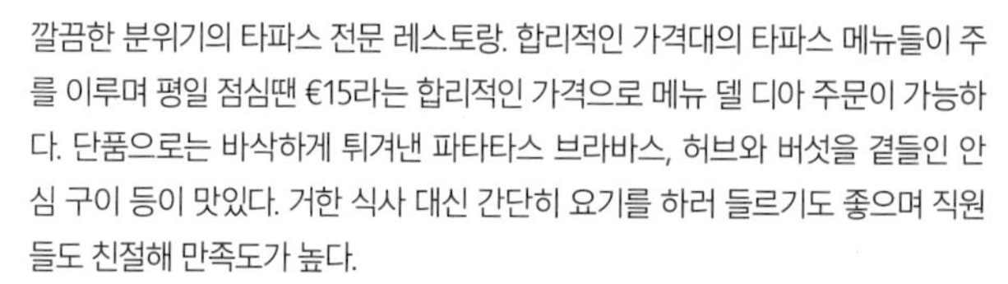

호텔 레스토랑에서의 한 끼 ······ ③

센트온세 Centonze

람블라스 거리에 위치한 르 메르디앙 호텔의 부속 레스토랑이다. 모던하고 고급스러운 분위기로 호텔에서 운영하는 레스토랑이지만 합리적인 가격에 메뉴 델 디아를 제공해 평일 점심에 방문하는 사람들이 많다. 메뉴 델 디아는 최소 2인에서 6인까지만 주문 가능하며 와인 또는 음료가 포함되어 있다. 그 밖에 스페인식과 노멀한 서양식 메뉴들이 있다.

라 보케리아에서 도보 4분 · La Rambla, 111 · +34 933 164 660
12:30~23:00 · 메뉴 델 디아 €32 · centonzerestaurant.com

바르셀로나 MZ 핫플 ······ ④

카라베예 Caravelle

현지 젊은 층에게도 큰 사랑을 받고 있는 카라베예. 에그 베네딕트, 샥슈카, 리코타 팬케이크 등의 브런치 메뉴가 특히 인기라 주말에는 가게 밖으로 긴 웨이팅이 이어지기도 한다. 오후 1시부터 4시까지는 케밥과 비슷한 샤와르마, 슈니첼, 햄버거 등 좀 더 묵직한 식사 메뉴도 주문 가능하다. 글루텐 프리 빵, 베지 메뉴들도 있어서 다양한 취향을 커버할 수 있다. 커피나 수제 맥주, 칵테일을 마시며 힙한 분위기를 즐겨도 좋다.

L3 Liceu역에서 도보 6분
Carrer del Pintor Fortuny 31 · +34 933 179 892
월~금요일 09:30~17:00, 토·일요일 10:00~17:00
샥슈카 €12, 크리미 베이크드 에그 €13 · caravelle.es

서점 안에 숨겨진 햇살 맛집 ······ ⑤

라 센트랄 델 라발 La Central del Raval

서점 안쪽에 자리해 모르고 지나치기 쉬운 비밀의 정원 같은 카페. 서점엔 스페인어를 모르는 외국인들도 관심을 가질만한 예쁜 서적들이 많으며, 아담한 분수와 싱그러운 식물들로 가득한 야외 테이블에서 햇살을 쬐며 커피나 와인을 홀짝이기 좋다. 모든 공간이 포토 스팟이라 사진을 찍으러 방문하는 사람들도 많다. 에이샴플레 지구에도 지점이 있으니 함께 둘러보면 좋다.

L3 Liceu역에서 도보 6분 Carrer d'Elisabets 6 +34 900 802 109 월~금요일 10:00~21:00, 토요일 10:30~21:00, 일요일 11:00~20:00 아메리카노 €2, 오렌지 주스 €5.5, 카바(글라스) €4.5 크루아상 €2 lacentral.com

달콤한 도넛이 필요한 시간 ······ ⑥

촉 카르메 Chök Carme

달콤한 디저트를 사랑한다면 그냥 지나칠 수 없는 디저트 숍이다. 아담한 가게 안을 가득 채운 수제 초콜릿과 도넛들이 눈길과 발길을 잡아끈다. 완벽한 반죽의 촉촉한 도우 위에 초콜릿, 크림과 각종 토핑을 얹은 도넛들이 다소 비싼 편이긴 하지만 기분 좋게 당 충전을 할 수 있다. 도넛 외에도 비건 케이크, 머핀, 쿠키 등도 있으니 진한 커피와 함께 행복한 당 충전 시간을 가져보자. 여러 곳에 지점이 있으니 접근성이 좋은 곳을 방문하면 된다.

L3 Liceu역에서 도보 2분 Carrer de l'Hospital 56
+34 933 042 360 월~토요일 09:00~21:00, 일요일 09:00~19:00 도넛 €2.2~5

취향대로 토핑을 고르는 수제 아이스크림 ······ ⑦

로캄볼레스크 Rocambolesc

지로나에서 미슐랭 스타 레스토랑을 운영하던 셰프 중 한 명이 오픈한 아이스크림 전문점이 바르셀로나 람블라스 거리에도 문을 열었다. 기본 아이스크림에 솜사탕, 마시멜로, 초콜릿 크런치, 사탕, 버터 사브레 등의 토핑을 취향껏 선택 가능하다. 하트, 코, 무어의 얼굴, 골든 핸드 등 독특한 모양의 스틱 아이스크림도 있어서 눈으로도 즐길 수 있다.

보케리아 시장에서 도보 4분 La Rambla 51-59 +34 937 431 125 월~목요일 11:30~21:30, 금·토요일 11:00~23:00, 일요일 11:00~18:00 콘 €3.8, 콘&토핑 €4.6, 컵 S €3.5, M €4.5, 폴로 €5.5~5.8 rocambolesc.com

스페인 최대의 백화점 그룹 ······ ①

엘 코르테 잉글레스

El Corte Inglés

바르셀로나에서 가장 많이 들르는 카탈루냐 광장에 있는 엘 코르테 잉글레스는 스페인 전역에 지점이 있는 백화점이다. 관광객들에게 인기 좋은 곳은 지하 1층으로 고급 식재료 판매점과 대형 마트가 있어 다양한 쇼핑을 즐길 수 있다. 9층 푸드코트 라 플라카La Plaça에서는 바르셀로나 여느 전망대나 루프탑이 부럽지 않은 멋진 뷰를 보며 식사를 할 수 있다. 합리적인 가격의 파에야, 파스타 등 무난하게 먹기 좋은 메뉴들이 대부분이라 쇼핑 중 허기를 달래기 좋다.

카탈루냐 광장 앞 · Plaça de Catalunya 14 · +34 933 063 800
월~토요일 09:00~21:30, 일요일 12:00~20:00 · elcorteingles.es

가성비 쇼핑이라면 여기로 ······ ②

마레마그눔 Maremagnum

벨 항구에 위치한 마레마그눔의 가장 큰 장점은 일요일에도 영업을 한다는 것이다. 바르셀로나 시내 대부분의 쇼핑몰과 상점들이 문을 닫기 때문에 여행 일정 중 일요일이 껴 있다면 들러볼 만하다. 인기 중저가 브랜드들이 대부분 입점해 있고 분위기 좋은 레스토랑과 패스트푸드점도 있어서 쇼핑과 다이닝을 함께 해결할 수 있다.

L3 Drassanes역에서 벨 항 방향으로 도보 9분
Moll d'Espanya 5 · +34 930 129 139
10:00~22:00 · maremagnum.klepierre.es

트렌디한 디자인의 인기 편집숍 ······ ③

란토키 Lantoki

라발 지구에서 인기 좋은 란토키는 여러 명의 신진 디자이너들이 셰어를 하는 코워크 스튜디오이자 편집숍이다. 직접 만든 의상과 액세서리, 각종 패션 소품들을 판매한다. 트렌디한 제품들이 많아 매니아들이 많다. 패션 관련 원데이 클래스를 운영하기도 한다.

🚶 보케리아 시장에서 도보 5분 📍 Carrer del Dr. Dou 15 📞 +34 930 006 126
🕐 월·화요일 12:00~19:00, 수~금요일 12:00~20:00, 토요일 11:00~15:00
⊗ 일요일 🏠 lantoki.es

자연과 책이 어우러진
감성 서점 ······ ④

라 센트랄 La Central

바르셀로나에 여러 지점이 있는 서점이다. 다양한 분야의 외국 서적들이 많으며 한켠에는 디자인 제품들이 있어 기념품을 사기에도 좋다. 도시에 관련된 그림, 엽서, 에코백, 머그컵 등이 관광객들에게 특히 인기다. 책과 문구류를 좋아한다면 꼭 찜해둘 것! 라발점 중정엔 예쁜 카페도 있으니 참고하자.

🚶 보케리아 시장에서 도보 5분
📍 Carrer d'Elisabets 6(Raval 지점)
📞 +34 900 802 109 🕐 월~금요일
10:00~21:00, 토요일 10:30~21:00
⊗ 일요일 🏠 lacentral.com

맥주 마니아들에게 추천하는 곳!

신선하고 색다른 맥주로 하루의 일정을 마무리하고 싶은 여행자들에게 추천하고 싶은 맥주 맛집들이 있다. 음식을 꼭 주문하지 않아도 되므로 언제든 부담 없이 들러도 좋다.

모리츠 맥주 공장 Fábrica Moritz • 라발 지구

바르셀로나의 지역 맥주인 모리츠를 생산하는 곳으로 양조장과 레스토랑을 함께 운영하고 있다. 내부 곳곳에서 거대한 양조 탱크를 볼 수 있으며 갓 만든 신선한 맥주를 맛볼 수 있다. 오리지널, 에피도르, 레드 IPA 등이 있으며 샘플러도 주문 가능하다. 전용 페트병으로 테이크아웃도 된다. 비어 치킨 같은 시그니처 메뉴도 있지만 가성비는 살짝 떨어지는 편이라 음식보단 맥주에 집중하는 게 좋다.

메트로 L1,2 Universitat역에서 도보 4분 Ronda de Sant Antoni 41
+34 934 26 00 50 12:00~다음 날 01:00 맥주 33cl €3.5~4.95, 샘플러 €8, 비어 치킨 €15.95, 브라바스 €5.2 fabricamoritzbarcelona.com

캘더콜드 Kælderkold • 라발 지구

고딕 지구에 위치한 맥주 전문점. 캘더콜드에 들어서면 바 안쪽으로 쭉 늘어선 탭들이 눈에 확 띈다. 맥주의 종류, 알코올 농도, 가격 등이 적힌 메뉴를 보고 고를 수 있다. 직원에게 추천받거나 샘플러를 주문해 다양하게 맛을 보는 것도 맥주를 즐기는 좋은 방법이다.

메트로 L3 Liceu역에서 도보 1분 Carrer del Car denal Casañas 7
11:00~다음 날 02:30 비어 플라이트(샘플러 5종) €15
kaelderkold.com

비어 캡 BierCab • 에이샴플레 지구

오후 2시에 문을 열어 일찌감치 와서 맥주를 즐기는 마니아들이 많다. 유럽뿐 아니라 스페인 소도시 지역의 크래프트 맥주가 많아 골라 먹는 재미가 쏠쏠하다. 30여 개의 탭에서 바로 따라 주는 맥주는 역시 신선하고, 주인장도 친화적이다. 맥주 안주로 좋은 나초, 포테이토칩, 치킨윙도 인기다. 유럽에선 맛보기 힘든 강렬한 매운맛의 특제 소스에도 도전해 보자.

메트로 L1,2 Universitat역에서 도보 8분 Carrer de Muntaner, 55
+34 644 689 045 월~토요일 14:00~00:00 일요일
맥주 25cl €4.5~6.0, 비어캡 포테이토 €7.25, 나초 €6.5 biercab.com

AREA ···· ②

고딕 지구
Gothic Quarter

추천 코스

레이아알 광장 P.130

도보 5분

산 하우메 광장 P.128

도보 5분

바르셀로나 대성당 P.129

도보 3분

산 펠립 네리 광장 P.130

바르셀로나에서 가장 오래된 지역으로 에스파냐 왕국의
전성기 시절의 모습을 그대로 간직하고 있다.
왕족과 귀족들이 거주했던 곳으로 많은 이야기가 담긴
광장들과 로마 유적까지 볼 수 있다. 당대 가장 뛰어난
건축 기술이었던 고딕 양식으로 지어진 건축물도
곳곳에 남아있어 풍성한 볼거리를 제공한다. 미로 같은
골목길을 걷다 마주하게 되는 소소한 풍경들도 매력적이다.

고딕 지구 상세 지도

09 엘스 콰트레 가츠
Avda. del Portal de l'Àngel
Carrer de Duran i Bas
콜론 호텔 바르셀로나
11 그랑하 라 파야레사
Carrer de la Palla
Via Laietana
C/ de Petritxol
04 산 펠립 네리 광장
02 바르셀로나 대성당
04 사바테르 에르마노스
C. Bisbe
Carrer dels Banys Nous
04 라 알코바 아술
Jaume I
Carrer de la Princesa
La Rambla
06 코네사
10 슈레리아
C. de Jaume I
Liceu
01 산 하우메 광장
C/ de la Boqueria
02 코쿠아
C/ del Call
C/ de Ferran
Carrer de la Ciutat
01 라 마누알 알파르가테라
C/ de Ferran
03 비바
C/ de la Lleona
La Rambla
Carrer d'Ataülf
Carrer Regomir
03 레이알 광장
쇼코
할렘 재즈 클럽
오피움
로스 타란토스
잠보리
01 비아나
Carrer d'Avinyó
Carrer dels Escudellers
03 고메 센시
보 데 비 05
Carrer Ample
Carrer de la Mercè
02 센시 타파스
07 라 플라타
08 바르 셀타 풀페리아
Pg. de Colom
N W E S
0 100m
Rambla de Santa Mònica
Drassanes

스페인 정치, 문화의 중심지 ······ ①

산 하우메 광장

Plaça de Sant Jaume

바르셀로나 시청과 카탈루냐 자치 정부 청사가 마주 보고 있는 고딕 지구의 대표 광장으로 축제와 시위의 중심이 되는 곳이다. 인간 탑 쌓기, 거인 인형 퍼레이드 등 다양한 축제와 이벤트를 비롯해 거리 공연도 수시로 열린다. 베네치아 탄식의 다리를 본떠 만든 구름다리가 인상적인 비스베 거리를 포함한 고딕 내 여러 골목이 광장에서부터 이어진다.

🚶 메트로 L4 Jaume역에서 도보 5분 📍 Pl. de Sant Jaume, 1

바르셀로나의 수호 성당 ②

바르셀로나 대성당

Cathedral of Barcelona

13세기 말에 착공해 150여 년에 걸쳐 1차 완공된 곳으로 성당을 대표하는 정면 파사드와 종탑은 19세기 말에 다시 건축을 시작해 1913년에야 지금의 모습을 갖추게 되었다. 하늘에 닿을 듯 치솟은 뾰족한 첨탑과 장미 모양의 창문 등에서 고딕 양식의 정수를 느낄 수 있다. 성당 내부에는 바르셀로나의 수호 성녀인 에우랄리아의 묘와 흔적들이 곳곳에 남아있다. 에우랄리아가 순교 당할 당시 13세였는데, 안쪽 중정에서 이를 상징하는 거위 13마리를 볼 수 있다. 기도하기 위해 방문한 신자를 위한 시간에는 관광객도 무료로 입장을 할 수 있다. 단 성가대석과 첨탑은 별도다.

메트로 L4 Jaume역에서 도보 5분, L3 Liceu역에서 도보 7분 Pla de la Seu, s/n 월~금요일 09:30~18:30, 토요일 09:30~17:15, 일요일 14:00~17:00(기도를 위해 방문한 신자는 별도 방문 시간) €11(첨탑+성가대석+박물관+예배당+오디오가이드)/신자 무료입장(성가대석과 첨탑은 유료) catedralbcn.org

바르셀로나 대성당 앞 광장에서는 목~일요일 오전 10시부터 오후 8시까지 벼룩시장이 열리며 다양한 공연도 펼쳐진다. 가격대는 조금 높은 편이지만, 퀄리티 높은 앤티크 제품들을 득템할 수 있다. 12월에는 크리스마스 마켓이 열려 연말 분위기를 더해준다.

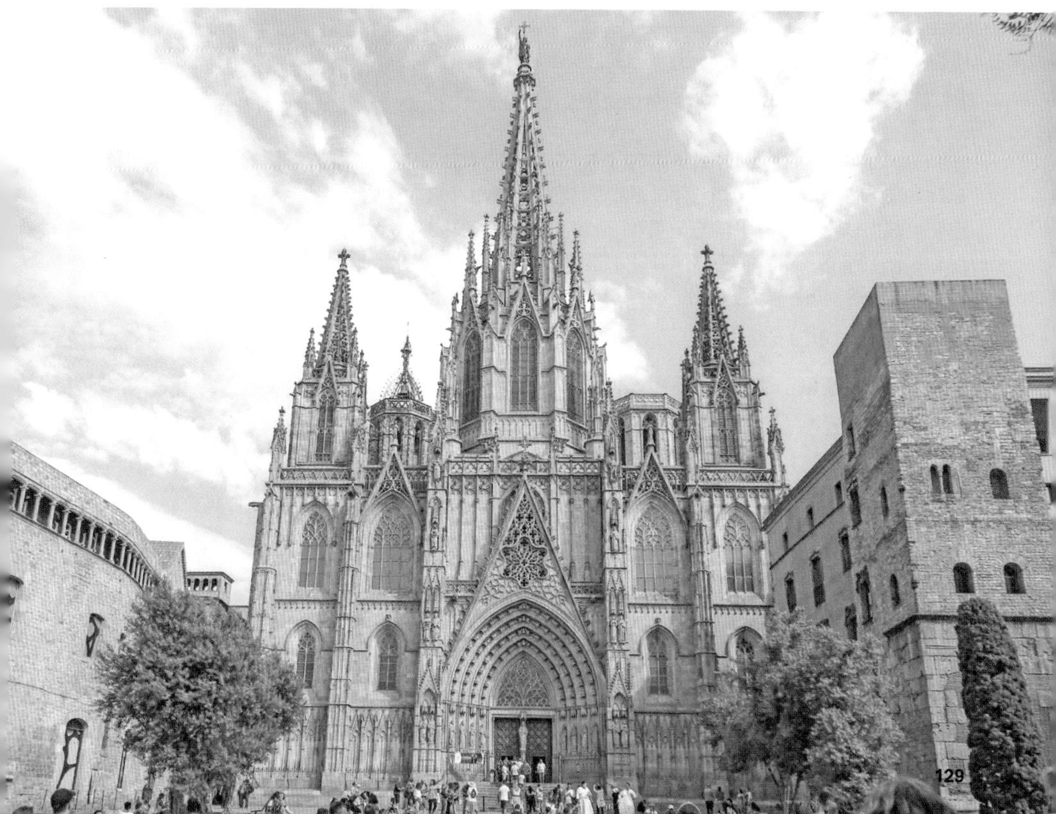

작지만 알찬 공간 ······③

레이알 광장 Plaça Reial

람블라스 거리에서 아치형 문을 통과하면 쭉쭉 뻗은 야자수 나무가 있는 이국적인 분위기의 레이알 광장이 나타난다. 광장을 빙 둘러싼 노천 바와 레스토랑 플라멩코 공연장, 재즈 클럽 등 규모는 작지만, 없는 게 없이 알차게 들어서 있다. 1879년 바르셀로나시가 주최한 공모전에 당선된 가우디의 데뷔작인 가로등에 조명이 켜지면 더욱 특별한 분위기가 연출된다.

🚶 메트로 L3 Liceu역에서 도보 4분

내전이 아픔이 남아 있는 역사 공간 ······④

산 펠립 네리 광장 Plaça de Sant Felip Neri

영화 〈향수; 어느 살인자의 이야기〉의 배경으로 등장했던 어두컴컴하고 스산한 골목이 바로 산 펠립 네리 광장이다. 일부러 찾아가지 않으면 쉽게 눈에 띄지 않는다. 1938년 스페인 내전 당시 정부군의 폭격으로 40명 이상의 사망자가 나왔는데, 옛 성당 건물에는 여전히 총탄 자국이 남아 전쟁의 잔혹함을 느낄 수 있다. 외진 곳이니 늦은 밤에는 방문을 피하는 것이 좋다.

🚶 바르셀로나 대성당에서 도보 2분

블랙베리 모히토, 유행의 시작 ······①

비아나 Viana

스페인 음식을 보다 창의적이고 현대적으로 표현한 메뉴를 선보인다. 워낙 인기가 많은 곳이라 워크인으로 자리를 잡기 힘들 수 있어 홈페이지를 통해 예약한 후 방문하는 것이 좋다. 참치 타다끼, 소고기 스테이크, 해산물 세비체 등의 단품 메뉴가 있으며 4가지 코스로 구성된 테이스팅 메뉴도 있다. 대부분의 메뉴가 좋은 평을 받고 있는데 특히 블랙베리 모히토는 특별한 비주얼과 맛으로 인기다. 친절하고 호탕한 성격의 주인장도 만족도를 높이는 요소 중 하나다.

🚶 레이알 광장에서 도보 2분 📍 Carrer del Vidre 7 📞 +34 930 152 525
🕓 월~금요일 18:00~23:30, 토, 일요일 13:00~16:00, 18:00~23:30
€ 참치 타다끼 €15.75, 해산물 세비체 €14.5, 테이스팅 메뉴 €49 🏠 vianabcn.com

트렌디함 가득한 현지인 맛집 ······②

센시 타파스 Sensi Tapas

트렌디한 분위기의 타파스 바르를 찾는 이에게 추천하는 곳이다. 비스트로, 구르메 타파스 바 등 다양한 컨셉트의 매장을 운영하고 있다. 매장마다 분위기는 조금씩 다르지만, 음식 맛과 플레이팅이 훌륭하다. 현지 젊은 층에 특히 인기를 끌고 있어 오픈 시간에 맞춰 가거나 예약하고 방문하는 게 좋다. 메인 메뉴 못지않은 퀄리티 높은 음식들을 타파스로 주문할 수 있어서 나 홀로 여행자들이 방문해도 다양하게 맛볼 수 있다. 1인분 파에야도 주문할 수 있다.

🚶 메트로 L3 Liceu역에서 도보 9분 📍 Carrer Ample 26
📞 +34 932 528 841 🕓 월~목요일 18:00~다음 날 00:30,
금~일요일 18:00~다음 날 00:45 € 해산물 파에야 €8.95,
이베리안 포크 치크 €9.95, 파프리카 문어 €13.95 🏠 sensi.es

예약 필수 타파스 맛집 ······ ③

고메 센시 Gourmet Sensi

센시에서 운영하는 매장 중 하나로 가장 큰 규모다. 다른 매장에 비해 확실히 탁 트인 느낌이긴 하지만 현지인들에게 인기가 많아 금세 테이블이 채워지니 구글 지도를 통해 예약한 후 방문할 것을 추천한다. 클래식하면서도 가게만의 개성이 넘치는 타파스가 주를 이루며 와인 리스트도 괜찮은 편이다. 트러플 향이 솔솔 나는 크림소스 라비올리, 문어 콩피, 해산물 파에야가 인기가 많은데 신선한 토마토 페이스트를 바른 판 콘 토마테와 함께 곁들이면 좋다. 트렌디한 분위기만큼 가격대는 살짝 있는 편. 이용 시간이 2시간으로 제한되어 있다.

메트로 L3 Liceu역에서 도보 10분
Carrer de Milans, 4 +34 936 736 265
월~목요일 18:00~다음 날 00:30, 금~일요일 18:00~다음 날 00:45 라비올리 €9.95, 해산물 파에야 €8.95, 파프리카 문어 콩피 €13.95
sensi.es

아지트 분위기에서 와인 한잔 ······ ④

라 알코바 아술 La Alcoba Azul

아담한 가게 입구에 들어서면 좁고 길쭉한 실내가 나온다. 동굴처럼 어두운 공간 안에 은은하게 켜있는 조명, 바에서 손님들과 이야기를 나누며 칵테일을 만드는 직원들의 모습이 아지트 같은 느낌을 준다. 일반 타파스 외에 바삭한 빵 위에 다양한 토핑을 올린 토스타스도 종류가 다양하다. 낮보다는 밤, 식사보다는 와인 한잔 마시며 분위기를 내기 좋은 곳이다.

산 하우메 광장에서 도보 2분
Carrer de Salomó ben Adret 14
+34 933 028 141 12:00~다음 날 01:00
타파스 €8.9~15.5, 토스타스 €12~13.5
laalcobaazul.com

터질 듯한 속 재료, 갓성비 샌드위치 ······ ⑤

보 데 비 Bo de B

SNS에 많이 소개되면서 현지인은 물론 관광객에게 더욱 인기를 얻고 있는 샌드위치 전문점이다. 메인 토핑에 각종 채소를 듬뿍 넣어주는데 재료와 소스를 취향대로 선택할 수 있어 바르셀로나 스타일의 '써브웨이'라고 생각하면 된다. 특별히 가리는 게 없다면 'ALL'로 주문하면 되는데 재료가 신선하고 양도 푸짐하다. 테이블이 있긴 하지만 테이크아웃을 해가는 사람들이 대부분이다. 현금 결제만 가능하다.

바르셀로나의 머리에서 도보 2분 Carrer de la Mercè, 35
+34 936 674 945 월~토요일 12:00~22:00, 일요일 12:00~20:00 샌드위치 €4.5~5, 플라토 €7~8.5, 샐러드 €6~8

간단히 먹기 좋은 보카디요 전문점 ······ ⑥

코네사 Conesa

스페인식 샌드위치인 보카디요를 전문으로 하는 곳으로 빵 안에 하몽, 소시지, 치즈, 고기 같은 다양한 재료를 넣어 바삭하게 구워준다. 재료가 충실하게 들어가 있어 한 끼 식사로도 충분하며 음료가 포함된 세트 메뉴도 있다. 테이크아웃을 해서 근처 광장에서 먹기도 좋다. 50가지가 넘는 보카디요 뿐 아니라 샐러드와 스낵류도 있으며 가격까지 합리적이라 꾸준히 인기를 끌고 있다.

산 하우메 광장에서 도보 1분 Carrer de la Llibreteria1
+34 933 101394 월~토요일 08:00~22:15 일요일
보카디요 €3.25~7.3, 샐러드 €3.85 conesaentrepans.com

정어리 튀김으로 고딕 지구 평정 ······ ⑦

라 플라타 La Plata

고딕 지구의 끝자락, 조용한 골목 모퉁이에 자리한 작은 가게로 현지인들의 발길이 끊이질 않는다. 손가락 크기만 한 정어리 튀김인 페스카디토를 전문으로 하는데 맥주나 베르무트, 와인을 곁들여 먹기에 그만이다. 주문하자마자 바로 나오는 튀김은 생선과 튀김옷의 고소함이 잘 어우러진다. 나이가 지긋한 인상 좋은 사장님이 오크통에서 바로 따라주는 와인도 매력적이다.

바르셀로나의 머리에서 도보 3분 Carrer de la Mercè, 28
+34 611 647 688 월~토요일 11:00~15:00, 18:00~23:00
일요일 페스카디토 €3.5, 핀초 데 안초아 €2.5
barlaplata.com

야들야들한 갈리시안 문어 요리 ······ ⑧

바르 셀타 풀페리아 Bar Celta Pulperia

스페인 갈리시아 지역 스타일의 문어 요리인 풀포 Pulpo를 전문으로 하는 곳으로 한치, 새우 등의 시푸드와 각종 타파스도 주문할 수 있다. 부드러운 식감과 향긋한 올리브유가 풍미를 더하며 재료 본연의 맛이 잘 살아있다. 문어의 조리 방식이 한국과 다르기 때문에 탱글탱글하고 쫄깃한 맛을 기대했던 사람들은 조금 아쉬울 수 있다.

메트로 L3 Drassanes역에서 도보 7분 Carrer de Simó Oller 3 +34 933 150 006 18:00~00:00 화요일 풀포 스몰 €13.2 미듐 €15.95, 라지 €20.35 barcelta.com

피카소의 단골 카페 ······ ⑨

엘스 콰트레 가츠

Els 4 Gats

1896년 문을 연 곳으로 당대 바르셀로나의 많은 예술가와 지식인들이 모여 밤새 술을 마시며 토론했던 사교 공간이었다. 피카소가 17살 때 첫 전시를 열기도 했으며 그의 단골 카페로도 유명하다. 가게 내부는 유명 작품들과 알만한 인사들의 사진들로 꾸며져 있다. 이곳의 창립 멤버인 라몬 카사스의 〈2인용 자전거를 탄 라몬 카사스와 페레 로메우〉 작품이 가장 눈에 띄는데 진품은 카탈루냐 박물관에서 만날 수 있다. 높은 음식 가격대에 비해 맛과 직원들의 서비스는 부족한 편이므로 간단히 커피나 칵테일을 마시면 좋을 듯하다.

카탈루냐 광장에서 도보 4분 Carrer de Montsió 3 +34 933 024 140 화~토요일 11:00~00:00, 일요일 11:00~17:00 월요일 메인 요리 €19.5~29.5, 디저트 €8~9, 칵테일 €9 4gats.com

추로스 테이크아웃 전문점 ······ ⑩

슈레리아 Xurreria

고딕 지구에서 꼭 들르게 되는 레스토랑이다. 아담한 규모지만 달콤한 추로스 향에 이끌린 사람들의 발길이 끊이질 않아 그냥 지나치기 쉽지 않다. 테이크아웃 전문점으로 가격도 저렴한 편이다. 설탕만 솔솔 뿌려 먹어도 맛있지만, 누텔라를 추가하면 더욱 맛있게 즐길 수 있다. 오리지널 추로스가 6개에 €2.5로 저렴하다. 초콜릿, 피스타치오, 바닐라 등의 필링을 넣은 추로스도 있어 취향대로 선택할 수 있다.

🚶 산 하우메 광장에서 도보 3분 📍 Carrer dels Banys Nous 8 📞 +34 933 187 691 🕒 월~목, 토요일 08:00~22:00, 금요일 08:00~23:00, 일요일 08:00~19:00 € 오리지널 추로스 €2, 추로스+누텔라 €3.5, 추로스+핫초코 €4

꾸덕한 쇼콜라타와 추로스의 만남 ······ ⑪

그랑하 라 파야레사 Granja La Pallaresa

1947년에 문을 연 전통 있는 추로스 전문점. 달지 않고 꾸덕꾸덕한 쇼콜라타에 바삭하게 튀겨낸 따끈한 추로스를 곁들이면 훌륭한 디저트가 된다. 아침 식사로 먹거나 해장용으로 즐기는 현지인도 많다. 우유 크림을 듬뿍 올린 쇼콜라타 수이사, 치즈 케이크 등도 인기다. 바삭한 추로스와 꾸덕꾸덕한 쇼콜라타의 조합이 일품이다. 생각보다 많이 달지 않아 아이는 물론 어른 입맛까지 사로잡는다.

🚶 메트로 L3 Liceu역에서 도보 4분
📍 Carrer de Petritxol 11
📞 +34 933 022 036
🕒 월~토요일 09:00~13:00, 16:00~21:00, 일요일 09:00~13:00, 17:00~21:00
€ 스페니시 쇼콜라타 €3.1, 추로스 €2.2

85년 전통의 신발점 ······ ①

라 마누알 알파르가테라

La Manual Alpargatera

에스파드류 전문 매장으로 1941년부터 영업을 해왔다. 삼베를 꼬아 만든 밑창에 천연섬유로 발을 감싸도록 해 통풍이 잘 되고 발이 편하다. 다양한 디자인에 남녀노소 누구나 신을 수 있어 오랫동안 바르셀로나 쇼핑 아이템으로 사랑 받았지만 가격이 꽤 올라 예전만한 메리트는 없다. 브레이크 타임이 있으니 미리 체크를 하고 방문해 보자.

L3 Liceu역에서 도보 5분 Carrer de Avinyó 7
+34 933 010 172 월~토요일 10:00~14:00, 17:00~20:00 일요일 에스파드류 €30~ lamanual.com

플랫 슈즈의 끝판왕 ······ ②

코쿠아 Kokua

플랫 슈즈 전문점으로 통통 튀는 컬러감의 슈즈들이 많아 멀리서도 가게가 한눈에 들어온다. 고무 밑창으로 되어 있어 일반 플랫보단 훨씬 발도 편하다. 쉽게 구할 수 없는 컬러와 디자인 때문에 매니아들이 많다. 슈즈 외 가방도 있으며 시즌에 따라 할인 프로모션도 진행된다.

L3 Liceu역에서 도보 3분 Carrer de la Boqueria, 30 10:00~20:00
플랫 슈즈 €60~ kokuabarcelona.com

가죽 제품 마니아라면 필수 코스 ······ ③

비바 Biba

천연 가죽 핸드메이드 전문점으로 가방, 지갑, 신발 외에도 다양한 패션 잡화를 판매한다. 고딕, 보른, 그라시아 거리까지 바르셀로나 시내에만 10개 이상의 매장이 있다. 품질이 좋고 가격대도 합리적이라 가죽 제품을 좋아한다면 들러볼 만하다. 키 홀더, 카드 지갑 등은 선물용으로도 인기다.

🚶 L2,3,4 Passeig de Gracia역에서 도보 3분 📍 Gran Via de les Corts Catalanes, 654(Gran Via 지점) 📞 +34 932 226 100 🕓 월~토요일 10:00~20:30(지점마다 운영 시간 상이) ✖ 일요일 € 가방 €40~, 신발 €30~ 🏠 bibashops.com

선물로 좋은 수제 비누 전문점 ······ ④

사바테르 에르마노스 Sabater Hermanos

산 펠립 네리 광장 모퉁이에 위치한 작은 가게로 들어서는 순간 향기로운 수제 비누의 마법에 빠지게 된다. 허브와 과일, 초콜릿 향까지 다양한 제품들이 있으며 모양, 컬러, 효능까지 각각 다르다. 선물용으로도 좋아 대량 구매를 하는 사람들도 많다. 아르헨티나를 시작으로 전 세계에 매장을 두고 있다.

🚶 바르셀로나 대성당에서 도보 3분 📍 Plaça de Sant Felip Neri 1 📞 +34 933 019 832 🕓 월~토요일 10:30~20:30, 일요일 12:00~18:00 € 비누 €2~ 🏠 sabaterhermanos.es

바르셀로나의 밤을 즐기는 방법

바르셀로나의 열기는 늦은 밤이 되어도 쉽사리 식지 않는다. 골목골목 분위기 좋은 바에선 와인이나 맥주를 마시는 사람들로 넘쳐나고 라이브 바에서 재즈나 플라멩코를 즐기기도 한다. 놓치면 아쉬운 바르셀로나의 나이트 라이프를 소개한다.

로스 타란토스 Los Tarantos

1963년 오픈한 타란토스는 바르셀로나에서 가장 오래된 플라멩코 타블라오다. 람블라스 거리 근처 레이알 광장에 위치해 접근성이 좋다. 40분 정도 공연이 이어지는데 짧고 임팩트 있는 공연이라 플라멩코를 처음 접하는 사람들도 지루하지 않게 볼 수 있다. 17:30~22:30까지 매시간 공연이 진행되고, 프로그램도 달라 선택 옵션이 많다는 것도 장점.

L3 Liceu역에서 도보 6분, 레이알 광장 Plaça Reial 17
+34 933 041 210 17:30, 18:30,19:30, 20:30, 21:30, 22:30 공연 €25, 공연&음료 €30, 공연&타파스 €48
masimas.com

잠보리 Jamboree

레이알 광장에서 타란토스와 함께 많은 인기를 누리고 있는 재즈 클럽이다. 1960년부터 매일 재즈 공연을 해오고 있다. 주말엔 유명 밴드의 공연과 디스코 타임으로 이어지니 홈페이지를 통해 미리 확인을 해보자. 음악과 댄스, 넘치는 흥으로 바르셀로나의 밤을 더욱 뜨겁게 보낼 수 있다.

L3 Liceu역에서 도보 6분, 레이알 광장 Plaça Reial 17
+34 933 041 210 19:00~ 공연 €10~15

할렘 재즈 클럽 Harlem Jazz Club

고딕 지역에 위치한 오래된 라이브 공연장으로 1987년부터 영업을 해왔다. 블루스, 재즈, 펑크, 살사를 비롯해 아프리카, 쿠바, 브라질 음악까지 다양한 범주의 공연을 하고 있다. 평일에도 밤 10~11시쯤에서야 공연을 시작하니 늦은 시간에 방문을 하는 것이 좋다. 그때그때 연주자와 공연 시간이 다르니 홈페이지를 통해 공연 시간을 확인해 볼 것.

L3 Liceu역에서 도보 9분 Carrer de la Comtessa de Sobradiel 8 +34 933 100 755 화, 목~토요일 08:00~03:00, 일요일 19:00~02:00 월, 수요일 공연 €10~15 harlemjazzclub.es

오피움 Opium Barcelona Restaurant and Club

바르셀로나에서 가장 유명한 클럽 중 하나. 해변 바로 앞에 위치하며 낮에는 레스토랑으로, 이후엔 라운지 바, 클럽으로 변신한다. 자정이 넘어야 분위기가 서서히 무르익고 새벽 2~3시 정도가 피크 타임이다. 드레스 코드에 대한 제약이 크진 않지만 슬리퍼나 과하게 편한 복장은 입장 제한이 될 수 있다. 술에 취한 사람들, 소매치기들도 많으니 늦은 시간엔 개인의 안전에 주의를 기울여야 한다.

L4 Ciutadella Vila Olímpica역에서 도보 8분 Passeig Marítim de la Barceloneta 34 +34 655 576 998 일~목요일 12:00~05:00, 금·토요일 12:00~06:00 칵테일 €12~16, 맥주 €4~7, 카바 €38~58, 타파스 €5~20, 등심구이 €32 opiumbarcelona.com

쇼코 Shôko

오피움과 함께 바르셀로나 클럽의 양대 산맥으로 손꼽히는 곳이다. 낮에는 레스토랑으로 운영되며 일반적인 스페인식 메뉴뿐만 아니라 스시나 롤, 햄버거와 샌드위치 등 다양한 메뉴를 판매한다. 바닷가 바로 앞이라 오션 뷰를 만끽하며 칵테일을 마시기도 좋다. 늦은 밤에는 신나는 음악과 함께 클러빙을 즐길 수 있다.

L4 Ciutadella Vila Olímpica역에서 도보 6분
Pg. Marítim de la Barceloneta, 36
+34 932 259 200 11:00~06:00(+1)
칵테일 €12, 샹그리아 €12, 해산물 파에야 €22, 스시(롤) €6~22 shoko.biz

AREA ···· ③

보른 지구
El Born

고딕 지구 옆 동네, 보른. 고딕에서 라이에타나 거리Via Laietana
하나만 지났을 뿐인데 확연히 다른 분위기가 펼쳐진다.
중세풍의 골목 풍경은 똑같지만 신진 디자이너들의 부티크와 힙한 카페,
바르, 레스토랑이 구석구석 자리해 훨씬 트렌디한 분위기가 느껴진다.
쇼핑과 다이닝을 즐기기 위해 찾는 현지인들도 많다. 보른 지구에서 이어지는
시우타데야 공원과 바르셀로네타 해변까지 함께 즐겨보자.

추천 코스

산타 마리아 델 마르 성당 P.142
도보 2분
MOCO 미술관 P.142
도보 1분
피카소 미술관 P.143
도보 3분
산타 카테리나 시장 P.143
도보 5분
카탈라냐 음악당 P.144
도보 11분
개선문 P.145
도보 5분
시우타데야 공원 P.145

보른 지구 상세 지도

Urquinaona
Rda. de Sant Pere
Carrer d'Ortigosa
카탈라냐 음악당 06
14 노마드 커피랩 & 숍
15 시라 커피
Sant Pere Més Alt
07 개선문
Passeig de Lluís Companys
Carrer del Portal Nou
06 산타 아구스티나
Av. de Francesc Cambó
산타 카테리나 시장 04
Via Laietana
에스파이 메스클라디스 12
C/ dels Carders
C/ del Comerç
초콜릿 박물관
Pg. de Pujades
아르카노 04
바르 델 플라 02
Carrer dels Assaonadors
08 존케이크
Jaume I
Carrer de la Princesa
03 피카소 미술관
Passeig de Picasso
본 벤트 01
02 MOCO 미술관
시우타데야 공원 08
엘 샴판옛 01
03 푸에르테치요 보른
07 호프만 파스티세리아
05 보른 문화 센터
파르마시아 03
02 라 치나타
01 산타 마리아 델 마르 성당
엘 마그니피코 13
Pg. del Born
Carrer de la Ribera
11 알수르 카페 & 백도어 바르
엘 치그레 1769 05
바르셀로나 동물원
히든 커피 로스터스 10
09 어니스트 그린스
Av. del Marquès de l'Argentera
Pg. d'Isabel II
Estación de Francia
N
W
E
S
0
100m
Barceloneta
C/ del Dr. Aiguader

바다로부터의 무사 귀환을 빌던 곳 ······ ①

산타 마리아 델 마르 성당

Basilica of Santa Maria del Mar

머나먼 항해를 떠나는 선원, 어부, 해군들과 그 가족들이 바다로부터의 무사 귀환을 빌기 위한 목적으로 지어졌다. 비슷한 규모의 건축물들에 비해 비교적 빠른 속도인 50여 년 만에 완공되었다. 전형적인 카탈란 고딕 양식으로 평가받고 있으며 내부 구조는 비교적 단순한 편이다. 스페인 남북 전쟁 당시의 화재로 인해 성당 일부가 훼손되기도 했지만, 지속적인 복구를 통해 현재의 모습을 갖췄다. 기부금(€5)으로 성당 내부, 갤러리, 지하실까지 볼 수 있으며, 첨탑 테라스까지 함께 돌아보는 입장료는 좀 더 비싸다. 신자들을 위한 기도 시간엔 무료입장도 가능하다.

🚶 메트로 L4 JaumeI역에서 도보 4분 📍 Plaça de Santa Maria, 1 🕓 월~토요일 13:00~18:00, 일요일 13:30~17:00 € 기부금(성당+갤러리+지하실) €5, 첨탑 테라스 방문 추가 시 €10(기도를 위해 찾은 신자, 일부 시간대 무료입장)
🏠 santamariadelmarbarcelona.org

현대 미술과 트렌디한 미디어 아트 ······ ②

MOCO 미술관 Museu Moco Barcelona

암스테르담에 이어 두 번째로 오픈한 바르셀로나 MOCOModern Contemporary 미술관은 피카소 미술관 옆에 위치해 함께 관람하기 좋다. 입구에 들어서자마자 어마어마한 크기의 카우스 조형물을 마주하게 된다. 그밖에 앤디 워홀, 뱅크시, 바스키아, 리히텐슈타인, 쿠사마 야요이 등 현대 미술 거장들의 작품들이 전시되어 있지만, 전반적으로 규모가 작고 작품 수가 많지 않아 입장료 대비 살짝 아쉬움이 남을 수 있다. 다만, 요즘 트렌디한 전시에 빠지지 않는다는 몰입형 디지털 미디어 아트도 있어서 SNS용 예쁜 사진이나 영상을 남길 수 있다. 대체로 여유로운 편이라 워크인도 상관없지만 홈페이지를 통해 예매하면 시간대에 따라 할인받을 수 있다.

🚶 피카소 미술관에서 도보 1분 📍 Carrer de Montcada, 25
🕓 월~목요일 10:00~20:00, 금~일요일 10:00~21:00 € 성인 €18.95 (온라인 구입 시 €14.95~17.95), 7~17세 €14.95(6세 이하, BCN 카드 무료)
🏠 mocomuseum.com

거장의 유년 시절 작품이 다수! ······ ③

피카소 미술관 Museu Picasso de Barcelona

피카소가 파리로 유학을 떠나기 전 질풍노도의 시기를 보내며 천재성을 갈고닦은 곳이 바르셀로나다. 현재 피카소 미술관으로 사용되고 있는 곳은 14세기에 지어진 건물로 한때 피카소가 살았던 집을 개조한 것이다. 피카소의 오랜 친구이자 비서였던 사바르테스와 피카소 본인이 기증한 3,000점의 작품을 만나볼 수 있다. 유년 시절에 그렸던 스케치, 회화, 세라믹 작품들이 주를 이룬다. 시간대별로 관람객 수를 제한하기 때문에 미리 홈페이지를 통해 예약하고 가는 것이 좋다. 무료입장이 가능한 날에도 입장 제한을 하므로 관람 4일 전, 예약 창이 열릴 때 시간을 지정해 두자. 한국어 오디오가이드(€5)도 마련되어 있다.

메트로 L4 JaumeI역에서 도보 4분 Carrer de Montcada, 15-23 화~일요일 10:00~19:00 월요일, 1/1, 5/1, 6/24, 12/25 €15(온라인 구입 시 €14), 18~25세 및 65세 이상 €7.5(18세 이하, 목요일 17:00~19:00, 매월 첫째 일요일, 2/12, 5/18, 9/24, BCN 카드(예약 필수), 아트 티켓 소지자 무료) museupicasso.bcn.cat

현지인들의 일상이 녹아든 시장 ······ ④

산타 카테리나 시장 Mercat de Santa Caterina

보케리아 시장이 관광객 위주라면 산타 카테리나 시장은 현지인들을 위한 곳이라 할 수 있다. 바르셀로나 최초의 실내 시장으로 오랜 역사를 자랑하며 1997년부터 8년간 개조 작업 끝에 화려한 컬러의 지붕과 세련된 공간의 현대적인 시장으로 변신했다. 신선한 과일과 채소, 육류, 해산물, 치즈, 와인 등 다양한 식재료를 판매하며 바르와 빵집, 식당도 있다. 장을 본 후 야외 테라스에서 커피나 맥주를 마시며 쉬어가기에도 좋다.

메트로 L4 JaumeI역에서 도보 5분
Av. de Francesc Cambó, 16
월, 수, 토요일 08:30~15:00, 화, 목요일 07:30~20:00, 금요일 07:30~20:30
일요일 mercatsantacaterina.com

시장 건물 안 유적지 ······ ⑤

보른 문화 센터 Born Cultural Centre

19세기 후반부터 100여 년간 현지인들의 시장으로 사용되었던 건물 외관은 보존 상태가 매우 양호해 현재도 운영하는 시장 같다. 1980년대 들어 재건축하면서 중세 유물이 발견되어 리모델링 등 모든 계획이 일제히 중단되고 보른 문화 센터가 되었다. 내부를 돌아보는 것은 무료지만 전시실은 입장료를 내고 들어가야 한다. 굳이 일부러 찾아갈 정도의 볼거리는 아니니 참고할 것.

🚶 산타 마리아 델 마르 성당에서 도보 4분 📍 Plaça Comercial, 12 🕓 3~10월 화~일요일 10:00~20:00, 11~2월 화~토요일 10:00~19:00, 일요일 및 공휴일 10:00~20:00 ⊗ 월요일, 1/1, 5/1, 6/24, 12/25 € 성인 €4, 학생 €2.8(8세 이하, 65세 이상 무료) 🏠 elbornculturaimemoria.barcelona.cat

세계에서 가장 아름다운 공연장 ······ ⑥

카탈라냐 음악당 Palau de la Música Catalana

가우디와 함께 스페인을 대표하는 건축가 도메네크 이 몬타네르가 공사를 맡은 카탈라냐 음악당은 그의 최고 걸작으로 손꼽힌다. 1891년 지역 주민들의 기부금으로 카탈루냐의 합창단을 위해 지어진 이 공연장은 외관도 아름답지만, 형형색색의 모자이크 타일과 스테인드글라스 장식, 정교한 조각들이 있는 내부 공연장에 비할 수 없다. 바르셀로나의 수호성인을 상징하는 곳곳의 장미 문양, 천장의 스테인드글라스 장식이 특히 아름답다. 1997년 유네스코 세계문화유산으로 지정되었다. 클래식부터 플라멩코까지 다양한 장르의 공연이 진행되며, 공연이 없을 때에는 가이드 투어를 통해 내부 관람을 할 수 있다. 투어 소요 시간은 50분이다. 합리적인 가격대에 퀄리티 높은 공연들이 많으니 시간적 여유가 된다면 공연 관람을 해보는 것도 좋다.

🚶 메트로 L1,4 Urquinaona역에서 도보 5분 📍 Carrer de Palau de la Música, 4-6 🕓 09:00~15:30 € 셀프 가이드 투어 €18, 가이드 투어 €22(BCN 카드 20% 할인) 🏠 palaumusica.cat

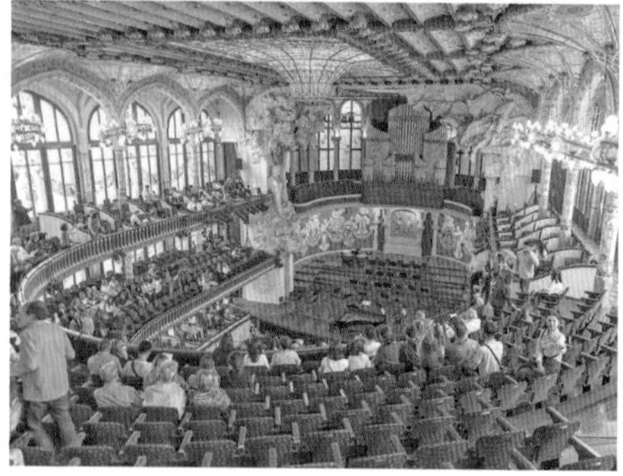

세계박람회가 남긴 기념작 

개선문 Arc de Triomf

1888년에 열린 세계박람회 당시 바르셀로나 방문을 환영한다는 의미로 건설한 아치형 문이다. 이슬람 건축의 영향을 받은 무데하르 양식을 적용해 색깔과 모양이 다른 벽돌을 쌓아 무늬를 만들었다. 가까이서 보면 다양한 조각품과 정교한 디테일을 확인할 수 있다. 개선문 뒤편으로 길게 뻗은 길, 야자수 나무와 어우러져 상당히 이국적인 분위기다. 자전거를 타거나 벤치에서 쉬어가는 사람들로 늘 붐빈다.

메트로 L1 Arc de Triomf역에서 하차
Passeig de Lluís Companys

도심 속 오아시스 ⑧

시우타데야 공원 Parc de la Ciutadella

개선문 뒤쪽으로 넓게 자리한 시우타데야 공원은 바르셀로나 현지인들이 사랑하는 도심 속 휴식 공간으로 보트를 탈 수 있는 대형 호수와 동물원, 박물관도 자리한다. 날씨가 좋은 날엔 삼삼오오 모여 피크닉을 즐기고 독서를 하거나 요가, 조깅 같은 운동을 하는 사람들도 많이 찾아볼 수 있다. 과거 도시의 성벽에서 요새로, 요새에서 1888년 만국 박람회장으로, 후에 공원으로 바뀌며 역사적으로 의미가 큰 공간이다. 또한 만국박람회 때 지어진 이베르나클레(L'Hivernacle: 온실이란 뜻의 카탈루냐어)가 복원된 후 2023년 12월에 재개방했으니 놓치지 말 것! 유럽의 여유와 낭만을 즐기고 싶은 여행자라면 샌드위치나 커피 등을 사 들고 공원 산책을 즐겨보자.

개선문에서 도보 6분 Passeig de Picasso, 21
10:00~22:30

현지 술집 느낌 가득, 웨이팅은 필수 ······①

엘 샴판옛 El Xampanyet

1929년 문을 열어 100년 가까이 영업을 이어오고 있는 보른의 터줏대감이다. 테이블뿐만 아니라 바에 서서 카바나 맥주에 타파스를 먹는 사람들로 늘 붐빈다. 달지 않고 드라이한 스파클링 와인인 시그니처 샴판옛은 납작한 전용 잔에 따라 주는데 병째 주문해도 가격 부담이 없다. 간단히 먹기 좋은 타파스부터 요리까지 메뉴 종류도 다양하다. 오픈 전부터 긴 줄이 늘어서 있어 눈치 싸움을 잘 해야 한다.

🚶 피카소 미술관에서 도보 1분 📍 Carrer de Montcada, 22 📞 +34 933 197 003
🕒 월~금요일 12:00~15:30, 19:00~23:00, 토요일 12:00~15:30 ⊗ 일요일
€ 소고기구이 €18.8, 구운 오징어 €16.7, 판 콘 토마테 €2, 샴판옛 €2.8

타파스의 세련된 해석 ······②

바르 델 플라 Bar del Pla

시에스타 문화가 여전히 남아 있는 스페인에선 브레이크 타임이 없는 레스토랑을 찾는 게 은근히 어렵다. 그러다 보니 식사 타이밍을 놓치면 갈만한 곳이 마땅치 않은데, 그때 만약 보른 지구에 있다면 묻지도 따지지도 말고 바르 델 플라로 향하자. 휴무인 일요일을 제외하면 올 데이 다이닝이 가능하고 음식 맛까지 좋아 인기다. 전통 스페인식부터 현대적으로 재해석한 타파스까지 다양한 메뉴가 있다. 생버섯을 얇게 썰어 와사비 소스와 함께 주는 타파스가 이 집의 시그니처 메뉴다. 내추럴 와인을 포함한 로컬 와인 리스트도 탄탄하다.

🚶 피카소 미술관에서 도보 1분 📍 Carrer de Montcada, 2
📞 +34 932 683 003 🕒 월~목요일 12:00~23:00, 금~토요일 12:00~23:30 ⊗ 일요일 € 와사비 머쉬룸 €8.5, 미트볼 €16.8, 파타타스 브라바스 €5 🏠 bardelpl a.cat

취향저격 해산물 전문점 ③

푸에르테치요 보른

Puertecillo Born

예전부터 유명해 곳곳에 지점을 두었던 해산물 전문점 '라 파라데타La Paradeta'가 이제 지점별로 이름을 바꿔 운영하고 있다. 하지만 이름만 다를 뿐 스타일은 동일하다. 직접 해산물을 보고 종류와 양, 조리 방법을 정해 주문할 수 있는데 일반 시푸드 레스토랑에 비해 가격대가 합리적이다. 굽거나 튀김, 찜 등 조리 방법이 심플해 주문이 생각보다 어렵진 않다. 토마토소스와 함께 찐 홍합(Steamed with Tomato Sauce), 맛조개, 관자, 오징어, 새우, 생선구이나 튀김을 주문하면 실패할 확률이 낮다.

보른 문화 센터에서 도보 1분 Carrer Comercial, 7 +34 932 681 939
13:00~16:00, 20:00~23:30 갈리시안 문어 €13.9, 굴 €3, 토마토소스 홍합 €9.9/kg
puertecillo.es

분위기 좋은 곳에서
완벽한 식사 ④

아르카노 Arcano

레스토랑 내부에 아치형 벽들이 세워져 있어 동굴 같은 분위기가 연출되는 레스토랑이다. 고급스러운 인테리어에 퀄리티 높은 스테이크, 해산물 요리를 맛볼 수 있으며 직원들의 응대도 훌륭하다. 전반적으로 합리적인 가격대라 현지인들에게도 인기가 많으니 예약하고 방문할 것을 추천한다.

바르셀로나 대성당에서 도보 4분
Carrer dels Mercaders 10
+34 932 956 467 월~화요일 18:30~23:00, 수~일요일 13:00~17:30, 18:30~23:30 구운 문어 요리 €21.5, 이베리아 포크 €23, 치마살 스테이크 €22
arcanobarcelona.com

퓨전 타파스에 간단히 와인 ⋯⋯ ⑤

엘 치그레 1769 El Chigre 1769

산타 마리아 델 마르 성당 근처에 자리한 분위기 좋은 레스토랑. 브레이크 타임이 없어 애매한 시간에 방문하기도 괜찮다. 식사도 가능하지만, 타파스에 와인 한 잔 가볍게 마시기에 좋다. 일본식 소스를 첨가한 퓨전 요리도 주문할 수 있어 이국적인 맛을 찾는 현지인들이 즐겨 찾는다.

산타 마리아 델 마르 성당에서 도보 1분 Carrer dels Sombrerers 7 +34 937 826 330 13:00~00:00
대구 요리 €12, 참치 타다끼 €12, 치즈 플래터 €14
elchigre1769.com

낭만 가득한 테라스 맛집 ⋯⋯ ⑥

산타 아구스티나 Santa Agustina

보른의 산타 아구스티나 광장 주위에는 분위기 좋은 바르와 레스토랑들이 곳곳에 자리한다. 광장에 야외 테라스를 두고 있는 곳들이 많아 유럽의 여유와 낭만을 즐길 수 있다. 내부도 트렌디한 분위기로 꾸며져 있으며 상그리아에 타파스를 곁들이기 좋다.

개선문에서 도보 6분 Plaça de Sant Agustí Vell 9
+34 933 157 904 12:00~다음 날 01:00
미트볼 €15, 농어구이 €24, 크로켓 €4, 맥주 €4~7, 카바 상그리아 €84 santagustina.es

겉바속촉 크루아상의 정석 ⋯⋯ ⑦

호프만 파스티세리아 Hofmann Pastisseria

1983년 바르셀로나에서 시작한 호프만 요리학교에서 운영하는 레스토랑이다. 보른의 작은 골목길에 자리 잡고 있지만 맛있는 크루아상을 먹기 위해 찾아오는 사람들로 늘 붐빈다. '겉바속촉'의 정석인 오리지널 크루아상부터 마스카포네 치즈 크림 등 다양한 필링을 넣어 당 충전을 할 수 있는 달콤한 크루아상을 비롯해 케이크와 마카롱도 주문할 수 있다.

피카소 미술관에서 도보 3분 Carrer dels Flassaders 44
+34 932 688 221 월~토요일 09:00~19:00, 일요일 09:00~14:00 크루아상 €2.2, 마스카포네 크루아상 €4, 홀 케이크 €30~
hofmannpasteleria.com

입에서 사르륵 녹는 치즈 케이크 ······⑧

존케이크 JONCAKE

치즈 케이크 전문점으로 클래식부터 초콜릿, 브리, 카브라레스 등 7종류의 치즈 케이크가 있다. 홀 케이크에서 원하는 만큼 조각으로 잘라 판매하며 무게 따라 금액이 책정된다. 1kg이 €33인데 1인이 먹을 만한 크기는 €4~5선이다. 테이크 아웃만 가능한데, 근처에 벤치가 있어서 바로 먹어볼 수 있다. 부드럽고 몽글몽글한 식감으로 입안에서 사라지는 바스크 치즈 케이크 스타일로 커피와 함께 먹으면 그만이다. 현지인들에게도 인기가 많아 웨이팅은 필수다.

🚶 피카소 미술관에서 도보 3분
📍 Carrer dels Assaonadors, 29
📞 +34 933 000 892 🕒 화~일요일 12:30~20:00 ⊗ 월요일 € 크루아상 €2.2, 마스카포네 크루아상 €4, 홀 케이크 €30~
🏠 joncake.es

맛있고 건강한 한 끼 식사 가능한 대형 카페 ······⑨

어니스트 그린스 Honest Greens

요즘 바르셀로나에서 가장 트렌디한 대형 카페 중 하나인 어니스트 그린스는 현지 젊은 층의 인기에 힘입어 주요 지역마다 지점을 두고 있다. 첨가물이나 방부제 없이 신선한 재료들로 만든 건강식을 제공하고 글루텐 프리, 비건, 케토 등의 옵션도 있다. 커피 맛도 훌륭하고 가격대도 합리적이라 부담 없이 들르기 좋다. 공간이 넓고 테이블이 넉넉해 웨이팅 걱정이 없다는 것도 장점이다. 카탈루냐 광장, 그란 비아, 람블라스, 개선문, 바르셀로네타 점 모두 접근성이 좋다.

🚶 피카소 미술관에서 도보 4분 📍 Pla de Palau, 11
📞 +34 931 227 664 🕒 월~금요일 09:00~23:00, 토·일요일 09:30~23:00 € 아메리카노 €2.2, 아보카도 토스트 €5.9, 아사이볼 €7.5 🏠 honestgreens.com

커피에 진심,
스페셜티 커피 전문점 ⑩

히든 커피 로스터스

Hidden Coffee Roasters - El Born

스페셜티 커피를 전문으로 하는 아담한 카페로 바르셀로나와 지로나에 지점을 두고 있다. 힙한 고양이 그림이 그려진 아담한 카페 내부가 진한 커피 향과 잘 어울린다. 커피는 대체로 산미가 있는 편이라 우유가 들어간 코르타도나 플랫 화이트를 주문하면 더욱 맛있게 즐길 수 있다. '겉바속촉'의 정석인 크루아상이나 샌드위치, 케이크도 있어 함께 먹기 좋다. 무엇보다 아이스커피도 주문이 가능해 '얼죽아'에게 추천한다.

바르셀로나의 머리에서 도보 4분 Carrer dels Canvis Vells, 10
월~금요일 08:00~19:00, 토, 일요일 09:00~19:00
코르타도 €2, 초콜릿 크루아상 €2.5 hiddencoffeeroasters.com

브런치부터 칵테일까지 완벽 ⑪

알수르 카페 & 백도어 바르

Alsur Cafè & Backdoor Bar

보른 지구 끝자락에 위치한 알 수르 카페 & 백도어 바르는 시우타데야 공원에서도 매우 가깝다. 아메리칸 스타일의 올데이 브런치 메뉴를 주문할 수 있으며 바르도 함께 운영해 늦은 시간까지 방문 가능하다. 신선하고 건강에 좋은 재료들을 사용하고 맛과 비주얼을 동시에 잡아 현지 젊은 층에도 인기다.

시우타데야 공원에서 맞은 편, 도보 4분
Carrer de la Ribera, 18 +34 937 977 172
일~금요일 09:00~21:00, 토요일 09:00~22:00
에그 베네딕트 €11.5 아보 스무디 볼 €8.5, 카페라테 €2.8
alsurcafe.com

아는 사람만 찾는 현지인 카페 ······ ⑫

에스파이 메스클라디스 Espai Mescladis

건물 한편, 아치형으로 된 공간에 자리한 아담한 야외 카페다. '이런 곳에 카페가 있다고?' 생각할 정도로 그냥 지나치기 쉬운 곳에 있지만, 알음알음 찾아오는 손님들이 꽤 많다. 따스한 햇볕을 쬐며 커피나 맥주, 상그리아를 마시며 잠깐 쉬어 가기 좋다. 간단히 요기할 수 있는 보카디요와 세계 음식들도 판매한다.

피카소 미술관에서 도보 4분 CarrerdeJaumeGiralt,10 +34 933 198 732
10:00~21:00 아메리카노 €1.5, 카푸치노 €2.5, 비키니 €4.2 mescladis.org

세계 바리스타 대회 챔피언 ······ ⑬

엘 마그니피코 Cafés El Magnífico

세계 바리스타 대회 챔피언 출신인 주인이 원두를 직접 선별하고 블렌딩한 커피를 판매한다. 보른 지역에 있는 카페는 아담하고 자리가 많지 않아 바에 서서 마시거나 테이크아웃해야 하지만, 맛 하나만으로도 커피 마니아들의 발길이 끊이질 않는다. 호프만 베이커리에서도 엘 마그니피코 커피를 판매한다.

산타 마리아 델 마르 성당에서 도보 1분
Carrer de l'Argenteria 64 +34 933 193 975 월~토요일 09:00~20:00
일요일 에스프레소 €1.7, 코르타도 €1.9 샤케라토 €3 cafeselmagnifico.com

오로지 커피 맛으로 승부 ······ ⑭

노마드 커피랩 & 숍 Nomad Coffee Lab & Shop

보른 안쪽에 위치해 일부러 찾아가지 않으면 눈에 띄지 않지만, 커피 맛으로 유명해 알음알음 찾는 사람들이 많다. 원두를 자체 블렌딩해 사용하며 신선한 원두를 사용하기 위해 시즌별로 메뉴가 변동된다. 원두 선택의 폭이 넓으며 커피 맛은 굳이 말할 필요가 없다. 3개의 지점이 있고 바리스타 과정도 운영한다.

카탈라냐 음악당에서 도보 3분 Passatge Sert 12 +34 628 566 235
월~금요일 08:30~18:00 토, 일요일 에스프레소 €2.7~3.7, 필터 커피 €8, 아이스 아메리카노 €3.7 nomadcoffee.es

바르셀로나 최대 커페 체인 ······ ⑮

시라 커피 Syra Coffee

그라시아 지구에서 시작한 아담한 카페 시라는 현지인들이 사랑의 힘입어 현재 바르셀로나에서 가장 많이 보이는 카페 체인으로 성장했다. 싱글 오리진 100% 아라비카 원두를 사용해 커피 맛이 좋아 마니아들이 특히 많다. 접근성 좋은 곳곳에 지점이 있고 원두와 드립 백, 각종 굿즈들도 판매하고 있어서 커피를 좋아하는 이라면 한 번쯤 들러볼 만하다.

카탈라냐 음악당에서 도보 1분 Carrer de la Mare de Déu dels Desemparats 8 +34 623 595 883 08:00~20:00
코르타도 €2.4, 아메리카노 €2.6 syracoffee.com

세련된 라이프 스타일 숍 ······ ①

본 벤트 Bon Vent

보른 지구에 위치한 라이프 스타일 전문 매장으로 가족이 함께 운영하는 곳이다. 인테리어 소품, 주방용품 외에도 문구류, 패션 소품까지 아이템이 다양하다. 아티스트와 공방에서 직접 공수해 온 제품들도 있다.

산타 마리아 델 마르 성당에서 도보 3분
Carrer de l'Argenteria 41 +34 932 954 053
월~금요일 10:00~20:30, 토요일 10:30~20:30
일요일 bonvent.cat

기념품으로 딱, 올리브 전문점 ······ ②

라 치나타 La Chinata

올리브를 직접 재배하고 관련 제품까지 만드는 올레오테카Oleoteca. 올리브를 기본 재료로 한 올리브유, 올리브 절임, 소금, 발사믹 등의 식료품 외 화장품류까지 다양한 품목을 판매한다. 가격도 합리적이라 가성비 좋은 쇼핑을 할 수 있다. 바르셀로나를 포함한 스페인 곳곳에 지점이 있다.

산타 마리아 델 마르 성당에서 도보 2분 Pg. del Born, 11, Ciutat Vella +34 935 417 444 월~토요일 10:00~21:00, 일요일 12:00~20:00 올리브유 €8.9, 립밤 €2.7 lachinata.es

가성비 최고의 만물상 ······ ③

파르마시아 Farmàcia

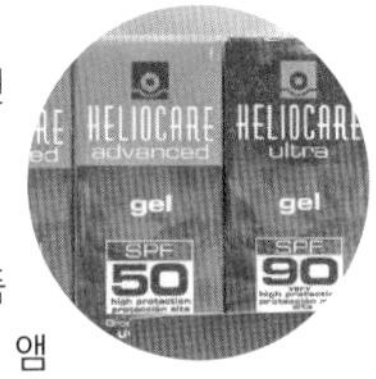

프랑스 약국 못지않게 스페인 약국도 쇼핑 아이템이 넘쳐난다. 관광지 중심에 있는 파르마시아에 특히 다양한 제품군들을 갖추고 있다. 마티덤 앰플, 헬리오 케어 선크림 외에도 유럽의 인기 화장품들을 구입할 수 있다.

산타 마리아 델 마르 성당에서 도보 1분 C/ dels Sombrerers, 19, Ciutat Vella +34 933 103 460
월~토요일 09:00~20:30, 일요일 11:00~20:00

AREA ···· ④

에이샴플레 지구
Eixample

에이샴플레 지구는 도시 계획에 의해 조성된 신시가지로
도로가 사각형으로 반듯하게 나누어져 있고
탁 트인 거리가 이어진다. 주요 거리인 그라시아 거리에는
명품을 비롯한 다양한 브랜드 매장이, 주변으로는 수많은
레스토랑이 자리한다. 또한 가우디의 대표 건축물이
여러 개 포진해 있어 여행자들이 원하는 모든 것을 충족시켜 준다.

추천 코스

그라시아 거리 P.156
도보 10분
카사 바트요 P.156
도보 2분
안토니 타피에스 미술관 P.158
도보 8분
카사 밀라 P.157
도보 20분
사그라다 파밀리아 성당 P.159

에이샴플레 상세 지도

06 산 파우 병원
Sagrada Familia
Monumental
Carrer de la Marina
C/ de Consell de Cent
05 사그라다 파밀리아 성당
C/ de Provença
Carrer d' Alí Bei
C/ de Sicília
09 가마솥
YGF 마라탕 스파이시 핫팟
Barcelona Nord bus station
C. de Nàpols
C/ dels Almogàvers
C/ de la Diputació
10 삼부자
08 엘 비티
개선문
Pg. de St. Joan
Tetuan
Verdaguer
C/ de Bailèn
Girona
라멘야 히로
C/ de Girona
05 나인
Gran Via de les Corts Catalanes
Rda. de Sant Pere
C/ del Bruc
파라디소
Av. Diagonal
C/ de Casp
카탈라냐 음악당
C/ de Pau Claris
바비스 프리
04 엘 그롭 브라세리아
01 비니투스
07 엘 나시오날
03 카사 밀라
Passeig de Gràcia
01 그라시아 거리
Diagonal
Pg. de Gràcia
02 카사 바트요
안토니 타피에스 미술관 04
03 시우다드 콘달
Rambla de Catalunya
세르베세리아 카탈라나 06
C/ de Mallorca
Ronda de la Univ.
C/ de Balmes
리우이쇼우 핫팟
C/ de València
Universitat
C/ dels Tallers
C/ de Montalegre
바르셀로나 현대미술관
07 보데가 호안
Carrer d'Aribau
02 라 플라우타
Rda. de Sant Antoni
C/ de Joaquim Costa
십스
0
200m
Carrer de Casanova
세뇨르 한
C. de Villarroel

건축 야외 박물관,
쇼핑하기도 좋아! ······ ①

그라시아 거리

Passeig de Gràcia

카탈루냐에서 북서쪽으로 곧게 뻗은 거리로 1.5km에 달한다. 19세기 산업혁명을 통해 막대한 부를 축적한 부르주아들이 경쟁하듯 지은 고급 건축물들 속에 카사 바트요, 카사 밀라, 카사 아마트예르까지 무심하게 섞여 있다. 가우디가 디자인한 가로등과 벤치, 바닥 타일도 눈여겨볼 만하다. 고급 호텔과 레스토랑, 명품 매장, 스페인을 대표하는 브랜드 숍들이 줄지어 있어 바르셀로나에서 가장 쇼핑하기 좋은 곳으로 손꼽힌다. 메트로 3개 역이 인접하며 한 블록만 옆으로 이동하면 노천 테라스가 있는 레스토랑들이 모여 있는 람블라 데 카탈루냐 거리가 나온다.

🚶 메트로 L1,3 Catalunya, L2,3,4 Passeig de Gràcia, L3,5 Diagonal역에서 인접

가우디가 리모델링한
독특한 건축물 ······ ②

카사 바트요 Casa Batlló

건물주인 바트요는 옆에 자리한 카사 아마트예르가 사람들의 눈길을 사로잡자 당시 최고의 건축가였던 가우디에게 리모델링을 맡긴다. 용에게 붙잡힌 공주를 구해낸 카탈루냐의 수호성인 산 조르디를 모티브로 용의 미리뼈를 닮은 테라스, 척추를 닮은 계단, 화려한 컬러의 외관 타일 조각으로 용의 비늘을 표현했다. 바트요의 요구대로 그라시아 거리에서 가장 눈에 띄는 건축물로 완성되었다. 4월 산 조르디의 날이 되면 건물 외관은 빨간 장미로 꾸며진다. 입장권은 현장 구매 시 온라인 구입 가격보다 €4~12가 더 비싸므로 홈페이지를 통해 예약하는 것이 좋다.

🚶 메트로 L2,3,4 Passeig de Gràcia역에서 도보 1분
📍 Pg. de Gràcia, 43, L'Eixample 🕘 09:00~22:00
€ 인 €29(온라인 구입 시), 65세 이상 €22, 학생 및 13~17세 €19(12세 이하 무료, BCN 카드 소지자 €3 할인) 🏠 casabatllo.es

용독특한 외관, 재미있는 내부 박물관 ······ ③

카사 밀라 Casa Milà

고급 아파트로 지어진 카사 밀라는 가우디가 사그라다 피밀리아 성당을 짓기 전 완성한 작품이다. 일직선과 사각형 등 정형화된 건축 방식을 벗어나 모서리 하나 없이 물결치듯 흐르는 곡선 형태로 만들었다. 현재도 이곳에는 사람들이 거주하고 있으며 옥상을 포함한 3개 층만 일반인에게 개방된다. 옥상에는 가우디의 트레이드 마크인 개성 있는 디자인의 굴뚝들이 있으며 아래층엔 까사 밀라 평면도와 모형 등이 전시된 박물관, 예전의 모습 그대로 꾸며 놓은 주거 공간이 있어 20세기 초 고급 아파트의 모습을 살펴볼 수 있다. 건축 직후엔 파다 만 돌무더기 같다는 혹평에 시달리기도 했지만 이후 유네스코 세계문화유산으로 지정, 바르셀로나를 대표하는 관광지로 사랑받고 있다. 입장권에 오디오가이드가 포함되어 있으며 홈페이지에서 예약하면 €3 할인된 요금에 구입할 수 있다.

🚶 메트로 L3,5 Diagonal역에서 도보 1분 📍 Pg. de Gràcia, 92, L'Eixample 🕓 09:00~18:30, 야간 개장 19:00~22:00(시즌에 따라 운영 시간 상이) € 성인 €25(온라인 구입 시), 65세 이상 €19, 5~17세 €12.5 (6세 이하 무료, BCN 카드 소지자 €3 할인), 야간 개장 성인 €38, 7~17세 €19(6세 이하 무료) 🏠 lapedrera.com

바르셀로나 현대 미술의 거장 ······④

안토니 타피에스 미술관 Museu Tàpies

옥상에 거대한 철사 뭉치로 보이는 클라우드 앤 체어 Cloud and Chair라는 작품이 설치되어 멀리서도 눈에 확 띄는 건물은 유명 건축가 도메네크 이 몬타네로의 작품이다. 현재 이곳은 바르셀로나 출신으로 20세기를 대표하는 현대 미술의 거장인 안토니 타피에스의 미술관으로 사용되고 있다. 그의 작품들이 전시되어 있고 도서관과 아트 관련 전문 서점을 갖추고 있다. 아트 티켓 입장 리스트에 포함되어 있다.

🚶 메트로 L2,3,4 Passeig de Gràcia역에서 도보 5분
📍 C/ d'Aragó, 255, L'Eixample 🕒 화~토요일 10:00~19:00, 일요일 10:00~15:00 ⊗ 월요일 € 성인 €12, 학생 및 경로 €8 (아트 티켓 소지자 무료) 🏠 fundaciotapies.org

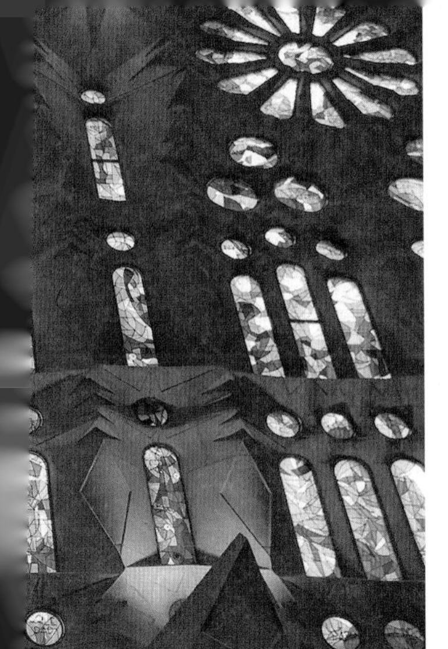

100년째 공사 중인 가우디의 대표작 ⑤

사그라다 파밀리아 성당 La Sagrada Família

가우디가 30대 초반에 설계해 74세에 불의의 사고로 세상을 떠나기 전까지 공사에 매진했던 사그라다 파밀리아 성당은 여전히 미완으로, 가우디 사망 100주년인 2026년 완공될 예정이다. 사그라다 파밀리아 성당은 '성가족 성당'으로도 불리는데 성스러운 가족, 예수, 마리아, 요셉을 의미한다. 그리스도의 탄생, 수난, 영광을 상징하는 3개의 파사드로 되어 있으며 파사드마다 4개의 탑을 세웠다. 각각의 탑은 12명의 제자를 상징한다. 예수와 성모마리아에게 바치는 중앙탑 6개가 완성되면 총 18개의 첨탑, 높이 172.5m로 유럽에서 가장 높은 종교 건축물이 될 것으로 전망된다. 성당 내부도 기존의 성당들과 차별화된 모습이라 비싼 입장료를 내더라도 한 번쯤 들어가 볼 만하다. 늘 많은 관광객으로 붐비니 입장권은 홈페이지에서 꼭 예약하고 가야 한다.

메트로 L2,5 Sagrada Família역에서 하차 C/ de Mallorca, 401, L'Eixample
4~9월 월~금요일 09:00~20:00, 토요일 09:00~18:00, 일요일 10:30~20:00,
3월, 10월 월~금요일 09:00~19:00, 토요일 09:00~18:00, 일요일 10:30~19:00,
11~2월 월~토요일 09:00~18:00, 일요일 10:30~18:00 성당 €26, 성당+타워 €36,
성당 가이드 투어 €30, 성당 가이드 투어+타워 €40(29세 이하 학생 €2 할인,
10세 이하 무료) sagradafamilia.org

세상에서 가장 아름다운 병원 ······ ⑥

산 파우 병원 Recinte Modernista de Sant Pau

산 파우 병원은 바르셀로나의 의료 수준을 높이기 위한 목적으로 한 은행가의 기부로 건설되기 시작했다. 건축가 도메네크 이 몬타네르가 공사를 맡았으며 본래의 목표는 48개의 병동을 짓는 것이었지만 12개 병동만 완공한 채 그가 사망하고 아들이 공사를 이어받아 최종적으로 27개의 병동으로 마무리됐다. 아르누보 양식의 웅장한 건축물, 환자들을 위한 정원과 디테일한 내부 인테리어가 돋보인다. 유네스코 세계문화유산으로 지정되었으며 2016년부터 일반인에게 공개되고 있다.

메트로 L5 Hospital de Sant Pau역에서 하차, 사그라다 파밀리아 성당에서 도보 10분
C/ de St. Antoni Maria Claret, 167
11~3월 09:30~17:00, 4~10월 09:30~18:30 € 성인 €16, 12~29세, 65세 이상 €11.2(11세 이하 무료, 매월 첫째 일요일 무료입장, BCN 카드 소지자 20% 할인)
santpau.es

화려한 고품격 푸드코트 ······ ⑦

엘 나시오날 El Nacional

공장과 주차장으로 사용되던 낡은 건물이 화려한 인테리어의 고급스러운 푸드코트로 변신했다. 다양한 컨셉트의 4개의 레스토랑과 4개의 바가 한곳에 모여 있다. 스테이크 등의 그릴 요리를 전문으로 하는 레스토랑이 특히 인기며, 타파스나 굴을 안주 삼아 가볍게 술을 즐기기 좋다. 전반적으로 가격대가 비싼 편이지만, 힙하고 트렌디한 분위기 때문에 현지인들에게도 큰 인기다.

카탈루냐 광장에서 도보 8분 Passeig de Gràcia 24 Bis 12:00~다음 날 01:00
elnacionalbcn.com

꿀 대구 열풍의 주역 ······①

비니투스 Vinitus

방송에 소개가 되면서 더욱 명성을 얻은 비니투스는 바르셀로나 여행의 필수 코스처럼 자리 잡았다. 꿀 대구, 파에야, 풀포를 비롯해 빵 위에 다양한 재료를 얹은 몬타디토까지 어떤 메뉴를 주문해도 실패할 확률이 낮다. 늘 많은 사람들로 붐비니 피크 타임은 피하는 것이 좋다. 바로 근처에 2호점도 있으니 기다림이 싫다면 작전을 잘 세워 방문해 보자. 에이샴플레 지구에 비니투스 2호점(주소: C/ d'Aragó, 282, L'Eixample)이 자리하며 인기에 힘입어 마드리드에도 지점을 열었다.

카탈루냐 광장에서 도보 9분 Carrer del Consell de Cent 333 +34 933 632 127 11:00~다음 날 01:00 꿀 대구 €13.45, 소고기 안심 €5.2, 미니 햄버거 €3.25 vinitusrestaurantes.com

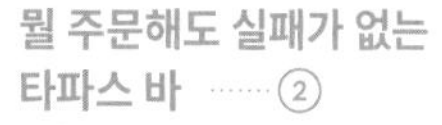

뭘 주문해도 실패가 없는 타파스 바 ······②

라 플라우타 La Flauta

비니투스, 시우다드 콘달과 함께 바르셀로나 3대 꿀 대구 맛집으로 손꼽히는 라 플라우타. 세 곳이 모두 인접해 있으며 메뉴 구성이나 맛이 비슷해서 어딜 가도 크게 상관이 없다. 하지만 합리적인 가격대의 메뉴 델 디아를 즐기고자 한다면 라 플라우타로 향하자. 꿀 대구 하나 주문할 가격에 조금만 보태면 애피타이저, 메인, 디저트를 비롯해 와인이나 맥주까지 먹을 수 있어 최고의 가성비를 자랑한다. 덕분에 평일 점심엔 현지인들이 더 많다.

메트로 L1,2 Universitat역에서 도보 4분 Carrer d'Aribau, 23 +34 933 237 038 월~목요일 08:00~다음 날 00:30, 금, 토요일 08:00~다음 날 01:00 일요일 메뉴 델 디아 €15.6, 꿀 대구 €13.45 laflauta.es

야외 테라스에서 먹는 꿀 대구 ······ ③

시우다드 콘달 Ciutat Comtal

거리를 따라 수없이 많은 레스토랑과 야외 테이블을 갖춘 바르가 자리한 람블라 데 카탈루냐에서 단연 눈에 띄는 곳이다. 내부가 꽤 넓은 편으로 야외 테라스도 갖추고 있다. 꿀 대구, 수란을 넣은 우에보스 카브레아오스, 대구 요리, 등심구이 등이 유명하다. 카탈루냐 광장과 가깝고 브랜드 매장들이 많이 모여 있는 거리에 위치해 쇼핑 후 들르기도 제격이다.

🚶 카탈루냐 광장에서 도보 4분 📍 Rambla de Catalunya 18 📞 +34 933 181 997
🕓 월~목요일 08:30~다음 날 01:00, 금요일 08:30~다음 날 01:30, 토요일 09:00~다음 날 01:30, 일요일 09:00~다음 날 01:00
€ 꿀 대구 €13.45, 맛조개 €5.1, 몬타디토 €4.85~10.7 🏠 ciudadcondal.cat

시즌 한정, 칼솟타다는 놓칠 수 없어 ······ ④

엘 그롭 브라세리아 El Glop Braseria

스페인 여행 중에 꼭 먹어야 할 음식 중 하나가 파에야지만 2인분을 기본으로 하는 곳이 많아 부담스러운 경우가 있다. 그럴 때 방문하면 좋은 곳이 1인분 파에야를 주문할 수 있는 엘 그롭 브라세리아다. 다양한 종류의 파에야 중 해산물 파에야, 오징어 먹물 파에야가 단연 인기다. 다른 곳에 비해 덜 짜서 한국인 입맛에도 잘 맞는 편이다. 그 외에도 이베리코 돼지구이, 스테이크 등 다양한 메뉴들이 있다. 겨울에서 봄까진 카탈루냐 전통 음식인 칼솟타다Calçotada를 판매하는데 뭉근하게 익은 대파를 로메스코 소스에 찍어 먹는 게 이색적이다.

🚶 카탈루냐 광장에서 도보 4분
📍 C/ de Casp, 21, L'Eixample
📞 +34 933 187 575 🕓 월~금요일 07:00~00:00, 토, 일요일 11:00~00:00
€ 오징어 먹물 파에야 €17.9, 해산물 파에야 €19.2, 칼솟타다 €12.3 🏠 elglop.com

현지인에게 인기 있는 찐맛집 ······ ⑤

나인 Nine

에이샴플레 지역에 위치한 나인은 관광지 밀집 지역에서 약간 떨어져 있어서 여행자보다는 현지인들에게 더욱 인기가 많은 곳이다. 평일 오후 1시부터 4시까지 주문할 수 있는 풀 메뉴가 우리가 흔히 알고 있는 메뉴 델 디아다. 가격대는 살짝 높은 편이지만 메뉴 선택의 폭이 넓고 세팅이 고급스러우며 맛도 좋다. 간단하게 식사하고 싶다면 메인 메뉴 하나만 선택할 수 있는 하프 메뉴를 추천한다.

메트로 L4 Girona역에서 도보 4분 Carrer de València 334
+34 936 763 222 화~일요일 13:00~16:00, 19:00~23:30
월요일 풀 메뉴 €25, 하프 메뉴 €19 nine.barcelona

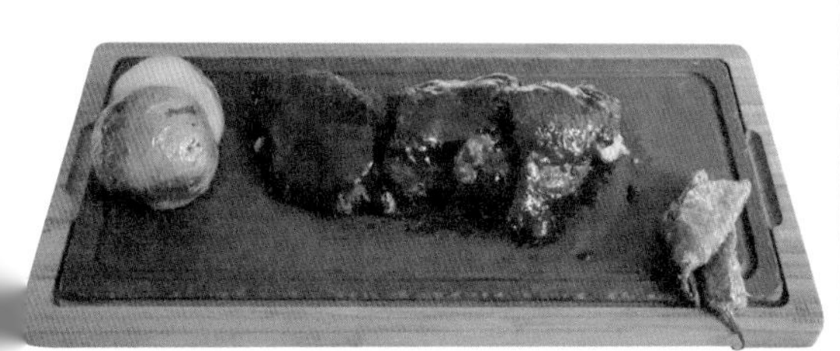

가성비 좋은 타파스 전문점 ····· ⑥

세르베세리아 카탈라냐

Cervesería Catalana

이른 아침부터 늦은 시간까지 브레이크 타임 없이 운영되는 타파스 전문 레스토랑으로 시간에 구애받는 바쁜 여행자들에게 더없이 좋다. 크루아상에 커피 등으로 구성된 조식 세트와 합리적인 가격대에 평균 이상의 맛을 자랑하는 다양한 타파스를 만날 수 있다. 혼자 먹어도 부담스럽지 않은 양의 1인용 파에야와 간단히 요기하기 좋은 꼬치인 몬타디토도 인기다.

메트로 L3, L5 Diagonal역에서 도보 4분
Carrer de Mallorca 236 +34 932 160 368
월~목요일 08:30~다음 날 01:00, 금요일 08:00~다음 날 01:30, 토요일 09:00~다음 날 01:30, 일요일 09:00~다음 날 01:00 꿀 대구 €13.45, 1인용 파에야 €9.4, 몬타디토 €3~6 cerveceriacatalana.com

바르셀로나에서도 인기, 매콤 알싸한 마라!

마라의 인기는 비단 한국에서만 그치지 않는다. 유럽 곳곳에서도 매콤하고 알싸한 마라의 매력이 퍼지면서 어딜 가도 훠궈나 마라탕 전문점을 만날 수 있다. 아찔한 매운맛에 땀을 뻘뻘 흘리면서 마라탕을 먹는 서양인들을 보는 것도 이색적인데 여행 중 느끼해진 속도 화끈하게 달래볼 수 있다. 에이샴플레 지구에서 만나볼 수 있는 마라탕 맛집 베스트 3를 소개한다.

BEST 1 리우이쇼우 핫팟
Liuyishou Hotpot

바르셀로나에 속속 생기고 있는 훠궈 전문점 중 인기가 높은 곳으로 저녁 시간엔 예약하고 가야 할 정도다. 개인 팟에 2~3가지 육수와 매운 단계를 선택할 수 있으며 고기, 해산물, 채소를 취향껏 주문하면 된다. 서양인들이 아찔한 매운맛에 눈물, 콧물 흘리며 훠궈를 먹는 특별한 광경도 만날 수 있다.

메트로 L1,2 Universitat역에서 도보 7분 · Carrer del Consell de Cent 303
+34 699 711 201 · 13:00~16:00, 19:30~24:00
1인 핫팟 세트 €14.5~16.5, 2인 세트 €50.8 · liuyishou.es

BEST 2

세뇨르 한

Sr. Han - Spicy Hot Pot

바르셀로나에서 중국 현지 맛을 가장 잘 구현한 마라탕을 먹을 수 있어 평일 낮에도 대기를 해야 하는 경우가 많다. 가게에 도착하면 우선 안쪽으로 들어가 번호표부터 받고 줄을 서고, 차례가 되면 바구니에 원하는 재료들을 담아 그램당 금액으로 계산하면 된다. 1인 최소 주문이 420g인데 양이 딱 적당하다. 꼬치의 경우 튀겨서 소스를 발라 주는데, 한국식 떡꼬치 소스 같은 맛이 난다.

메트로 L1 Urgell역에서 도보 4분 Carrer de la Diputació, 178 +34 665 107 366 화~일요일 12:30~16:30, 18:30~22:30 월요일 마라탕 €20/1kg(1인 최소 420g 이상 주문 가능), 꼬치 €1.5

BEST 3

YGF 마라탕 스파이시 핫팟

YGF Malatang Spicy Hot Pot

합리적인 가격으로 비교적 덜 매운 마라탕을 먹고 싶은 이에게 추천하는 곳이다. 크리미한 스타일의 마라 육수를 사용해 한국식 마라탕에 좀 더 기깝다. 세뇨르 한과 마찬가지로 원하는 재료들을 담아 무게에 맞게 계산하면 된다. 맛 조절도 가능한데, 가장 매운맛을 요청해도 신라면 정도 수준이다. 땅콩 소스도 셀프 바에서 취향대로 만들어 먹을 수 있다.

메트로 L2 Tetuan역에서 도보 6분 Gran Via de les Corts Catalanes, 732
+34 930 290 020 일~목요일 12:30~23:00, 금~토요일 12:30~23:30
마라탕 €2.19(100g 요금, 400g 이상 주문 가능)

소박한 동네 식당 분위기 ······ ⑦

보데가 호안 Bodega Joan

1942년부터 영업을 해온 보데가 호안은 이른 아침부터 오픈을 해 아침부터 저녁 식사까지 모두 가능하다. 큼지막한 새우가 들어가는 해산물 파에야, 감바스 알 아히요 등이 모두 훌륭하다. 한국식 국물 요리가 좀 당긴다면, 랍스터가 들어간 스튜 라이스를 주문해 보자. 소박한 인테리어에 나이가 지긋하신 직원들도 친절해 편안한 식사가 가능하다.

메트로 L3, L5 Diagonal역에서 도보 6분, 카탈루냐 광장에서 도보 20분 Carrer del Rosselló 164
+34 932 204 756 월~금요일 07:00~다음 날 01:00, 토~일요일 08:00~다음 날 01:00 해산물 파에야 €14.9, 피우데아 €14.9, 랍스타 스튜 라이스 €19.2
bodegajoan.com

전 세계의 맛을 가미한 퓨전 타파스 ······ ⑧

엘 비티 El Viti

산 호안 거리에는 세련된 분위기의 바르와 레스토랑들이 많다. 그중 늘 많은 사람들로 붐비는 엘 비티는 트렌디한 분위기에 깔끔한 타파스 메뉴가 주를 이루며 현지인들에게 인기다. 식사도 가능하지만, 와인과 함께 타파스로 간단하게 요기하기 제격이다. 태국, 인도, 한국, 중동의 맛을 가미한 퓨전 음식들도 선보이고 있어 이색적인 도전도 가능하다.

메트로 L2 Tetuan역에서 도보 4분
Passeig de Sant Joan 6 +34 936 338 336 일~목요일 13:00~00:00, 금, 토요일 13:00~다음 날 01:00 타파스 €2.3~7.9, 문어구이 €18.5 elviti.com

다양한 한식 메뉴 ⑨

가마솥 Kamasot

스페인 음식이 아무리 맛있어도 한국 음식이 그리워지는 순간이 찾아온다. 가마솥은 돼지갈비, 삼겹살 등의 한국식 BBQ와 인기 한식 메뉴들을 모두 맛볼 수 있는 곳이다. 언제 먹어도 맛있는 돼지갈비 물론 김치찌개, 순두부찌개, 된장찌개도 놓칠 수 없는 메뉴다. 최근엔 현지인들에게도 인기가 많아 붐빌 수 있으니 저녁 시간엔 오픈 시간에 맞춰 방문하는 게 안전하다.

메트로 L2 Tetuan역에서 도보 9분 Carrer del Consell de Cent 465 +34 934 616 591 수~월요일 12:45~15:45, 19:30~23:00 돼지갈비 €16.8, 김치찌개 €15.8, 떡볶이 €12 kamasot.es

삼겹살에 소주 한잔 ⑩

삼부자 Sam Bu Ja

외국 여행을 가면 꼭 삼겹살을 먹은 이라면 삼부자만 한 곳이 없다. 삼겹살에 소주 한 잔, 푸짐한 김치찌개나 냉면 등이 먹고 싶을 때 들르기 좋다. 반찬이 함께 제공되며 직원들도 친절해 만족스러운 식사를 할 수 있다. 중국 교포가 운영하는 곳이라 중국 스타일이 섞여 있긴 하지만 가격이 저렴해 일반 한식당보단 부담이 적다.

메트로 L2 Tetuan역에서 도보 6분 Carrer del Consell de Cent 418 +34 935 325 265 화~일요일 13:00~16:00, 19:30~23:00 월요일 김치찌개 €12.8, 삼겹살 €11.8, 제육볶음 €12.8

바르셀로나 최고의 라멘 ⑪

라멘야 히로 Ramen-ya Hiro

영업 시작 전부터 가게 앞으로 길게 늘어선 줄을 보면 이곳의 인기를 짐작할 수 있다. 일본인이 직접 운영하는 라멘 전문점으로 닭, 돼지 뼈를 우려낸 육수에 일본식 된장과 간장으로 간을 한 미소 라멘, 소유 라멘이 시그니처 메뉴다. 교자, 오니기리 같은 함께 곁들이기 좋은 메뉴도 주문할 수 있다. 대기를 피하고 싶다면, 구글맵 링크를 통해 예약하고 갈 것.

메트로 L4,5 Verdaguer역에서 도보 2분 Carrer de Girona 164 월~토요일 19:30~22:30 일요일 소유 라멘, 미소 라멘 €12.3, 교자 €5.5 ramenyahiro.com

긴 줄이 늘어선 바르셀로나의 핫플, 칵테일바

'도대체 뭐 하는 곳이지?'라고 생각할 정도로 긴 줄이 늘어서 있는 모습에
절로 호기심이 폭발하게 되는 곳이 바르셀로나의 칵테일바다.
2022년부터 2023년까지 2년 연속으로 'The World's 50 Best Bar' 1위로
선정된 곳이 뉴욕이나 런던이 아닌 바르셀로나에서 나오면서 관심이 더욱 뜨거워졌다.
세계적인 명성을 얻은 칵테일 맛이 궁금하다면 여기로!

파라디소
Paradiso
보른 지구

2022년 'The World's 50 Best Bar'에서 우승을 차지한 파라디소는 그전부터 입소문이 자자했던 인기 바였다. 이후 더더욱 입소문을 타면서 이젠 문밖으로 대기 줄이 끝없이 이어질 정도다. 기나긴 인내 끝에 냉동고 같은 문을 열고 들어가면 파라디소의 신비로운 분위기가 펼쳐진다. 어떤 칵테일을 주문해도 특별한 퍼포먼스를 보여줘 눈과 입이 동시에 즐거워진다. 다만, 기다리는 시간을 최대한 줄이려면 눈치 싸움은 필수!

메트로 L4 Barceloneta역에서 도보 4분 · Carrer de Rera Palau, 4
15:00~02:00 · 칵테일 €12~20, 샌드위치 €14, 칩 €6 · paradiso.cat

십스
Sips
에이샴플레 지구

2023년 'The World's 50 Best Bar'에서 십스를 1위로 선정하면서 바르셀로나의 칵테일바가 2년 우승하는 쾌거를 거뒀다. 모던하고 감각적인 분위기의 십스는 일반적인 칵테일바와 달리 바텐더들이 중앙의 테이블에서 제조해서 서빙을 해주는 구조라 신선하다. 퍼포먼스 자체는 파라디소에 비해 약하지만, 테크닉이나 맛에 있어서는 한층 세련된 느낌이다. 다행히 예약이 가능하고, 한국인 바텐더도 있어서 좀 더 편안하게 들를 수 있다. 드레스코드가 스마트 캐주얼이라 지나치게 편안한 차림은 입장이 제한될 수 있다.

메트로 L1,2 Universitata역에서 도보 12분
Carrer de Rera Palau, 4 화~토요일 18:30~다음 날 02:00 일, 월요일 칵테일 €12~20, 샌드위치 €14, 칩 €6 sips.barcelona

바비스 프리
Bobby's Free
에이샴플레 지구

현지인들을 줄 서게 만드는 바버 숍 컨셉트의 바. 순서를 기다렸다 1차로 바버 숍에 들어가면 직원이 비밀번호를 물어보는데 비밀번호는 인스타그램(@bobbysfree)에서 확인 가능하다. 만약 모르고 방문했더라도 힌트를 주니 걱정할 필요 없다. 이후 최종적으로 바비스 프리에 입장하면 온몸을 감싸는 화려한 조명과 흥겨운 분위기에 어깨가 들썩인다. 앞서 소개한 두 곳에 비해 칵테일 깊이는 떨어지지만 신나게 즐기는 분위기는 최고다.

카탈루냐 광장에서 도보 5분
Carrer de Pau Claris, 85
일~목요일 19:00~다음 날 03:00, 금, 토요일 19:15~다음 날 03:30 칵테일 €8~15, 맥주 €3~5, 나초 €4.5, 초리조 €5.9 bobbysfree.com

AREA ···· ⑤

몬주익 지구
Montjuïc

추천 코스

에스파냐 광장 P.172

도보 15분

국립 카탈루냐 미술관 P.173

도보 10분

호안 미로 미술관 P.173

도보+케이블카 25분

몬주익성 P.174

케이블카+도보 20분

미라마르 전망대 P.175

도시의 남서쪽에 자리한 몬주익 지구는 산이라고 하기엔 다소 나지막하지만 도시 전체의 경치를 감상하기에 부족함이 없다. 1929년 바르셀로나 세계 박람회를 위한 개발을 시작하면서 올림픽 경기장, 미술관, 분수와 공원들이 들어서며 관광 명소가 되었다. 1992년 바르셀로나 올림픽 마라톤 금메달을 딴 황영조 동상도 볼 수 있다.

04 오르차테리아 시르벤트
C/ de la Diputació
C/ de Tarragona
07 아레나스
C/ del Parlament
Rda. de Sant Pau
Paral·lel
Paral·lel(푸니쿨라)
01 에스파냐 광장
Av. del Paral·lel
Espanya
Poble Sec
Av. del Paral·lel
퀴멧 & 퀴멧
타파스 거리 02
01
Carrer de Calàbria
Carrer de Blai
Av. de la Reina Maria Cristina
Passeig de Santa Madrona
미라마르 전망대 05
Passeig Josep Carner
Ctra. de Miramar
03 살츠 바르
rncesc Ferrer i Guàrdia
06 포블레 에스파뇰
Parc de Montjuïc(푸니쿨라)
Parc de Montjuic(케이블카)
호안 미로 미술관 03
02
국립 카탈루냐 미술관
Av. de l'Estadi
Mirador(케이블카)
Av. de l'Estadi
Castell(150번 버스 정류장)
Castell(케이블카)
Passeig del Migdia
N
W
E
S
0
200m
04 몬주익성

몬주익 지구 상세 지도

베네치아를 닮은
문화와 축제의 중심지 ······ ①

에스파냐 광장

Plaça d'Espanya

과거 공개 처형이 집행되던 장소였으나 1929년 바르셀로나 세계 박람회를 개최하면서 문화와 축제를 위한 광장으로 변신했다. 몬주익 지구 관광의 시작점으로 베네치아 산마르코 광장의 종탑을 본떠 만든 2개의 베네치아 탑, 환상적인 쇼가 펼쳐지는 마법의 분수, 국립 카탈루냐 미술관까지 쭉 이어진다.

🚶 메트로 L1, 3, 8 Espanya역에서 하차

놓치면 안 될 볼거리, 마법의 분수 쇼

바르셀로나의 인기 볼거리다. 마법의 분수 쇼를 보기 위해 에스파냐 광장을 방문하는 사람들이 많다. 1929년 세계 박람회 때 시작한 마법의 분수 쇼는 260L가량의 물을 사용해 최고 52m까지 솟구쳐 오르는 물줄기가 다양한 장르의 음악에 맞춰 춤을 춘다. 카탈루냐 미술관으로 이어지는 계단이나 아레나스 쇼핑몰 전망대엔 쇼 시작 전부터 명당 자리를 차지하기 위한 경쟁이 치열하다. 보통 쇼가 시작한 후 30분 정도 지나면 사람들이 어느 정도 빠지니 그때쯤 방문하는 것도 괜찮은 방법이다. 하지만 현재 바르셀로나 물 부족 문제가 심각해 분수 쇼가 잠정 중단된 상태이므로 여행 시기에 일정 확인을 다시 해볼 필요가 있다.

🕓 4~5월 목~토요일 21:00~22:00, 6~8월 수~일요일 09:30~22:30, 9~10월 목~토요일 21:00~22:00, 11~3월 목~토요일 20:00~21:00 ⊗ 1/6~2/16

카탈루냐 예술과의 조우 ······ ②

국립 카탈루냐 미술관 Museu Nacional d´Art de Catalunya

세계 박람회 때 지어진 유서 깊은 건물 중 하나로 1934년 미술관으로 개관했다. 개관 직전 방문한 피카소는 '서양 미술의 근원을 이해하고자 하는 사람들이 꼭 들려야 할 곳'이라고 극찬했다. 도시 곳곳에 있는 교회 벽에 그려진 프레스코화 그대로 재현하거나, 실제 성당의 제단이나 기둥 등을 옮겨놔 중세 기독교 미술의 걸작을 한눈에 만날 수 있다. 엘 그레코, 고야, 라몬 카사스 등 유명 화가의 작품들도 많다. 규모에 비해 관람객이 많지 않아 여유롭게 돌아보기 좋으며 옥상 테라스에 오르면 탁 트인 시내 전망이 펼쳐진다. 루프탑만 이용할 수 있는 티켓도 판매한다.

L1,3,8 Espanya역에서 도보 15분 Palau Nacional, Parc de Montjuïc 10~4월 화~토요일 10:00~18:00, 일요일 및 공휴일 10:00~15:00, 5~9월 화~토요일 10:00~20:00, 일요일 및 공휴일 10:00~15:00 월요일(공휴일 제외), 1/1, 5/1, 12/5 €12(루프탑만 방문 시 €2, 16세 이하 무료, 학생 30% 할인, 토요일 15:00 이후, 매월 첫 번째 일요일 무료입장(예약 필수), BCN 카드 소지자, 아트 티켓 소지자 무료입장) museunacional.cat

절로 기분이 좋아지는 작품을 만나러 ······ ③

호안 미로 미술관 Fundació Joan Miró

미로의 친구이자 건축가인 호세 루이스 세르트가 설계한 건물에 작가 본인이 엄선한 회화와 조각 등의 다양한 작품들을 전시한다. 1975년 오픈한 이후 확장 공사를 통해 현재의 모습을 갖췄다. 추상 미술, 초현실주의를 대표하는 화가인 호안 미로의 기호와 상징, 아이 같은 천진난만함과 유머가 깃든 작품들을 만날 수 있다. 미래 재단을 설립해 신예 작가 육성에도 많은 힘을 썼으며 미술관 내 이런 작가들의 실험적인 작품들이 전시된 특별관도 마련되어 있다. 전망 좋은 야외 테라스와 카페도 자리한다.

에스파냐 광장에서 도보 25분, 150번 버스 탑승 후 Fundació Joan Miró 하차 Parc de Montjuïc, s/n, Sants-Montjuïc 화~일요일 10:00~19:00 월요일 €15(온라인 구매 시 €14), 15~30세 학생, 65세 이상 €7(15세 이하 무료, 아트 티켓 소지자 무료입장) fmirobcn.org

몬주익성 Montjuïc Castle

중세 시대부터 자리했던 언덕 위의 성채는 요새로 개축되었다. 이후 스페인 내전 당시엔 많은 이들이 고문당하고 감금되기도 했으며 처형 장소로 사용되기도 했다. 오랫동안 지중해와 도시를 발아래 두고 숱한 역사의 순간들을 겪어 온 몬주익성은 바르셀로나인들에게 큰 의미로 남아있다. 현재는 역사 기념관으로 사용되고 있으며 지금도 남아 있는 해자와 포대를 볼 수 있다. 몬주익성까지는 푸니쿨라와 케이블카를 이용해 갈 수도 있으며 벨 항구와 도시의 풍경을 360도 파노라마 뷰로 감상할 수 있다. 티켓은 공식 홈페이지를 통해 온라인으로만 구입 가능하다.

에스파냐 광장에서 150번 버스 탑승, Castell역 하차 / 메트로 L2, 3 Paral-lel역과 지하로 연결된 푸니쿨라역에서 푸니쿨라와 케이블카 이용, Castell de Montjuic역에서 하차 Ctra. de Montjuïc, 66 11~2월 10:00~18:00, 3~10월 10:00~20:00 1/1, 12/25 성인 €12, 8~12세 €8(8세 이하 무료, 매월 첫째 주 일요일 및 첫째 주를 제외한 일요일 15:00 이후, BCN 카드 소지자 무료입장) ajuntament.barcelona.cat

푸니쿨라 & 케이블카를 타고 몬주익 가는 법

메트로 L2,3 Paral-lel역에서 연결된 지하 푸니쿨라 역으로 이동→푸니쿨라 탑승 후 다음 Parc de Montjuic 정류장에서 하차 →푸니쿨라 역 밖으로 나와 오른편에 있는 케이블카 역으로 이동→케이블카 탑승 후 Castell de Montjuic역에서 하차(하행 시에는 Mirador역에서 하차 가능, 원하는 구간만 편도로 이용 가능)

	푸니쿨라	케이블카
요금	1회권(1 Zone) €2.55 T-casual, 올라 바르셀로나 트래블 카드 사용 가능	1회권(1 Zone) €2.55 T-casual, 올라 바르셀로나 트래블 카드 사용 가능
운행 시간	평일 07:30~22:00(가을~겨울 20:00까지) 토, 일요일 및 공휴일 09:00~22:00(가을~겨울 20:00까지)	1~2월, 11~12월 10:00~18:00, 3~5월, 10월 10:00~19:00 6~9월 10:00~21:00, 12/25, 1/1, 1/6 10:00~14:30
노선	Paral-lel ↔ Parc de Montjuic	Parc de Montjuic → Mirador → Castell de Montjuic ※ Mirador역은 Castell에서 Parc로 내려오는 길에만 정차

바르셀로나 해안선을 한 눈에! ⑤

미라마르 전망대

Mirador de Miramar

몬주익 언덕 동쪽 가장자리에 위치한 미라마르 전망대는 호텔 미라마르 건물 뒤에 있다. 좀 더 가까이서 벨 항구를 한눈에 담을 수 있으며 전망대라고 명명되지 않은 곳에서도 멋진 전망을 만날 수 있으니 산책 삼아 걸어서 내려가는 것도 좋은 방법이다.

🚶 푸니쿨라, 케이블카 Parc de Montjuic역에서 도보 12분, 항구 케이블카 Miramar역 하차

스페인 민속촌 ······ ⑥

포블레 에스파뇰 Poble Espanyol de Montjuic

스페인 마을이란 뜻의 포블레 에스파뇰은 우리나라 민속촌 같은 곳이다. 스페인 각 지방의 대표 건축물들과 지역 특산품 숍, 음식점, 핸드메이드 공방 등이 자리한다. 15개 지방을 대표하는 120여 개의 건물을 보면 짧은 시간 동안 스페인 전역을 여행한 느낌이 들기도 한다. 스페인의 대표 축제나 역사에 대한 영상 관람도 할 수 있다.

🚶 에스파냐 광장에서 150번 버스 탑승, 도보 11분 📍 Av. de Francesc Ferrer i Guàrdia, 13 🕓 월요일 10:00~20:00, 화~일요일 10:00~00:00, 야간 입장 금~토요일 20:00~00:00 € 온라인 예매 시 €13.5, 당일 온라인 또는 창구 구매 시 €15, 학생 €11.25, 65세 이상 €10, 야간 입장 €7(사전 예약 및 티켓 프린트 또는 QR 코드 입장 요금)
🏠 poble-espanyol.com

투우장의 변신은 무죄! ······ ⑦

아레나스 Arenas de Barcelona

100여 년 전, 벽돌로 지은 투우장의 외관을 그대로 살리고 내부는 영국 건축가가 설계해 2011년 복합 문화 공간으로 새롭게 문을 열었다. 지하 1층의 푸드 코트를 비롯해 1층부터는 다양한 브랜드 숍, 극장, 체육관 등이 들어서 있다. 옥상 테라스에는 레스토랑이 자리하며 가격대는 조금 비싼 편이다. 에스파냐 광장부터 카탈루냐 미술관까지 탁 트인 전망을 만날 수 있으며 매직 분수 쇼를 관람하기에도 좋다. 건물 외부에서 옥상으로 바로 올라가는 엘리베이터는 유료로 운행된다.

🚶 메트로 L1, 3, 8 Pl. Espanya역에서 도보 3분 📍 Gran Via de les Corts Catalanes 🕓 10~5월 09:00~21:00, 6~9월 10:00~22:00 🏠 arenasdebarcelona.com

통조림 재료의 완벽한 조합 ①

퀴멧 & 퀴멧 Quimet & Quimeti

바르셀로나에서 가장 유명한 타파스 바르 중 하나다. 일부러 찾아가야 하는 곳에 있지만 그럼에도 늘 많은 사람들로 발 디딜 틈이 없다. 각종 통조림 재료와 여러 가지 소스의 조합으로 만드는 몬타디토(스몰 샌드위치) 종류가 다양하다. 종류가 많아 고르기 어렵다면 주인장의 추천을 받아보는 것도 좋은 방법이다. 바 앞에 서서 주문과 동시에 몬타디토를 만드는 모습을 보는 재미도 쏠쏠하다. 500병 이상의 와인도 구비되어 있어서 와인 마니아들의 발길까지 사로잡는다.

메트로 L2, L3 Paral-lel역에서 도보 4분 · Carrer del Poeta Cabanyes 25
+34 934 423 142 · 월~금요일 12:00~16:00, 18:00~22:30 · 토, 일요일
몬타디토 €3~5, 타파스 €2~26 · quimetquimet.com

타바스 바르,
몇 차까지 가봤니? ②

타파스 거리 Carrer de Blai

퀴멧 & 퀴멧에서 한 블록만 더 들어가면 타파스 바르가 밀집한 블라이 거리가 나온다. 빵 위에 각종 토핑을 올린 핀초와 몬타디토를 전문으로 하는 곳들이 많아 일명 '타파스 거리'로 불린다. 가격도 €1.5~2.5 정도로 저렴해 여러 곳을 돌아다니며 타파스 투어(Tapeo: 타페오)를 즐겨보자. Blai 9가 특히 인기다.

메트로 L2, L3 Paral-lel역에서 도보 5분
Carrer de Blai, Barcelona

수영장 너머 도심 뷰까지 완벽! ······ ③

살츠 바르 Salts Bar

호안 미로 미술관과 몬주익 푸니쿨라 & 케이블카 역에서 멀지 않은 곳에 있다. 몬주익 공영 수영장 위쪽의 아담한 노천 테라스 바르인데 시즌에 따라 오픈 시간이 달라진다. 탁 트인 도시 뷰와 수영장의 활기찬 분위기 속에서 간단히 맥주 한잔 마시기 좋다.

호안 미로 미술관에서 도보 7분 Pl Dante, Avinguda Miramar +34 938 065 515 142 월~목요일 11:00~19:00, 금요일 11:00~20:00, 토요일 10:30~20:00, 일요일10:30~18:00 맥주 €2.9~3.15, 나초 €5.5, 햄 & 치즈 피자 €7.5 saltsmontjuic.com

스페인식 아침햇살, 오르차타 전문점 ······ ④

오르차테리아 시르벤트 Orxateria Sirvent

스페인에서 즐겨 먹는 음료인 오르차타 전문점이다. 100년 가까이 영업하고 있는 유서 깊은 곳으로 바르셀로나에서 가장 유명한 오르차테리아다. 주문 시 차갑게 냉장 보관을 한 오르차타를 바로바로 따라주며, 아이스크림으로도 주문할 수 있다. 우리나라 쌀 음료와 맛이 비슷하지만, 특유의 향이 있어서 오르차타를 처음 맛보는 사람들에겐 호불호가 나뉠 수 있다. 스페인식 누가인 투론도 판매한다.

메트로 L2, L3 Paral-lel역에서 도보 4분
Carrer del Parlament de Catalunya 56
+34 934 412 720 월~목요일 09:30~21:50 금, 토요일 09:30~22:20, 일요일 09:30~21:30 오르차타 €2~4, 1L €6.5, 아이스크림 €2.8~ turronessirvent.com

AREA ····⑥

바르셀로네타 지구

Barceloneta

"눈부신 지중해와 사랑에 빠지는 시간"

걸어서 갈 수 있는 바다가 있다는 건, 바르셀로나의 매력 중 하나다.
지중해의 푸른 바다에서 해수욕을 즐기고 해변 산책로를 거니는
특별한 일상을 즐길 수 있다. 거리엔 수많은 해산물 레스토랑과 라운지 바,
클럽들이 자리해 전 세계 여행자들의 마음을 사로잡는다.
특히, 바르셀로네타 해변은 물이 깨끗하고 맑아 해수욕을 즐길 수 있는
여름에 가면 특히 더 좋다. 햇살 아래 펼쳐진 황금빛 모래사장과
에메랄드빛 지중해가 어우러져 환상적인 풍경을 자랑한다.

바르셀로네타 지구 상세 지도

Pg. d'Isabel II
03 칸 파이사노
바르셀로나의 머리
Pla de Palau
Barceloneta
Pça. de Pau Vila
Carrer de l'Ocurneq
Ciutadella Vila Olímpica
Av. d'Icària
C/ de Ramon Trias Fargas
C/ del Dr. Aiguader
카탈루냐 역사 박물관
02 세르베세리아 바소 데 오로
C/ de Balboa
01 라 봄베타
Carrer de la Maquinista
Pg. de Salvat Papasseit
Pg. de Joan de Borbó
바르셀로네타 공원
황금 물고기
C/ del Mar
04 엘 레이 데 라 감바
C/ d'Emília Llorca Martín
Pepe Rubianes
05 라 바르카 엘 살라망카
Pg. Marítim de la Barceloneta
01 바르셀로네타 해변
N W E S
0 200m

도심에서 만나는
휴양지 바이브 ······ ①

바르셀로네타 해변

Playa de la Barceloneta

바르셀로나만의 여유와 낭만을 제대로 느끼고 싶다면, 반나절이나 하루쯤은 오롯이 해변에서 시간을 보내보자. 특히 여름철엔 모래사장에 자리를 잡고 태닝을 하거나 물놀이를 즐기는 사람들로 붐빈다. 서핑이나 비치 발리볼도 할 수 있다. 단, 이럴 땐 소지품 관리에 유의해야 한다. 바닷가나 안쪽 골목을 따라 많은 레스토랑과 바르가 자리하고 있어 해산물 요리에 상쾌한 화이트 와인을 곁들이기에 좋다.

🚶 메트로 L4 Barceloneta역에서 도보 12분

바르셀로네타 인기 조형물

- **황금 물고기**El Peix d'Or Frank Gehry 올림픽 항구 방향으로 걷다 보면 만나게 되는 대형 조형물. 빌바오 구겐하임 미술관을 건축한 프랭크 게리의 작품으로 높이 35m, 길이 56m에 달하는 크기다.
- **바르셀로나의 머리**La Cara de Barcelona 뉴욕의 팝 아티스트 로이 리히텐슈타인의 작품. 도트 무늬에 컬러풀한 여성의 모습으로 1992년 새로운 바르셀로나를 뜻하는 상징물로 제작되었다.

이 동네에서 즐겨 먹는 '봄바' 먹으러 ······①

라 봄베타 La Bombeta

바르셀로네타 지역에서 오랫동안 영업을 해오고 있는 전통 타파스 바. 이곳의 시그니처 메뉴인 봄바Bomba는 고기를 채워 동그랗게 빚어 튀겨낸 감자튀김으로 그 위에 매콤한 브라바 소스와 알리오 소스를 함께 얹어 먹는다. 스페인 전역에서 흔히 먹는 크로케타와 비슷하지만, 봄바는 흔치 않다. 보통 타파스 집에서는 냉동식품을 튀겨주는데 이 집에선 그날그날 바로 만들어 튀겨주니 맛이 없을 수 없다. 그밖에 다양한 해산물 요리와 일반적인 타파스 메뉴들도 많아 바르셀로네타 해변에 가기 전후에 들러볼 만하다. 멀지 않은 곳에 있는 라 코바 푸마다La Cova Fumada 역시 봄바 맛집으로 유명하니 참고하자.

메트로 L4 바르셀로네타역에서 도보 5분 Carrer de la Maquinista, 3 목~화요일 12:00~00:00 수요일
봄바스(2pc) €5.5, 라바스 €6.8, 오징어튀김 €11.9

맥주 맛이 기가 막혀! 안주는 더 기가 막혀! ······②

세르베세리아 바소 데 오로 Cerveseria Vaso de Oro

50년 넘게 영업을 해오고 있는 바르셀로네타 지역의 유명한 세르베세리아. 여행객뿐만 아니라 현지인 단골도 많다. 맥주 맛으로 정평이 나 있어 해변에서 물놀이하고 들르기 그만이다. 푸아그라를 올린 등심구이가 일품이며, 간단히 먹을만한 타파스와 샌드위치 종류도 많다. 스텝들의 능숙한 응대 덕분에 기분 좋은 식사가 가능하다.

메트로 L4 바르셀로네타역에서 도보 2분 Carrer de Balboa 6
+34 933 193 098 12:00~00:00 타파스 €1.6~15, 등심 & 푸아그라 구이 €29, 맥주 €3~5.8

왁자지껄 스탠딩 카바 전문점 ······ ③

칸 파이사노 Can Paixano

가성비 좋은 선술집 분위기의 카바 전문점으로 라 샴파녜리아 La Xampanyeria라고도 한다. 바에 자리를 잡고 서서 하우스 카바와 간단한 음식들을 먹는다. 카바 블랑코 외에도 흔치 않은 짙은 핑크빛이 매력적인 카바 로사도를 맛볼 수 있다. 매콤한 초리조나 하몽, 치즈 등이 카바와 매우 잘 어울린다. 스페인 순대라고 불리는 모르시야도 먹어볼 만하다.

메트로 L4 바르셀로네타역에서 도보 3분 · Carrer de la Reina Cristina 7 · +34 933 100 839 · 화~토요일 12:00~22:00 · 월, 일요일 및 공휴일 · 카바 €1.95~3.5 모르시야 €2.95, 초리조 €3.15 · canpaixano.com

바닷가 근처에선 시푸드가 진리 ······ ④

엘 레이 데 라 감바 El Rey de la Gamba

'새우의 왕'이란 뜻의 엘 레이 데 라 감바는 바르셀로네타 해변 주변에 위치한 시푸드 전문 레스토랑으로 해산물 플레이트, 파에야, 풀포, 오징어튀김 등의 메뉴들이 인기다. 주로 관광객들이 많이 찾는 레스토랑이라 상업적인 느낌이 있는 건 감안해야 한다.

바르셀로네타 해변 도보 4분 · Pg. de Joan de Borbó, 53 · +34 832 256 401 · 12:00~다음 날 01:00 · 해산물 파에야 €17.5 구운 새우 €26.5, 오징어튀김 €9 · reydelagamba.com

국물 많은 스페셜 해물 스튜 ······ ⑤

라 바르카 엘 살라망카 La Barca del Salamanca

해변 근처에 위치한 오래된 시푸드 레스토랑이다. 파에야를 비롯해 국물이 많은 스페셜 스튜 인 피데우아를 주문할 수 있다. 랍스터, 새우, 홍합 등이 푸짐하게 들어가 국물 맛이 깊고 시원하나 가격대가 높은 편이다. 파에야와 피데우아는 최소 2인분 이상 주문해야 하고 양도 많은 편이라 2인 이상일 때 방문하는 것을 추천한다. 메뉴 델 디아를 이용하면 훨씬 저렴하게 코스 요리를 즐길 수 있다.

바르셀로네타 해변에서 도보 1분 · Carrer del Pepe Rubianes, 34 · +34 932 211 837 · 12:00~00:00 · 라 바르카 파에야 €33.99, 시푸드 스페셜 살라망카 €38.01 · labarcadelsalamanca.com

풍경 맛집 바르셀로나의 이색 지구

관광지가 모여 있는 곳에서 조금 떨어져 있지만 놓치기 아쉬운 곳들이 있다. 멋진 전망과 예쁜 사진을 남길 수 있는 티비다보, FC 바르셀로나 팬들의 필수 코스 캄 노우, 야경 명소 벙커가 대표적이다. 모두 대중교통을 이용해 갈 수 있다.

티비다보
Tibidabo

유럽에서 세 번째로 문을 연 놀이공원인 티비다보는 2024년, 개원 125주년이 되었다. 해발 550m에 자리해 있어 탁 트인 도시 뷰도 만끽할 수 있다. 알록달록한 색감의 회전 관람차와 아기자기한 놀이 기구들이 감성을 자극한다. 사그랏 코르 성당도 있으며 전망대는 유료 입장이다. 놀이공원은 시즌에 따라 운영일이 달라지니 미리 확인하고 방문하는 게 좋으며, 일부 구간은 입장료 없이도 이용 가능하다. 가는 법이 다소 복잡하고 오래 걸리긴 하지만 벙커의 야간 입장이 제한되면서 탁 트인 바르셀로나 뷰와 아름다운 야경을 보러 고생을 감수하고 다녀오는 사람들이 더욱 많아졌다. 2~3인 이상이라면 택시를 이용하는 것도 좋은 방법이다.

Pl. del Tibidabo, 3, 4 +34 832 256 401 **어뮤즈먼트 파크** 3~6월, 9~12월 주말 및 공휴일, 7~8월 수~일요일(1/6~2월 휴무), **파노라믹 아리아** 1/2~5, 2월 주말, 3~12월 매일 / **어뮤즈먼트 파크 & 파노라믹 아리아** 11:00~22:00(시즌에 따라 운영 시간 상이), **사그랏 코르 성당** 1~3월, 10~12월 09:00~20:00, 4~5월, 9월 09:00~21:00, 6~8월 09:00~21:30(전망대 엘리베이터는 10:30부터 운행) **어뮤즈먼트 파크** 자유 이용권 +120cm 이상 €35, 90~120cm €14, 개별 어트랙션 €3, **파노라믹 아리아** 자유 이용권 +120cm 이상 €19, 90~120cm €10.5, 개별 어트랙션 €3, 전망대 €5, 전망대 & 오디오가이드 €6(사그랏 코르 성당 무료입장), **놀이공원** 자유 이용권 €28.5, 120cm 이하 €10.3, 전망대 €5, 전망대+오디오 가이드 €6(성당 무료입장) tibidabo.cat

티비다보 대중교통으로 가는 법

약 50분~1시간 소요(바르셀로나 T-casual 이용 가능) Placa de Catalunya FGC역에서 S1 또는 S2 탑승, Peu del Funicular역에서 하차 ▸ Vallvidrera Inferior역에서 푸니쿨라 탑승, Vallvidrera Superior역에서 하차 ▸ 111번 버스 탑승, Ctra de Vallvidrera al Tibidabo역에서 하차

캄 노우
Spotify Camp Nou

축구를 사랑하는 이라면 절대 놓칠 수 없는 곳이 바로 캄 노우다, 우리에겐 영어식 발음인 '캄프 누'가 더 친숙하다. 1957년 개장한 FC 바르셀로나의 홈구장으로 관람석이 약 10만 석에 달하는 유럽 최대의 축구장이자 세계에서 11번째로 큰 경기장이다. 2022년 음악 스트리밍 서비스 업체 스포티파이와 후원 계약을 맺고 후원사의 이름을 넣은 '스포티파이 캄 노우'로 공식 명칭이 변경되었다. 현재 확장 공사를 한창 진행하고 있어 경기는 몬주익 스타디움에서 열리고 있으며 경기장 내부 투어도 중단되었다. 경기 직관은 할 수 없지만, 박물관을 둘러보고 관련 기념품들을 쇼핑하며 아쉬움을 달랠 수 있다. 박물관에선 FC 바르셀로나의 역사를 한눈에 볼 수 있으며 공식 기념품 숍 FC 보티카 메가 스토어에서는 시내 지점보다 다양한 물건들을 만나볼 수 있다. 배지, 이름 각인 등 티셔츠 커스터마이징도 가능하다.

메트로 L3 Palau Reial역에서 도보 10분 Carrer de Aristides Maillol, 12 +34 902 189 900 1/2-3/22 월~토요일 10:00~18:00, 일요일 10:00~15:00, 3/23~10/13 09:30~19:00, 10/14~12/31 월~토요일 10:00~18:00, 일요일 10:00~15:00 1/1, 12/25 **Basic**(박물관+오디오가이드+경기장 투어) €28, 4~10세 및 65세 이상 €21, **Total Xperience**(박물관+오디오가이드+경기장 투어+로보키퍼 챌린지+VR+셔츠 커스터마이징) €49, 4~10세 및 65세 이상 €42, **Virtual**(박물관+오디오가이드+경기장 투어+VR) €42, 4~10세 및 65세 이상 €35, **Players Experience**(박물관+오디오가이드+경기장 투어+농구장 프라이빗 투어) €45, 4~10세 및 65세 이상 €39, **Flexible**(박물관+오디오가이드+경기장 투어) €34, 4~10세 및 65세 이상 €28(원하는 날짜 및 시간에 방문 가능) fcbarcelona.com

벙커
Bunkers del Carrmel

스페인 내전 시절 사용했던 벙커로 한때 바르셀로나 최고의 야경 명소로 인기 있었던 곳이다. 언덕의 높이가 비교적 낮고 시내와 가까워 좀 더 생생한 도시 전망을 만날 수 있다. 사그라다 파밀리아 성당, 아그바 타워 등의 바르셀로나 랜드마크뿐만 아니라 저 너머 푸르른 지중해까지 한눈에 담긴다. 하지만 아쉽게도 관광객이 몰리면서 사건, 사고가 자주 발생하고 그에 따른 주민들의 항의가 커져 방문 가능 시간을 제한하고 있어 더 이상 야경은 볼 수 없다.

카탈루냐 광장에서 24번 버스 탑승, 약 40분 소요
Carrer de la Gran Vista, 96
+34 902 189 900 5~9월(하절기) 09:00~19:30, 10~4월(동절기) 09:00~17:30

REAL PLUS ····①

현지인들이 뽑은 가장 매력적인 지역

그라시아 지구 Barri de Gracia

바르셀로나를 대각선으로 가르는 디아고날 거리 위쪽 동네.
관광 중심지와는 조금 떨어져 있지만 현지 젊은이들이 많이 살고 있어
로컬의 트렌디함을 느낄 수 있는 곳이다. 크고 작은 광장들이 있으며
골목마다 아담한 가게들이 자리한다. 바르셀로나의 소소한
일상을 느껴보기에 이보다 더 좋은 동네는 없다.
게다가 사그라다 파밀리아 성당과 함께 꼭 가봐야 할 명소
양대 산맥을 이루는 구엘 공원이 있어 시간을 투자해서 가볼 만하다.

리얼 현지인 모드 On

빌라 데 그라시아 광장

Plaça de la Vila de Gràcia

그라시아 지구에 있는 크고 작은 광장 중에서 가장 활기가 넘치는 곳이다. 마켓, 공연, 축제까지 다양한 행사들도 많이 열린다. 우뚝 솟은 시계탑, 광장을 둘러싸고 있는 나무 아래는 노천 테라스들이 뜨거운 햇살을 피해 자리한다. 아담한 바르와 레스토랑이 광장을 둘러싸고 있으며 벤치나 광장 계단에 앉아 여유를 즐기는 사람도 많다.

메트로 L3 Fontana역에서 도보 15분

그라시아 축제

Festa Major de Gràcia

바르셀로나 지역 축제 중에서도 명성이 높은 그라시아 축제는 매년 8월 15일, 성모 승천 대축일에 시작해 일주일간 진행된다. 주민들이 직접 참여해 매년 다른 테마로 골목을 장식한다. 카탈루냐 전통 거인 행렬, 불꽃놀이 꼬레 폭도 볼 수 있으며, 거리 공연도 열려 늦은 밤까지 마을 전체가 들썩인다.

주변의 자연을 건물 안으로 옮긴 듯한

카사 비센스 Casa Vicens

가우디가 건축 학교를 졸업하기도 전에 설계한 건물로 멀리서부터 화려한 색감이 눈길을 사로잡는다. 당시 부지에는 노란색 들꽃과 야자수 나무들이 많았는데, 가우디는 주변의 아름다운 자연을 건물 안에 구현했다. 노란색 들꽃은 외관의 타일 장식으로, 야자수는 철제 담장에 담겼다. 이토록 알록달록한 건물을 완성할 수 있었던 건 건축주가 타일 공장 사장이었기 때문에 가능하지 않았을까 싶다.

메트로 L3 Fontana역에서 도보 4분 Carrer de les Carolines, 20-26 11~3월 09:30~18:00, 4~10월 09:30~20:00 성인 €18(현장 구입시 €2.5 추가), 12~25세 및 65세 이상 €16(11세 이하 무료) casavicens.org

도시 전망, 가우디 작품의 완벽한 조합

구엘 공원 Parc Güell

바르셀로나 북쪽 산기슭에 60가구 규모의 고급 주택 단지를 조성하고자 했지만, 1차 세계대전 발발과 구엘의 사망으로 공사가 중단되었다. 중앙 광장과 도로, 경비실과 관리실만 완성된 상태로 구엘의 가족들이 시에 기증해 공원으로 탄생했다. 가우디는 부지의 자연을 변형하고 없애는 대신 있는 그대로 활용해 도로와 구조물을 만들었다. 동화 속에 나올법한 정문 앞 경비실과 관리실, 물결치는 듯한 곡선의 세라믹 타일 벤치, 모자이크 분수와 화려한 장식들이 인상 깊다. 언덕 위로 조금만 올라가면 사그라다 파밀리아 성당과 저 멀리 푸르른 지중해까지 한눈에 담긴다.

🚶 메트로 L3 Lesseps역에서 도보 17분, 카탈루냐 광장에서 24번 버스 이용 Ctra del Carmel-Albert Llanas에서 하차 🕓 4~6월, 9~10월 09:30~19:30, 11~2월 09:30~17:30, 3월 09:30~18:00, 7~8월 09:00~19:30(시즌에 따라 상이하므로 방문 전 홈페이지 참고)
€ 성인 €10, 7~12세, 65세 이상 €7(6세 이하 무료, 가우디르 메스 가입 시 무료입장)
🏠 parkguell.barcelona

REAL PLUS ····②

가우디의 미완성 걸작을 만나다

콜로니아 구엘 Colònia Güell

콜로니아 구엘은 바르셀로나 근교에 자리한 산업 주거 단지로
구엘이 공장 단지를 이곳으로 이전하면서 노동자들을 위한
주택, 병원, 극장, 성당, 학교까지 모두 갖춘 마을이 조성되었다.
수많은 건축가가 이 사업에 참여했으며, 가우디가 성당 건축을 맡았지만
구엘 가문 재정상의 이유로 공사가 중단되었다. 미완성의 성당임에도
불구하고 2005년 유네스코 세계문화유산으로 등재되었다.

콜로니아 구엘 가는 방법

메트로 1, 3호선 에스파냐 역에서 연결된 기차역에서 근교를 운행하는 페로카릴(FGC) S3, S4, R5, R6선을 타고 콜로니아 구엘Colònia Güell 또는 몰리 노우Moli Nou-Ciutat Cooperativa역에서 하차하면 된다. 배차 간격은 약 15분이며, 20분가량 소요된다. 바닥의 파란색 방향 표시를 따라가면 마을은 쉽게 찾을 수 있으며 도보로 5분 정도 걸린다. 요금은 왕복 €5.1.

콜로니아 구엘 안내 센터 Colònia Güell Exhibition Center

마을에 도착하면 가장 먼저 방문해야 하는 곳이다. 홈페이지를 통해 티켓을 구입했더라도 이곳에서 실물 티켓을 교환하고 오디오가이드를 수령해야 한다. 콜로니아 구엘 성당 건축 당시의 마을 모습과 성당 건축 배경 등을 알 수 있는 소규모 전시도 있다. 오디오가이드에 한국어 지원도 되며 지도를 챙겨 마을 한 바퀴 돌아보자.

미완성이어도 충분해,
역시 가우디!

콜로니아 구엘 성당

Cripta de la Colònia Güell

미완으로 남았지만 사그라다 파밀리아 성당에 영향을 주고 가우디의 작품 세계에 초석이 된 곳이라는 의미가 있다. 성당 건축 6년 만에 구엘이 사망하면서 공사는 중단되고, 다른 건축가에 의해 마무리가 되었다. 현재의 성당은 사실 지하 예배당으로 그 위로 구조물만 남은 옥상이 원래 성당의 본건물이 시공될 자리였다. 성당 내부는 아담하지만, 가우디가 추구한 건축관이 그대로 담겨 있다. 야자수를 형상화한 내부 천장, 꽃과 나비를 닮은 스테인드글라스, 모자이크 장식뿐만 아니라 가구들까지 가우디 분위기가 물씬 풍긴다.

콜로니아 구엘역에서 도보 7분 Carrer Claudi, Carrer Reixach, s/n
+34 936 305 807 월~금요일 10:00~17:00, 토, 일요일 & 공휴일 10:00~15:00
1/1, 1/6, 종려주일, 성금요일, 12/25, 12/26 성인 €10, 학생 & 65세 이상 €8
gaudicoloniaguell.org

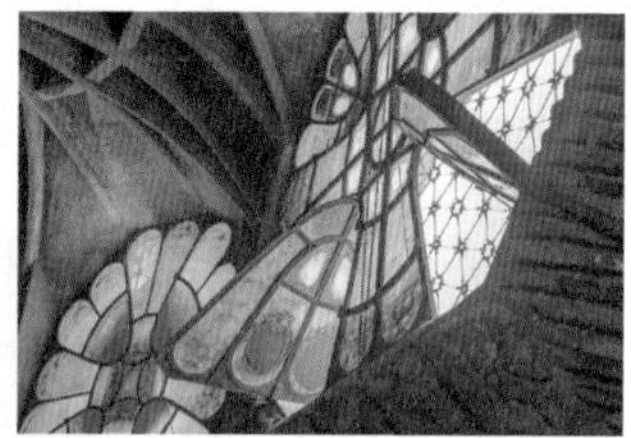

CITY ···· ②

가우디가 영감을 받은 기암괴석 사이의 수도원
몬세라트 Montserrat

#수도원 #바르셀로나 근교 #가우디 #기암괴석 #트레킹

바르셀로나에서 약 50km 떨어진 몬세라트는 여행객들에게 가장 많은 사랑을 받는 근교 여행지다. 카탈루냐어로 '톱니 모양의 산'이란 뜻으로 옅은 분홍색의 역암으로 이루어져 있어 독특한 경관을 자랑한다. 6만여 개의 기암괴석 봉우리가 이어지는 산악 지역엔 11세기에 지어진 수도원이 자리하며 세계 4대 성지로 손꼽힌다. 가우디는 이곳에서 사그라다 파밀리아 성당과 카사 밀라 건축에 대한 영감을 받기도 했다. 바르셀로나와는 확연히 다른 대자연의 웅장함과 신성함을 느낄 수 있다.

몬세라트 가는 방법

대중교통을 이용해 몬세라트를 가는 방법은 다소 복잡하다. 메트로 1, 3호선 플라사 데 에스파냐Pl. Espanya역에서 연결된 기차역에서 FGC 만레사Manresa행 R5선을 이용해 몬세라트 마을까지 간 후, 산악열차나 케이블카로 갈아타야 한다. 산악열차, 케이블카 탑승 여부에 따라 FGC 하차 역이 달라지니 미리 결정하고 움직여야 한다. 다양한 옵션의 몬세라트행 FGC 통합 승차권을 이용하면 각각 티켓을 구매하는 것보다 시간과 경비를 줄일 수 있다. FGC 통합 승차권은 카탈루냐 광장 안내센터, 에스파냐 광장의 안내센터, FGC 티켓 자동판매기, 홈페이지에서 구입할 수 있다. 소요 시간과 티켓 가격이 만만치 않기 때문에 인원수에 따라 픽업이 포함된 투어를 이용하는 것이 더 효율적일 수 있다.

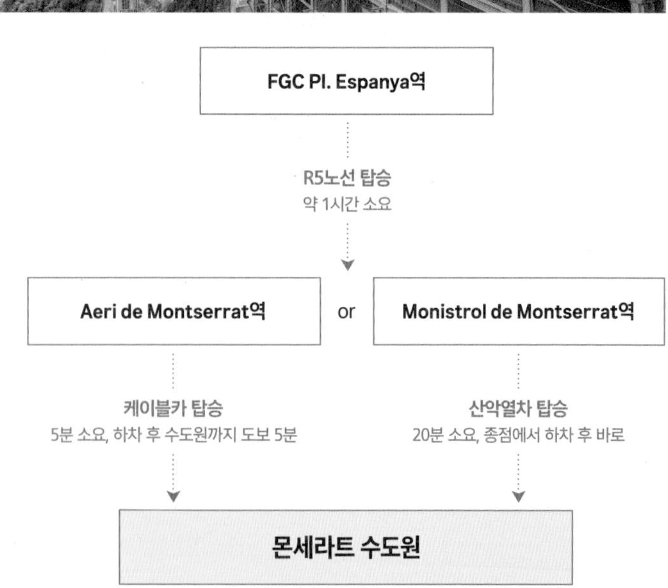

① FGC

바르셀로나 메트로 1, 3호선 플라사 데 에스파냐Pl. Espanya역에서 연결된 기차역에서 FGC 만레사Manresa행 R5선을 이용한다.

② 케이블카

바르셀로나에서 FGC를 타고 Aeri de Montserrat역에서 하차해야 몬세라트 수도원으로 가는 케이블카를 탈 수 있다. 다음 역인 Monistrol de Montserrat역에서 내리면 산악열차를 타야 하니 하차 역을 잘 확인해야 한다.

③ 산악열차

FGC를 타고 Monistrol de Montserrat역에서 하차하면 몬세라트 수도원으로 가는 산악열차를 탈 수 있다. 하차한 역에서 산악열차를 바로 탈 수 있어 편리하다.

④ 푸니쿨라

트레킹 명소로 알려져 있는 몬세라트에서 트레킹을 편하게 즐기기 위해서는 몬세라트 수도원에서 출발하는 푸니쿨라를 이용하면 좋다. 다만, 산타 코바 길과 산 조안 길 두 가지 코스에 따라 출발역이 달라지므로 어떤 곳을 갈 건지 미리 정하고 가야 한다

교통수단별 요금

교통수단	요금	홈페이지
FGC	• 4존 기준: 싱글 €6.15 / 싱글 2 in 1 €12.3	fgc.cat
산악열차 Cremallera	• 성인 편도 €8.5, 왕복 €14 • 65세 이상 편도 €7.55, 왕복 €12.6 • 4~13세 편도 €4.2 왕복 €7	cremallerademontserrat.com
케이블카 Aeri	• 성인 편도 €8.95, 왕복 €13.5 • 65세 이상 편도 €7.8, 왕복 €11.2 • 4~13세 편도 €4.7, 왕복 €6.75	aeridemontserrat.com
푸니쿨라 Funicular	San Joan • 성인 편도 €10.7, 왕복 €16.5 • 65세 이상 편도 €9.65, 왕복 €14.85 • 4~13세 편도 €5.35, 왕복 €8.25 Santa Cova • 성인 편도 €4.1, 왕복 €6.3 • 65세 이상 편도 €3.65, 왕복 €5.65 • 4~13세 편도 €2.05, 왕복 €3.15	cremallerademontserrat.com

* 운영 시간 및 요금은 시즌별로 달라질 수 있으므로 홈페이지를 통해 미리 확인 요망

몬세라트행 FGC 통합 승차권

몬세라트를 제대로 여행하려면 통합 승차권을 구입하는 게 편하다. 몬세라트로 가기 위해 필수로 이용해야 하는 FGC, 산악열차, 케이블카는 물론 바르셀로나 메트로와 몬세라트 현지에서 탈 수 있는 푸니쿨라까지 모든 교통편을 이 승차권 하나로 이용할 수 있기 때문. 게다가 각각 필요한 승차권을 따로 구입하는 것보다 비용이 더 적게 드는 것도 장점이다. FGC 통합 승차권은 카탈루냐 광장 안내센터, 에스파냐 광장의 안내센터, FGC 티켓 자동판매기, 홈페이지에서 구입할 수 있다.

통합 승차권	요금	포함 내역
Trans Montserrat Rack Railway	€44.7	FGC 왕복, 산악열차 왕복, 푸니쿨라 왕복, 바르셀로나 메트로, 성당 & 성모상 입장
Tot Montserrat Rack Railway	€68.25	FGC 왕복, 산악열차 왕복, 푸니쿨라 왕복, 바르셀로나 메트로, 성당 & 성모상 & 박물관 입장권, 몬세라트 레스토랑 뷔페 식사권
Tot Montserrat Aeri	€68.25	FGC 왕복, 케이블카 왕복, 푸니쿨라 왕복, 바르셀로나 메트로, 성당 & 성모상 & 박물관 입장권, 몬세라트 레스토랑 뷔페 식사권

가우디에게 영감을 준 대자연

몬세라트 수도원

Santa Maria de Montserrat Abbey

880년경, 한 무리의 목동들이 몬세라트산 하늘에서 내려오는 빛을 목격했고 산속의 동굴에서 성모 발현의 기적을 만났다. 이후 11세기, 이곳에 수도원이 지어졌고 현재까지 카탈루냐인들의 종교적 터전이자 스페인의 3대 성지 중 하나로 순례객들의 발길이 끊이지 않는다. 수도원에서 꼭 봐야 할 것은 안쪽 예배당에 위치한 검은 성모상 '라 모레네타'인데 인기가 많아 줄을 서서 입장해야 한다. 검은 성모상은 예루살렘에서 50년경 성루가가 조각했고, 성 베드로에 의해 스페인으로 전해져 무어인들의 눈을 피해 동굴에 숨겨놨던 것이라고. 나무의 유약이 오래되면서 검은색을 띠게 되었다고 알려져 있다. 성모상이 들고 있는 공에 손을 대고 소원을 빌면 이루어진다는 설이 있어 그 부분만 유난히 반짝거린다. 일정이 맞는다면 13세기에 창설한 세계 최초의 소년 합창단인 에스콜라니아(Escolania) 소년 합창단 공연도 놓치지 말 것.

⏲ 07:00~20:00, 성모상 08:00~10:30, 12:00~18:25
€ **바실리카(앱 오디오가이드) 입장+검은 성모상+소년 합창단** 성인 €14, 65세 이상 & 학생 €13, 4~7세 €12, 8~16세 €10(현장 구입 시 €1 추가), **바실리카(앱 오디오가이드) 입장+소년 합창단**: 성인 €10, 65세 이상 & 학생 €9, 4~7세 €8, 8~16세 €7(현장 구입 시 €1 추가), **바실리카(앱 오디오가이드) 입장+검은 성모상**: 성인 €10, 65세 이상 & 학생 €9, 4~7세 €7, 8~16세 €7(현장 구입 시 €1 추가)
🏠 montserratvisita.com

유럽 3대 소년 합창단, 에스콜라니아 소년 합창단

13세기에 창설한 세계 최초의 소년 합창단인 에스콜라니아 소년 합창단은 몬세라트 수도원의 인기 요소 중 하나다. 빈 소년 합창단, 파리 나무 십자가 합창단과 함께 유럽 3대 소년 합창단으로 손꼽힌다. 평일 오후 1시, 일요일 오전 11시에 성가가 진행되고 여름 방학(6월 말-8월) 기간에는 공연을 볼 수 없다. 입장객 수가 제한이 될 수 있으니, 온라인으로 예약하고 방문할 것을 추천한다.

몬세라트 트레킹

어디에서도 흔히 볼 수 없는 독특한 풍광과 웅장함 덕분에 산세를 감상하며 트레킹을 즐기는 사람들도 많다. 공식적인 루트는 산타 코바 길 1개, 산 조안 길 4개, 총 5개 코스가 있으며 소요 시간과 난이도에 맞게 선택하면 된다. 코스가 전반적으로 어렵지 않으므로 미끄럽지 않은 편한 신발 정도만 신어도 괜찮다.

몬세라트 수도원 안내도

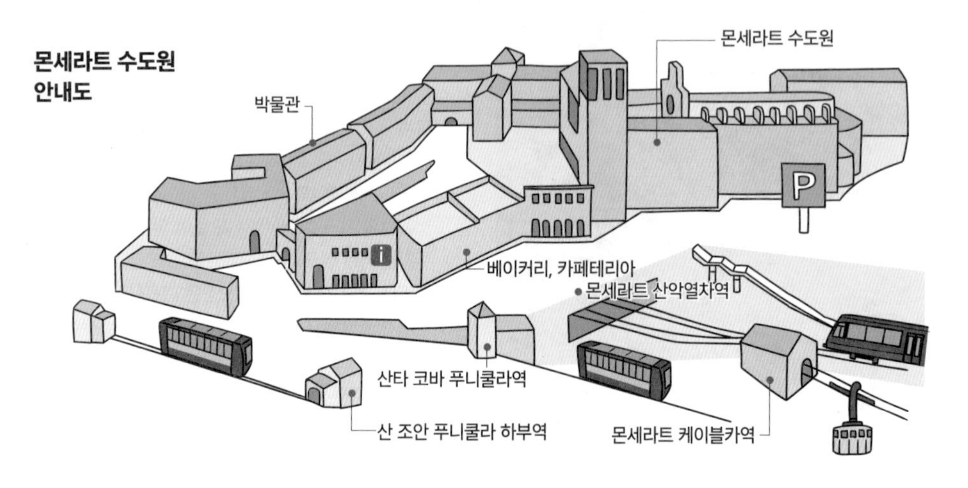

몬세라트 트레킹 코스

산타 코바 길

성모 발현이 일어난 동굴까지 이어지는 길로 동굴 입구에는 산타 코바 예배당이 자리한다. 가는 길엔 예수의 탄생부터 승천까지의 성서 내용을 재현한 조각상들이 있다. 푸니쿨라를 타고 오갈 수도 있지만 완만하게 길이 잘 닦여 있어서 가볍게 걸어 다녀와도 괜찮다. 도보로 왕복 1시간 정도 소요된다.

산 조안 길

산 조안 길은 보통 푸니쿨라 상부 역에서 시작되며 세부적으로 4가지 코스로 나뉜다. 최종 목적지인 산 제로니까지 이어지는 길을 걸으며 바라보는 몬세라트와 수도원의 풍경은 기대 이상의 감동을 선사한다. 이 중 산 조안 푸니쿨라 상부역~몬세라트 수도원 코스③가 내리막길이라 걷기 쉽고, 최고의 전망 포인트로 평가되는 산 미켈 십자가도 들를 수 있어서 가장 인기가 많다. 소요 시간은 편도 40분 정도로, 시간적으로도 부담이 없다.

산 조안 길 코스

코스 ❶

산 조안 푸니쿨라 상부역 ➤ 산 제로니

소요 시간 2시간 10분, 난이도 중

코스 ❷

산 제로니 ➤ 몬세라트 수도원

소요 시간 1시간 10분, 난이도 하

코스 ❸

산 조안 푸니쿨라 상부역 ➤ 몬세라트 수도원

소요 시간 40분, 난이도 하(가장 인기 있는 구간)

코스 3a

산 조안 푸니쿨라 상부역 ➤ 산타 막달레나

소요 시간 40분, 난이도 중

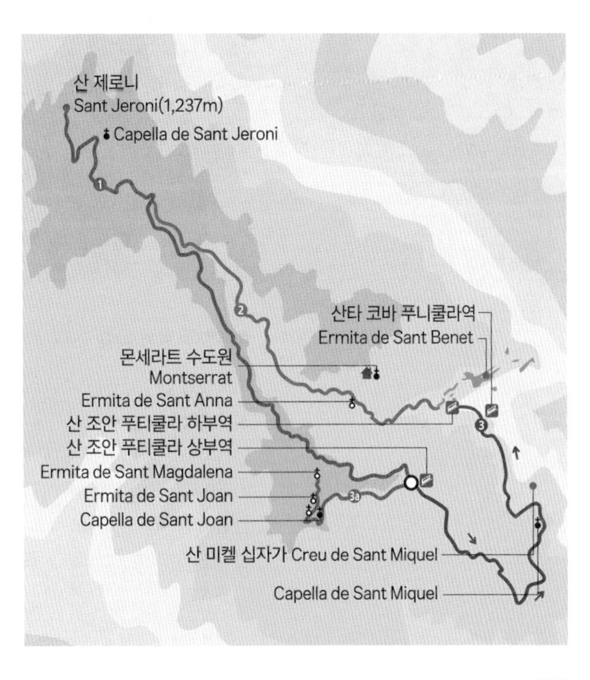

CITY ····③

바르셀로나 근교의 대표 휴양지

시체스 Sitges

#휴양지 #골목길 산책 #해안 마을 #축제 #아름다운 해변

지중해와 맞닿아 있는 바르셀로나 근교의 대표 휴양지, 시체스.
골목골목 자리한 하얀색 집들과 테라스를 채운 붉은 색 꽃들.
동성애자를 상징하는 무지개 깃발이 곳곳에 걸린 자유분방한 해안 마을이다.
2월엔 시체스 카니발, 6월엔 게이 프라이드, 10월엔 세계 3대 판타스틱
영화제 중 하나인 시체스 국제 판타스틱 영화제가 열려 활기를 띤다.
반나절에서 하루 코스로 다녀오기도 좋다.

시체스 가는 방법

바르셀로나의 파세이그 데 그라시아Passeig de Gracia역, 산츠Sants역에서 출발하는 렌페 로달리에스 R2S선을 타면 약 40분 만에 시체스에 도착한다. 시체스는 3존에 해당하며 요금은 편도 €4.8다. 시즌 및 요일에 따라 운행 시간이 자주 바뀌므로 이용 전 홈페이지(rodalies.gencat.cat)를 통해 확인하는 것이 좋다. 기차역에서 해변까지는 도보로 10분가량 소요된다.

시체스 여행 방법

1시간이면 바르셀로나와는 또 다른, 휴양지 매력 뿜뿜한 시체스로 떠날 수 있다. 모든 볼거리는 도보로 이동 가능하며 리베라 해변을 시작으로 바닷가를 따라 사부작사부작 거닐면 된다. 꽃 장식이 된 하얀 집들이 모여 있는 골목길 탐방도 놓칠 수 없다. 볼거리가 많지 않아 반나절이면 충분히 둘러볼 수 있지만, 해변을 제대로 즐기려면 가득 채운 당일치기로도 부족하다.

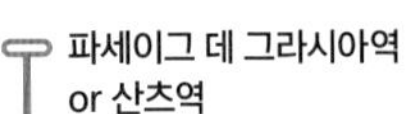

- **파세이그 데 그라시아역 or 산츠역**
  렌페 로달리에스 40분
- **시체스역**
  도보 10분
- **리베라 해변**
  도보 7분
- **시체스 성당**
  도보 5분
- **산 세바스티아 해변**
  도보 3분
- **비베로 비치 클럽**
  도보 13분
- **시체스역**

시체스 상세 지도

시체스 기차역

Avinguda d'Artur Carbonell

01 시체스 골목

Carrer de l'Illa de Cuba

Carrer de Port Alegre

Av. Balmins

01 비베로 비치 클럽

04 산 세바스티아 해변

Carrer de la Bassa Rodona

Passeig de la Ribera

시체스 성당 03

카우 페랏 박물관

02 리베라 해변

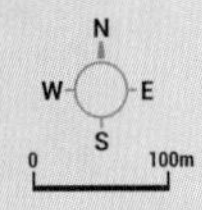

예쁜 테라스가 있는 하얀 집 천국 ······ ①

시체스 골목

시체스 하면 당연히 아름다운 해변이 가장 먼저 떠오르겠지만, 아기자기한 골목길 탐방도 놓칠 수 없는 매력 중 하나다. 좁은 골목길을 따라 양쪽으로 늘어선 하얀색 집들, 예쁜 꽃장식 덕분에 거리 곳곳이 감성 포토 스폿이다. 레스토랑과 바르, 아기자기한 숍도 있으니 꼭 한 바퀴 둘러보자. 시체스 기차역에 바로 앞에 있는 골목길로 들어가 산책을 즐기면서 남쪽으로 조금만 내려가면 건물 사이로 바다가 보이고, 시체스가 왜 바르셀로나 근교의 대표 휴양지인지 알려주는 멋진 풍경의 해변이 나온다.

🚶 시체스 기차역에서 바로

예술가와 동성애자들의 천국, 시체스. 그들의 상징인 무지개 컬러의 깃발들이 곳곳에 걸려 있으며 동성 커플들도 쉽게 만날 수 있다. 세계 최초의 게이 비치가 있으며 매년 6월에는 게이 프라이드가 열려 유럽 휴양지 중에서도 특히 개방적인 분위기를 느낄 수 있다.

자유와 낭만 가득한 바다 ······ ②

리베라 해변 Platja de la Ribera

시체스 성당 앞으로 펼쳐지는 리베라 해변은 가장 많은 사람들이 찾는 곳이다. 모래가 곱고 물이 깨끗해서 평일에도 해수욕을 하는 사람들로 항상 붐비는데, 해변 뒤편으로 야자수가 늘어선 해변 산책로와 노천 레스토랑, 카페들이 모여 있어 해수욕을 하다가 가볍게 식사를 즐기기에도 좋다. 해수욕은 하지 못하더라도 아름다운 해변과 시체스 성당을 배경으로 멋진 사진 한 장은 꼭 남길 것.

🚶 시체스 기차역에서 도보 10분 📍 Passeig de la Ribera, 31

지중해가 앞마당 ······ ③

시체스 성당 Parròquia de Sant Bartomeu i Santa Tecla

SBS 드라마 〈푸른 바다의 전설〉에 등장해 우리에게 좀 더 익숙하게 다가오는 성당이다. 리베라 해변 끝자락에 자리한 성당은 물빛 고운 바다와 어우러져 환상의 조화를 이룬다. 17세기에 지어진 바로크풍의 성당은 현지인들에게는 결혼식 장소로도 인기가 높다. 성당 오른쪽으로 돌아가면 고급 별장과 기품 있는 고택들이 모여 있다.

🚶 시체스 기차역에서 도보 10분
📍 Plaça de l'Ajuntament, 20
🏠 bisbatsantfeliu.cat

고즈넉한 분위기의 작은 해변 ······ ④

산 세바스티아 해변 Platja de Sant Sebastià

시체스 성당 뒤편에 있는 작은 해변으로 리베라 해변에 비해 상대적으로 사람이 적어 여유로운 분위기에서 해수욕을 즐길 수 있다. 산 세바스티아 해변은 매년 10월 시체스 국제 판타스틱 영화제가 열리는 곳으로 근처 광장에는 영화제를 상징하는 조형물이 세워져 있다.

시체스 성당에서 도보 3분 Passatge la Vall, 26

누워서 바다 보며 칵테일 한잔 ······ ①

비베로 비치 클럽 Vivero Beach Club

산 세바스티안 해변 끝자락에 자리한 클럽으로 야외 라운지 바를 갖추고 있다. 일반 테이블 외에 선베드, 소파 베드도 있어 비치를 보며 편하게 시간을 보낼 수 있다. 가격이 다소 비싼 편이지만 지중해를 바라보며 마시는 칵테일 한 잔의 여유는 충분한 가치가 있다.

시세스 대성당에서 도보 8분 Paseo Balmins s/n
+34 938 942 149 일~목요일 10:30~19:00, 금~토요일 10:30~22:30 칵테일 €11~15, 파에야 €22.5, 파타타스 브라바스 €9.45 lviverositges.com

CITY ····④

살바도르 달리를 찾아 떠나는 여행

피게레스 Figueres

#살바도르 달리 #초현실주의 미술 #박물관

살바도르 달리, 단 하나만의 이유로 찾게 되는 곳이다. 초현실주의 미술의 거장인 달리가 태어나고 죽은 곳이자 그의 무덤과 직접 지은 박물관이 있어 이 작은 도시엔 1년 내내 관광객이 끊이질 않는다. 바르셀로나에서 꽤 먼 거리긴 하지만 달리의 팬이라면 절대 포기할 수 없다.

피게레스 가는 방법

기차

바르셀로나 산츠Sants역에서 고속 기차를 이용하는 것이 가장 빠르다. 피게레스 빌라판트Figueres-Vilafant역까지 약 1시간 소요되며 기차역에서 달리 극장 미술관까지는 도보 15분 정도 소요된다. 렌페 로달리에스를 타면 금액은 저렴하지만 2배 이상의 시간이 소요된다. 기차 요금은 출발 시간대에 따라 다르며 홈페이지를 통해 예약하는 게 좋다.

- **렌페** 🏠 renfe.com
  바르셀로나 산츠역 → 피게레스 빌라판트역
  € €11~65 ⏱ 배차 간격 30~90분, 55분~1시간 소요
- **렌페 로달리에스** 🏠 rodalies.gencat.cat
  바르셀로나 산츠역 or 파세이그 데 그라시아역→피게레스역
  € €12~16 ⏱ 배차 간격 30분~1시간, 1시간 50분~2시간 10분 소요

버스

바르셀로나 북부 버스터미널에서 출발, 지로나를 거쳐 피게레스까지 가는 사갈레스Sagalés 602번 버스가 운행된다. 1일 3편이 운행되며 2시간 40분 정도 걸린다.

- **버스** 🏠 sagales.com
  바르셀로나 → 피게레스 10:45, 14:30, 17:30 / **피게레스 → 바르셀로나** 07:45, 11:35, 14:35
  € €22 ⏱ 2시간 40분 소요

피게레스 여행 방법

20세기 최고의 거장, 살바도르 달리의 고향 피게레스를 가는 이유는 오로지 달리 극장 박물관과 달리 보석 박물관을 보기 위해서다. 바르셀로나에서 렌페 고속 기차를 타면 1시간 정도 걸리는데, 가는 길목에 지로나가 있으니 함께 묶어서 여행하는 것도 좋은 방법이다. 고속 기차역인 피게레스 빌라판트역에서 달리 극장 박물관까지는 도보 20분, 일반 기차역 피게레스역에서는 도보 15분 정도 걸리고, 달리 극장 박물관과 보석 박물관은 서로 붙어 있어서 도시 내에선 모두 도보로 다닐 수 있다. 시간 여유가 있다면, 피게레스의 중심인 람블라 광장 일대도 돌아보자.

피게레스 상세 지도

기상천외한 작품들로 도파민 폭발 ······ ①

달리 극장 박물관 Teatre-Museu Dalí

1961년 스페인 내전으로 폐허가 된 시립극장을 개조해 달리 스스로 자신의 미술관을 만들었다. 단순히 작품을 선시해 두는 공간이 아닌 미술관 자체가 하나의 거대한 작품이라고 할 수 있다. 우선 외관은 옥상 쪽으로 달걀 조형물이 일렬로 세워져 있고 벽에는 빵 모양의 금색 오브제들이 장식되어 멀리서도 한눈에 들어온다. 내부는 환영과 착시를 일으키는 초현실주의 설치물들로 가득해 작품을 보다 보면 머릿속에 수많은 느낌표와 물음표가 떠 오를지도 모른다. 시선에 따라 다양한 모습으로 만나게 되는 그의 작품 속엔 달리만의 기괴함과 자신감, 절대 따라갈 수 없을 것 같은 천재성이 동시에 느껴진다.

🚶 피게레스 기차역에서 도보 15분 📍 Plaça Gala i Salvador Dalí, 5 📞 +34 972 677 500 🕓 1~6월 & 10, 12월 10:30~17:15, 7, 8월 09:00~19:15, 9월 09:30~17:15 ✖ 월요일(7, 8월 제외), 1/1 € 성인 €17 (현장 구입 시 €2 추가, 7, 8월 €21), 학생 & 65세 이상 €14(현장 구입 시 €2 추가, 7, 8월 €16), 가이드 투어 €25(영어, 불어, 카탈란어, 스페인어) 🏠 salvador-dali.org

달리의 보석함 ······ ②

달리 보석 박물관 Dalí-Joies

달리 극장 미술관과 보석 박물관은 동일 건물에 있지만 입구가 달라 각각 관람해야 한다. 미술관 입장권에 보석 박물관 관람이 포함되어 있다. 달리가 디자인한 39개의 보석과 스케치 원본이 함께 전시되어 있다. 보석 디자인에도 달리만의 기발한 상상력과 아이디어가 빠지지 않는다.

피게레스 기차역에서 도보 15분 · Plaça Gala i Salvador Dalí, 5
+34 972 677 505 · 10~6월 10:30~15:00, 7~9월 09:30~18:00
월요일(7~9월 제외) · 달리 극장 미술관 입장권 구입 시 무료관람

달리의 집이 있는 카다케스는 코스타 브라바의 해안 마을 중 하나로 유럽인들에게 휴양지로도 인기가 높다. 피게레스에서 버스로 1시간 정도면 갈 수 있으니 연계해서 다녀올 만하다. 달리가 그의 연인 갈라와 살았던 집은 철저하게 예약제로 운영된다. 카다케스행 버스는 1일 4편가량이라 당일치기로 피게레스와 카다케스를 함께 다녀오려면 시간 계산을 잘하고 움직여야 한다.

버스 홈페이지 sarfa.com

CITY ····⑤

아름다운 중세 도시 여행

지로나 Girona

#왕좌의 게임 #알함브라 궁전의 추억 #중세 도시 #성

미드 〈왕좌의 게임〉, 영화 〈향수〉뿐만 아니라 한국 드라마 〈푸른 바다의 전설〉과 〈알함브라 궁전의 추억〉에도 등장했던 멋스러운 중세 도시가 바로 지로나다. 바르셀로나에서 고속 기차로 1시간도 채 걸리지 않지만, 분위기는 천 년쯤 시간을 거슬러 올라간 듯하다. 성벽으로 둘러싸인 도시, 구시가 중심을 흐르는 강, 오래된 건물들과 운치 있는 골목골목에서 또 다른 스페인의 매력을 느끼게 한다.

지로나 가는 방법

기차

바르셀로나 산츠역에서 고속 기차를 이용하면 40분 이내에 갈 수 있다. 좀 더 저렴하게 가려면 산츠역이나 파세이그 데 그라시아역에서 렌페 로달리에스 R11 노선을 이용하면 되며 1시간 반 정도 걸린다. 지로나역에서 구시가까지는 도보 10분이면 갈 수 있다.

- **렌페** 🏠 renfe.com
  바르셀로나 산츠역 → 지로나역 € €7~40 🕓 배차 간격 20~60분, 40분 소요
- **렌페 로달리에스** 🏠 rodalies.gencat.cat
  바르셀로나 산츠역 or 파세이그 데 그라시아역 → 지로나역
  € €8.4~11.25 🕓 배차 간격 30~60분, 1시간 15분~1시간 32분 소요
  * 예약 시기, 탑승일, 탑승 시간에 따라 요금 차이가 크니 미리 확인 필요

버스

바르셀로나 북부 버스터미널에서 지로나행 사갈레스 버스를 타면 지로나까지 1시간 반 정도 걸리며 이 버스는 피게레스까지 간다. 운행 시간은 수시로 달라질 수 있으니 미리 홈페이지를 통해 확인하는 것이 좋다. 지로나 버스터미널은 따로 없고 기차역 앞에 승강장만 마련되어 있다.

- **버스** 🏠 sagales.com
  바르셀로나 → 지로나 10:45, 14:30, 17:30 / **지로나 → 바르셀로나** 08:45, 12:30, 15:30
  € €16 🕓 1시간 50분 소요

지로나 여행 방법

바르셀로나에서 피게레스 가는 길목에 위치한 지로나. 바르셀로나에서 불과 40분 만에 로마에서 이어지는 무역로를 따라 세워진, 부유했던 중세 시대로 거슬러 올라갈 수 있다. 다른 근교 여행지 대비 볼거리가 많고 유명한 영화나 드라마 촬영지도 곳곳에 있어서 최소 5~6시간 정도는 잡고 움직이는 게 좋다. 도보로 다니기에 살짝 애매한 거리도 있지만, 대중교통을 이용하는 것과 소요 시간은 별반 차이가 없다. 편한 신발을 착용을 추천한다.

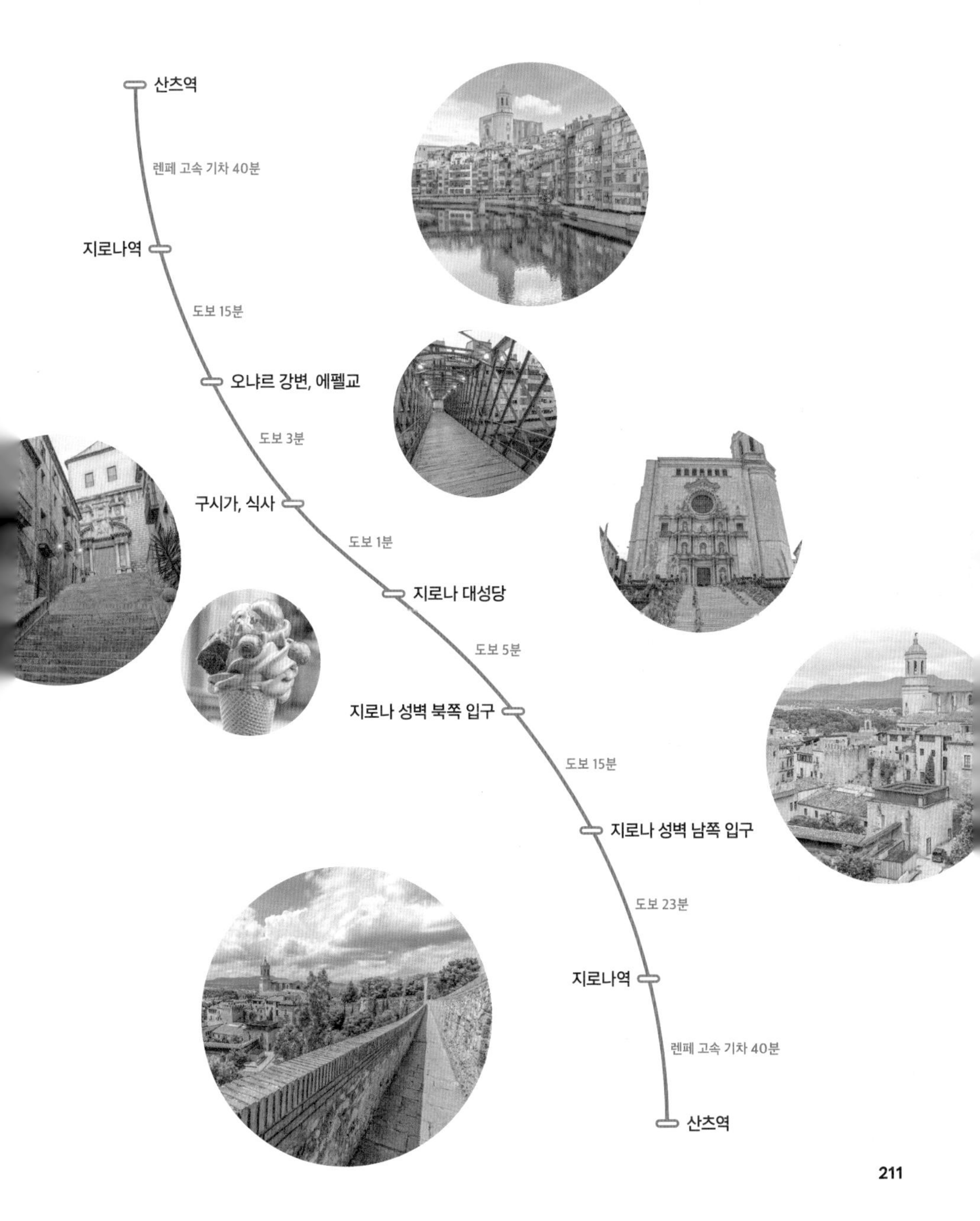

스페인의 피렌체, 빨간색 에펠교가 포인트 ······ ①

오냐르 강변 Riu Onyar

굽이진 오냐르강을 따라 알록달록한 건물들이 늘어선 모습이 어딘가 모르게 피렌체의 아르노 강변을 떠올리게 해서 '스페인의 피렌체'라고도 불린다. 강을 따라 여러 개의 다리가 있는데 그중 가장 유명한 것이 빨간색 철제 다리 에펠교Pont de les Peixateries Velles다. 구스타프 에펠이 파리의 에펠탑을 짓기 전에 완성한 작품인데 덩달아 명성을 얻었다. 석재 다리인 페드라교에선 아름다운 지로나의 강변을 배경으로 인생 사진을 남기기 좋다.

🚶 지로나 기차역에서 도보 10분

많은 영화와
드라마 속 배경 ······②

지로나 대성당

Catedral de Girona

미드 〈왕좌의 게임〉을 본 사람들이라면 지로나 대성당을 보면 '여기였구나!' 싶을 것이다. 대성당은 로마네스크에 고딕, 바로크 양식까지 더해져 17세기에 현재의 모습으로 완성되었다. 86개의 계단 끝에 우뚝 자리 잡고 있어 올라가는 내내 성당의 정면 파사드를 우러러 쳐다보게 된다. 입구에서 바라보는 풍경도 상당히 멋스럽다. 내부 천장의 천지창조 태피스트리는 다른 대성당에서 볼 수 없는 특별한 볼거리를 제공한다.

지로나 카탈루냐 광장에서 도보 14분 · Pl. de la Catedral, s/n · +34 972 427 189 · 월~토요일 13:00~15:30, 19:30~22:30 · 일요일 · 지로나 대성당 & 산 펠리우 성당 성인 7.5€, 학생 5€, 7~16세 1.5€ · catedraldegirona.cat

지로나 꽃 축제 Temps de Flors

1954년 꽃장식 콘테스트로 시작된 작은 행사는 매년 규모가 커져 1995년 'Temps de Flors'라는 공식적인 축제의 명칭까지 얻게 된다. 지금은 세계적인 축제로 거듭나 매년 5월에 일주일간 진행되며 대성당 내부를 비롯한 도시 곳곳에서 화려한 꽃장식들을 만날 수 있다. 많은 지역 예술가도 축제에 적극 참여하고 있다.

웅장한 중세 도시를 감싸고 있는 ③

지로나 성벽 Muralles de Girona

기원전 1세기에 처음 세워진 구시가를 둘러싸고 있는 성벽이다. 지로나는 과거 로마에서 이어지는 무역로를 따라 지어진 도시 중 하나로 막강한 권력과 부를 누린 곳이었기에 16세기까지 성벽은 더욱 견고해졌다. 하지만 지금의 성벽은 군사적 목적이 사라진 후 없앴다 다시 복원한 것이다. 성벽을 따라 걷다 보면 중세 도시의 웅장함에 빠지게 될 것이다.

대성당에서 도보 15분
Carrer dels Alemanys, 20

취향대로 토핑 추가, 포토제닉한 수제 아이스크림 ①

로캄볼레스크 Rocambolesc Gelateria

스페인 미쉐린 레스토랑 중에서도 명성이 높은 지로나의 긴 로기El Celler de Can Roca는 세 명의 형제 셰프가 운영한다. 로캄볼레스크는 디저트 담당인 막내, 조르디 로카가 오픈한 아이스크림 전문점이다. 아이스크림 자체도 맛있지만, 토핑 종류도 다양하고 유니크한 모양의 스틱 타입도 있어 눈과 입이 모두 즐겁다. 사탕 전문점Confiteria과 스페인식 샌드위치 비키니 전문점Bikineria도 나란히 운영 중이다. 바르셀로나, 마드리드, 발렌시아에도 지점이 있다.

에펠교에서 도보 1분 Pl. de la Catedral, s/n +34 972 416 667 일~목요일 10:30~22:00, 금, 토요일 10:30~23:00
콘 €3.8, 콘 & 토핑 €4.7, 컵 스몰 사이즈 €3.5, 컵 & 토핑 €5.7 rocambolesc.co

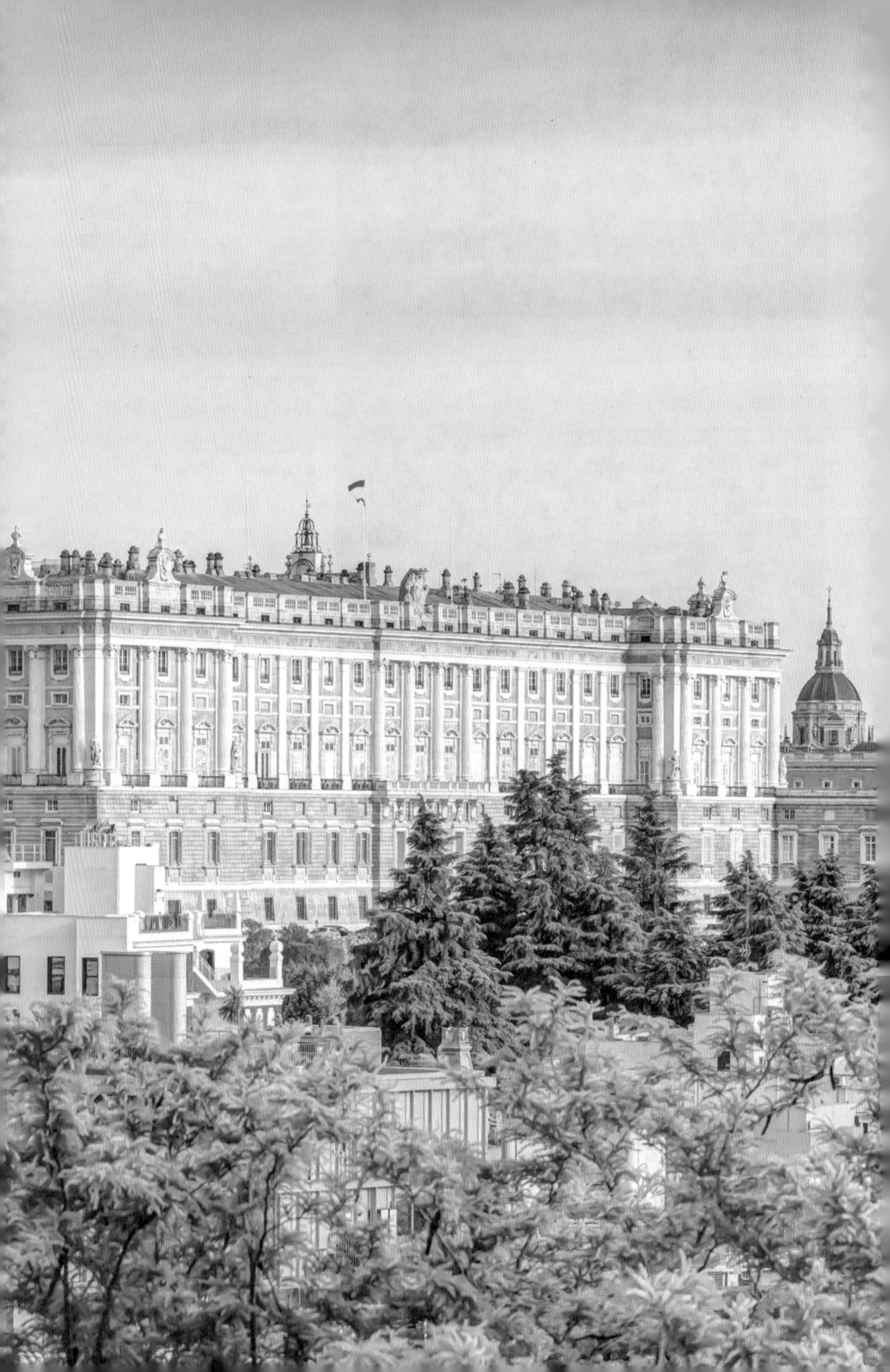

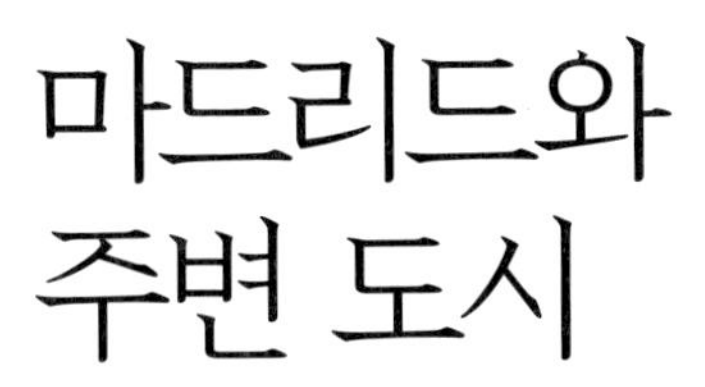

마드리드와 주변 도시

스페인의 수도이자 활력 넘치는 도시 마드리드는 오랜 역사와 문화가 살아 숨 쉬는 스페인의 대표 도시다. 화려한 건축물, 세계적인 미술관, 다양한 레스토랑과 바 그리고 열정적인 축구 문화까지, 마드리드는 사시사철 언제나 활기로 가득차 있다. 하지만, 마드리드 여행만으로는 스페인의 매력을 제대로 느끼기 어려운 법. 마드리드의 현대적인 분위기와 주변 도시들의 역사적인 분위기를 함께 경험한다면 여행의 풍미를 더할 수 있다.

살아있는 중세 도시 박물관 톨레도, 로마 시대에 건설된 수도교와 백설공주 성의 모델로 알려진 알카사르가 있는 세고비아, 웅장한 성벽과 깊은 계곡 사이에 자리 잡은 독특한 풍경이 인상적인 쿠엥카까지 중세 도시의 정취를 흠뻑 만끽해보자.

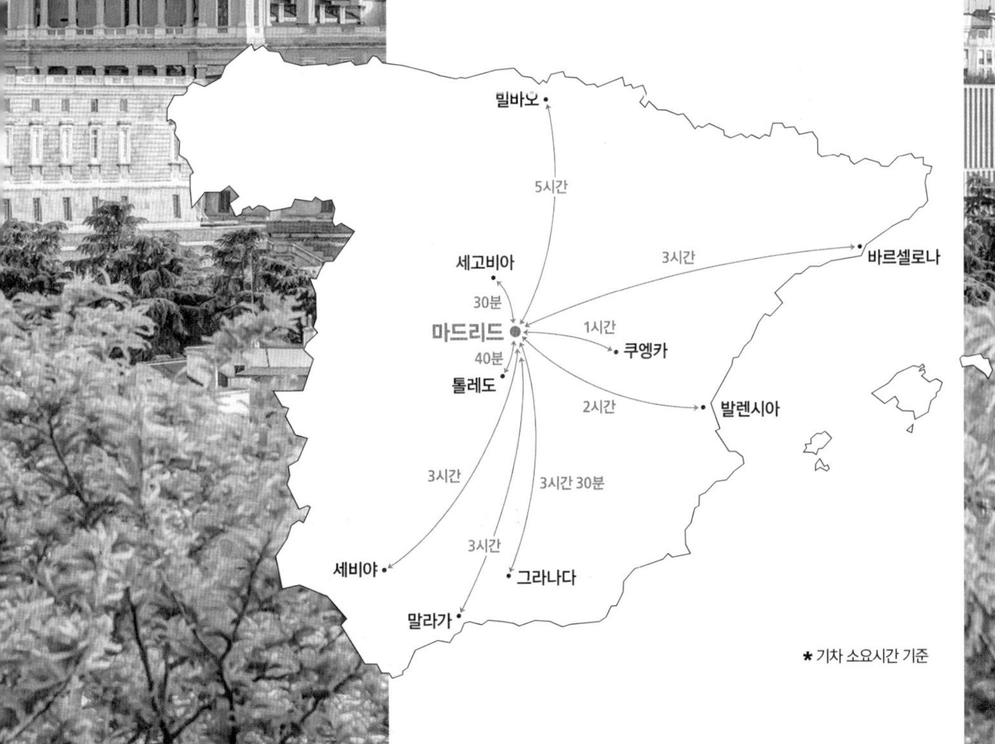

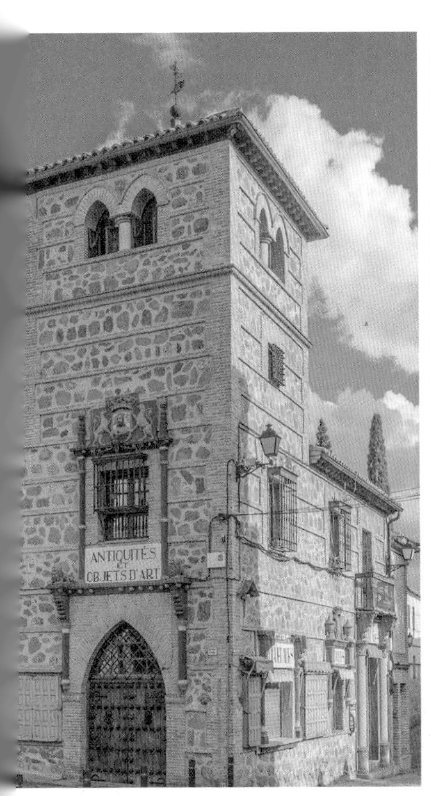
ANTIQUITÉS
ET
OBJETS D'ART

CITY ····①

스페인의 수도이자 문화 예술의 중심지

마드리드 Madrid

#스페인 수도 #프라도 미술관 #바르 #마드리드 왕궁 #알무데나 대성당

1561년부터 스페인의 수도로 정치, 경제, 문화의 중심인 마드리드. 웅장하고 아름다운 건축물과 세계적으로도 손꼽히는 미술관들이 도시의 품격을 높이고, 바르(Bar)가 세계에서 가장 많은 도시답게 골목마다 자리한 오래된 선술집들이 여행자들의 흥을 돋운다. 매일 밤 만나는 아름다운 선셋은 도시를 더욱 낭만적으로 만든다.

마드리드 가는 방법

대한항공이 인천 국제공항에서 마드리드 국제공항까지 주 4회 직항편을 운항하는데, 시즌에 따라 운행 횟수와 시간이 조금씩 달라진다. 12시 10분에 인천에서 출발해 오후 7시 30분에 마드리드에 도착하며, 약 15시간이 소요된다. 루프트한자, KLM, 알리탈리아, 에어프랑스 등의 외항사 경유 편도 다양한데, 직항 노선에 비해 가격이 저렴해 이를 이용하는 사람들도 많다.

항공사	출발시간	도착시간	소요 시간
대한항공	화, 목, 토, 일 12:10	19:30	15시간 20분

공항에서 시내로 가는 방법

마드리드 국제공항은 시내 중심에서 13km 정도 떨어져 있으며 4개의 터미널로 규모가 큰 편이다. 제1~3 터미널은 서로 도보 이동이 가능하며 제4 터미널은 무료 셔틀버스로 10분 정도 걸린다. 터미널마다 주요 이용 항공사와 시내로 연결되는 교통편이 다르니 미리 탑승 터미널을 확인해 둘 필요가 있다. 대한항공, 라이언에어, 이지젯은 제1 터미널, 부엘링, 이베리아항공 등은 제4 터미널을 사용한다. 단 변동 가능성이 있으니 탑승 터미널을 미리 확인할 것!

터미널별 주요 이용 항공사

- **T1** 대한항공, 이지젯, 라이언에어, 터키항공
- **T2** 에어프랑스, KLM, LOT, 루프트한자, 스위스항공
- **T4(T4S)** 이베리아, 부엘링, 핀에어, 에미레이트항공, 에티하드, 라탐항공

공항버스 Express Bus

제1, 2, 4 터미널에서 시내까지 공항버스를 이용할 수 있다. 제4 터미널에서 출발해 제2, 제1 터미널을 거쳐 시벨레스 광장, 아토차역까지 운행하며 소요 시간은 30~40분 정도다. 24시간 운행한다는 장점이 있으나 자정 이후부터 새벽까진 시벨레스 광장까지만 오갈 수 있다. 요금은 버스에서 직접 현금으로 내거나 비접촉식 카드로 결제할 수 있다. 지폐는 €20까지만 거스름돈을 내어준다.

€5 운행 시간 esmadrid.com/en/airport-express

노선	운행 시간	배차 간격	특이 사항
공항 → 시벨레스 광장 → 아토차역	06:00~23:30	1시간에 2~4회	23:50~다음 날 05:40은 시벨레스 광장까지만 운행
아토차역 → 시벨레스 광장 → 공항	06:00~23:30	1시간에 2~4회	

기차 Renfe Cercanias

제4 터미널 지하 1층의 아에로포르트역 T4역에서 마드리드 근교를 운행하는 렌페 세르카니아스 C1 노선을 이용하면 더욱 빠르고 저렴하게 시내까지 갈 수 있다. 편도 요금 €3.10이며 소요 시간은 30분 정도다. 다른 터미널에서는 정차하지 않으니 무료 셔틀버스를 이용해 제4 터미널로 이동해 탑승해야 한다.

€3.1 아에로포르트역 T4역 지하 1층 공항 출발 기준 06:02~다음 날 00:01, 아토차역 출발 기준 05:15~23:19/ 15~30분 간격 운행 renfe.com/viajeros/cercanias/madrid

메트로 Metro

공항 제2 터미널(Airport T1 T2-T3역), 제4 터미널(Airport T4역)에서 연결된 메트로 8호선을 탑승하면 된다. 하지만 시내 중심인 솔 광장까지 2회 환승을 해야 하므로 큰 짐을 갖고 이동하기엔 힘들 수 있다. 솔 광장까지는 약 40분 소요된다. 마드리드에서 메트로를 이용 시 멀티 카드가 필요한데, 5회 이상 탈 예정이라면 10회권을 구매하는 것이 경제적이다. 자동판매기에서 10회권 €6.1, 멀티 카드 비용 €2.5, 거기에 공항 추가 요금 €3 옵션을 더해 구매하면 된다.

1회권 €5/ 10회권 €6.1+공항 구간 추가 €3(멀티 카드 구매비 €2.5 별도) 아에로포르트역 T4역 지하 1층 공항 출발 기준 06:00~다음 날 01:30 metromadrid.es

택시 Taxi

마드리드에서 시내 중심까지는 고정 요금(€33)으로 운행하고 있으며, 수하물 요금이 따로 부과되지 않는다. 30~40분가량 소요되는데, 교통이 혼잡한 시간대는 피하는 것이 좋다. 각 터미널 앞에서 상시 대기 중이라 편하게 이용할 수 있다.

다른 도시에서 마드리드 가는 방법

항공

라이언에어. 부엘링, 이베리아항공 등 저가 항공사가 스페인 국내외 노선들을 운항한다. 대부분의 스페인 도시에선 1시간 이내로 충분히 갈 수 있다. 일찍 예약하면 기차보다 더 저렴하고 소요 시간도 짧아서 유럽 내 이동 시 많이 이용한다.

기차

마드리드엔 2개의 기차역이 있는데 한국 여행자들이 많이 이용하는 노선은 대부분 메인 역인 아토차Atocha에서 발착한다. 바르셀로나, 세비야, 말라가, 발렌시아 등의 국내선 외 프랑스 남부로 가는 국제선들이 있다. 기차역에 메트로, 렌페 세르카니아스역이 연결되어 있으며 솔Sol역에서 아토차역까지 메트로를 타고 6분이면 갈 수 있다. 기차 역시 예약하면 더욱 저렴하다.

버스

스페인의 수도답게 마드리드를 오고 가는 시외버스 노선이 상당히 많다. 버스터미널도 4곳이나 되고 노선에 따라 사용하는 터미널이 다르니 마드리드에서 버스로 이동할 경우 터미널을 꼭 확인해 보고 움직여야 한다. 가장 규모가 큰 곳은 세비야, 그라나다, 말라가 등으로 가는 노선이 운행되는 남부 터미널이다.

마드리드 버스터미널	주요 목적지	연결 메트로
남부 버스터미널 Estacion Sur	그라나다, 코르도바, 쿠엥카, 세비야, 말라가	메트로 6호선 멘데스 알바로Méndez Álvaro역
플라사 엘립티카 버스터미널 Intercambiador de Plaza Elíptica	톨레도	메트로 6,11호선 플라사 엘립티카Plaza Elíptica역
몽클로아 버스터미널 Intercambiador de Moncloa	세고비아	메트로 3,6호선 몽클로아Moncloa역
아메리카 대로 버스터미널 Intercambiador de Avenida de América	바르셀로나, 빌바오, 산세바스티안	메트로 4,6,7,9호선 아베니다 데 아메리카Avenida de América역

마드리드 대중교통

마드리드는 메트로, 버스, 트램 등이 도시 곳곳을 연결하고 있다. 트램은 외곽 지역을 연결하고 버스는 노선이 복잡하므로 메트로를 이용하는 것이 여행자에겐 가장 편리하다. 대부분의 볼거리는 도보로 이동할 수 있어서 대중교통을 이용할 일이 많지 않다.

메트로 Metro

마드리드의 메트로는 13개 노선이 운행 중이며 공항, 버스 터미널, 기차역을 비롯한 도시 전체를 촘촘하게 연결한다. 구간에 따라 다른 요금이 적용되는데, 여행자들이 찾는 대부분의 장소는 기본요금(€1.5)이 적용되는 A구역에 해당된다. 멀티 카드를 구매해 1회권, 10회권으로 충천해 사용하면 되는 데 버스에서도 이용할 수 있다. 단, 메트로와 버스는 환승이 적용되지 않지만, 여럿이 함께 사용할 수 있다는 것은 장점이다.

€ 1회권 €1.5~2, 10회권 €6.1(멀티 카드 구입 시 €2.5 별도, 2024년 12월 말까지 10회권 50% 할인 판매) 🏠 metromadrid.es

시내버스 Bus

마드리드 시내버스는 노선이 많고 복잡해 여행자들이 이용하기에 쉽지 않다. 버스 승차 후 기사에게 직접 요금을 내도 되고 멀티 카드로도 탑승할 수 있다. 최근엔 트래블로그, 트래블월렛 등 비접촉식 카드를 태그해도 돼서 더욱 편리하다. 버스에서만 사용할 수 있는 전용 카드도 있지만 여행자에겐 큰 메리트가 없다. 23:30 이후엔 나이트 버스가 다양한 노선으로 운행되어 나이트 라이프도 충분히 즐길 수 있다.

€ 1회권 €1.5(멀티 카드 사용 가능, 비접촉식 카드 현장 결제 가능)

렌페 세르카니아스 Renfe Cercanías

마드리드 근교를 오가는 기차인 렌페 세르카니아스는 공항은 물론 아란후에스, 엘 에스코리알 등을 연결한다. 메트로 역과 연결되어 있어 접근성도 좋지만, 멀티 카드를 사용할 수 없어 탑승 시 승차권을 따로 구매해야 한다. 탑승 구간 수에 따라 요금이 달라지는데 €1.7~5.5 선이다.

€ 1, 2구역 €1.7, 3구역 €1.85, 4구역 €2.6, 5구역 €3.4, 6구역 €4.05, 7구역 €5.5
🏠 renfe.com/es/es/cercanias/cercanias-madrid

택시 Taxi

마드리드의 하얀색 택시는 곳곳에서 눈에 잘 띈다. 15,000대가 넘는 택시가 있어 택시를 잡는 것이 어렵지 않아 어디서든 쉽게 이용할 수 있다. 요금은 미터기로 계산하며 탑승 시간에 따라 요금이 달라진다. 기차역이나 버스 터미널에서 탑승 시 추가 요금(€7.5)이 붙는다. 공항의 경우 고정 금액(€33)으로 이용할 수 있어서 2인 이상이라면 택시를 이용하는 것도 꽤 합리적이다.

택시 기본 요금

운임 조건	운행 시간	기본 요금	기본 요금
Tarifa 1	월~금요일 06:00~21:00	€2.5	€2.5
Tarifa 2	토, 일 및 공휴일 & 평일 기타 시간	€3.15	€3.15

* **택시 앱** Free Now, Cabify 이용 가능

마드리드 메트로 노선도

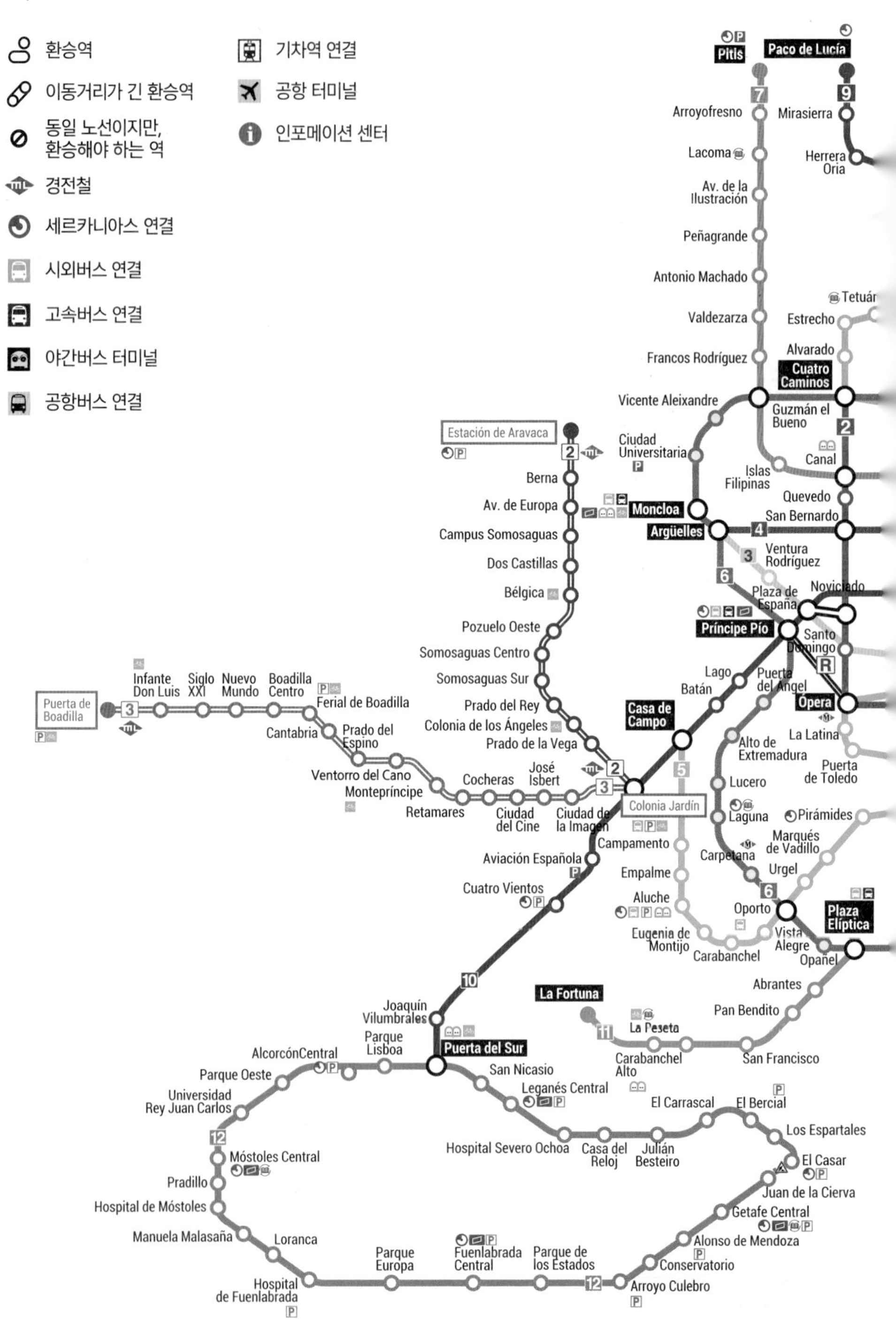

환승역
이동거리가 긴 환승역
동일 노선이지만, 환승해야 하는 역
경전철
세르카니아스 연결
시외버스 연결
고속버스 연결
야간버스 터미널
공항버스 연결
기차역 연결
공항 터미널
인포메이션 센터
Pitis
Paco de Lucía
Arroyofresno
Mirasierra
Lacoma
Herrera Oria
Av. de la Ilustración
Peñagrande
Antonio Machado
Valdezarza
Tetuán
Estrecho
Francos Rodríguez
Alvarado
Cuatro Caminos
Vicente Aleixandre
Guzmán el Bueno
Estación de Aravaca
Ciudad Universitaria
Canal
Islas Filipinas
Berna
Quevedo
Av. de Europa
Moncloa
San Bernardo
Campus Somosaguas
Argüelles
Ventura Rodríguez
Dos Castillas
Noviciado
Bélgica
Plaza de España
Príncipe Pío
Pozuelo Oeste
Santo Domingo
Somosaguas Centro
Somosaguas Sur
Lago
Batán
Puerta del Ángel
Infante Don Luis
Siglo XXI
Nuevo Mundo
Boadilla Centro
Puerta de Boadilla
Ferial de Boadilla
Prado del Rey
Casa de Campo
Ópera
Cantabria
Prado del Espino
Colonia de los Ángeles
Prado de la Vega
Alto de Extremadura
La Latina
Ventorro del Cano
José Isbert
Montepríncipe
Cocheras
Puerta de Toledo
Lucero
Retamares
Ciudad del Cine
Ciudad de la Imagen
Colonia Jardín
Laguna
Pirámides
Campamento
Marqués de Vadillo
Aviación Española
Carpetana
Empalme
Urgel
Cuatro Vientos
Aluche
Oporto
Plaza Elíptica
Eugenia de Montijo
Vista Alegre
Carabanchel
Opañel
Abrantes
La Fortuna
Pan Bendito
Joaquín Vilumbrales
La Peseta
Parque Lisboa
Puerta del Sur
Carabanchel Alto
San Francisco
AlcorcónCentral
San Nicasio
Parque Oeste
Leganés Central
El Carrascal
El Bercial
Universidad Rey Juan Carlos
Los Espartales
Hospital Severo Ochoa
Casa del Reloj
Julián Besteiro
El Casar
Móstoles Central
Pradillo
Juan de la Cierva
Hospital de Móstoles
Getafe Central
Manuela Malasaña
Loranca
Alonso de Mendoza
Parque Europa
Fuenlabrada Central
Parque de los Estados
Conservatorio
Hospital de Fuenlabrada
Arroyo Culebro

Las Tablas
La Granja
La Moraleja
10
Monte carmelo
Ronda de la Comunicación
1
Palas de Rey
María Tudor
Blasco Ibáñez
Tres Olivos
Álvarez de Villaamil
Antonio Saura
Virgen del Cortijo
Fuencarral
Fuente de la Mora
Begoña
1
Manoteras
Aeropuerto T4
8
Barajas
Aeropuerto T1-T2-T3
Chamartín
Bambú
1
4
Pinar de Chamartín
Hortaleza
Parque de Santa María
San Lorenzo
Mar de Cristal
Barrio del Pilar
Ventilla
Valdeacederas
Duque de Pastrana
Plaza de Castilla
Pío XII
Pinar del Rey
Feria de Madrid
Colombia
Canillas
Esperanza
Cuzco
Santiago Bernabéu
8
Nuevos Ministerios
Concha Espina
Arturo Soria
Alameda de Osuna
5
El Capricho
Av. de la Paz
República Argentina
Cruz del Rayo
Ríos Rosas
Alfonso XIII
Canillejas
Prosperidad
Torre Arias
Alonso Cano
Gregorio Marañón
Cartagena
Parque de las Avenidas
Barrio de la Concepción
Suanzes
Iglesia
Av. de América
Diego de León
El Carmen
Ciudad Lineal
Ventas
Bilbao
Pueblo Nuevo
Rubén Darío
Núñez de Balboa
Lista
Quintana
Estadio Metropolitano
San Blas
Ascao
Manuel Becerra
García Noblejas
Alonso Martínez
Serrano
Tribunal
La Elipa
Simancas
Las Musas
Barrio del Puerto
Coslada Central
Colón
Velázquez
Goya
6
Chueca
La Almudena
Príncipe de Vergara
Av. de Guadalajara
Gran Vía
Retiro
2
La Rambla
San Fernando
Las Rosas
Ibiza
O'Donnell
Alsacia
Banco de España
Callao
Sevilla
Jarama
Henares
Sol
Tirso de Molina
Sainz de Baranda
7
Antón Martín
Estrella
Hospital del Henares
Lavapiés
Estación del Arte
Vinateros
Acacias
Embajadores
Atocha
Artilleros
Conde de Casal
Palos de la Frontera
Menéndez Pelayo
Pavones
Valdebernardo
Pacífico
Delicias
Puente de Vallecas
Vicálvaro
Méndez Álvaro
Nueva Numancia
San Cipriano
Portazgo
Arganzuela-Planetario
Usera
Legazpi
Buenos Aires
Puerta de Arganda
Rivas-Urbanizaciones
Alto del Arenal
Almendrales
Miguel Hernández
Rivas Futura
Hospital 12 de Octubre
Sierra de Guadalupe
Rivas Vaciamadrid
San Fermín-Orcasur
Villa de Vallecas
La Poveda
Ciudad de los Ángeles
Congosto
9
Arganda del Rey
La Gavia
Villaverde Bajo-Cruce
Las Suertes
1
San Cristóbal
Valdecarros
Villaverde Alto

마드리드 교통 패스

마드리드는 메트로와 트램을 제외하고 교통편마다 회사가 달라 승차권을 일일이 구매해야 하는 번거로움이 있다. 메트로를 1회만 탑승하더라도 멀티 카드(€2.5)를 구매해야 하고 교통 간 환승 서비스도 없어서 다른 지역에 비해 교통비 부담이 크다. 여행자들이 이용할 수 있는 교통 패스, 멀티 카드, 투어리스트 트래블 패스를 비교해 보고 본인에게 맞는 것을 구매하는 것이 좋다.

멀티 카드 Tarjeta Multi

메트로 탑승 시 무조건 구매해야 하는 카드다. 구매 후 1회권, 10회권으로 충전해 사용할 수 있다. 10회권의 경우 여러 명이 함께 사용할 수 있다. 메트로를 이용해 공항까지 갈 경우 €3을 추가 충전해야 하는데 충전 당일에만 적용된다는 점을 유의하자. 1회권의 경우 같은 존이라도 출, 도착지에 따라 요금이 달라 매번 충천하는 게 번거로운 편이다. 멀티 카드는 버스에서도 이용 가능하나 메트로와 버스 간 환승은 할 수 없다.

€ €2.5 (다인 사용 가능) • 충전 금액: 1회권 €1.5~2, 10회권 €12.2, 공항 €3 추가(2024년 12월 말까지 10회권 50% 할인) metromadrid.es

투어리스트 트래블 패스 Tourist Travel Pass

메트로, 버스, 렌페 세르카니아스를 유효 기간 동안 무제한 이용할 수 있는 패스로 기간이 만료된 후엔 멀티 카드로 사용할 수 있다. 공항에서 시내 구간의 메트로도 추가 요금 없이 탑승할 수 있다. 패스는 Zona A, Zona T 2종류가 있는데 마드리드 시내 위주로 여행할 예정이라면 A구역 내에서 자유롭게 이용할 수 있는 Zona A만 구입해도 충분히 커버가 된다. Zona T의 경우 공항, 아란후에스, 엘 에스코리알 등을 오가는 렌페 세르카니아스, 톨레도행 시외버스까지 이용할 수 있어 일정 내 근교 여행까지 계획하는 여행자에게 적합하다. 메트로 역내 자동판매기에서 구매할 수 있다.

	Zona A			Zona T		
가격	1일권	2일권	3일권	1일권	2일권	3일권
	€10	€17	€22.5	€15	€25.5	€34
	4일권	5일권	7일권	4일권	5일권	7일권
	€27	€32.5	€42	€42	€49	€61
이용 범위	마드리드 공항 ↔ 시내 메트로 이용 가능					
	Zone A 구역 내 메트로, 시내버스			메트로, 시내버스, 시외버스 모두 (톨레도행 버스 포함)		
	Zone A 구역 내 렌페 세르카니아스			렌페 세르카니아스 전 구간 (공항, 아란후에스, 엘 에스코리알 등)		
판매처	메트로, 세르카니아스역 자동 판매기, 키오스크 및 공인 판매점					

마드리드에서 교통비 아끼는 방법

2024년도까지 멀티 카드 10회권을 50% 할인된 금액으로 이용할 수 있어 마드리드 교통비가 저렴하게 느껴지지만, 할인이 종료된 후엔 만만치 않은 금액이다. 하지만 무료로 이용할 수 있는 001번, 002번 버스가 있으니 잘 활용해 보자. 특히 아토차역부터 몽클로아역까지 운행하는 001번은 프라도 미술관, 시벨레스 광장, 그란 비아 거리, 에스파냐 광장을 거쳐 가기 때문에 여행자들에게 최적이다. 탑승 후 기사에게 인원수를 말하면 무료 티켓을 받을 수 있다.

	운행 구간	운행 시간	배차 간격
001번	아토차Atocha ↔ 몽클로아Moncloa	07:00~23:00	월~금요일 7~11분, 토~일요일 10~20분
002번	푸에르타 데 톨레도Puerto de Toledo ↔ 아르구엘레스Argüelles	08:00~20:45	월~금요일 11~15분, 토~일요일 16~21분

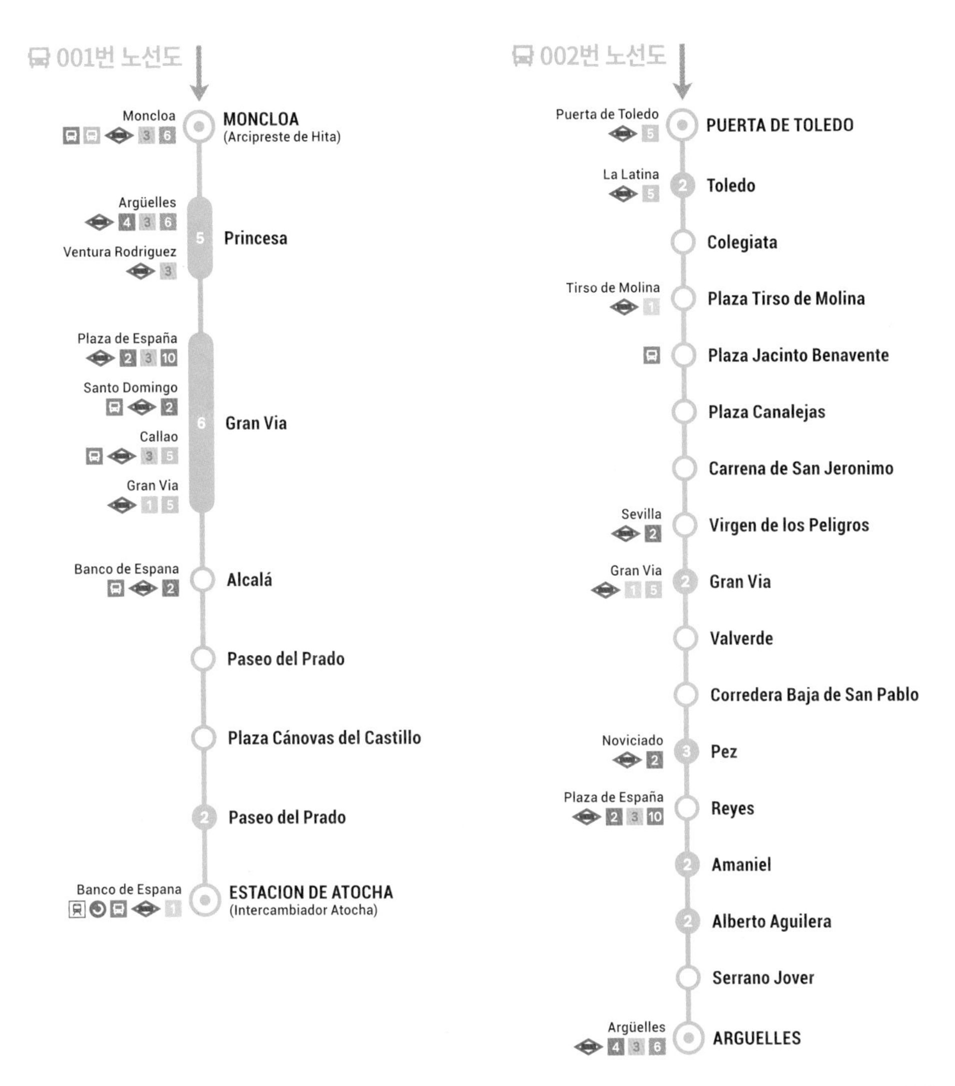

마드리드 여행 방법

바르셀로나가 워낙 강력한 인기 여행지라 마드리드는 상대적으로 인기가 덜한 편이다. 미술관을 제외하면 딱 떠오르는 관광지가 없어서 톨레도, 세고비아 등의 근교 도시를 들르기 위한 거점 도시로써의 역할이 크다. 하지만 스페인 수도답게 도시는 아름답고 우아한 건축물들이 가득하고, 살짝 골목으로 들어가면 현지인들의 소소한 일상과 복작복작한 선술집 같은 바르들이 모여 있어 색다른 즐거움을 느낄 수 있다. 숙소는 교통, 여행의 중심이 되는 솔 광장 일대를 추천한다.

1일차

마드리드 여행의 처음과 끝, 솔 광장 주변

도시 규모에 비해 여행자가 갈만한 곳들은 솔 광장을 중심으로 모여 있어서 웬만한 곳들은 모두 도보로 다닐 수 있다. 1일차 스폿들은 순서를 변경해도 상관없으니 야경에 진심이라면 스페인 광장, 데보드 신전은 일몰 무렵에, 쇼핑과 트렌드에 진심이라면 빈티지 거리 트리부날 일대를 꼭 들러보자.

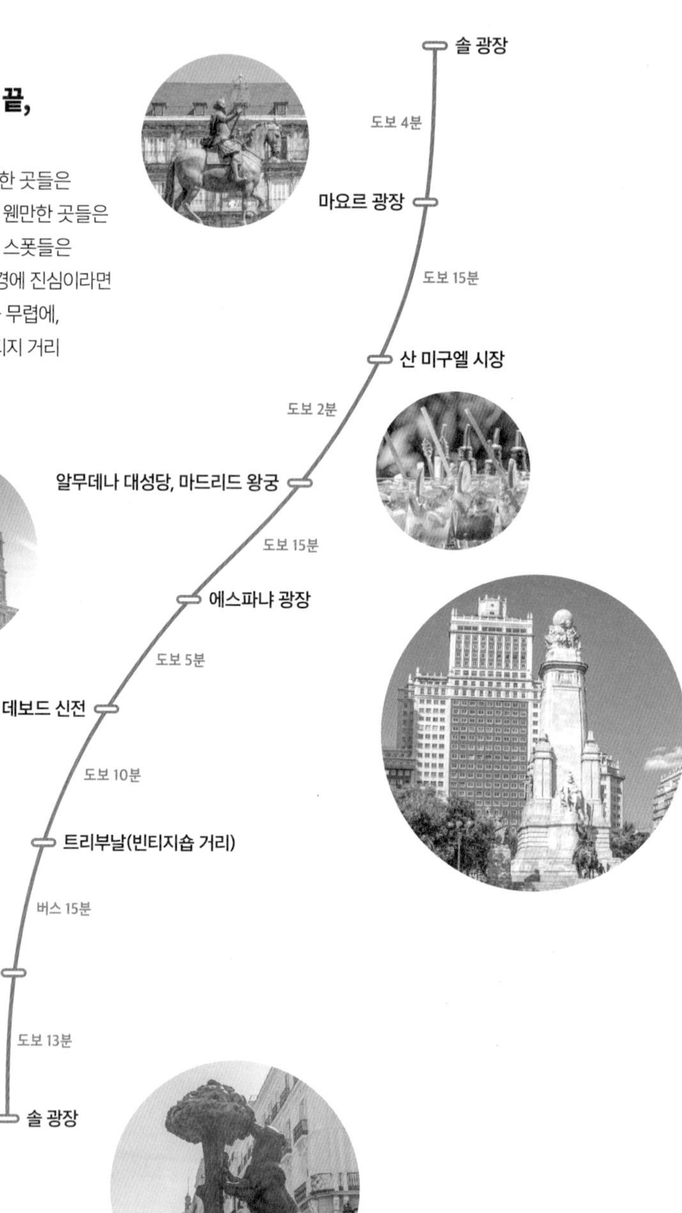

2일차

마드리드 미술관 투어

세계 3대 미술관 중 하나인 프라도 미술관 하나만으로도 엄청난데 좌측에 레이나 소피아 미술관, 우측에 티센 보르네미사 미술관까지 떡 하니 있으니 예술에 관심 있는 분이라면 세 곳 모두 포기하기 힘들다. 워낙 방대한 소장품이 있어서 하루에 돌아보긴 힘드니 너무 욕심 내지 말고 선택과 집중을 하는 것도 괜찮다. 중간에 레티로 공원에서 산책도 하고 잠시 머리를 식히는 것도 적극 추천한다. 프라도 미술관, 레이나 소피아 미술관은 종료 전 2시간 동안 무료입장이 되니 주요 작품만 돌아보고 싶다면 오후 일정으로 잡아 하루씩 나눠서 보면 된다.

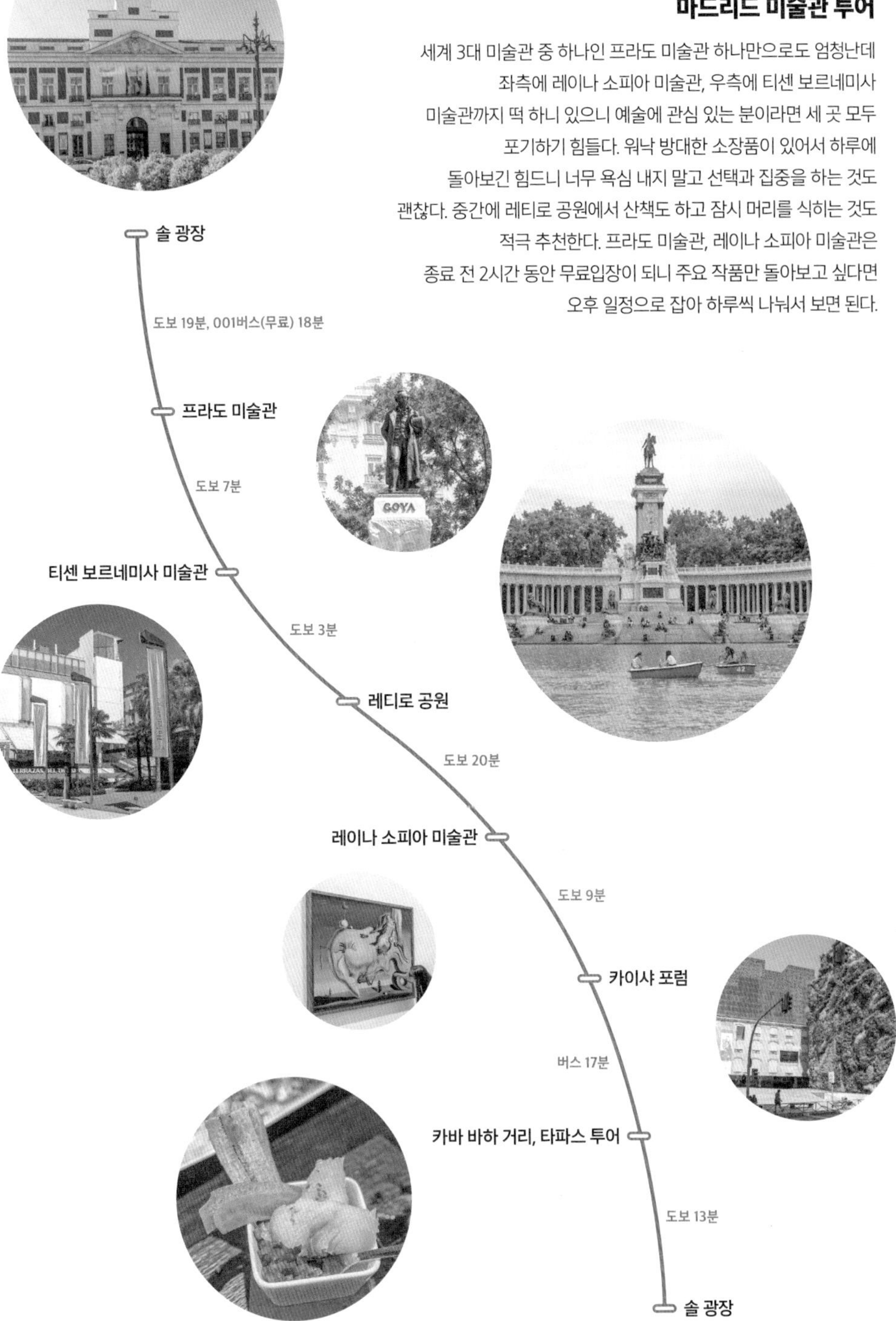

AREA ···· ①

솔 광장 주변
Plaza de la Puerta del Sol

마드리드 여행의 시작과 끝은 솔 광장을 중심으로 이뤄진다. 여러 개의 광장과 상점가가 이어지고 구석구석 숨겨진 맛집과 다양한 옵션의 숙소들이 자리한다. 관광, 쇼핑, 맛집까지 여행자들이 원하는 모든 것을 한 번에 해결할 수 있다. 대부분 도보로 이동할 수 있다는 것도 장점이다.

추천 코스

솔 광장 P.234
도보 5분
마요르 광장 P.235
도보 7분
알무데나 대성당 P.235
도보 3분
마드리드 왕궁 P.236
도보 11분
에스파냐 광장 P.236
도보 10분
데보드 신전 P.237

솔 광장 주변 상세 지도

06 데보드 신전
시추안 키친 12
11 소룡
Plaza de España
에스파냐 광장 05
06 말피카
Santo Domingo
Noviciado
Callao
사바티니 정원
라 탈리아텔레 10
무! 05
펠리페 4세 동상
왕립극장
Opera
04 마드리드 왕궁
야오야오 15
쇼콜라테리아 1902 14
엘 코르테 잉글레스 02
솔 광장 쇼핑 거리 01
산 히네스 13
솔 광장 01
무세오 델 하몽 08
Sol(메트로)
Sol(세르카니아스)
Sol(버스터미널)
03 알무데나 대성당
산 미구엘 시장 03
02 마요르 광장
메손 델 참피뇬 04
07 라 캄파나
마타도르 09
01 보틴
02 로스 우에보스 데 루치오
03 라미악 카바 바하
Tirso de Molina
La Latina
엘 라스트로 벼룩시장 04
07 톨레도 다리
N
W
E
S
0
200m
C. de Ferraz
Pl. de España
C. de Amaniel
C. de San Bernardo
Cta. de San Vicente
Corre. Baja de San Pablo
Gran Via
C. de Jacometrezo
C. de Preciados
C. de Arrieta
C. del Carmen
C. de Tetuán
C. del Arenal
C. de Bailén
C. de Esparteros
Cava de San Miguel
C. de Toledo
C. Imperial
Pl. del Angel
C. de la Cava Baja
Costanilla de San Pedro
C/ de la Ribera de Curtidores

마드리드 여행을 하면서
제일 많이 들르게 되는 곳 ······①

솔 광장 Plaza de la Puerta del Sol

'태양의 문'이란 의미의 솔 광장은 언제나 많은 사람으로 붐비는 마드리드를 대표하는 광장이다. 스페인 각지로 이어지는 9개의 도로가 시작되는 곳으로 붉은 벽돌 건물, 카사 데 코레오스 앞 바닥에 'Km.0'이 새겨진 석판이 있다. 광장 한편에는 나무에서 딸기 열매를 따 먹는 곰 동상이 있는데 발뒤꿈치와 꼬리를 만지며 소원을 비는 사람들이 많아 그 부분만 노랗게 변해있다. 프레시아도스 거리, 아레날 거리, 카르멘 거리까지 마드리드를 대표하는 쇼핑 거리가 솔 광장으로부터 이어진다.

메트로 L1,2,3 Sol역에서 하차

숱한 이야기와 아름다움을 간직한 곳 ……②

마요르 광장 Plaza Mayor

왕실 결혼식, 투우 등 다양한 행사는 물론 끔찍한 종교 재판까지 열렸던 마드리드의 중앙 광장. 사방이 중세 건물로 둘러싸여 있고 9개의 아치문을 통해 광장을 오갈 수 있다. 광장 건물 중 가장 유명한 것이 까사 데 라 파나데리아인데 그리스, 로마 신화에 등장하는 인물들을 소재로 한 화려한 프레스코화가 인상적이다. 광장 둘레를 따라 노천카페와 레스토랑들이 늘어서 있어 잠시나마 중세 분위기를 느끼며 쉬어갈 수 있다. 광장에서 올려다보는 직사각형의 하늘 또한 멋스럽다. 광장 주변으로 오래된 바르 골목과 쇼핑 거리가 이어진다.

🚶 솔 광장에서 도보 5분

일몰 때에 방문하면 더 좋은 곳 ……③

알무데나 대성당

Catedral de la Almudena

마드리드에 대성당을 짓자는 이야기는 16세기부터 논의되었지만, 본격적으로 시작된 건 19세기 후반으로 1993년에서야 비로소 알무데나 대성당이 완공되었다. 마드리드 왕궁과의 조화를 위해 네오고딕 양식에서 바로크 양식으로 변경되었으며 내부는 기존의 유럽 성당들과 달리 다양한 양식이 어우러진 현대적 모습으로 꾸며졌다. 다른 지역에 비해 대성당이 갖는 의미나 관광객들도 적은 편이다. 하지만 일몰 때 방문하면 대성당과 왕궁 측면으로 물드는 핑크빛 하늘이 장관을 이룬다.

🚶 마드리드 왕궁 옆 📍 Calle de Bailén, 10
📞 +34 915 422 200 🕓 성당 10:00~20:00(7~8월 10:00~20:30)/박물관 월~토요일 10:00~14:30
⊗ 일요일 € 기부금 €1(미사 시 관광객 입장 제한)/박물관 성인 €7, 5~16세, 25세 이하 학생, 65세 이상 €5 🏠 catedraldelaalmudena.es

백색의 제왕이라 불리는 유럽에서 가장 큰 왕궁 ······ ④

마드리드 왕궁 Palacio Real de Madrid

1734년 크리스마스, 화재로 왕궁이 소실되자 펠리페 5세는 유럽의 어느 곳보다 화려한 왕궁을 짓고자 결심한다. 1738년부터 짓기 시작해 여러 명의 건축가를 거쳐 원래 계획의 1/4 크기인 2,800여 개의 방으로 완성되었다. 건물의 총면적 기준으로 유럽에서 가장 큰 왕궁이며 다른 스페인 왕실 궁전과 달리 흰색 화강암으로 지어져 '백색의 제왕'이란 별칭을 얻었다. 공식 가이드 투어를 신청하면 고야, 벨라스케스의 작품과 215개의 화려한 시계와 스트라디바리우스 바이올린이 있는 50여 개의 방을 돌아볼 수 있다. 그 당시 왕족들의 생활상과 화려함의 극치를 느껴볼 수 있다. 현재는 왕실 공식 행사 시에만 이용하고 있다. 방문 전 홈페이지를 통해 예약하고 가는 것을 추천한다.

메트로 L2,5 Ópera역에서 도보 10분
Calle de Bailén, s/n +34 914 548 700 4~9월 월~토요일 10:00~19:00, 일요일 10:00~16:00, 10~3월 월~토요일 10:00~18:00, 일요일 10:00~16:00
1/1, 1/6, 5/1, 10/12, 12/24~25, 12/31 (휴무 또는 단축 운영) 성인 €14, 25세 이하 학생, 5~16세, 65세 이상 €7(온라인 예약 시 €0.77 추가)
patrimonionacional.es

볼거리가 많진 않지만, 그냥 지나치긴 아쉬운 ······ ⑤

에스파냐 광장 Plaza de España

높은 빌딩들이 줄지어 선 그란 비아 거리의 초입에 자리한 에스파냐 광장은 스페인의 대문호인 세르반테스를 위한 곳이라고 해도 과언이 아니다. 광장 중심에 있는 기념탑의 꼭대기에는 지구 아래에 책을 읽고 있는 사람들의 조각이 있는데 전 세계인이 〈돈키호테〉를 읽는다는 의미를 지니고 있다. 기념탑 주변으로 그의 소설 속 인물들의 동상이 자리한다. 일부러 찾아가야 할 정도의 볼거리는 없지만 지나가는 길이라면 잠시 들러볼 만하다.

메트로 L3,10 Plaza de España역 하차, 마드리드 왕궁에서 도보 10분

마드리드에서 만나는 이집트 신전 ······ ⑥

데보드 신전 Templo de Debod

1960년 아스완 댐의 건설로 아부 심벨 신전이 수몰 위기에 처하자 신전을 통째로 강 위쪽으로 옮기기 위한 기금을 모았다. 이때 큰돈을 기부한 스페인에 이집트 정부는 감사의 뜻으로 데보드 신전을 선물했고, 돌들을 해체해 마드리드로 옮겨와 몬타냐 공원Parque de la Montaña에 재조립했다. 정면으로 작은 호수가 있어서 해 질 무렵이면 붉은빛으로 물든 사원의 풍경이 더욱 이국적으로 다가온다. 때론 물이 채워지지 않은 상태의 호수도 볼 수 있다. 데보드 신전을 관람한 후 몬타냐 공원 산책도 함께 즐겨보자.

에스파냐 광장에서 도보 10분 Calle de Ferraz, 1
+34 913 667 415 화~일요일 10:00~19:00
월요일, 1/1, 1/6, 5/1, 12/24~25, 12/31 무료
madrid.es

공원과 어우러진
역사적인 다리 ······ ⑦

톨레도 다리 Puente de Toledo

1660년 완공된 톨레도 다리는 펠리페 4세에 의해 지어졌으며 여러 차례의 보수와 재건축을 거쳐 오늘날의 모습을 갖췄다. 마드리드 시내에서 가장 역사 깊은 다리로 손꼽힌다. 다리 밑에는 공원과 산책로가 조성되어 있어 시민들의 쉼터가 되어준다. 산책로는 프랑스의 유명 건축가 도미니크 페로가 디자인한 아르간수엘라 다리까지 이어진다.

메트로 L5 Marqués de Vadillo역 도보 5분

마드리드 야경 포인트

마드리드의 매력 중 하나는 매일 도심 곳곳에서 아름다운 선셋을 만날 수 있다는 것이다.
마드리드 왕궁, 알무데나 성당 앞, 데보드 신전이 있는 몬타나 공원, 그란 비아 거리 등의 관광 명소들이
모두 선셋 스폿이다. 강이나 바다가 없어도, 굳이 높은 언덕이나 전망대를 가지 않아도 되기 때문에
하루의 마무리를 늘 핑크빛으로 할 수 있다. 도심 속에서 만나는 선셋 덕분에 마드리드의 밤은 늘 낭만적이다.

① 알무데나 성당

② 몬타나 공원

③ 그란 비아 거리

기네스북에 등재된 세계에서 제일 오래된 레스토랑 ······ ①

보틴 Botín

1725년 오픈해 세계에서 제일 오래된 레스토랑으로 기네스북에 이름을 올린 보틴은 단순한 레스토랑이 아닌 마드리드의 명소다. 방문객들이 워낙 많으므로 홈페이지를 통해 예약하고 갈 것을 추천한다. 새끼 돼지를 통째로 구운 코치니요 아사도가 대표 메뉴로 겉은 바삭하고 속살은 매우 부드럽다. 재료 본연의 맛을 잘 살리긴 했지만, 임팩트가 없어 호불호가 나뉠 수 있는데 로컬 음식에 대한 경험치를 높이기 위해 한 번쯤 도전해 볼 만하다. 가격대가 조금 높은 편이다.

마요르 광장에서 도보 2분 Calle de Cuchilleros 17 +34 913 664 217
13:00~16:00, 20:00~23:00 코치니요 아사도 €27.15, 그릴드 프라운 €24.20, 멜론 위드 햄 €21.2 botin.es

스페인 요리의 중심지, 마드리드

스페인은 지역마다 독특한 음식 문화를 자랑하는 나라다. 특히, 마드리드는 스페인 요리의 중심지로, 다른 도시보다 훨씬 다양한 맛을 경험할 수 있다. 세계에서 제일 오래된 음식점부터 힙한 신상 레스토랑, 가성비 좋은 메뉴 델 디아부터 고급 전통 요리까지, 마드리드의 음식은 상당히 넓은 스펙트럼을 자랑한다. 게다가 술 한 잔에 가볍게 타파스를 곁들여 먹을 수 있는 바르가 가장 많은 도시로도 유명하다. 인기를 끌고 있는 맛집들은 대부분 솔 광장 주변에 모여 있으니, 2, 3일 머무르면서 먹방 여행을 즐겨보자.

수란을 올려 쓱쓱 비벼 먹는 감자튀김 전문점 ······ ②

로스 우에보스 데 루치오 Los Huevos de Lucio

스페인에선 타파스 바를 옮겨 다니면서 술과 함께 다양한 타파스를 즐기는 문화가 있다. 이 문화를 체험해 보기에 더없이 좋은 동네가 바로 카바 바하Cava Baja 거리로 전통 맛집부터 트렌디한 바까지 모여 있다. 그중 로스 우에보스 데 루치오는 1900년 초에 문을 열어 오래도록 자리를 지켜오고 있는 레스토랑인데 마드리드 전통 요리를 전문으로 한다. 감자튀김에 수란을 올려 비벼 먹는 로스 우에보스가 시그니처 메뉴이며 초리조, 베이컨, 햄, 라타투이를 추가 토핑으로 올린 메뉴도 있다. 인기가 좋은 곳이라 늘 붐빈다.

메트로 L5 La Latina역에서 도보 4분
Calle de la Cava Baja, 32
+34 913 662 984 월~금요일 13:00~16:00, 20:30~24:00, 토, 일요일 13:00~16:30, 20:30~00:00 로스 우에보스 클래식 €10.9, 아티초크 요리 €16, 스테이크 €24.9
loshuevosdelucio.com

바스크 지역의 핀초 스타일을 맛볼 수 있는 곳 ······ ③

라미악 카바 바하 Lamiak Cava Baja

카바 바하 거리에 위치한 라미악은 스페인 북부 바스크 지역의 음식을 전문으로 하고 있다. 'ㄷ'자형 바와 테이블이 있는데 사람이 많을 땐 모퉁이에 서서 먹기도 한다. 관광객은 물론 현지인들에게도 인기가 많은 곳이라 웨이팅을 해야 하는 경우도 있다. 담백한 대구 살을 듬뿍 올린 바게트, 야들야들한 문어에 감칠맛 나는 소스를 곁들인 카르파초, 새콤한 토마토소스를 곁들여 먹는 대구 살 등을 맛보면 '핀초의 천국', '미식의 도시'로 불리는 바스크 지역이 심각하게 궁금해질 수 있다.

마요르 광장에서 도보 7분 Calle de la Cava Baja, 42
+34 913 655 212 12:00~다음 날 02:00
타파스 €4~, 문어 카르파초 €11.5 lamiak.es

꽃보다 할배도 반한 맛집 ······ ④

메손 델 참피뇬 Mesón del Champiñón

tvN 예능 프로그램 〈꽃보다 할배〉 방송 이후로 꾸준한 사랑을 받는 버섯 타파스와 참피뇬 전문점. 태블릿에 한글 메뉴판이 있어 주문하기도 쉽다. 동굴 같은 분위기의 가게 내부도 인상적이다. 햄, 토마토, 올리브유를 넣고 구운 버섯은 짭짜름하고 풍미가 좋아 맥주 안주로도 그만이다. 여기에 스페인 고추 요리 빠드론, 오징어튀김 등을 곁들여도 좋다.

마요르 광장에서 도보 2분 Cava de San Miguel, 17 +34 915 596 790
월~목요일 11:00~다음 날 01:00, 금~토요일 11:00~다음 날 02:00, 일요일 12:00~다음 날 01:00 참피뇬 €8.9, 등심 €25.9, 빠드론 €9.9 mesondelchampinon.com

뛰어난 가성비의 아르헨티나 그릴 요리 ······ ⑤

무! Mu!

마드리드에서 가성비 좋은 메뉴 델 디아 식당으로 소문이 자자한 곳이다. 애피타이저, 메인, 디저트까지 3코스로 나오며 음료도 포함되어 있다. 아르헨티나 스타일의 BBQ 요리가 메인으로 소고기 갈비Ribs, 치마살Skirt, 제비추리Flank와 치킨 중에 선택할 수 있다. 한국인 관광객들에게 특히 인기며 오픈하자마자 거의 만석이 된다. 시내에만 4개 지점이 있으므로 접근성이 좋은 곳으로 방문하면 된다.

메트로 L3,5 Callao역에서 도보 2분 Calle de Chinchilla 3
+34 912 193 359 월~금요일 12:30~23:30, 토, 일요일 12:30~00:00 메뉴 델 디아 €16.5, 햄버거 €13.9, 블랙 앵거스 €27.9 mu-elplacerdelacarne.es

현지인들에게 인기 만점인 곳 ······ ⑥

말피카 Malpica

마드리드에도 트렌디한 레스토랑, 바르, 카페들이 점점 많아지고 있다. 말피카는 현지인들이 즐겨 찾는 힙한 레스토랑을 찾고 이에게 추천하고 싶은 곳이다. 기본적인 스페인 음식 외에 데리야키 치킨, 교자 등 아시아 퓨전 메뉴들도 있어 우리 입맛에 잘 맞는다. 양도 과하지 않아서 가볍게 요기하거나 저녁에 술 한잔하기도 괜찮다.

🚶 메트로 L3,5 Callao역에서 도보 3분 📍 Corredera Baja de San Pablo 4
📞 +34 911 281 761 🕒 월~금요일 10:00~다음 날 02:00, 토~일요일 11:00~다음 날 02:00 € 메뉴 델 디아 €13.5, 풀포 €26, 데리야키 치킨 €12.5, 라비올리 €14
🏠 malpicabar.com

빵 속에 오징어튀김이 가득! ······ ⑦

라 캄파나 La Campana

빵 사이에 오징어튀김을 잔뜩 넣은 보카디요 데 칼라마레스를 전문으로 하는 곳이다. 한국식 튀김과는 달리 튀김 옷이 부드럽고 고소하다. 말캉하게 씹히는 달큰한 오징어튀김과 담백한 빵의 조화가 절묘하다. 별도의 소스가 없어서 살짝 밍밍하다고 느껴질 때 함께 나오는 올리브와 곁들이면 풍미와 간이 맞아떨어진다. 저렴하고 든든한 한 끼 식사가 된다.

🚶 메트로 L1,2,3 Sol역에서 도보 6분
📍 Calle de Botoneras 6
📞 +34 913 642 984 🕒 10:00~23:00
€ 칼라마레스 보카디요 €4, 칼라마레스 €7

마드리드에선 치맥 대신 하맥! ⑧

무세오 델 하몽 Museo del Jamón

박물관이라는 이름과는 분위기가 사뭇 다른 캐주얼한 분위기의 하몽 전문점이다. 하몽 외에도 다양한 육가공류(엠부티도)를 판매하고 있으며, 바에 서서 맥주를 마시는 사람들로 늘 북적인다. 맥주 한 잔에 단돈 €1.7이다. 기본으로 감자칩을 내어주고 초리조, 하몽, 모르시야 등의 엠부티도를 타파스로 판매해 안주 삼아 먹기 좋다. 참새 방앗간처럼 매일 밤 일정의 마무리로 들르기 좋다. 2층 레스토랑에선 본격적인 식사도 가능하다.

메트로 L1,2,3 Sol역에서 도보 3분 Calle Mayor 7 +34 915 314 550 일~목요일 09:00~23:30, 금, 토요일 09:30~다음 날 00:30 맥주 €1.7~, 엠부티도 €3.9~16.9, 하몽 보카디요 €1.9 museodeljamon.com

하몽을 곁들여 마시는 찐득한 스페인 와인 한잔 ⑨

마타도르 Matador

마요르 광장 근처의 라 크루스 거리엔 레스토랑, 타파스 바가 많은데, 초입에 위치한 마타도르가 시선을 강렬하게 잡아끈다. '투우사'란 뜻의 오랜 선술집으로 내부에 투우와 관련된 장식들이 있고 하몽이 천장에 매달려 있어 마초다운 분위기가 느껴진다. 이베리코와 치즈로 구성된 타파스 종류가 주를 이뤄 안주 삼아 먹기에 좋다. 맥주나 와인을 주문하면 초리조 같은 기본 안주도 나오며 바로바로 썰어주는 하몽은 적당히 기름지고 신선해 찐득한 레드 와인과 완벽한 마리아주를 이룬다.

메트로 L1,2,3 Sol역에서 도보 8분 Calle de la Cruz, 39 일~목요일 12:30~다음 날 02:00, 금, 토요일 12:30~다음 날 02:30 하몽 타파스 €6.5, 글라스 와인 €3~5

분위기 좋은
이탈리안 레스토랑 ⑩

라 탈리아텔레 La Tagliatella

스페인 여행을 왔다고 맨날 스페인 음식만 먹을 수는 없는 법. 스페인식이 질릴 땐 좀 더 대중적인 이탈리안 레스토랑을 찾는 것도 좋은 방법이다. 라 탈리아텔레는 체인 레스토랑으로 마드리드뿐 아니라 스페인 전역에 지점을 두고 있으며 제대로 된 피자와 파스타를 맛볼 수 있다. 면 종류, 소스 옵션이 다양해 선택의 폭이 넓다는 것도 장점이다. 고급스러운 분위기 대비 가격대도 합리적이다.

메트로 L3,5 Callao역에서 도보 2분 Calle de Preciados 36
+34 915 229 121 일~목요일 12:30~23:00, 금, 토요일 12:30~23:30
파스타 €15~17, 피자 €13~15 latagliatella.es

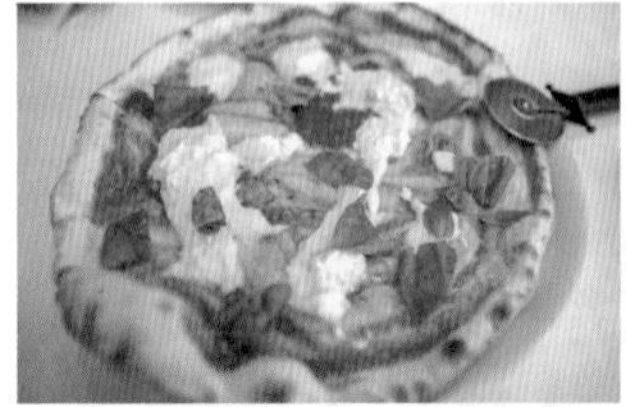

마드리드에서 만나는 중국의 맛 ⑪

소룡 Little Dragon

요즘 유럽에서 아시안 음식 열풍이 심상치 않다. 마드리드에선 에스파냐 광장 근처 로스 레이에스Los Reyes 거리로 가면 그 인기를 더 실감하게 된다. 그중에서도 웨이팅 행렬이 가장 긴 곳이 바로 소룡이다. 모던하고 세련된 분위기의 인테리어에 여러 종류의 딤섬과 중국식 면 요리들이 있어 무난하게 먹기 좋다. 육즙 가득한 샤오룽바오, 진한 육수의 우육면과 완탕 수프까지 주문할 수 있다. 기다림을 제외하면 만족스러운 식사가 가능하다.

메트로 L3,10 Plaza de España역에서 도보 2분 Calle de los Reyes, 11
+34 911 132 060 화~일요일 13:00~16:30, 19:30~23:30 월요일
샤오룽바오 €6.5, 완탕 수프 €8, 마장면 €9.5 littledragon.es

유럽에서도 마라가 대세! ······ ⑫

시추안 키친 Sichuan Kitchen

스페인 음식이 질릴 때 한식보단 부담 없이 먹을만한 게 중식이다. 에스파냐 광장 일대에 중식 레스토랑이 많은데 요즘은 현지인들에게도 인기라 웨이팅 또는 예약이 필수인 곳들이 많다. 시추안 키친의 경우 중국 쓰촨 지역의 매운 음식이 주를 이루는데도 엄청난 인기라 예약 없인 방문이 어렵다. 워낙 매운맛을 좋아하는 한국인 입맛엔 매운 정도가 다소 아쉽긴 하지만 여행하는 동안 느끼해진 속을 달래긴 충분하다. 2인이 3~4개 정도 주문해 먹는 테이블이 많다.

메트로 L3,10 Plaza de España역에서 도보 1분 Calle del Maestro Guerrero, 4
+34 910 251 605 화~일요일 12:00~16:30, 19:00~00:00 월요일
마파두부 €8.9, 완탕 €7.8, 어향가지 €8.8

추로스와 환상의 짝꿍을 이루는 초코라테 ······ ⑬

산 히네스 San Ginés

1894년에 오픈해 100년이 넘도록 한결같은 맛과 분위기를 내는 쇼콜라테리아. 마드리드에서 가장 인기 많은 추로스 전문점이다. 진하고 꾸덕꾸덕한 초코라테에 찍어 먹는 바삭한 추로스는 언제라도 진리다. 목요일부터 일요일까지 24시간 영업하므로 언제든 방문하기 좋다. 스페인 사람들은 '초코라테 콘 추로스'로 해장을 즐기므로 늦은 밤까지 사람들의 발길이 이어진다.

마요르 광장에서 도보 2분 Pasadizo de San Ginés 5
+34 913 656 546 월~수요일 08:00~00:00, 목~일요일 24시간
초코라테 콘 추로스 €5.9, 초코라테 €3.5
chocolateriasangines.com

달콤 쌉싸름한 초콜릿의 매력 속으로! ······ ⑭

쇼콜라테리아 1902 Chocolatería 1902

우리에게 익숙한 일반적인 추로스인 이스트를 넣어 추로스보다는 크고 스펀지처럼 폭신한 식감의 포라스를 비롯해 현지인들에게 사랑받는 다양한 디저트 메뉴가 있어 선택의 폭이 넓은 쇼콜라테리아다. 산 히네스와 함께 추로스 맛집 양대 산맥을 이루는 곳. 밀크, 다크, 프렌치, 스위스, 베일리스까지 초코라테 종류도 취향껏 선택할 수 있어 한도 초과의 달콤함을 느낄 수 있다.

메트로 L1,2,3 Sol역에서 도보 3분 Calle de San Martín, 2 +34 915 225 737 07:00~00:00 추로스 €2.5, 포라스 €2.5, 초코라테 €3.5 chocolateria1902.com

한국에 요아정이 있다면, 마드리드엔 여기! ······ ⑮

야오야오 llaollao

마드리드에서도 요거트 아이스크림이 재유행하고 있다. 요거트 아이스크림에 원하는 토핑을 추가하는 한국의 '요아정'과 너무나 비슷하다. 시내 중심에도 지점이 꽤 많은데 네온 그린 컬러의 간판이 멀리서도 눈에 잘 띈다. 솔 광장에도 2개의 지점이 있고 마요르 광장 등 주요 관광 스폿에 콕콕 위치해 오며 가며 들르기 좋다. 중간 사이즈로 토핑 3개가 포함된 메디아나는 1~2인 먹기에 적당하다. 피스타치오 크림이 토핑 No.1!

메트로 L1,2,3 Sol역에서 도보 1분 Calle del Carmen, 6 11:00~다음 날 01:00 페께냐(토핑 1개) €3.75, 메디아나(토핑 3개) €4.55, 그란데(토핑 3개) €5.3 llaollaoweb.com

마드리드 쇼핑의 중심 ······ ①

솔 광장 쇼핑 거리

솔 광장 주변으로 이어지는 거리엔 다양한 상점들이 자리한다. 엘 코르테 잉글레스 백화점부터 중저가 브랜드, 각종 패션 잡화 매장, 기념품 숍까지 만나볼 수 있다. 특히 그란 비아 거리를 따라 스페인 인기 브랜드가 모여 있어 원스톱 쇼핑을 즐길 수 있다.

🚶 메트로 L1,5 Gran Vía역, L1,2,3 Sol역 하차

쇼핑의 명가 마드리드 현명하게 돌아다니기

인기 SPA 브랜드와 명품 매장이 많은 스페인은 쇼핑하기 좋은 유럽 여행지 중 하나다. 솔 광장 주변 거리를 시작으로, 그란 비아 거리, 살라망카 거리의 로드 숍과 백화점을 순차적으로 둘러본 뒤 현지에서 인기 많은 시장(Mercado)에서 식재료 쇼핑을 하거나 요기하면 즐거움이 배가 된다.

스페인의 대표적인 백화점 ······ ②

엘 코르테 잉글레스

El Corte Inglés

스페인 유일의 백화점인 엘 코르테 잉글레스는 어떤 도시를 가더라도 가장 번화한 거리에 쏙쏙 자리한다. 한국의 백화점처럼 세련된 느낌은 아니지만 웬만한 인기 브랜드는 모두 입점해 있고 특히 로컬 고급 식재료를 판매하는 식품 코너가 잘 되어 있다. 건물 꼭대기에 탁 트인 전망을 보며 식사를 할 수 있는 푸드코트가 있어서 여느 루프톱 부럽지 않은 전망을 선사한다. 여행자들이 가장 많이 찾는 지점은 솔 광장, 살라망카 지역에 위치한다.

🕓 월~토요일 10:00~22:00(일요일은 매장마다 상이) 🏠 elcorteingles.es

취향 저격 먹거리들이 가득한 시장 ······ ③

산 미구엘 시장

Mercado de San Miguel

1835년부터 마드리드를 대표하는 시장으로 19세기에 지어진 철골 구조물을 살린 채 내부 공사를 해 현재의 모습을 갖췄다. 마요르 광장에서 가까워 여행자들이 찾기에도 좋은 위치다. 세련된 분위기의 시장 내부엔 식료품 판매점과 음식점들이 오밀조밀하게 모여 있다. 하몽, 치즈, 각종 타파스 외에도 와인, 칵테일 등을 파는 곳들이 많아 내부에 마련된 테이블이나 바에 서서 간단히 먹을 수 있다. 음식의 신선도나 비주얼, 맛이 훌륭하긴 하지만 관광객들을 상대로 하는 곳이라 가격은 만만치 않다.

마요르 광장에서 도보 1분 Plaza de San Miguel, s/n +34 915 424 936
일~목요일 10:00~00:00, 금, 토요일 10:00~다음 날 01:00
mercadodesanmiguel.es

500년 역사의 거대한 플리마켓 ······ ④

엘 라스트로 벼룩시장 El Rastro

마드리드에서 가장 잘 알려진 엘 라스트로 벼룩시장은 500년의 역사를 자랑한다. 매주 일요일 오전 9~10시쯤 시작해 오후 3시 정도까지 문을 연다. 메트로 라 라티나La Latina역에서 리베라 데 쿠르티도레스Calle de la Ribera de Curtidores 거리, 톨레도Calle de Toledo 거리를 따라 노점상들이 자리한다. 없는 게 없는 만물 시장으로 이런 걸 사서 어디다 써야 하나 싶은 물건들도 많지만, 구경하는 재미가 쏠쏠하다. 질 좋은 빈티지 제품을 찾는다면 주변의 골동품 가게를 노려보자. 일요일 아침, 현지인들의 소소한 일상을 경험해 볼 수 있다.

메트로 L5 La Latina역에서 Calle de la Ribera de Curtidores, Calle de Toledo 방향
일요일 09:00~15:00

AREA ····②

프라도 미술관 주변
Museo Nacional de Prado

추천 코스

프라도 미술관 P.251
도보 6분
티센 보르네미사 미술관 P.256
도보 15분
레이나 소피아 미술관 P.256
도보 8분
카이샤 포럼 P.257
도보 10분
레티로 공원 P.258

프라도 미술관 주변으로 티센 보르네미사 미술관, 레이나 소피아 미술관까지 마드리드 3대 미술관이 삼각형을 이루며 자리한다. 마드리드를 넘어 스페인을 대표하는 예술의 중심지라 할 수 있다. 이 밖에도 다양한 박물관들이 있어서 예술에 관심이 많은 이라면 여기를 벗어나기 힘들 것이다.

프라도 미술관 주변
상세 지도
Alonso Martínez
C.de Sagasta
Calle de Génova
살라망카 쇼핑 거리 05
Cl. de Ayala
C. de Serrano
C. de Claudio Coello
03 라 파스 시장
Calle de Lagasca
04 빈티지 거리
C.de la Beneficencia
C. de Fuencarral
P.º de la Castellana
Colon
Serrano
Calle de Goya
C. de Velázquez
07 보데가 데 라 아르도사
Recoletos(세르카니아스)
Recoletos(버스터미널)
국립 고고학 박물관
C. de Valverde
C. de Pelayo
Chueca
02 산 안톤 시장
C. de Villanueva
P. de Recoletos
C. de Serrano
Calle de Lagasca
C/ de Hortaleza
C. de la Libertad
06 베수비오
Retiro
Calle de Alcalá
푸에르타 데 알칼라
Gran Vía
C. de la Reina
01 비니투스 그란 비아
C. de la Virgen de los Peligros
Gran Vía
01 그란 비아
Banco de España
Calle de Alcalá
05 시벨레스 궁전
C. de Alfonso XI
Calle de Alcalá
Sevilla
C. de Montalbán
레티로 호수
P. del Prado
Cra de S. Jerónimo
04 엘 로씨오
03 라 핀카 데 수사나
C. de la Cruz
Pl. de las Cortes
02 티센 보르네미사 미술관
02 파티가스 델 케레르
Pl. de Sta. Ana
레티로 공원
C. de Alfonso XII
C. de la Academia
P.º del Prado
01 프라도 미술관
C. de Alberto Bosch
P.º de Cuba
Antón Martín
Clle de la Magdalena
C. de Martín
C. del Gobernador
05 타베르나 엘 수르
C. de Atocha
04 카이샤 포럼
C. de Almadén
C. de Sta. Isabel
N
W
E
S
0
200m
Estación Del Arte
Lavapiés
C. de Argumosa
03 레이나 소피아 미술관
Rda. de Atocha

세계 3대 미술관 중 하나 ⋯⋯ ①

프라도 미술관 Museo Nacional de Prado

파리의 루브르 박물관, 상트페테르부르크의 에르미타주 박물관과 함께 세계 3대 미술관으로 손꼽히는 프라도 미술관. 스페인 왕가의 방대한 컬렉션을 기반으로 한 왕실 전용 갤러리가 국립 미술관이 되었으며 회화, 조각 등 8,000여 점이 넘는 작품을 보유하고 있다. 스페인 회화의 3대 거장으로 손꼽히는 엘 그레코, 고야, 벨라스케스를 비롯해 16~17세기 스페인 회화의 황금기에 활약했던 화가들의 유명 작품들을 만날 수 있다. 원래 자연과학박물관으로 설계된 건물이라 미술관 동선이 굉장히 복잡한 편이다. 효율적인 관람을 위해 안내 데스크에서 한국어 오디오가이드를 대여한 후 층별 안내도와 주요 작품 위치를 확인하고 돌아보는 것이 좋다.

메트로 L2 Banco de España역에서 도보 9분 Paseo del Prado s/n +34 913 302 800 월~토요일 10:00~20:00, 일요일 및 공휴일 10:00~19:00 1/1, 5/1, 12/25 성인 €15, 65세 이상 €7.5(8~25세 학생 및 18세 미만 무료, 월~토요일 18:00~20:00, 일요일 및 공휴일 17:00~19:00, 파세오 델 아르테 카드 소지자 무료입장), 오디오가이드(한국어) €5 museodelprado.es

프라도 미술관 관람 방법

- 매표소가 늘 방문객들로 붐비니 홈페이지를 통해 예약한 후 방문하자.
- 대표작 위주로 빠르게 돌아보려면 무료입장을 이용해도 된다. 단, 입장 시 줄을 서서 기다려야 하는 경우가 많다.
- 한국어 안내문과 오디오가이드(€5)를 활용하면 더욱 효율적으로 관람할 수 있다.
- 스페인 3대 화가 엘 그레코, 고야, 벨라스케스 대표작들을 놓치지 말자.

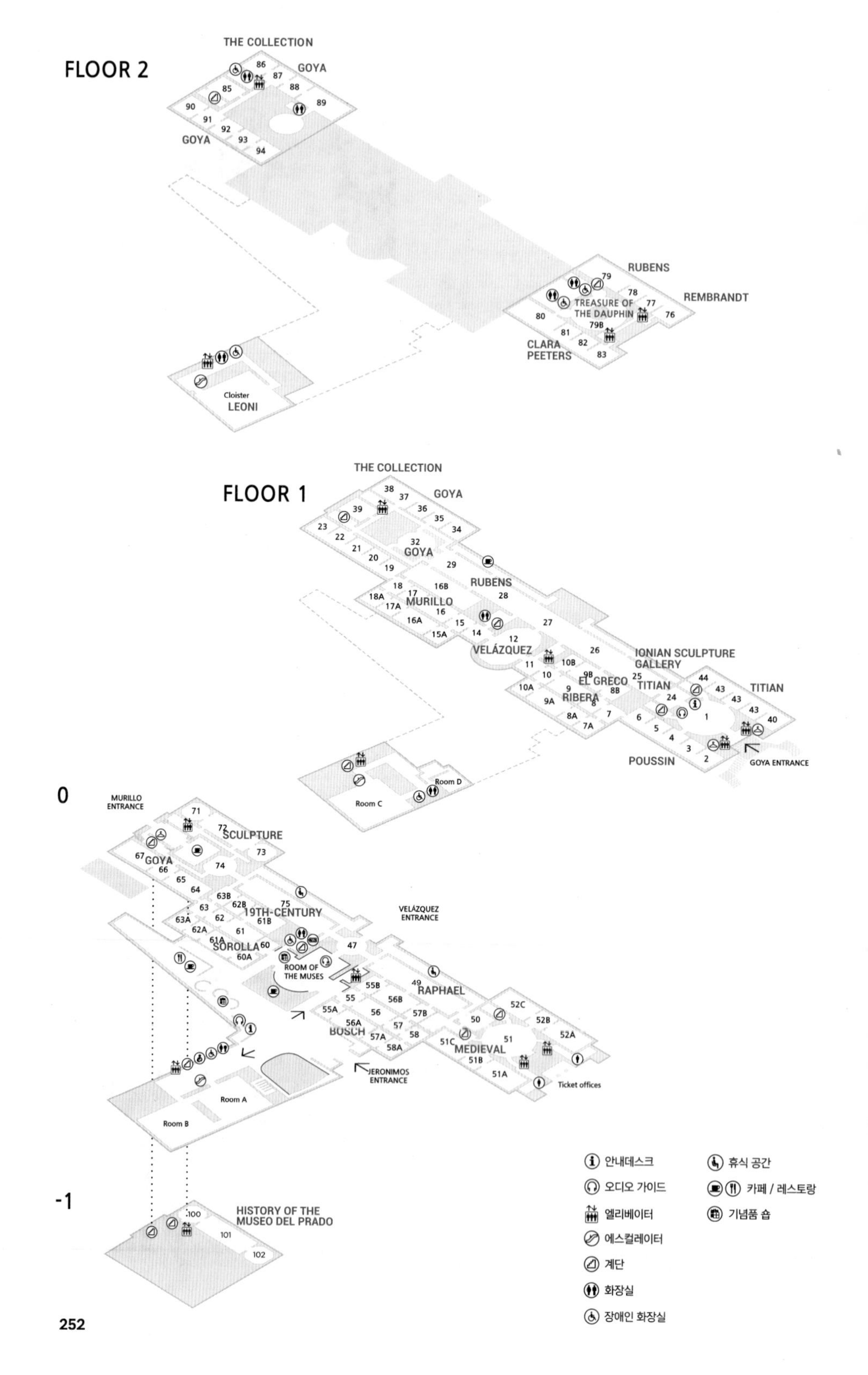
FLOOR 2
THE COLLECTION
GOYA
RUBENS
REMBRANDT
TREASURE OF THE DAUPHIN
CLARA PEETERS
Cloister
LEONI
FLOOR 1
THE COLLECTION
GOYA
RUBENS
MURILLO
VELÁZQUEZ
IONIAN SCULPTURE GALLERY
EL GRECO
TITIAN
RIBERA
POUSSIN
GOYA ENTRANCE
Room C
Room D
0
MURILLO ENTRANCE
SCULPTURE
GOYA
19TH-CENTURY
SOROLLA
VELÁZQUEZ ENTRANCE
ROOM OF THE MUSES
RAPHAEL
BOSCH
MEDIEVAL
JERONIMOS ENTRANCE
Ticket offices
Room A
Room B
-1
HISTORY OF THE MUSEO DEL PRADO
안내데스크
오디오 가이드
엘리베이터
에스컬레이터
계단
화장실
장애인 화장실
휴식 공간
카페 / 레스토랑
기념품 숍

프라도 미술관에서 꼭 봐야 할 작품

쾌락의 정원
The Garden of Earthly Delights Triptych • 보쉬 / 0층 56A실

수많은 인간 군상과 이름을 알 수 없는 동식물, 세상의 온갖 피조물이 혼재된 가운데 다양한 이야기가 숨어있지만, 어디에서부터 읽어내야 할지 난감해진다. '세 폭 제단화'라는 서양 중세의 전형적인 그림 형식이지만 실제로는 제단화로 사용된 적이 없어 의미에서부터 용도까지 다양한 해석들이 나온다.

1808년 5월 3일
The Third of May 1808 • 고야 / 0층 64실

나폴레옹 군대가 스페인을 점령하고 양민들을 잔인하게 처형하는 장면을 사실적으로 묘사한 작품. 전쟁에 대해 체념하고 공포에 떨고 있는 인간들의 참혹한 모습을 그림 중앙의 등불을 통해 극적으로 표현했다.

가슴에 손을 얹은 기사
The Nobleman with his Hand on his Chest • 엘 그레코 / 1층 9B실

16세기 스페인 신사의 모습을 그린 것이다. 신실한 신앙인으로 귀족적인 품위를 더해주는 검을 지니고 있어 자신을 방어하는 인물로 묘사되었다. 섬세하게 묘사된 칼자루와 전체적으로 대비되어 더욱 빛나는 옷의 레이스 장식에서 작가의 뛰어난 테크닉을 엿볼 수 있다. 엘 그레코가 톨레도에 머물며 그렸던 초상화 중 가장 뛰어난 것으로 평가된다.

시녀들

Las Meninas • 벨라스케스 / 1층 12실

프리도 미술관에서 가장 인기가 많은 작품이다. 마르가리타 공주와 시녀들, 거울 속에 비친 왕과 왕비, 그리고 벨라스케스, 화가 장인까지 다양한 인물들이 등장한다. 서로 다른 신분에 속한 사람들의 다양한 조건, 직업과 외형적 특성을 정확하게 옮기면서도 서로 조화를 이루도록 했다. 거울과 열린 문을 통해 공간을 확장하는 방식은 벨라스케스가 자주 사용하는 방식인데 이 그림 속엔 특히 모호한 시각적 장치가 많아 다양한 견해로 해석해 볼 수 있다.

파세오 델 아르테 카드 Paseo del Arte Card

프라도 미술관, 티센 보르네미사 미술관, 레이나 소피아 미술관까지 마드리드 3대 미술관을 모두 방문하려면 파세오 델 아르테 카드를 구입하는 게 따로 입장권을 구매하는 것보다 20%가량 저렴하다. 유효 기간 1년 내 각각 1회씩 입장이 가능하며 줄을 서서 입장하지 않아도 된다. 미술관 홈페이지에서 구입할 경우 해당 장소에서 실물 티켓으로 교환해야 하며 현장 구입도 가능하다. 가격은 €32.

옷 벗은 마야 & 옷 입은 마야

The Nude Maja & Clothed Maja
• 고야 / 1층 38실

옷을 벗은 채 침대에 비스듬히 누워 두 손으로 머리를 받치고 정면을 응시하는 여인의 시선이 관능적이다. 당시 스페인에서 엄격하게 금지되어 온 여성의 누드화를 대담하고 도발적인 이미지로 그려 보수적인 가톨릭 사회에 커다란 충격을 주었다. 고야는 이로 인해 종교 재판에 회부되어 조사를 받기도 했다. 그 후, 옷을 입은 마하도 그렸는데 함께 전시되어 있어서 비교, 감상을 하는 재미가 있다.

스페인을 대표하는 3대 화가
엘 그레코, 벨라스케스, 고야

스페인은 엘 그레코, 벨라스케스, 고야와 같은 세계적인 화가를 배출하며 미술사에 큰 족적을 남겼다.
각기 다른 시대에 활동하며 독창적인 화풍을 선보인 이들의 작품은 오늘날까지도 많은 사람들에게 감동을 주고 있다.

엘 그레코
El Greco
1541~1614

톨레도와 스페인 미술사에 지대한 영향을 미친 엘 그레코는 의외로 스페인 출신이 아니다. 사실 그의 본명은 '도메니코스 테오토코풀로스'이다. 그리스 크레타섬에서 태어났는데 그리스인이란 뜻의 '엘 그레코'로 불렸다. 베네치아에서 화가로 입지를 굳힌 엘 그레코는 에스파냐 궁중 화가가 되었지만, 그의 화풍이 펠리페 2세의 마음에 들지 않아 그만두게 되었다. 그의 그림은 대부분 종교화와 초상화였는데 회색빛 명암과 색채, 비정상적으로 뒤틀린 인체 묘사로 당시 혹평받았으나 사후 미술사에 중요한 획을 그은 작가로 재평가되었다.

대표 작품 〈그리스도의 옷을 벗김〉, 〈오르가스 백작의 매장〉, 〈12사도 시리즈〉

벨라스케스
Velazquez
1599~1660

세비야 출신인 벨라스케스는 펠리페 4세의 후원을 받기 위해 마드리드로 갔으나 그 뜻을 이루지 못했고 1년 후 왕의 초상화를 그리는 궁정화가로 임명되어 평생 궁정화가로 지냈다. 당시 펠리페 4세는 자신의 초상화를 벨라스케스 외에는 아무도 그리지 못하도록 할 정도로 왕의 총애를 한 몸에 받았다. 1656년에 그의 능력은 절정에 달해 〈시녀들〉이란 걸작을 완성했고, 이를 포함한 많은 작품이 프라도 미술관에 전시되어 있다. 궁정이라는 틀 안에 박혀 있었기 때문에 당시 그의 영향력은 제한적일 수밖에 없었지만, 프란시스코 고야로부터 피카소에 이르기까지 후대의 미술가들은 그의 작품에서 큰 영감을 얻었다고 한다.

대표 작품 〈시녀들〉, 〈로케비 비너스〉, 〈후안 데 파레하〉

고야
Goya
1746~1828

프란시스코 고야는 18세기 후반부터 19세기 초의 스페인 미술을 대표하는 화가로 전통적인 회화 형식을 차용하되 주제에서 거리를 두는 새로운 시선으로 의미를 전달하는 최초의 근대적 예술가로 평가된다. 1789년 카를로스 4세의 궁정화가가 되었고 1799년 스페인 화가로서의 최고 영예인 수석 궁정화가 자리에 오른다. 종교화, 초상화, 장르화뿐 아니라 당대의 역사, 개인적인 환상이라는 다양한 주제를 담은 작품들을 많이 남겼다. 병으로 청력을 잃고 반도 전쟁을 겪은 후 마드리드 교외의 시골집에서 14점의 대형 벽화를 그렸는데 어둡고 기괴한 화면 때문에 '검은 그림'이라고 불린다. 검은 그림의 대표작으로는 〈아들을 삼키는 사투르누스〉가 있다.

대표 작품 〈옷 벗은 마야〉 & 〈옷 입은 마야〉, 〈1808년 5월 13일〉, 〈아들을 삼키는 사투르누스〉

인상주의 화가들의 작품이 많은 ······ ②

티센 보르네미사 미술관

Museo Nacional Thyssen-Bornemisza

세계 2위의 예술 수집가로 유명한 티센 보르네미사 남작의 컬렉션을 바탕으로 개관한 미술관. 마드리드 3대 미술관 중 하나로 손꼽히며 프라도 미술관보다 다양한 시대와 지역의 작품들을 만날 수 있어 폭넓은 관람객들의 사랑을 받고 있다. 미술관 3층에서 시작해 내려오면서 감상하는 것이 효율적이며 반 고흐, 드가, 모네, 르누아르 등 인상주의 화가들의 작품들을 스페인 여느 미술관보다 많이 소장하고 있다. 미술관에 관심이 많은 이라면 더욱 여유롭게 일정을 잡는 것이 좋다.

메트로 L2 Banco de España역에서 도보 5분 Paseo del Prado , 8 +34 917 911 370 월요일 12:00~16:00, 화~일요일 10:00~19:00 1/1, 5/1, 12/25 성인 €13, 65세 이상 & 학생 €9(18세 미만 무료, 월요일 12:00~16:00, 파세오 델 아르테 카드 소지자 무료입장), 오디오가이드(한국어) €5 museothyssen.org

피카소의 〈게르니카〉를 볼 수 있는 곳 ······ ③

레이나 소피아 미술관 Museo Nacional Centro de Arte Reina Sofia

스페인 최고의 현대 미술 작품을 두루 감상할 수 있는 곳으로 1980년대 작품까지 아우르는 컬렉션을 자랑한다. 유서 깊은 산카를로스 병원을 보수해 1986년부터 미술관으로 사용하고 있다. 가장 유명한 작품은 피카소의 〈게르니카〉인데, 2층 206실에 전시되어 있으며 사진 촬영도 가능하다. 스페인 내전 당시 독일 군용기가 스페인 북부의 바스크 지방을 폭격해 게르니카 지역에서 많은 사상자가 나왔다. 당시 전쟁의 공포와 참담함을 피카소만의 스타일로 강렬하게 표현했으며 작품 크기도 상당히 압도적이다. 달리, 미로, 안토니 타이페스 등 스페인을 대표하는 화가들의 작품도 대거 포진해 있다.

메트로 L1 Estación del Arte역에서 도보 3분 Calle de Sta. Isabel, 52 +34 917 741 000 월, 수~토요일 10:00~21:00, 일요일 10:00~14:30, 화요일 12:00~16:00 화요일, 1/1, 1/6, 5/1, 11/9, 12/24, 12/25 €12(18세 이하, 65세 이상, 25세 이하 학생, 18세 미만 무료, 월, 수~토요일 19:00~21:00, 일요일 12:30~14:30, 파세오 델 아르테 카드 소지자 무료입장), 오디오가이드(한국어) €4.5 museoreinasofia.es

〈게르니카〉 관람이 목적이라면 무료입장 시간대에 방문해도 괜찮다. 줄을 서서 기다려야 하지만 비교적 입장 순서가 빠르게 돌아온다(206실에 전시).

트렌디한 문화예술공간 ④

카이샤 포럼 Caixa Forum

19세기 말에 지은 화력발전소를 문화예술공간으로 탈바꿈시켜 많은 화제가 된 카이샤 포럼은 스페인 은행La Caixa에서 사회 환원의 하나로 설립해 운영하고 있다. 녹색 식물로 뒤덮여 있는 한쪽 벽면은 프랑스의 식물학자 패트릭 블랑의 작품으로 약 250여 종의 식물들이 어우러져 있다. 내부로 올라가는 스테인리스 계단도 하나의 작품 같다. 시즌별 다양한 컨셉트의 전시와 공연들이 열리며 관람자의 움직임에 따라 자동으로 재생되는 오디오가이드가 설치돼 있어 더욱 집중도를 높여준다.

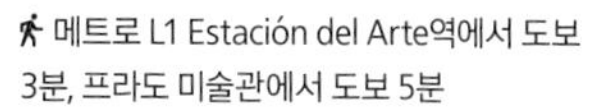

메트로 L1 Estación del Arte역에서 도보 3분, 프라도 미술관에서 도보 5분
Paseo del Prado , 36 +34 913 307 300 월10:00~20:00, 1/5, 12/24, 12/31 10:00~18:00 1/1, 1/6, 12/25
€6(16세 미만, 5/15, 5/18, 11/9 무료입장)
caixaforum.es

20세기 가장 아름다운 우체국으로 손꼽혔던 곳 ⑤

시벨레스 궁전 Palacio de Cibeles

그란 비아 거리 끝, 시벨레스 광장에 위치한 아름다운 건축물은 과거 중앙 우체국으로 당시 '20세기 가장 아름다운 우체국'으로 손꼽히기도 했다. 이후 시청사 건물로 사용되다 현재는 시민들을 위한 공공 복합 문화센터가 되었다. 도서관, 갤러리, 휴식 공간 등이 있으며 무료 전시회도 열린다. 6층 전망대에 오르면 마드리드 시내 풍경이 360도 파노라마로 펼쳐진다. 건물 앞 광장에선 레알 마드리드의 우승 세리머니가 자주 펼쳐진다.

메트로 L2 Banco de España역에서 도보 3분, 프라도 미술관에서 도보 8분 Plaza Cibeles, 1A +34 914 800 008 전망대 화~일요일 10:30~1400, 16:00~19:30 월요일, 1/1, 1/5-6, 5/1, 12/24, 12/25, 12/31 전망대 €3, 2~14세, 65세 이상 €2.25, 2세 미만 €1 centrocentro.org

현지인들도 사랑하는
최고의 쉼터 ······⑥

레티로 공원 Parque del Retiro

16세기 펠리페 2세가 왕궁 동쪽 별궁의 정원을 조성하고 펠리페 4세 때 궁전까지 지었지만 이후 나폴레옹 전쟁 때 파괴되어 현재의 모습만 남아있다. 17세기까지는 왕실과 귀족들만을 위한 공간이었으나 19세기 후반 대중에게 공개되어 마드리드에서 가장 사랑받는 시민 공원이 되었다. 둘레가 4km에 달하는 드넓은 공원에는 벨라스케스 궁전, 크리스털 궁전이 있고, 알폰소 7세 기념비 앞 인공 호수에선 보트를 탈 수 있다. 조깅을 하거나 자전거를 타고 피크닉을 즐기는 사람들로 늘 붐빈다. 미술관 옆 프라도 거리와 레티로 공원은 마드리드 최초의 세계유산으로 '빛의 풍경', '녹색의 길', '왕후의 길'이라고도 불리니 미술관 옆 공원까지 꼭 함께 들러보자.

메트로 L2 Retiro역 하차 Plaza de la Independencia, 7 +34 913 307 300
4~9월 06:00~00:00, 10~3월 06:00~22:00 esmadrid.com

비니투스 그란 비아 Vinitus Gran Via

바르셀로나에서 타파스 맛집으로 가장 유명한 곳 중 하나인 비니투스가 마드리드의 중심, 그란 비아에 문을 열었다. 매장 분위기, 메뉴, 가격대도 거의 비슷해서 한국인 여행자의 취향을 저격 중이다. 시그니처 메뉴인 꿀 대구를 비롯해 스테이크에 푸아그라를 올린 몬다디토나 문어, 맛조개, 새우 등의 시푸드 요리도 인기가 많다. 양이 매우 적은 편이라 인당 3~4개는 기본으로 주문하게 된다. 바게트를 달걀에 푹 담가 달콤하게 지져낸 스페인식 프렌치토스트 또리하Torrija로 달콤하게 마무리하면 완벽하다.

메트로 L2 Banco de España역에서 도보 2분
Gran Vía, 4 +34 916 144 421 08:30~01:00
꿀 대구 €13.45, 새우 꼬치 €5.4, 또리하 €3.35
vinitusrestaurantes.com

마드리드의 레트로를 만나다 ······ ②

파티가스 델 케레르 Fatigas del Querer

화려한 패턴과 그림들이 가득한 레스토랑 안으로 들어가면 오랜 세월이 그대로 느껴지는 빈티지한 공간이 나온다. 한국의 왕돈가스 못지않게 큰 사이즈로 나오는 버섯 튀김이 인기 메뉴로 가격도 합리적이다. 평일 낮에는 메뉴 델 디아를 €20에 주문 가능한데 음식 맛은 물론 양도 푸짐해 만족도가 높다. 라 크루스 거리에 있는 레스토랑들이 비슷한 분위기에 가성비도 좋은 편이라 한 바퀴 둘러보고 선택해도 괜찮다.

🚶 메트로 L1,2,3 Sol역에서 도보 10분
📍 Calle de la Cruz 17 📞 +34 915 232 131
🕒 화~금요일 12:00~다음 날 01:00, 토, 일요일 12:00~다음 날 02:00 ⊗ 월요일
€ 버섯 튀김 €10.5, 스테이크 €22, 메뉴 델 디아 €20

맛은 물론 분위기도 놓칠 수 없다면? ······ ③

라 핀카 데 수사나

La Finca de Susana

솔 광장에서 멀지 않은 곳에 있는 고급스러운 분위기의 레스토랑. 평일 점심에는 합리적인 가격대의 메뉴 델 디아를 주문할 수 있는데 요일마다 구성이 달라진다. 단품으로 앙뜨레꼬뜨, 오징어 먹물 파에야가 유명하다. 관광객뿐만 아니라 현지인들에게도 많은 인기라 피크 타임에 방문하면 대기를 해야 할 수도 있다.

🚶 메트로 L1,2,3 Sol역에서 도보 9분
📍 Calle del Príncipe 10 📞 +34 913 693 557 🕒 월~금요일 13:00~23:00, 토~일요일 13:00~23:30 € 메뉴 델 디아 €14.25, 해산물 파에야 €13.95(2인 이상 주문 가능), 대구 요리 €9.7 🏠 andilana.com

강렬한 매콤함으로 느끼해진 속을 달래보자! ······④

엘 로씨오 El Rocio

아무리 스페인 음식이 한국인 입맛에 잘 맞는다고 해도 여행하다 보면 매콤한 음식이 당길 때가 있다. 그럴 때 현지식으로 매운맛에 대한 갈증을 해결할 수 있는 곳이 바로 엘 로씨오다. 솔 광장에서 멀지 않은 홍합 요리 전문점들이 모여 있는 골목에 위치한다. 홍합 요리를 주문하면 매운 단계를 물어보는데 '무이 피칸테Muy picante'라고 요청하면 불닭볶음면 수준의 알싸한 매운맛을 경험할 수 있다. 빵을 함께 주문해 소스에 흠뻑 담가 먹으면 그동안 느끼했던 속이 단번에 다스려진다.

🚶 메트로 L1,2,3 Sol역에서 도보 3분 📍 Pje. de Mathéu, 2
📞 +34 910 172 231 🕒 월~금요일 12:00~23:30, 토요일 12:00~00:00, 일요일 12:00~23:00 € 매운 홍합 €10.9, 오징어튀김 €13, 초콜라테 €3.5

마드리드 미술관 관람 후 가기 좋은 곳 ······⑤

타베르나 엘 수르
Taberna El Sur

프라도 미술관과 티센 보르네미사 미술관을 방문 후 식사할 곳이 마땅치 않을 때 들르면 딱 좋은 엘 수르. 알음알음 인기가 좋은 곳이라 식사 시간엔 늘 붐비는 편이므로 웨이팅을 해야 하는 경우도 많다. 1인분 주문도 가능한 해산물 파에야의 경우 리조토 스타일에 좀 더 가깝다. 정통 스페인식 외에 퓨전 메뉴들도 있어서 다채로운 맛의 향연을 느낄 수 있다. 친절한 식원과 가격도 합리적이라 가격 대비 만족도가 최고다.

🚶 메트로 L1 Anton Martin역에서 도보 2분 📍 Calle de la Torrecilla del Leal 12
📞 +34 915 278 340 🕒 12:00~00:00 € 해산물 파에야 €14.95, 감보네스 알 아히요 €12.9, 로파 비에호 €11.5

현지인들이 사랑하는 화덕피자 맛집 ⑥

베수비오 Vesuvio

캐주얼한 분위기에서 간단하게 화덕피자를 먹을 수 있는 베수비오. 바에 자리를 잡으면 주문 즉시 만들어 화덕에 구워주는 피자 요리 전 과정을 볼 수 있다. 토핑 종류에 따라 35가지에 달하는 피자를 주문할 수 있다. 얇고 담백한 도우, 신선하고 푸짐한 토핑, 가격도 저렴해서 인기다. 가게가 아담해 앉을 곳이 마땅치 않을 땐, 포장해서 숙소에서 먹는 것도 괜찮은 방법이다.

메트로 L1,5 Gran Via역에서 도보 2분
Calle de Hortaleza, 4
+34 915 215 171 12:00~00:00
피자 €8.1~12.3 vesuvio1979.com

오래된 선술집을 좋아한다면, 여기! ⑦

보데가 데 라 아르도사

Bodega de la Ardosa

1892년에 영업을 시작한 이곳은 마드리드에서도 제일 역사가 깊은 바르 중 하나로 손꼽힌다. 톨레도 지방에 있는 마을 이름을 땄는데 건물 외관부터 내부 소품 하나하나가 빈티지, 그 자체다. 오너가 맥주 수입의 선구자이기도 해서 스페인 내 최고의 필스너 우르겔을 판매한다는 평을 받고 있으며 가장 오래된 기네스 탭도 보유하고 있다. 베르무트와 스페인 와인도 다양하다. 살모레호, 크로케타, 엔초비, 하몽, 아티초크구이 등 간단히 먹기 좋은 타파스가 많은데 그중 스페인식 오믈렛 또르띠야 데 파타타가 특히 인기다.

메트로 L1,10 Tribunal역에서 도보 4분 Calle de la Colón, 13 +34 915 214 979 일~목요일 09:00~02:00, 금, 토요일 09:00~02:30 베르무트 €2, 아티초크구이 €3.75, 크로케타 €2.05 laardosa.es

마드리드 패션 중심지 ······ ①

그란 비아 Gran Vía

매력적인 아르누보 양식의 건물들과 화려한 네온사인이 어우러져 마치 영화 속 한 장면을 연상케 하는 그란 비아 거리는 마드리드를 대표하는 번화가다. 파리의 샹젤리제, 뉴욕의 브로드웨이처럼 화려한 건축물과 다양한 상점, 극장, 레스토랑이 즐비하게 늘어서 있고, 세계적인 명품 브랜드부터 스페인 로컬 브랜드인 자라Zara, 망고Mango, 오이쇼Oysho 등 다양한 매장도 있어 마드리드의 패션 중심지 역할도 하고 있다. 그뿐 아니라 레알 마드리드 공식 매장, 프라이마크Primark 등 중저가 브랜드와 기념품 숍도 있으니 가볍게 둘러보며 스페인 특유의 감성이 담긴 기념품이나 패션 아이템을 찾기에도 좋다.

🚶 메트로 L1,5 Gran Vía역에서 바로

스페인 MZ 세대에게 사랑받는 힙한 마켓 ······ ②

산 안톤 시장 Mercado de San Anton

19세기에 문을 연 낡은 시장에 상당한 공사 비용을 투자해 현대적이고 세련된 분위기의 마켓으로 변신시켰다. 힙한 동네인 츄에카Chueca 지역에 있어 관광객뿐만 아니라 현지 젊은이들의 아지트가 되었다. 1층은 식료품 판매점, 2~3층과 테라스엔 푸드코트와 바가 자리한다. 늦은 밤까지 문을 열어 저녁 식사나 술을 마시러 오는 사람들이 많은데, 특히 테라스가 있는 바가 인기다.

🚶 메트로 L5 Chueca역에서 도보 1분
📍 Calle de Augusto Figueroa, 24
📞 +34 913 300 730 🕓 시장 월~토요일 09:30~21:30, 푸드코트 월~일요일 12:00~00:00, 레스토랑 13:00~다음 날 01:00
🏠 mercaadosananton.com

살라망카의 사랑방 같은 곳 ······ ③

라 파스 시장 Mercado de la Paz

명품 숍, 각종 브랜드 매장들이 즐비한 쇼핑 거리다. 살라망카 지역에 숨어 있는 현지인들의 사랑방 같은 라 파스 시장은 깔끔하게 정비된 현대적인 재래시장으로 신선한 식재료를 구입할 수 있으며 작은 바르와 음식점이 있어 간단히 요기하기도 좋다. 토르티야 맛집으로 유명한 카사 다니Casa Dani는 라 파스 시장에서 꼭 들러봐야 할 곳이다. 감자가 듬뿍 들어간 포근포근한 토르티야에 맥주를 마시는 사람들로 늘 붐벼서 멀리서도 눈에 확 띈다.

🚶 메트로 L4 Serrano역에서 도보 4분 📍 Calle de Ayala, 28B 📞 +34 914 350 743 🕓 월~금요일 09:00~20:00, 토요일 09:00~14:30 ⊗ 일요일 🏠 mercadodelapaz.com

빈티지 마니아라면, 여긴 놓칠 수 없지! ······ ④

빈티지 거리

메트로 트리부날Tribuna역 주변으로 빈티지 숍이 모여 있는 거리가 많다. 특히 벨라드C. de Velarde 거리가 유명한데, 편집 숍, 스포츠 브랜드 외에도 다양한 패션, 잡화 전문 매장들이 있어 마니아들의 발길이 끊이질 않는다. 가게마다 개성이 넘치고 제품의 퀄리티나 보존 상태도 좋은 편이라 의외의 득템을 할 수도 있다. 빈티지한 분위기의 바르와 카페들도 꽤 보인다.

메트로 L1,10 Tribunal역 주변

마드리드를 대표하는
쇼핑 메카 ······ ⑤

살라망카 쇼핑 거리

Calle de Salamanca

명품과 스페인 로컬 브랜드 매장, 그 밖의 해외 인기 브랜드 숍이 모여 있는 살라망카 지역은 마드리드를 대표하는 쇼핑 메카다. 세라노, 벨라스케스역을 시작으로 북쪽으로 이어지는 거리를 따라 수많은 매장들이 자리한다. 바르셀로나의 그라시아 거리와 비슷한 분위기며 매장들이 규모가 크고 물건 종류가 많아 쇼핑을 목적으로 하는 이들이 많이 찾는다.

메트로 L4 Serrano, Velázquez역 하차

CITY ····②

도시 전체가 세계문화유산

톨레도 Toledo

#스페인의 옛 수도 #엘 크레코 #유네스코 세계문화유산 #중세시대 유물

스페인의 옛 수도. 황토색의 중세풍 건물들이 성벽 안쪽으로 빽빽하게 자리하고 타호강이 도시를 휘감고 있다. 숱한 역사를 간직한 유물과 건축물, 중세 최고의 천재 화가 엘 그레코의 흔적과 작품들이 남아 있어 1986년 도시 전체가 유네스코 세계문화유산으로 등재되었다. 마드리드 근교 도시 중 가장 큰 인기를 얻고 있다.

톨레도 가는 방법

마드리드에서 남쪽으로 약 70km 떨어져 있는 톨레도는 버스, 기차로 갈 수 있고 차편도 많은 편이라 구체적인 계획 없이 당일치기로 다녀오기 좋다. 기차가 조금 더 빠르긴 하지만, 버스도 직행을 타면 오래 걸리지 않으므로 대부분의 여행자는 요금이 더 저렴한 직행버스를 이용한다.

기차

마드리드 아토차역에서 고속 기차(AVANT)가 있어 중간 정차 없이 빠르게 갈 수 있다. 소요시간은 약 35분이며 버스에 비해 가격은 비싼 편이다. 기차역에서 톨레도 시내까지는 오르막길이라 61, 62, 94번 버스를 이용해 소코도베르 광장까지 가서 여행을 시작하는 것이 편하다. 버스 정류장은 역을 등지고 오른쪽에 있으며 요금은 €1.4, 탑승해서 기사에게 직접 내면 된다.

렌페 renfe.com
운행 시간 마드리드 아토차역 06:42~20:45 출발, 톨레도 06:25~21:26 출발
배차 간격 40~60분, 약 35분 소요
편도 €14

버스

마드리드 메트로 6, 11호선의 플라사 엘립티카Pl.Elíptica역에서 연결되는 버스터미널에서 톨레도행 버스가 운행된다. 지하 3층 알사 부스에서 티켓을 구입한 후 지하 1층에서 탑승하면 된다. 직행의 경우 50분, 완행은 1시간 반이 걸리기 때문에 꼭 직행(Directo)인지 확인하고 티켓을 끊어야 한다. 버스 요금은 시간대에 따라 다르지만, 기차보다 저렴하며 왕복을 예약하면 할인도 받을 수 있다. 만일 투어리스트 패스 Zona T를 가지고 있다면, 마드리드~톨레도 구간을 무료로 이용할 수 있다. 버스터미널에서 구시가까지는 도보 15분 거리지만, 오르막길이라 다소 힘들 수 있으므로 5번 버스를 이용하면 편리하다. 요금은 €1.4이며, 탑승한 후 기사에게 직접 내면 된다.

알사 버스 alsa.com
운행 시간 마드리드 출발 07:00~00:00, 톨레도 출발 06:00~23:00(일요일, 공휴일 ~23:30)
배차 간격 30~60분
편도 €5~7

톨레도 시내버스 unauto.es

톨레도의 구석구석을 달리는 꼬마 기차 소코트렌

볼거리가 모여 있는 구시가는 도보로 충분히 돌아볼 수 있지만, 톨레도 전망대, 산 마르틴교까지 돌아보기엔 좀 무리가 있다. 그래서 귀여운 외관의 꼬마 기차 소코트렌을 이용하는 사람들이 많다. 알카사르 앞 정류장에서 탑승해 톨레도의 주요 명소들을 한 바퀴 돌고 오는데, 톨레도 전망대에서만 약 10분간 정차한다. 시계 방향으로 순환하며 탁 트인 전망을 보려면 오른편 좌석을 사수하는 것이 좋다. 다른 옵션으로 2층 시티투어 버스가 있는데 소코트렌과 비슷한 코스로 운행하며 원하는 곳에서 자유롭게 타고 내릴 수 있다. 요금은 €20~. 소코트렌, 시티투어버스 모두 한국어 오디오가이드가 탑재되어 있다.

소코트렌 09:30~20:30, 배차 간격 1시간, 1회 순환 45분 소요(시즌에 따라 운행 시간 상이) 성인 €9, 4~12세 €6 trainvision.es

톨레도 여행 방법

마드리드에서 1시간 내로 갈 수 있는 톨레도는 도시 전체가 유네스코 세계문화유산으로 등재된 만큼 다양한 볼거리가 있다. 소코도베르 광장에서 타호 강 안쪽으론 도보로 다닐 수 있긴 하지만 다른 도시에 비해 동선이 길고, 전망대와 파라도르는 특히 멀어 차량을 이용하는 게 좋다. 그래서 꼬마 기차나 시티 투어 버스 탑승도 좋은 방법! 최고의 전망을 자랑하는 톨레도 파라도르는 숙박을 하지 않고 카페만 이용해도 된다.

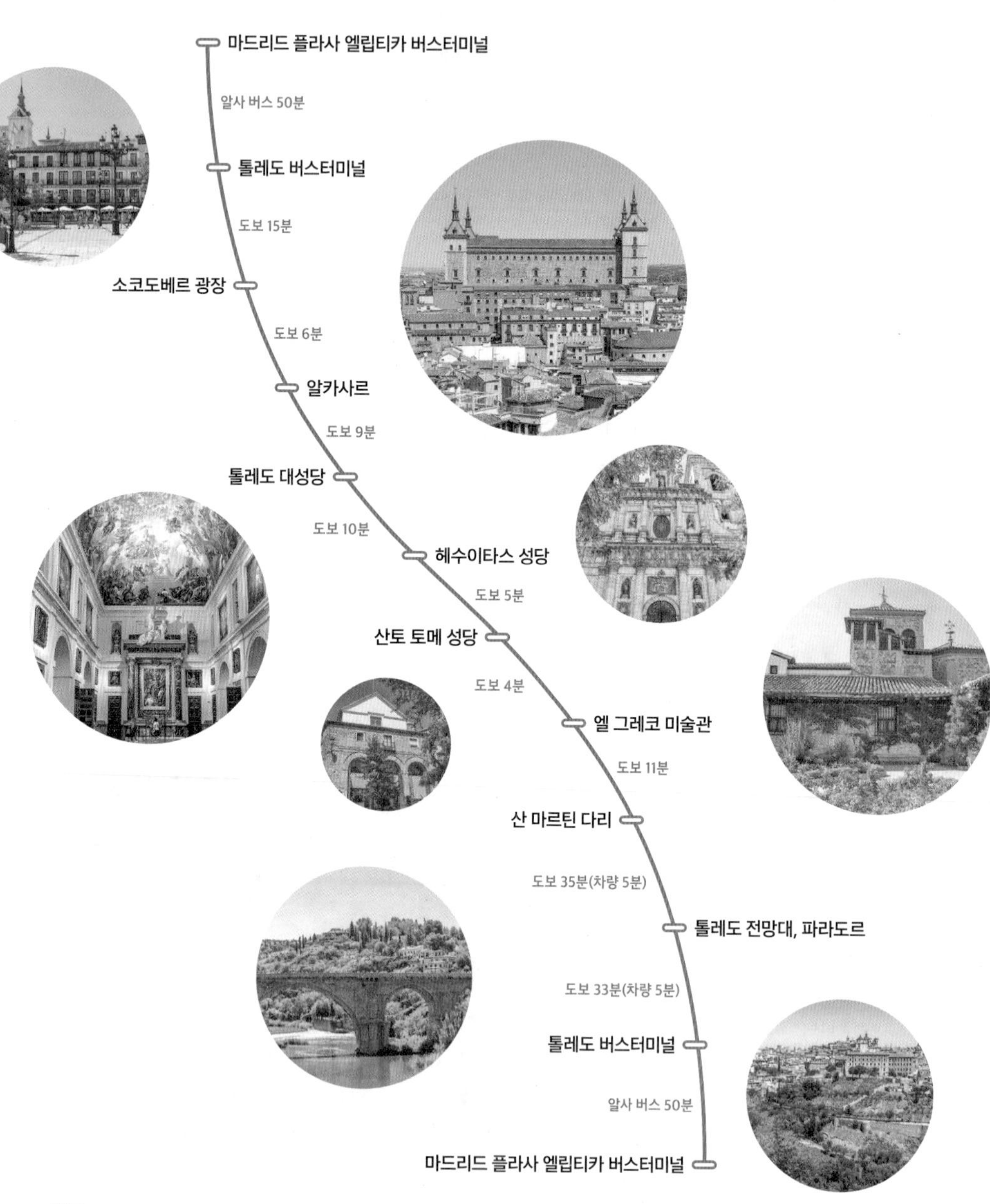

톨레도
상세 지도
톨레도 버스터미널
Av. Castilla la Mancha
Parque de Safont
비사그라의 문
톨레도 기차역
Alcantara Bridge
01 엘 트레볼
소코도베르 광장 01
Museum of Santa Cruz
04 헤수이타스 성당
02 알카사르
03 엘 카페 데 라스 몬하스
산 마르틴 다리
03 톨레도 대성당
07
산토 토메 성당 05
02 오브라도르 사오 토메
엘 그레코 미술관 06
소코트렌 루트
톨레도 전망대
08
N
W
E
S
0
200m
09 톨레도 피리도르
Ctra. Cobis

황소가 뛰던 축제의 현장 ······①

소코도베르 광장

laza de Zocodover

아랍어로 '황소가 뛰던 축제의 현장'을 의미하는 소코도베르 광장은 톨레도 여행의 시작과 끝이 되는 중심 광장이다. 펠리페 2세 재위 기간에 만들어졌으며 중세에는 마을의 시장과 각종 축제와 투우, 심지어 종교 재판과 공개 처형이 이뤄져 톨레도의 모든 역사를 품고 있는 곳이라 볼 수 있다. 현재 인포메이션 센터는 물론 바르와 레스토랑이 광장을 둘러싸고 있어 과거 못지않게 활기차다. 산타크루스 미술관, 알카사르, 톨레도 대성당이 도보로 이어진다.

🚶 톨레도 버스터미널에서 5번 버스를 타고 Zocodover(Cuesta Carlos V)에서 하차

최고 전망의 군사 박물관 ······②

알카사르 Alcázar de Toledo

최초 건축은 고대 로마 시대까지 거슬러 올라간다. 이후 여러 번 재건축이 되어 무데하르 양식과 고딕 양식이 혼합되어 있다. 알카사르는 보통 왕들이 사는 궁전을 의미하지만, 톨레도의 알카사르는 지리적 위치로 인해 군사 요새의 역할을 해왔다. 나폴레옹 군대가 이곳에 불을 질렀고, 스페인 내전 당시 집중포화를 받아 폐허가 될 정도였으니 에스파냐의 전쟁 역사 그 자체라 할 수 있다. 그런 이유 때문인지 지금은 군사 박물관으로 사용되고 있다. 각종 무기와 군수용품이 전시되어 있고, 높은 지대에 위치해 테라스에서 내려다보는 전망이 뛰어나다.

🚶 소코도베르 광장에서 도보 1분
📍 Calle de la Union, s/n 📞 +34 925 238 800 🕘 화~일요일 10:00~16:30
⊗ 월요일, 1/1, 1/6, 5/1, 12/24, 12/25, 12/31 € 5€(18세 미만 무료, 일요일 무료 입장) 🏠 turismo.toledo.es

놓치면 손해인 보물 창고 ③

톨레도 대성당

Catedral de Santa María de Toledo

스페인 가톨릭 총본부가 자리한 대성당으로 규모부터 상당하다. 1226년 이슬람 세력을 물리친 것을 기념해 모스크를 허문 자리에 대성당을 짓기 시작했는데 건설 기간만 약 300년에 달한다. 프랑스 고딕 양식을 바탕으로 지어진 성당은 길이 113m, 너비 57m이며, 중앙의 높이가 45m 정도다. 당초 서쪽 파사드에 첨탑 2개를 세우려고 했지만, 한쪽이 지하수로 인한 연약 지반이라 하나의 탑만 완성되었다. 톨레도 대성당은 외관도 웅장하지만, 보물 같은 볼거리들이 많아 실내 입장을 꼭 해볼 만하다. 금빛으로 화려하게 장식된 성가대석과 주 예배당을 비롯해 조각과 회화 등 수많은 종교 예술품이 있어 미술관을 방불케 한다. 특히 엘 그레코의 〈그리스도의 옷을 벗김〉과 조각과 그림으로 아름답게 꾸며진 투명한 채광용 천창, 트란스파렌테는 놓칠 수 없는 볼거리다.

소코도베르 광장에서 도보 6분 Calle Cardenal Cisneros, 1 +34 925 222 241 월~토요일 10:00~18:30 일요일 14:00~18:30 1/1, 12/25, 종교 행사 시 성인 €12, 65세 이상, 18세 이하 학생 €8 turismo.toledo.es

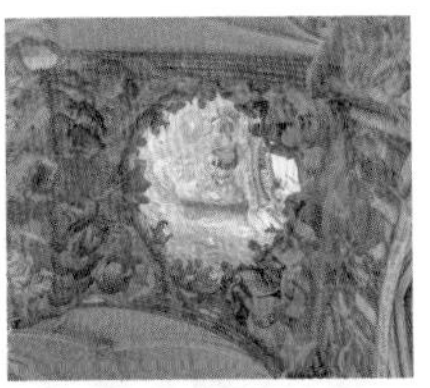

숨겨진 톨레도 뷰 맛집 ······ ④

헤수이타스 성당 Iglesia de los Jesuitas

대성당에서 멀지 않은 곳에 있는 헤수이타스 성당은 톨레도의 숨겨진 전망 명소다. 산 일데폰소 성당이라고 불린다. 방문객이 많지 않고 입장료도 저렴해 부담 없이 들러볼 만하다. 직접 계단을 올라야 하고 넓은 구역에 철조망이 되어 있어 아쉬움이 남긴 하지만 충분히 멋진 도시 뷰를 만날 수 있다.

톨레도 대성당에서 도보 5분 Pl. Padre Juan de Mariana, 1 +34 925 251 507
4~9월 10:00~18:45, 10-3월 10:00~17:45 성인 €4, 11~16세 & 학생 €3
toledomonumental.com

세계 3대 성화 중 하나인 〈오르가스 백작의 매장〉이 전시 ······ ⑤

산토 토메 성당 Iglesia de Santo Tomé

미켈란젤로의 〈천지창조〉, 레오나르도 다빈치의 〈최후의 만찬〉과 함께 세계 3대 성화라고 불리는 엘 그레코의 〈오르가스 백작의 매장〉이란 대작이 있어 사람들의 발길이 끊이지 않는다. 성당을 후원하고 전 재산까지 기부한 오르가스 지역의 곤잘로 루이스 백작을 기리기 위해 엘 그레코에게 의뢰한 작품으로 그의 무덤과 5m에 육박하는 작품을 앞뒤로 감상하는 것이 포인트다. 그의 의로운 영혼이 하느님 나라로 받아들여지는 모습을 담았는데 무덤과 그림이 이어지는 듯한 신비로운 효과도 느낄 수 있다.

톨레도 대성당에서 도보 6분
Pl. del Conde, 4 +34 925 256 098
10/16-2/28 10:00~17:45, 3/1~10/15 10:00~18:45 1/1, 12/25
성인 €4, 11~16세 & 학생 €3
santotome.org

톨레도에 남긴
엘 그레코의 발자취 ⑥

엘 그레코 미술관

Museo del Greco

스페인 회화의 3대 거장 중 한 명인 엘 그레코는 그리스에서 태어났으며 35세 때 스페인 엘 에스코리알로 넘어와 궁전 건축에 참여했다. 하지만 당시엔 인정받지 못해 궁정 화가의 길을 포기한 채 톨레도로 옮겨 40여 년간 많은 작품을 남겼다. 미술관은 19세기 베니뇨 데 라 베가 잉클란 후작이 엘 그레코에게 바치는 기념관으로 세웠으며, 그가 실제로 거주했던 주택 옆 건물을 비슷한 환경으로 개조한 것이다. 엘 그레코 미술관에선 작품 세계의 이해를 돕기 위한 영상이 상영되고, 〈12사도 시리즈〉를 비롯한 대표작들을 만날 수 있다. 그밖에 톨레도 곳곳에서 그의 유명 작품들이 전시되어 있다.

톨레도 대성당에서 도보 8분 Pl. del Tránsito, s/n +34 925 990 982
3~10월 화~토요일 09:30~19:30, 일요일, 공휴일 10:00~15:00, 11~2월 화~토요일 09:30~18:00, 일요일, 공휴일 10:00~15:00 월요일, 1/6, 5/1, 12/24, 12/25, 12/31
성인 €3, 18세 미만, 18~25세 학생, 65세 이상 €1.5(토요일 14:00~, 일요일, 4/18, 5/18, 10/12, 12/6 무료입장) culturaydeporte.gob.es

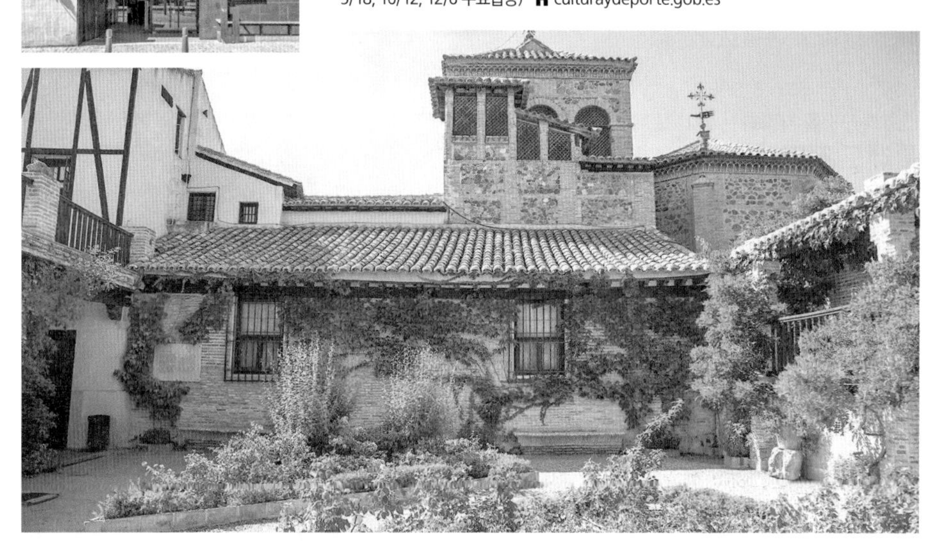

엘 그레코는 누구?

톨레도와 스페인 미술사에 지대한 영향을 미친 엘 그레코는 의외로 스페인 출신이 아니다. 사실 그의 본명은 '도메니코스 테오토코폴로스'인데 그리스 크레타섬에서 태어났으며 그리스인이란 뜻의 '엘 그레코'로 불렸다. 베네치아에서 화가로 입지를 굳힌 엘 그레코는 에스파냐 궁중 화가가 되었지만, 그의 화풍이 펠리페 2세의 마음에 들지 않아 그만두게 되었다. 그의 그림은 대부분 종교화, 초상화였는데 회색빛 명암과 색채, 비정상적으로 뒤틀린 인체 묘사로 당시 혹평받았으나 사후 미술사에 중요한 획을 그은 작가로 재평가되었다. 톨레도에서 38년을 살며 생을 마칠 때까지 수많은 작품을 남겨 톨레도는 곧, 엘 그레코의 도시로 불린다.

대표 작품
〈그리스도의 옷을 벗김〉
〈오르가스 백작의 매장〉
〈12사도 시리즈〉

중세의 기술력을 모아 담다 ⑦

산 마르틴 다리 Puente de San Matín

오랫동안 톨레도를 바깥세상과 연결하고 톨레도를 지켜온 다리. 타호강 위에 놓인 5개의 다리 중 하나로 옛 도시가 형성될 때 만들어졌다. 1023년에 홍수로 훼손되었고 14세기 말에 현재의 모습으로 재건되었다. 5개의 아치형 구조 중 가장 큰 아치의 길이가 40m에 달해 당시의 기술력으론 세계적으로 손꼽히는 다리다. 묵직한 중세의 도시와 그 도시를 감싸는 강, 그리고 다리는 멋질 수밖에 없는 조합이다.

🚶 톨레도 대성당에서 도보 17분

최고의 전망을 자랑하는 인기 포토존 ⑧

톨레도 전망대 Mirador del Valle

때론 멀리 떨어져 바라봐야 더 아름다운 것들이 있다. 톨레도 전망대에서 도시를 정면으로 마주하면 드는 생각이다. 굽이쳐 흐르는 타호강, 성벽 안쪽으로 빽빽하게 들어선 건축물과 그 속에서도 한눈에 들어오는 대성당과 알카사르까지 볼 수 있다. 소코트렌을 타면 이곳에서만 10분간 정차해 멋진 경치를 배경 삼아 인생사진을 남길 수 있다.

🚶 톨레도 대성당에서 도보 35분, 소코트렌 탑승 시 약 10분간 정차

톨레도의 낭만을 느끼고 싶다면 ⑨

톨레도 파라도르 Parador de Toledo

파라도르는 스페인의 옛 궁전이나 수도원, 성, 귀족들의 저택 등 역사적인 가치가 높은 건물을 개조해 만든 국영 호텔로 스페인 각지에 있다. 톨레도의 파라도르는 도시를 한눈에 내려다볼 수 있는 곳에 있으며 한국의 유명 연예인 커플이 웨딩 화보를 찍으며 더욱 유명해졌다. 숙박하지 않더라도 호텔에서 운영하는 바를 이용하면 환상적인 뷰를 만날 수 있다.

🚶 톨레도 버스터미널에서 차로 10분 📍 Cerro del Emperador, s/n
📞 +34 925 221 850 🏠 parador.es

간단히 요기하기 좋은 타파스 맛집 ······ ①

엘 트레볼 El Trébol

소코도베르 광장에서 멀지 않으며 간단히 식사하기 좋은 곳이다. 합리적인 가격에 음식 맛도 좋은 편이라 식사 시간엔 많이 붐비는 편이다. 타파스 외 미트 그릴 등 메인 메뉴도 충실하다. 부드러운 거품을 올려주는 상그리아도 별미다.

🚶 알카사르에서 도보 5분 📍 Calle de Santa Fe 1 📞 +34 925 281 297 🕒 월~목요일 09:00~00:00, 금요일 09:00~다음 날 01:00, 토요일 11:00~다음 날 01:00, 일요일 11:00~00:00 € 봄바 트레볼 €4, 새우 크로케타 €4, 타파스 모둠 €18.5, 미트 그릴 €16 🏠 cerveceriatrebol.com

고소하고 달콤한 톨레도 전통 과자 ······ ②

오브라도르 사오 토메 Obrador Sao Tome

160년 전통의 톨레도 전통 과자, 마사판 전문점. 마사판은 아몬드 가루에 설탕을 반죽해 만든 것으로 수녀원에서 만들기 시작했다. 거친 질감이지만 아몬드의 고소함과 달콤함이 어우러진다. 잣이나 과일 필링을 넣은 것들도 있다. 유통 기한이 짧은 편이니, 선물용으로 구입할 땐 일정을 잘 고려해야 한다.

🚶 산토 토메 성당에서 도보 2분 📍 Calle de Santa Fe 1 📞 +34 925 223 763 🕒 09:00~21:00 € 마사판 €1~, 선물용 세트(200g) €8.25 🏠 mazapan.com

톨레도 마사판 양대 산맥 중 하나 ······ ③

엘 카페 데 라스 몬하스

El Café de las Monjas

산토 토메와 함께 톨레도 마사판 양대 산맥으로 꼽힌다. 마사판 외에도 일반적인 카페 음료와 디저트들도 다양해 톨레도 여행 중 당 충전하며 쉬어가기 좋다. 마사판은 호불호가 있으니 한두 개 정도 맛을 보고 추가로 구입할 것을 추천한다.

🚶 톨레도 대성당에서 도보 6분 📍 Calle de Santo Tomé, 2 📞 +34 925 213 424 🕒 금~수요일 09:00~20:30, 목요일 09:00~13:00 € 선물용 세트(200g) €7.15~ 🏠 elcafedelasmonjas.com

CITY ⋯③

중세의 아름다움을 간직한 도시

세고비아 Segovia

#백설 공주 성 #로마 수도교 #세고비아 대성당
#유네스코 세계문화유산

'백설 공주 성'으로 불리는 알카사르부터 2000년의 세월 동안
자리를 지키고 있는 로마 수도교, 우아한 기품의 세고비아 대성당까지.
세고비아의 시간은 그대로 멈춰 과거의 영광을 간직하고 있다.
세고비아는 1985년 유네스코 세계문화유산으로 지정되었으며,
톨레도와 함께 마드리드 근교 여행지로 꾸준한 사랑을 받고 있다.

세고비아 가는 방법

마드리드에서 북쪽으로 90km 떨어진 세고비아는 톨레도와 함께 인기가 많은 근교 여행지다. 버스와 기차로 갈 수 있는데 기차가 소요 시간이 짧긴 하지만 역에서 세고비아 시내까지 거리가 더 멀고 요금도 비싸기 때문에 버스를 이용하는 사람들이 더 많다.

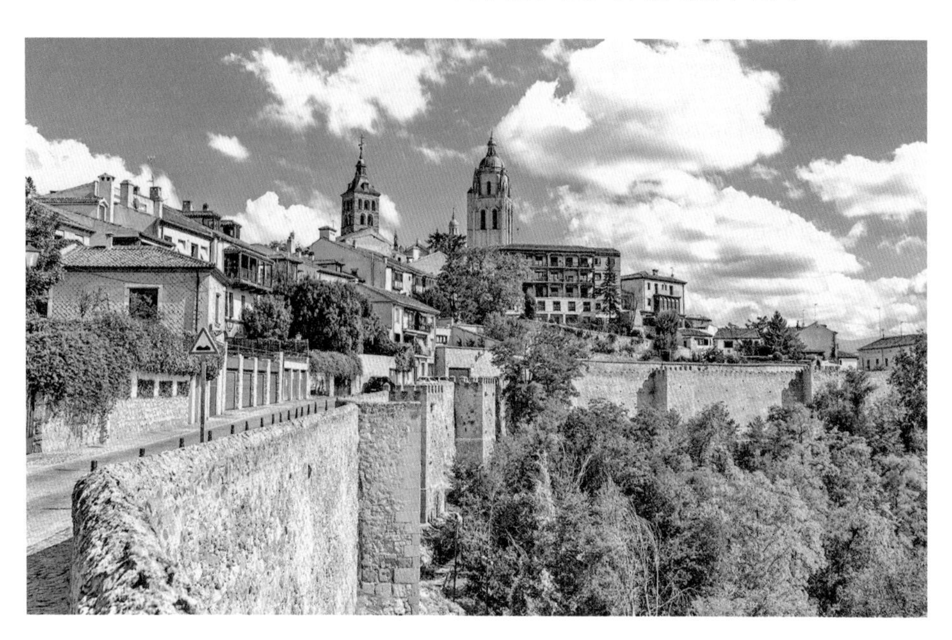

버스

마드리드 메트로 3, 6호선 몽클로아Moncloa역에서 연결되는 몽클로아 버스터미널에서 세고비아행 아반사 버스를 타면 1시간 반 정도 소요된다. 터미널에서 로마 수도교까지 도보 5분으로 대부분의 관광지를 도보로 나닐 수 있다. 당일치기로 주말에 떠날 경우 특히 이용객이 많으니 돌아오는 버스 편까지 함께 예약을 해두는 것이 좋다.

아반사 버스 avanzabus.com

운행 시간 06:30~23:00 / **배차 간격** 15~45분, 약 1시간 20분 소요(직행)

편도 €4.6

기차

마드리드 차마르틴역에서 세고비아까지 고속 기차로 30분, 일반 기차로 2시간가량 소요된다. 고속 기차는 렌페 아반트Avant, 알비아Alvia와 프랑스 저가 고속 열차 위고Ouigo가 있다. 요금은 €9~29선이며 위고가 가장 저렴하다. 고속 기차를 이용하면 세고비아 기오마르Guiomar역에서 하차하는데 도심과 많이 떨어져 있어서 시내까지는 11번 버스를 추가로 이용해야 한다. 요금은 €2. 비용, 시간, 편의성을 따졌을 때 버스를 이용하는 것이 더 낫다.

세고비아 여행 방법

톨레도와 우열을 가리기 힘든 매력적인 도시 세고비아. 유네스코 세계문화유산으로 등재된 곳답게 구시가 곳곳에 다양한 볼거리가 있지만, 그중에서도 딱 3개만 기억하면 된다. 2천 년 역사의 수도교, 우아하고 세련된 대성당, 그리고 〈백설 공주〉 성의 모티브가 된 알카사르. 이들을 메인 코스로 취향에 따라 세부 코스를 정하면 된다. 세고비아 지역 음식인 새끼 돼지 구이, '코치니요 아사도'는 유명세에 비해 호불호가 있지만 현지의 맛을 느끼고 싶다면 한번 도전해 보자.

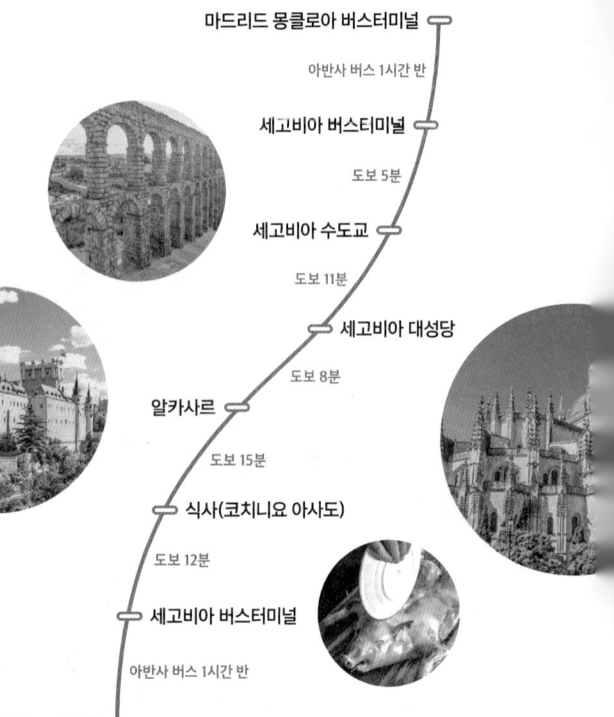

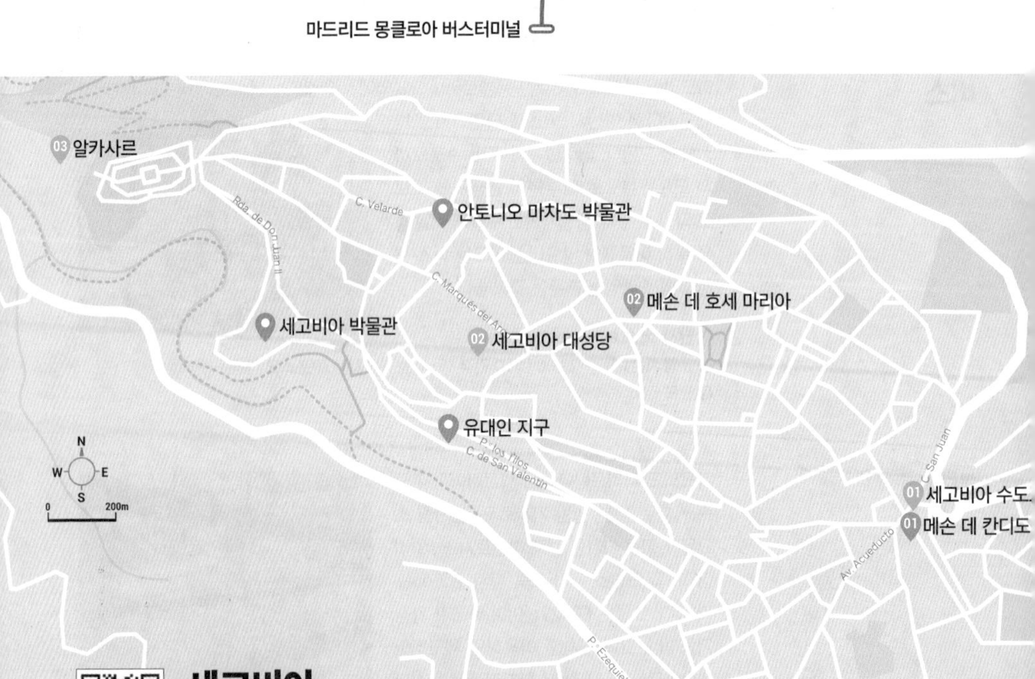

세고비아 상세 지도

로마 시대, 뛰어난 토목 공학 기술이 남긴 유적 ······ ①

세고비아 수도교

Acueducto de Segovia

세고비아에 도착하면 처음 만나게 되는 수도교. 덕분에 세고비아 첫인상이 매우 임팩트 있게 다가온다. 화강암으로 건설된 이 수도교는 로마 시대의 토목 기술을 보여 주는 뛰어난 유적지 중 하나로 1세기 후반부터 2세기 초에 걸쳐 세워졌을 것으로 추정된다. 2천 년의 역사를 지닌 이 다리는 한때 16km 떨어진 프리오강으로부터 세고비아시에 물을 운반해 주는 역할을 했다. 2만여 개의 거대 화강암 블록을 시멘트 모르타르, 꺾쇠 등 별노의 접착제 없이 쌓아 만들었다는 게 직접 눈으로 봐도 믿기지 않는다. 11세기 무어인들에 의해 파괴된 36개의 아치는 15세기에 복원되어 현존하는 수도교 중 가장 완벽한 형태를 유지하고 있으며 당시의 로마 문명과 기술 수준을 짐작해 볼 수 있다. 수도교가 있는 아소게호 광장은 유적 보존을 위해 보행자 전용 구역으로만 사용한다.

세고비아 버스 터미널에서 도보 5분 · Pl. Azoguejo, 1 · turismodesegovia.com

자타공인 성당계의 귀부인 ……②

세고비아 대성당 Catedral de Segovia

우아하고 세련된 외형 덕분에 '귀부인'이라는 애칭으로 불리는 세고비아 대성당. 1520년 반란으로 파괴된 후 240여 년간 마을 사람들이 힘을 모아 재건했다. 오랜 시간 동안 공사가 진행되면서 고딕 양식의 유행이 끝이 난 까닭에 유럽에서 지어진 거의 마지막 고딕 성당이 되었다. 하지만 수십 개의 뾰족한 첨탑과 웅장하고 섬세한 자태, 해 질 무렵 황금빛으로 물들어 가는 모습은 유행과 상관없이 아름답다. 1615년에 세워진 높이 90m의 종탑은 가이드 투어를 통해 올라갈 수 있는데 약 1시간가량 소요된다. 계단을 올라가야 하지만 그만큼 탁 트인 도시 전망을 만날 수 있다. 한국어 오디오가이드가 제공되며 금~일요일 저녁(21:30)엔 야간 종탑 투어도 할 수 있다. 야간 투어는 하루에 1회만 진행되므로 예약하는 것이 좋다.

수도교에서 도보 10분 Calle Marqués del Arco, 1 +34 921 462 205 **성당** 4~9월 월~토요일 09:00~21:30, 일요일 12:30~21:30, 10~3월 월~토요일 09:30~18:30, 일요일 12:30~18:30, **종탑 가이드 투어** 10:30, 12:00, 13:30, 15:00, 16:30, 18:00, 19:30 **성당** 성인 €4, 65세 이상, 25세 이하 학생 €3(7세 이하 무료, 4~9월 일요일 09:00~10:00, 10~3월 09:30~ 10:30 무료입장(전시실 제외)), **종탑 가이드 투어** 성인 €7, 65세 이상, 25세 이하 학생 €6(7세 이하 무료), **성탑 & 종탑 가이드 투어** €10 catedralsegovia.es

로맨틱한 분위기의 백설 공주 성 ③

알카사르 Alcázar de Segovia

디즈니 애니메이션 〈백설 공주〉 성의 모티브가 되어 지금도 '백설 공주 성'이라고 불리는 알카사르는 에레스마 강과 클라모레스강이 내려다보이는 언덕 위에 위치한다. 14세기 중엽 건축된 뒤 수 세기에 걸쳐 증축과 개축되었고 16~18세기엔 일부가 감옥으로 이용되기도 했다. 이후 1862년 화재로 탄 부분은 복원했다. 절벽 끝에 세워진 성은 뾰족한 고깔 모양의 지붕과 둥근 테라스가 있어 웅장하면서도 로맨틱한 분위기가 느껴진다. 이사벨 여왕의 즉위식, 펠리페 2세의 결혼식이 거행되었던 장소라 역사적으로도 의미가 있다. 현재는 왕가의 화려한 생활상을 보여 주는 박물관으로 사용되고 있으며 후안 2세 탑에 오르면 강 건너편까지 탁 트인 전망이 펼쳐진다.

대성당에서 도보 9분 Pl. Reina Victoria Eugenia, s/n +34 921 210 515
11/1~3/27 10:00~18:00, 3/28~10/31 10:00~20:00 1/1, 1/6, 6/14, 12/25
궁전 성인 €7, 6~16세, 학생, 65세 이상 €5, **궁전 & 탑** 성인 €10, 6~16세, 학생, 65세 이상 €8, 오디오가이드(한국어) €3.5 alcazardesegovia.com

대를 이어온 정통 새끼 돼지 통구이 ······ ①

메손 데 칸디도 Mesón de Cándido

새끼 돼지 통구이 '코치니요 아사노'를 전 세계에 알린 칸디도 로페스의 후손들이 대를 이어 운영하는 곳이다. 마을 입구에 그의 동상이 세워져 있으며, 스페인 국왕을 비롯해 많은 인사들이 다녀갔을 정도로 유명하다. 칼 대신 접시로도 잘릴 정도로 부드러운 코치니요 아사도를 맛볼 수 있다.

수로에서 도보 1분 Pl. Azoguejo, 5 +34 921 425 911 12:30~16:30, 20:00~22:30 코치니요 아사도 €30, 등심 스테이크 €29 mesondecandido.es

코치니요 아사도

세고비아 지역 음식 중 가장 유명한 것이 코치니요 아사도Cochinillo Asado다. 태어난 지 2개월이 넘지 않은 무게 3~4kg의 새끼 돼지를 화덕에 구운 것으로 크리스마스 시즌에 주로 먹는다. 머리까지 통째로 나와 보기에 좀 거부감이 들 수도 있겠지만, 특별한 지역 음식을 맛보는 재미 역시 놓치기 아깝다.

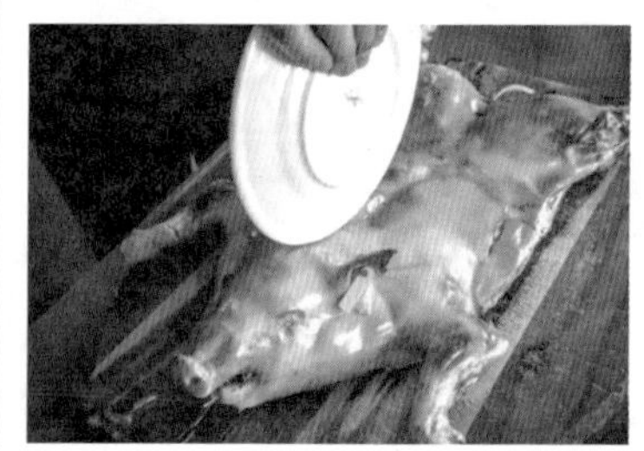

코치니요 아사도 양대 산맥 중 하나 ······ ②

메손 데 호세 마리아 Mesón de José María

코치니요 아사도를 맛볼 수 있는 또 다른 인기 레스토랑이다. 1인분씩 주문할 수 있으며 통구이를 가져와 접시로 잘라준다. 껍질은 바삭하고 속살은 부드러워 '겉바속촉'의 정석이다. 하지만 특별한 양념이 없고 돼지 특유의 냄새가 나기도 해 호불호가 나뉘니 맛보기 정도로 1인분만 주문하고 다른 메뉴와 함께 먹는 걸 추천한다. 돼지 껍데기 튀김, 초리조 등의 타파스와 함께 간단히 술 한잔하기에도 괜찮다.

세고비아 대성당에서 도보 4분 · Calle Cronista Lecea 11 · +34 921 466 017
10:00~00:00 · 코치니요 아사도 €31, 구운 문어 €30 · restaurantejosemaria.com

CITY ····④

시간이 멈춘 듯한 중세 도시

쿠엥카 Cuenca

#절벽 도시 #쿠엥카 대성당 #산 파블로 다리

우에르카강과 후카르강 사이 절벽 위에 세워진 도시 쿠엥카. 거대한 협곡을 따라 자리한 중세 도시는 과거에서 시간이 멈춰 버린 듯하다. 절벽 위에 세워진 아찔한 건축물과 그와는 대조적으로 아기자기한 골목길의 풍경들을 볼 수 있어 도시 전체가 유네스코 세계문화유산으로 지정된 이유가 충분해 보인다. 톨레도, 세고비아에 비해 덜 알려졌지만, 도시의 매력은 그 이상이다

쿠엥카 가는 방법

마드리드에서 동쪽으로 140km 떨어져 있지만, 고속 기차를 타면 단 1시간이면 갈 수 있어 부지런히 움직이면 당일치기로 충분히 다녀올 수 있다. 기차역이 버스터미널보다 시내에서 더 멀긴 하지만 어차피 둘 다 버스를 이용해야 하니 편리성과 접근성에 큰 차이는 없다.

기차

마드리드 아토차역에서 고속 기차를 타면 1시간 만에 쿠엥카까지 갈 수 있다. 일반 열차는 3시간 이상 소요되기 때문에 추천하지 않는다. 고속 기차는 쿠엥카 시내에서 6km 떨어진 페르난도 소벨Fernando Zobel역에 정차하므로 이곳에서 버스나 택시를 이용해 마요르 광장까지 가야 한다. 시내버스 1번을 탑승하면 되고 25분 정도 걸린다. 요금은 €2.15.

기차 renfe.com

운행 시간 마드리드 아토차 출발 06:15~21:00/페르난도 소벨 출발 06:23~22:34
배차 간격 30~60분, 약 1시간~1시간 20분 소요
편도 €14.95~73

버스

마드리드 남부 버스터미널Madrid Estación Sur에서 쿠엥카행 아반사 버스가 운행된다. 시간대에 따라 2시간~2시간 반 정도 걸린다. 이동 시간이 꽤 긴 편이라 당일치기로 다녀오려면 07:30에 출발하는 첫차를 이용하는 게 좋다. 쿠엥카 버스터미널 맞은편 정류장에서 1번 버스를 타면 마요르 광장까지 10분, 도보로는 25분 정도 소요된다. 요금은 €1.2이다.

아반사 버스 avanzabus.com

운행 시간 마드리드 Est.Sur 출발 07:30~22:00, 쿠엥카 출발 07:30~21:45
배차 간격 2시간~2시간 반, 약 2시간 5분~2시간 30분 소요
편도 €15.71~

쿠엥카 여행 방법

다른 근교 도시들에 비해 거리가 멀어 당일치기로 다녀오려면 고속 기차를 타고 일찍부터 서두르는 것이 좋다. 기차역에서 마요르 광장까지는 버스로, 나머지 볼거리는 도보를 이용하면 된다. 거대한 협곡을 따라 자리한 중세 도시, 절벽 위에 세워진 건물들이 다른 도시와는 확실히 차별화된다. 골목길 탐방과 걷는 걸 좋아한다면, 마요르 광장에서 기차역 방향으로 이어지는 알폰소 8세 길도 거닐어보자. 내리막길로 되어 있으니 참고하자!

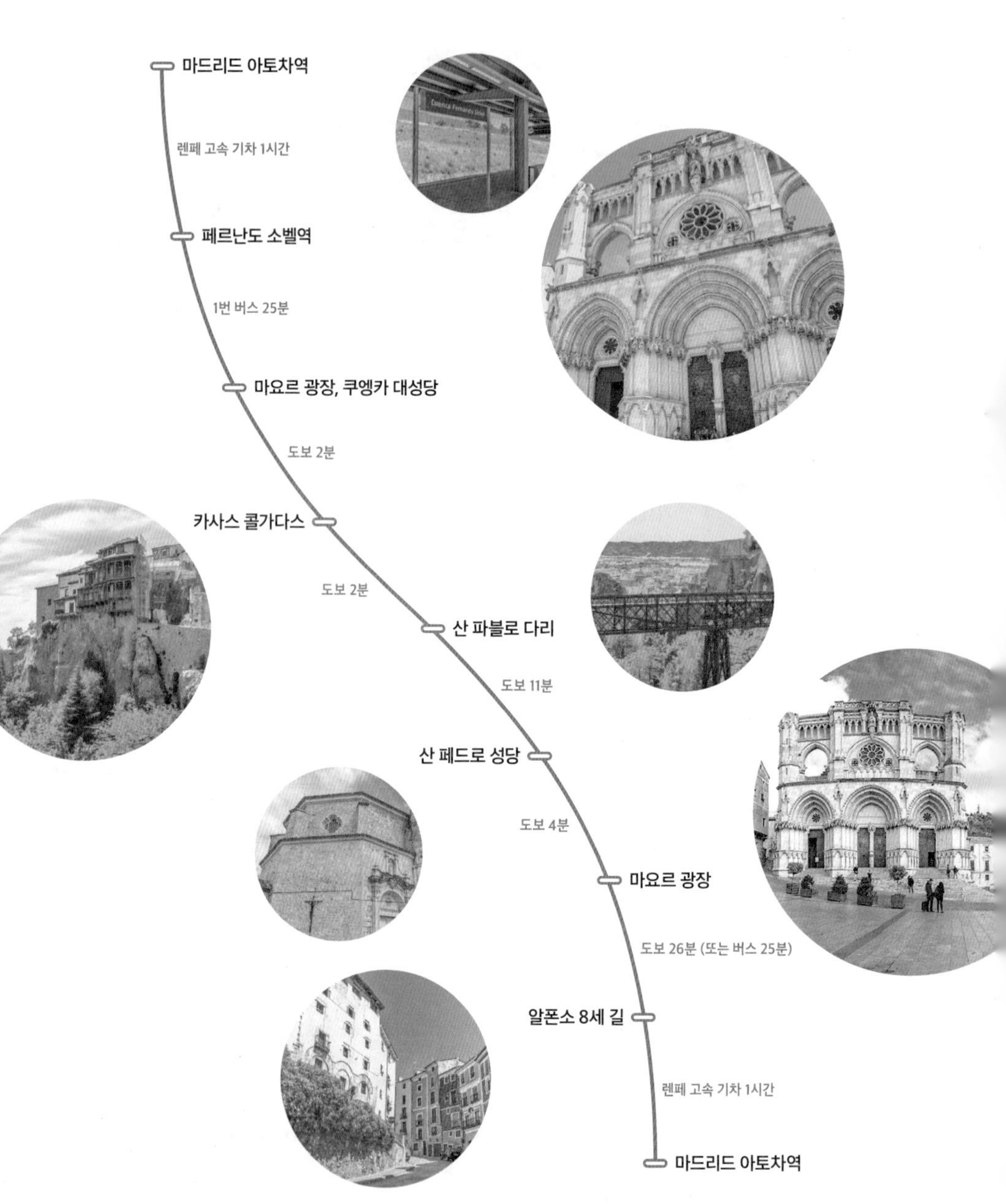

쿠엔카 상세 지도

쿠엔카 성

03 쿠엔카 대성당

02 마요르 광장

마요르 광장 정류장(1번 버스 도착지)

05 산 파블로 다리

관광안내소

04 카사스 콜가다스

과학 박물관

만가나 탑

01 알폰소 8세 길

쿠엔카 버스터미널

페르난도 소벨역

C. Trabuco
Rda. Julián Romeo
P.º del Jucar
C. San Pedro
C. Armas
C. San Miguel
C. Canónigos
C. Colón
C. Alfonso VII
C. San Martín C
C. San Martín A
C. Sta. Catalina
Subida a San Pablo
Pl. Carmen
C. Alcázar
C. Mosén Diego de Valera
P.º del Huécar
Calle San Gil
Caballeros

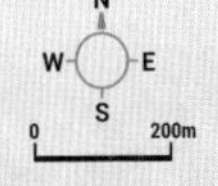

골목길 탐방을 좋아한다면 ······ ①

알폰소 8세 길

Calle Alfonso Ⅷ

버스터미널에서 쿠엥카 여행의 시작점이 되는 마요르 광장까지 도보로 25분가량 소요된다. 오르막길이라 조금 힘들긴 하지만 예쁜 골목길을 걷는 것도 쿠엥카 여행의 일부가 된다. 알폰소 8세 길을 따라 알록달록한 건물들이 늘어서 있고 길 끝의 3개의 아치형 문을 통해 마요르 광장과 대성당이 연결된다.

🚶 쿠엥카 버스터미널에서 도보 20분

쿠엥카 여행의 시작과 끝 ······ ②

마요르 광장 Plaza Mayor

쿠엥카 구시가 중심으로 본격적인 여행의 시작점이 된다. 기차역, 버스터미널을 오가는 1번 버스가 여기서 출발한다. 광장을 둘러싸고 중세 가옥들과 맛집, 각종 꿀과 소시지, 와인 등을 판매하는 특산물 가게들이 모여 있다. 주요 볼거리로 대성당이 있으며 다양한 색깔의 광장을 배경 삼아 예쁜 사진을 남기기도 좋다.

🚶 버스터미널에서 1번 버스 탑승, 플라사 마요르Plaza Mayor에서 하차

📍 Calle de Severo Catalina, 2

마요르 광장에서 식사하기

마요르 광장엔 많은 레스토랑이 있어 이곳에서 식사하거나 타파스로 요기하기 좋다. 평일 낮엔 저렴한 메뉴 델 디아도 주문할 수 있다. 테라스에 자리를 잡고 거리 풍경을 보며 식사하는 건 유럽 여행의 가장 큰 낭만 중 하나다.

스페인 최초의 고딕 성당, 노트르담 성당 닮은 꼴 ③

쿠엥카 대성당

Catedral de Cuenca

쿠엥카를 장악했던 이슬람 세력을 몰아낸 알폰소 8세가 모스크를 허물고 지은 것으로 스페인 최초의 고딕 성당으로 유명하다. 고딕 양식의 특징인 뾰족한 첨두아치와 스테인드글라스가 있어서 정면 파사드가 특히 파리의 노트르담 성당을 닮아있다. 1902년 낙뢰 사고로 종탑이 무너져 20세기 초 신 고딕 양식으로 일부 재건했는데 성당 내부는 더욱 화려하고 아름답다. 그중 가장 눈에 띄는 것은 〈최후의 만찬〉으로 예수님과 12명의 제자를 실물 크기로 나무로 제작해 색을 입힌 것이다. 아름다운 예배당과 성가대석, 스테인드글라스를 통해 들어온 빛이 신비로운 분위기를 자아낸다.

🚶 버스터미널, 기차역에서 1번 탑승, 마요르 광장에서 하차 📍 Pl. Mayor
🕒 7~11월 10:00~19:30, 11~3월 일~금요일 10:00~17:30, 토, 공휴일 10:00~19:30, 4~6월 일~금요일 10:00~18:30, 토, 공휴일 10:00~19:30
€ 대성당 €5.5, 박물관 €4, 통합권 €10.5
🏠 catedralcuenca.es

세상에서 가장 아찔한 미술관 ④

카사스 콜가다스 Casas Colgadas

쿠엥카는 기암절벽으로 둘러싸여 있어 과거 오랜 시간 동안 어떤 적의 침입도 허용하지 않은 강력한 방어력을 자랑한다. 그리고 이런 지역의 특성을 이용해 절벽 밖으로 돌출된 집들을 짓기 시작했다. 가파른 절벽 위에 세워진 건물은 발코니가 모두 밖으로 나와 있어 보기만 해도 아찔하다. 15세기에는 협곡을 따라 이런 집들이 많았지만, 현재는 3채만 남아있다. 그중 복원이 가장 잘된 곳이 매달린 집이란 뜻의 '카사스 콜가다스'로 현재 스페인 추상 미술관으로 사용되고 있으며 호안 미로, 안토니 타피에스 등의 작품들을 만날 수 있다.

🚶 쿠엥카 대성당에서 도보 3분 📍 Calle de Canónigos
📞 +34 969 212 983 🕒 화~금요일 10:00~14:00, 16:00~18:00, 토요일 10:00~14:00, 16:00~20:00, 일요일 10:00~14:30 ✖ 월요일, 1/1, 1/6, 부활절, 9/18~21, 12/24, 12/25,12/31 € 무료 🏠 march.es/arte/cuenca

아찔하지만 전망은 최고 ······ ⑤

산 파블로 다리 Puente de San Pablo

우에르카 강 위를 가로지르며 협곡 사이를 이어주는 길이 60m의 다리. 주변의 풍경과 대비되는 붉은 철제 다리는 웅장함과 아찔함을 동시에 선사한다. 움직임에 따라 다리가 흔들리기 때문에 고소 공포증이 있는 이라면 긴장될 것이다. 이곳에서 360도 파노라마로 펼쳐지는 쿠엥카의 전경을 감상할 수 있다.

🚶 카사스 콜가다스에서 도보 1분

전망 좋은 종탑은 놓칠 수 없지! ······ ⑥

산 페드로 성당 Iglesia de San Pedro

모스크가 있었던 자리에 지어진 로마네스크 양식의 산 페드로 성당. 론다의 누에보 다리를 건축한 호세 마르틴 데 알데우엘라의 작품으로 독특한 팔각형 구조가 돋보인다. 다른 성당들에 비해 내부는 심플하지만, 종탑에 오르면 쿠엥카의 전경을 360도 파노라마로 감상할 수 있다. 웅장한 산자락과 험준한 협곡 사이로 흐르는 계곡, 중세풍의 도시가 환상적으로 펼쳐진다.

🚶 쿠엥카 대성당에서 도보 5분 📍 Calle de Trabuco, s/n
📞 +34 649 693 600 🕒 시7~11월 10:00~19:30, 11~3월 일~금요일 10:00~17:30, 토, 공휴일 10:00~19:30, 4~6월 일~금요일 10:00~18:30, 토, 공휴일 10:00~19:30
€ 성인 €2.5, 25세 이하 학생, 65세 이상 €1.5

CITY ····⑤

예술과 과학 그리고 해변이 만나는 도시

발렌시아 Valencia

#발렌시아 대성당 #예술 과학 도시 #말라로사 해변 #파에야

스페인 제3의 도시. 유서 깊은 건축물과 이야기로 가득 찬 구시가,
눈부시게 푸르른 지중해, 미래로 순간 이동을 한 듯한
예술과 문화의 도시까지. 아직은 한국인 여행자들이 많이 즐겨 찾는
여행지는 아니지만 앞으로가 더욱 기대되는 곳이다.
본고장에서 만나는 다양한 종류의 파에야도 놓칠 수 없는 즐거움이다.

발렌시아 가는 방법

항공

마드리드, 바르셀로나 외 스페인의 각지에서 저가 항공사가 직항으로 운항한다. 부엘링, 라이언에어, 이지젯, 이베리아항공 등 항공편이 다양하며 1~2시간 정도 소요된다. 공항은 시내에서 8km가량 떨어져 있으며 메트로, 버스, 택시를 이용해 갈 수 있다.

공항에서 시내 가는 법

- **메트로** 3,5호선 탑승 후 Xativa역 하차 공항 출발 05:27~23:57, Xativa역 출발 05:01~23:31 편도 €4.9(카드 €1 추가)/약 30분 소요 metrovalencia.es

충전식 교통 카드 TuiN

TuiN은 충전식으로 사용하는 교통 카드로 종이 카드는 €1, 플라스틱 카드는 €2에 구매한 후 충전해서 사용하면 된다. 1존 €0.8, 2존 €1.2, 3존 €2이 차감이 되므로 싱글 티켓보다 훨씬 저렴하다. 공항과 시내의 경우 3존(€2)에 해당되며 카드 구매 비용 포함 €3이므로 싱글 티켓보다 저렴하다. 또한 여러 명이 함께 사용할 수 있어서 여행 일정에 공항 이동이 포함된다면 TuiN 카드를 구입하는 게 경제적이다. 현재 교통비 일부에 할인이 적용되고 있어 추후 가격 변동이 있을 수 있으니 참고할 것.

- **버스** 150번 버스 이용 15분 간격으로 운행, 약 30~40분 소요 편도 €2.8
- **택시** 15~20분 소요 요금 €30 내외

기차

발렌시아 기차역은 두 곳이다. 호아킨 소로야Joaquín Sorolla역에서 마드리드와 바르셀로나를 오가는 기차가 발착하며, 발렌시아 북Valencia Nord역에서는 세비야, 그라나다, 빌바오 외 많은 지역을 오가는 기차가 발착한다. 두 개의 역은 도보로 10분 거리로, 각각의 기차역에서 시내 중심까지 도보 15분 정도면 갈 수 있다.

- **마드리드 아토차역 출발** 1일 약 15편, 1시간 54분~2시간 15분 소요 편도 €15~
- **바르셀로나 산츠역 출발** 1일 약 10편, 2시간 52분~5시간 14분 소요 편도 €28.55~
- **세비야 산타 후스타 출발** 1일 약 8편, 4시간 29분~7시간 25분 소요 편도 €29.95~

버스

마드리드, 바르셀로나 외 여러 지역에서 발렌시아행 버스가 운행된다. 고속 기차에 비해선 시간이 조금 더 걸리긴 하지만 요금이 저렴하고, 버스 분위기도 쾌적하다. 티켓은 예약하면 좀 더 저렴하게 이용할 수 있다. 버스터미널에서 시내까지는 도보로 15분 정도 걸린다.

- **마드리드 남부 버스터미널 출발** 1일 7편, 약 4시간 반 소요 티켓 예약 avanzabus.com
- **바르셀로나 북부 버스터미널 출발** 1일 12편, 약 4시간 15분 소요 티켓 예약 alsa.es

발렌시아 여행 방법

짧은 스페인 일정에서 발렌시아를 선택하는 여행자는 많지 않지만, 저가 항공 노선이 꽤 다양하고 유럽 어디에서든 편하게 이동할 수 있어 2, 3일 일정으로 여행을 하긴 괜찮다. 유서 깊은 건축물로 가득 찬 구시가는 도보로 충분히 돌아볼 수 있으나 예술 과학 도시, 말바로사 해변은 좀 떨어져 있어서 버스를 이용해야 한다. 스페인의 과거와 미래, 휴양지 분위기까지 느낄 수 있어서 다른 도시들과는 또 다른 매력으로 다가온다. 파에야의 본고장인 만큼 파에야는 꼭 맛볼 것! 8월 말에 떠난다면 토마토 축제가 열리는 근교 도시 부뇰도 함께 계획해 보자.

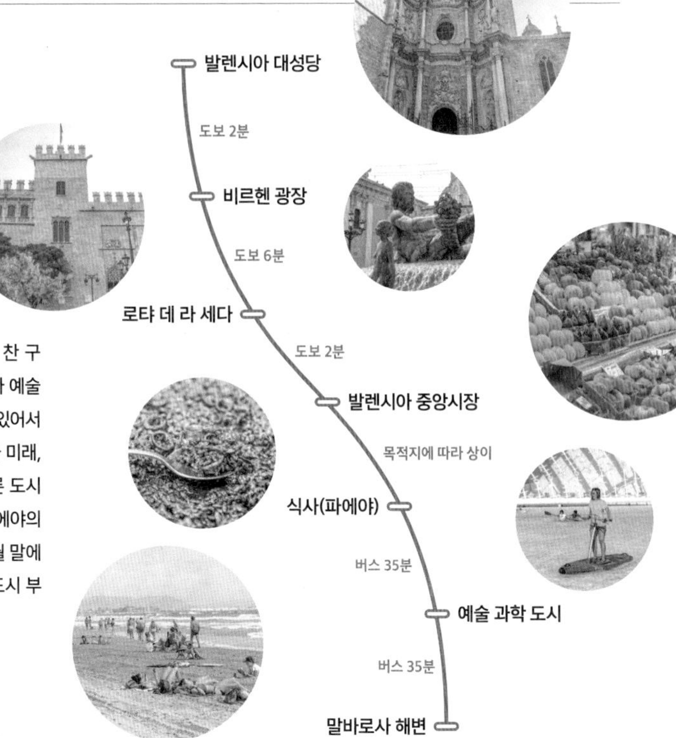

발렌시아 상세 지도

발렌시아 건축 역사를 한눈에 ······ ①

발렌시아 대성당 La Seu de València

가톨릭 왕국이 지배권을 탈환한 후, 1262년에 이슬람 사원이 있던 자리에 성당을 짓기 시작해 지금의 모습을 갖추기까지 450여 년이 걸렸다. 오랜 건설 기간으로 인해 고딕, 로마네스크, 바로크까지 다양한 건축 양식이 어우러져 발렌시아 건축 역사를 한눈에 보여준다. 대성당엔 3개의 문이 있는데 레이나 광장 쪽으로 향한 메인 문인 '로스 이에로스'는 로마네스크 양식, 동쪽의 '라 알모이나'는 로마네스크 양식, 마지막 문인 '로스 아포스토렐스'는 프랑스 고딕 양식으로 지어져 각기 다른 매력을 느낄 수 있다. 그리스도가 최후의 만찬에서 사용했다는 성스러운 술잔인 성배가 내부 예배당에 전시되어 있다. 진짜 성배가 맞는지 한동안 갑론을박이 이어졌지만 끝내 많은 학자와 교황청으로부터 인정받았다. 정면 왼쪽에 자리한 팔각형의 미겔레테 탑엔 무게 11톤에 달하는 종이 달려 있으며, 전망대에 오르면 탁 트인 도시 전망을 만날 수 있다.

발렌시아 북역에서 도보 20분 Pl. de l'Almoina, s/n +34 963 918 127 **성당** 1~6월, 10~12월 월~금요일 10:30~18:30, 토요일 10:30~17:30, 일요일 14:00~17:30, 7~9월 월~토요일 10:30~18:30, 일요일 14:00~18:30, **미겔레테 탑** 10:00~18:45 **성당** 성인 €9, 8~17세 €6(오디오가이드 포함), **미겔레테 탑** 성인 €2.5, 8~17세 €1.5(월~토요일 07:30~10:00, 18:30~20:30, 일요일 07:30~13:30, 16:30~20:30 무료입장) catedraldevalencia.es

고딕 양식의 걸작으로 불리는 장소 ······ ②

로탸 데 라 세다 La Llotja de la Seda de

1482~1533년에 지은 건물과 성당, 정원 등을 포함하는 곳으로 오랫동안 무역의 중심지였다. 주로 실크 거래를 했기 때문에 이름도 '실크 거래소'란 뜻으로 지어졌다. 내부의 화려한 천장 장식, 나선형 기둥, 아름답게 장식된 창문이 특히 돋보인다. 후기 고딕 양식의 걸작으로 손꼽히며 당시 지중해의 주요 상업 도시였던 이곳의 부와 힘을 가늠해 볼 수 있다.

발렌시아 대성당에서 도보 1분
Carrer de la Llotja, 2
+34 962 084 153 월~토요일 10:00~19:00, 일요일, 공휴일 10:00~14:00
요금: 2€(일요일, 공휴일 무료입장)

발렌시아의 낭만을 가득 품은 곳 ······ ③

비르헨 광장 Plaza de la Virgen

구시가 중심에 자리한 아름다운 광장이다. 한쪽엔 투리아Turia강을 상징하는 분수인 라 푸엔테 델 투리아가 있는데 위의 조각상은 로마 신화 속 바다의 신, 넵툰이다. 대성당과 그 너머로 미겔레테 탑까지 한눈에 담을 수 있다. 광장 주변으로 노천 바들이 자리하며 계단마다 편하게 앉아 도시의 여유를 즐기는 사람들로 늘 붐빈다.

발렌시아 대성당에서 도보 3분

유럽에서 가장 큰 시장이 발렌시아에? ······ ④

발렌시아 중앙시장 Mercat Central

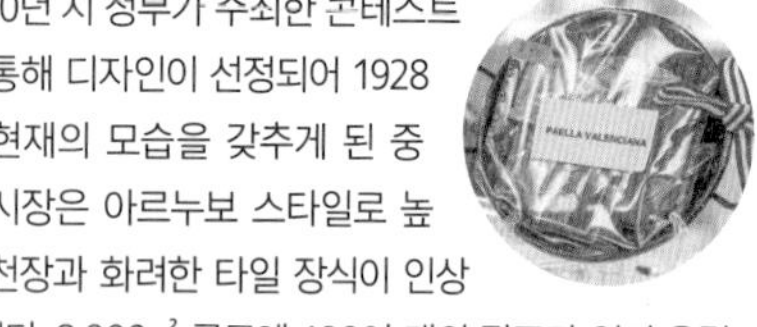

1910년 시 정부가 주최한 콘테스트를 통해 디자인이 선정되어 1928년 현재의 모습을 갖추게 된 중앙 시장은 아르누보 스타일로 높은 천장과 화려한 타일 장식이 인상적이다. 8,000㎡ 규모에 1000여 개의 점포가 있어 유럽에서 가장 큰 시장으로 알려져 있다. 중앙의 거대한 돔, 다양한 색깔의 천창으로 들어오는 햇살로 인해 시장 내부는 늘 밝고 아늑하다. 신선한 채소와 과일, 견과류, 하몽, 파에야 재료 등 다양한 식재료 판매점이 주를 이루며 기념품점, 바르, 레스토랑들도 있다. 즉석에서 짜주는 신선한 오렌지주스도 꼭 먹어보자.

로타 데 라 세다에서 도보 4분 Pl. Ciutat de Bruges, s/n +34 963 829 100 월~토요일 07:30~15:00 일요일 mercadocentralvalencia.es

드넓은 황금빛 모래사장이 있는 해변 ······ ⑤

말바로사 해변

Playa de la Malvarrosa

도심에서 멀지 않은 곳에 자리한 발렌시아 최고의 인기 해변. 비치는 2km에 달하며 황금빛 모래사장은 평균 너비가 60m에 이를 정도로 드넓다. 현지인들에게도 많은 사랑을 받고 있어 해수욕 시즌엔 이 넓은 해변에 발 디딜 틈이 없어진다. 해변과 도로의 경계에는 큰 산책로가 조성되어 있으며 주변엔 많은 숙소와 레스토랑, 상점들이 들어서 있다.

발렌시아 대성당에서 도보 13분 거리에 있는 Pont de Fusta역에서 4번 트램 탑승, La Cadena역 하차 후 도보 약 8분

예술 과학 도시 Ciudad de las Artes y las Ciencias

과학 박물관, 레이나 소피아 예술 궁전, 해양 박물관, IMAX 영화관 등이 모여 있는 복합 문화 공간으로 발렌시아 출신의 세계적인 건축가 산티아고 칼라트라바의 작품이다. 스페인 최초의 미래형 건축물로 손꼽힌다. 물에 떠 있는 듯한 형상을 한 건축물과 인공 수로에선 보트와 투명 카약 등 다양한 액티비티도 즐길 수 있다. 해당 건물에 입장하지 않더라도 충분히 미래 도심 속 오아시스 같은 분위기를 느낄 수 있다. 지금 봐도 영화 속 미래에나 나올 법한 분위기인데 1998년 첫 개장(빌바오 구겐하임 미술관은 1997년에 개장)을 했다니 놀라움을 감출 수 없다. 다양한 즐길 거리와 밤이 되어 조명이 켜진 모습도 멋지니 여유로운 일정으로 방문해 볼 것을 추천한다.

메트로 L3,5 Almeda역에서 도보 15분
Quatre Carreres +34 962 974 686
과학 박물관 10~3월 월~목요일 10:00~18:00, 금~일요일 10:00~19:00, 4~6월, 9월 10:00~19:00, 7~8월 10:00~21:00, **해양 박물관** 9~6월 일~금요일 10:00~18:00, 토요일 10:00~20:00, 7~8월 10:00~21:00(시즌에 따라 운영 시간 상이)
과학 박물관 €9, 해양 박물관 €40.5, 과학 박물관 & 해양 박물관 €42.7 cac.es

고야 갤러리 레스토랑 Goya Gallery Restaurant

〈미쉐린 가이드〉에 소개된 고급스러운 분위기의 레스토랑. 전통 파에야 외에 창의적인 메뉴들을 다채롭게 선보이고 있어 현지인들에게도 큰 인기다. 토끼 고기, 달팽이 등을 넣은 발렌시아 스타일 파에야는 사전에 예약해야 한다. 수프처럼 떠먹는 액체형 크로케타도 특별하다. 파에야는 2인분이 기본이지만, 혼자 방문했을 땐 1인분 주문도 가능하다. 분위기, 음식 세팅, 친절한 직원들, 맛까지! 전반적인 퀄리티 대비 가격대도 합리적이라 안 가볼 이유가 없다.

메트로 L10 Russafa역에서 도보 1분 Carrer de Borriana, 3
+34 963 041 835 화, 수, 일요일 13:00~18:00, 목, 토요일 13:00~18:00, 21:00~00:30 월요일 크로케타 리퀴다 €6, 파에야 €16~28
goyagalleryrestaurant.com

파에야의 본고장, 발렌시아

파에야는 납작하고 넓은 팬에 쌀과 고기, 해산물, 채소 등을 넣고 만든 스페인 쌀 요리다. 8세기 무렵부터 시작된 이슬람 지배의 영향으로 발렌시아에서 시작되어 지금은 스페인 전역에서 즐겨 먹는다. 바닥이 얕은 둥근 모양에 양쪽에 손잡이가 달린 프라이팬 '파에야' 자체가 요리 이름이 되었다. 정통 발렌시아 파에야는 토끼 고기, 닭고기, 달팽이를 넣어 만든다. 시내 곳곳에 파에야 전문점이 있고, 전용 팬과 파에야 재료를 파는 곳들도 많다.

꼬들꼬들 눌어붙은
마지막 한 스푼까지 남김없이! ······②

라 리우아 La Riuá

파에야의 본고장 발렌시아에서도 이름난 맛집으로 인기가 많은 곳이니 예약하고 가는 걸 추천한다. 외관부터 식당 안쪽까지 오랜 전통이 느껴지고 벽에 붙여 놓은 색 색깔의 접시들이 눈길을 잡아끈다. 많은 손님 대비 운영 시간이 짧아서 점원들이 분주하게 움직이고 북적북적한 분위기도 나쁘지 않다. 토끼 고기가 들어가는 발렌시안 파에야는 호불호가 나뉘니 오징어 먹물이나 해산물 파에야를 주문하는 게 무난하다. 팬에 적당히 눌어붙은 꼬들꼬들한 밥알은 한국인의 디저트, 볶음밥 못지않다.

발렌시아 대성당에서 도보 4분 · Carrer del Mar, 27 · +34 963 914 571 · 화~토요일 14:00~16:15, 21:00~23:15 · 일, 월요일 · 랍스터 파에야 €23, 발렌시아 파에야 €11 · lariua.com

200년 전통의 오르차타 한잔! ······③

오르차테리아 산타 카탈리나 Orxateria Santa Catalina

200여 년의 역사를 보유한 오르차타 전문점이다. 스페인 대표 음료인 오르차타는 작은 덩이뿌리인 추파를 물, 설탕과 함께 갈아 만든다. 한국 음료수인 아침 햇살과 비슷한 맛이지만 특유의 향이 있어 호불호가 나뉠 수 있다. 담백하고 부드러운 빵인 파르톤을 곁들여 먹어도 좋다. 초코라테와 추로스도 있으니 아침 식사나 당 충전을 위해 들러보자.

발렌시아 대성당에서 도보 3분 · Pl. de Santa Caterina, 6 · +34 963 912 379 · 08:30~ 21:30 · 오르차타 €3.6, 파르톤 €1.3, 추로스 €2.9 · horchateriasantacatalina.com

스페인 남부

스페인 남부는 뜨거운 태양 아래 펼쳐진 아름다운 풍경, 역사와 문화가 살아 숨 쉬는 도시들 그리고 정열적인 플라멩코까지 다채로운 매력을 가진 곳이다. 이슬람 건축 문화의 정수 알람브라를 만날 수 있는 그라나다, 플라멩코의 발상지이자 콜럼버스의 무덤이 있는 정열의 도시 세비야, 이슬람과 기독교 문화가 어우러진 예술의 도시 코르도바, 아찔한 협곡 위의 중세 도시 론다, 지중해를 따라 펼쳐진 아름다운 해변과 피카소 미술관이 있는 말라가까지. 스페인 여행에서 빼놓을 수 없는 멋진 도시가 늘어서 있다. 도시별로 각기 다른 매력을 느낄 수 있기 때문에 모든 도시를 다 둘러보면 좋겠지만, 일정이 맞지 않는다면 대표 도시인 그라나다와 세비야를 중심으로 한두 곳을 함께 둘러보는 정도로도 충분히 스페인 남부의 매력을 알 수 있을 것이다.

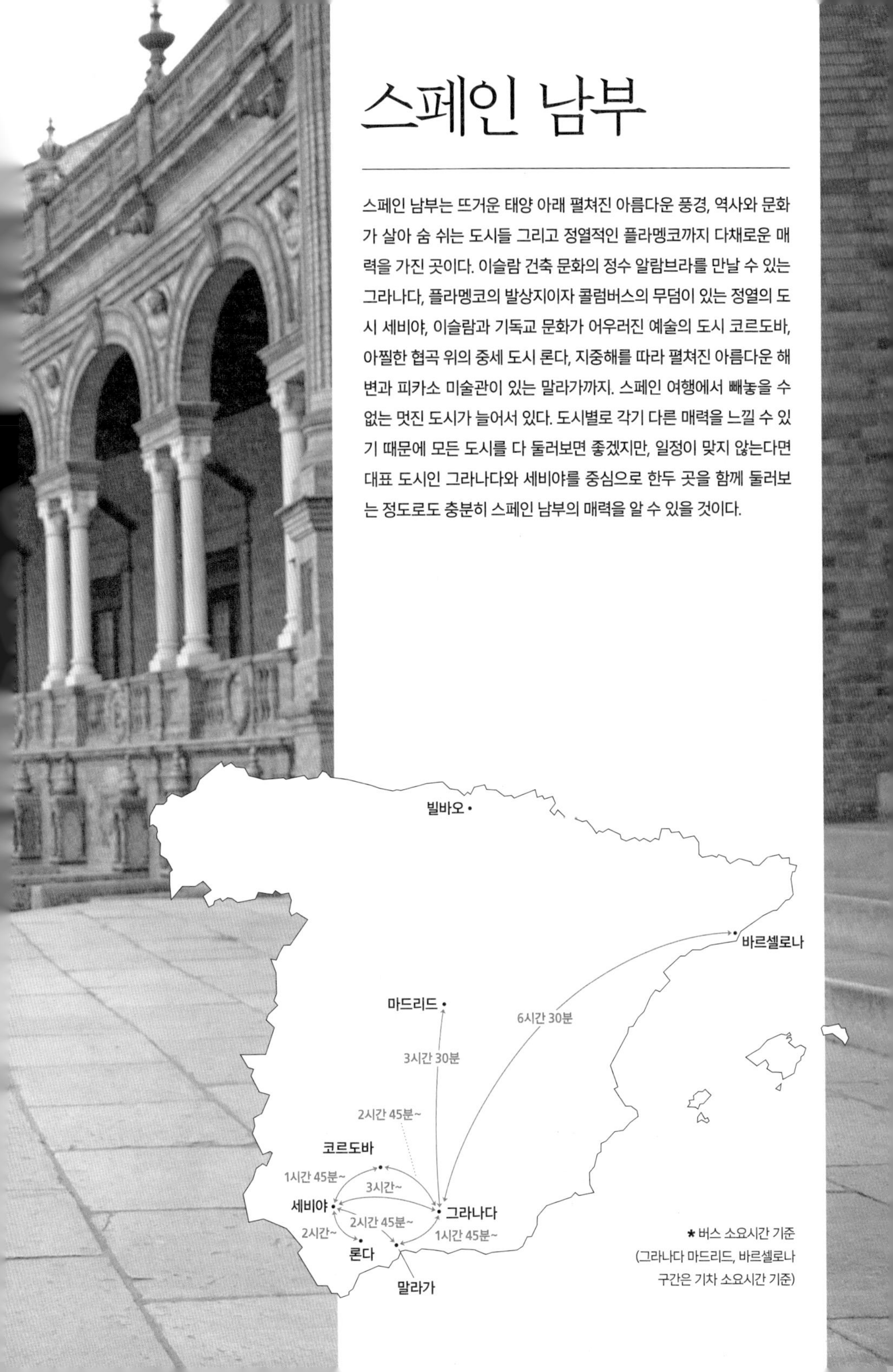

* 버스 소요시간 기준
(그라나다 마드리드, 바르셀로나 구간은 기차 소요시간 기준)

TABACOS

malagueta

Mesón el Burlaero
ESTAURANTE
EL
BURLAERO
EL "BURLAERO"

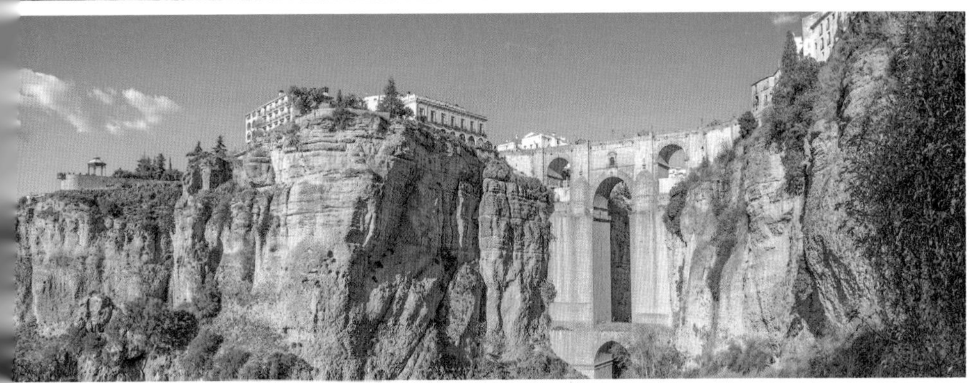

CITY ····①

이슬람 문화가 살아있는 이국적인 도시

그라나다 Granada

#알람브라 #이슬람 문화 #가톨릭 문화
#플라멩코 #타파스 투어

800여 년간 찬란하게 꽃피웠던 이슬람 문화와 가톨릭 문화가 융합되어 스페인 내에서도 가장 이국적인 분위기를 느낄 수 있는 곳이다. 이슬람 건축의 꽃인 알람브라, 그들이 모여 살던 알바이신 지구, 사크로몬테 등의 다양한 볼거리와 플라멩코 공연, 타파스 투어까지 여행의 즐거움이 가득하다. 어디에도 없을 특별한 알람브라 궁전의 추억을 만들게 될 것이다.

그라나다 가는 방법

항공

직항으로 운행되는 저가 항공 노선이 다양해 바르셀로나 또는 마드리드에서 오는 이들은 항공편을 이용하는 사람들이 많다. 예약 후 이용하면 가격이 기차보다 더 저렴할 때도 많다. 페데리코 가르시아 로르카Federico Gracia Lorca, 그라나다 공항에서 시내까지는 버스로 45분 정도 소요된다. 택시는 €33~36가량의 고정 요금으로 이용할 수 있다.

공항에서 시내 가는 법

그라나다 공항에서 시내까지는 20km 거리로, 버스를 이용해 갈 수 있다. 알사에서 운영하는 공항버스 또는 0245번을 탑승하면 45분 정도 걸린다. 요금(€3)이 저렴하고 트렁크에 짐도 실을 수 있어 편안하게 이동할 수 있다. 요금은 버스 기사에게 직접 지불하면 된다.

ALSA Aero Granada

요금	편도 €3
소요 시간	그란 비아 데 콜론 대로까지 약 45분
운행 시간	09:20~22:30, 20분~2시간 간격 운행
주요 노선	그라나다 공항 → 그라나다 버스터미널 → 그란 비아 데 콜론 대로(그라나다 대성당 앞) → 엘 코르테 잉글레스 백화점 → 그라나다 컨벤션 센터

버스

마드리드, 세비야, 말라가, 코르도바 등에서 알사 버스를 이용하면 된다. 버스 운행 횟수가 많지만, 직행과 완행에 따라 소요 시간이 달라지니 꼭 확인하고 예매를 하는 것이 좋다. 그라나다 버스터미널은 센트로에서 약 4km 떨어져 있는데, 터미널 앞 정류장에서 33번 버스에 탑승 후 약 15분이면 시내까지 갈 수 있다. 요금은 €1.4이며 탑승 후 기사에게 직접 지불하면 된다.

도시별 그라나다 직항 버스 소요 시간 및 운행 횟수
🕓 마드리드 4시간 30분~5시간 30분, 1일 16회(직행 4회) / 세비야 3시간, 1일 7회
말라가 1시간 45분~2시간 30분, 1일 20회 / 코르도바 2시간 45분/1일 5회
🏠 **버스 예약** alsa.es

기차

마드리드, 바르셀로나, 세비야, 코르도바 등에서 기차를 타고 갈 수 있다. 환승해야 하는 경우가 많으니 기차 예약 시 반드시 확인하도록 하자. 안달루시아 지역 내의 이동은 기차보다 버스가 더욱 저렴하고 편해서 이용객이 훨씬 많다. 그라나다 기차역은 센트로까지 2km 거리로 도보로 이동할 수 있으나 짐이 많다면 4번, 33번 버스를 이용하면 된다.

그라나다 대중교통

그라나다에서 주로 이용하는 대중교통은 버스다. 시내는 일반 버스, 알람브라, 사크로몬테 등 좁은 언덕길에 있는 관광지들은 아담한 크기의 알람브라 버스를 이용하면 된다. 버스 요금은 동일하게 1회 €1.4이며 1시간 내 무료 환승이 가능하다. 5회 이상 버스를 탈 계획이라면 교통 카드를 구매하는 것이 합리적이다.

그라나다 버스 이용 방법

€ 버스 요금 1회 €1.4 ◷ 06:30~23:30, 배차 시간 3~17분(노선에 따라 상이) 요금은 버스에서 기사에게 직접 지불하거나 주요 정류장 벤딩 머신에서 구입 가능 / 1시간 내 환승 가능하며 티켓 하단에 있는 바코드를 탑승 후 단말기에 태그 / 자동판매기가 설치된 버스 정류장에서는 정류장 개찰기에서 미리 개찰한 후 탑승해야 함

⌂ transportesrober.com

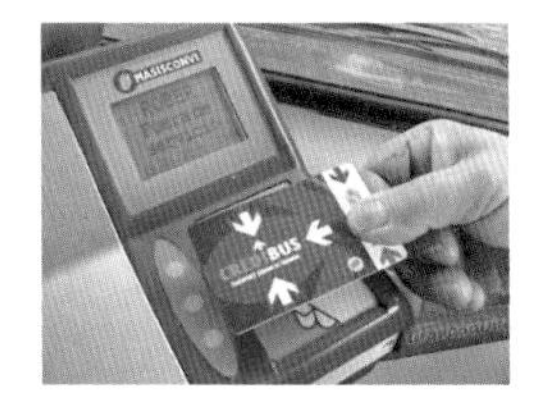

그라나다 교통 카드 크레디 부스 Credibus

알람브라, 산크리스토발 전망대 등 주요 볼거리가 시내 중심에서 떨어져 있고 언덕이 많아 그라나다에서는 버스를 이용할 일이 많다. 탈 때마다 버스 요금을 내는 게 번거롭기도 하니 충전식 교통카드 크레디부스Credibus를 이용하는 것도 좋은 방법이다. 보노부스Bonobus라고도 불린다. 구매와 충전, 보증금 환급은 모두 버스 기사를 통하거나 4번 버스가 서는 주요 정류장에 설치된 자동판매기를 이용하면 된다. 보증금은 €2이며 최소 €5부터 충전할 수 있다. 충전 금액에 따라 1회 차감 요금이 달라진다. 보증금 환급은 가능하나 남은 충전 금액은 돌려받을 수 없다. 1시간 이내 다른 버스로 환승이 가능하며 여러 명이 함께 사용할 수 있어 탑승 인원에 따라 태그를 하면 된다.

€ 보증금 €2, €5/€10/€20 단위로 충전 가능(€5 충전 시 1회 €0.87, €10 충전 시 €0.85, €20 충전 시 €0.83 차감) / 1시간 내 환승 가능하며, 버스를 갈아탈 때마다 개찰기 또는 단말기에 태그 / 다인원 사용 가능(탑승 인원수에 맞춰 태그) / 버스 기사에게 구매 및 충전, 환급 모두 가능하지만, 버스에 카드가 소진될 수 있어 주요 정류장 자동판매기에서 구매하는 것을 추천

⌂ transportesrober.com

그라나다 카드 Granada Card

원하는 날짜에 알람브라 티켓을 구하지 못했다거나, 일정이 여유롭다면 그라나다 카드 구매를 고려해 볼 만하다. 유효 시간에 따라 24시간, 48시간, 72시간 권이 있으며 가든Garden 카드도 있다. 종류마다 알람브라 세부 관람 혜택이 다르지만, 그 밖의 도시 관광지 입장, 시내버스 이용(총 9회), 시티투어 버스 1회(Hop-on Hop-off 불가, Full Lab)는 공통으로 포함된다. 그라나다 카드도 나스르 궁전 입장 날짜와 시간, 개시 날짜는 지정해서 구매해야 한다. 교통권은 버스 정류장에 설치된 자동판매기에서 교통 카드로 발급받아 사용하면 되고, 시티 투어 버스의 경우 정류장에서 기사에게 티켓을 받으면 된다.

그라나다 카드 종류

종류	요금	알람브라 이용 범위	공통 사항
24시간	€46.92	나스르 궁전 야간 입장	그라나다 대성당, 왕실 예배당, 카르투하 수도원, 산 제르니모 수도원, 과학 공원 박물관 외 / 시내버스(9회), 시티 투어 버스(1회)
48시간	€49.06	나스르 궁전, 알카사바, 헤네랄리페	
72시간	€56.57	나스르 궁전, 알카사바, 헤네랄리페	
가든	€46.92	정원, 알카사바, 헤네랄리페(나스르 궁전 불포함)	

* 홈페이지(en.granadatur.com/granada-card)에서 구매 후 티켓 출력 또는 스마트 폰에 QR을 저장해 사용 가능

시티투어 버스

꼬마 기차처럼 생긴 그라나다 시티투어 버스는 누에바 광장에서 바로 티켓을 구매해 탑승할 수 있다. 홈페이지 또는 여행사 등의 현지 판매처에서도 구입할 수 있다. 전체 코스를 돌아보는데 1시간 반가량 소요되며 한국어 오디오가이드도 제공된다. 알람브라 등 주요 관광지를 비롯해 도보로 가기 힘든 산 크리스토발 전망대, 카르투하 수도원까지 루트에 포함되어 있고 승, 하차도 자유로워 편리하다. 언덕이 많은 그라나다에서 특히 유용한 교통수단이자 좋은 여행 방법이 된다.

€ Hop-on Hop-off 1일 성인 €9.35, 65세 이상 €4.65
Hop-on Hop-off 2일 성인 €14, 65세 이상 €7
Panoramic(One Run) 성인 €7, 65세 이상 €2.3
* 한국어 오디오가이드 포함(이어폰 별도 구입, 개인 이어폰 지참 가능)
🕓 4~10월 09:30~21:00, 11~3월 09:30~19:30 / 배차 간격 30~45분, 약 1시간 30분 소요
🏠 granada.city-tour.com

시티투어 버스 노선

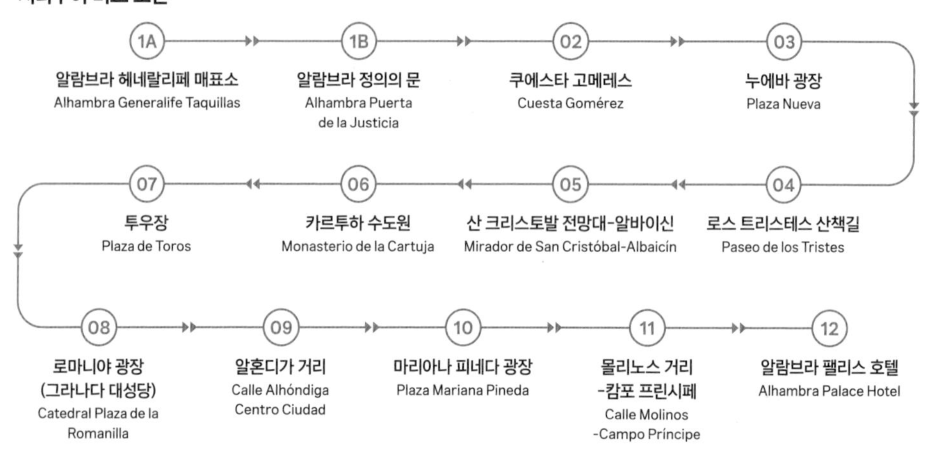

시티투어 버스 주요 명소

- **누에바 광장** 호텔, 레스토랑, 상점으로 둘러싸인 그라나다에서 가장 활기찬 광장
- **로스 트리스테스 산책길** 알람브라 주변에 있는 고즈넉한 분위기의 산책 거리. 니콜라스 전망대로 이어지며 올라가는 도중에 알람브라의 멋진 풍경을 즐길 수 있다.
- **산 크리스토발 전망대** 알바이신 지구에 있는 아름다운 전망대. 주변에 알람브라를 배경으로 사진을 찍을 수 있는 산 니콜라스 전망대도 있다.
- **카르투하 수도원** 스페인 바로크 건축의 부흥기에 지어진 수도원으로, 사크로몬테, 산 제로니모와 함께 그라나다의 3대 수도원으로 손꼽히는 곳.
- **로마니아 광장** 아랍 스타일 기념품을 살 수 있는 상점이 모여 있는 번화가. 그라나다 대성당이 바로 옆에 있어 함께 둘러보면 좋다.

그라나다 여행 방법

'알람브라' 하나만으로도 충분한 그라나다. 전 세계적으로 인기 많은 스페인 최고의 관광지라 예약은 필수다. 성수기엔 최소 2, 3달 전. 여름엔 매우 뜨거우니 오전 중에 방문할 것을 추천한다. 알람브라 내에도 볼거리가 많아 여유롭게 돌아보면 2~3시간은 순삭이다. 알람브라와 알바이신을 제외하면 대부분 도보로 다닐 수 있으나 좁은 골목, 언덕길이 많아 편한 신발을 착용하는 게 좋다. 알바이신 지역은 치안이 좋지 않으니 늦은 밤엔 어두운 골목길은 피하고 대중교통을 이용하자. 일정이 여유롭다면, 산 제로니모 수도원, 다로 강변, 여러 전망 스폿들도 들려보고 음료를 주문하면 타파스를 무료로 주는 그라나다의 인심까지 즐기면 더욱 알찬 코스가 된다.

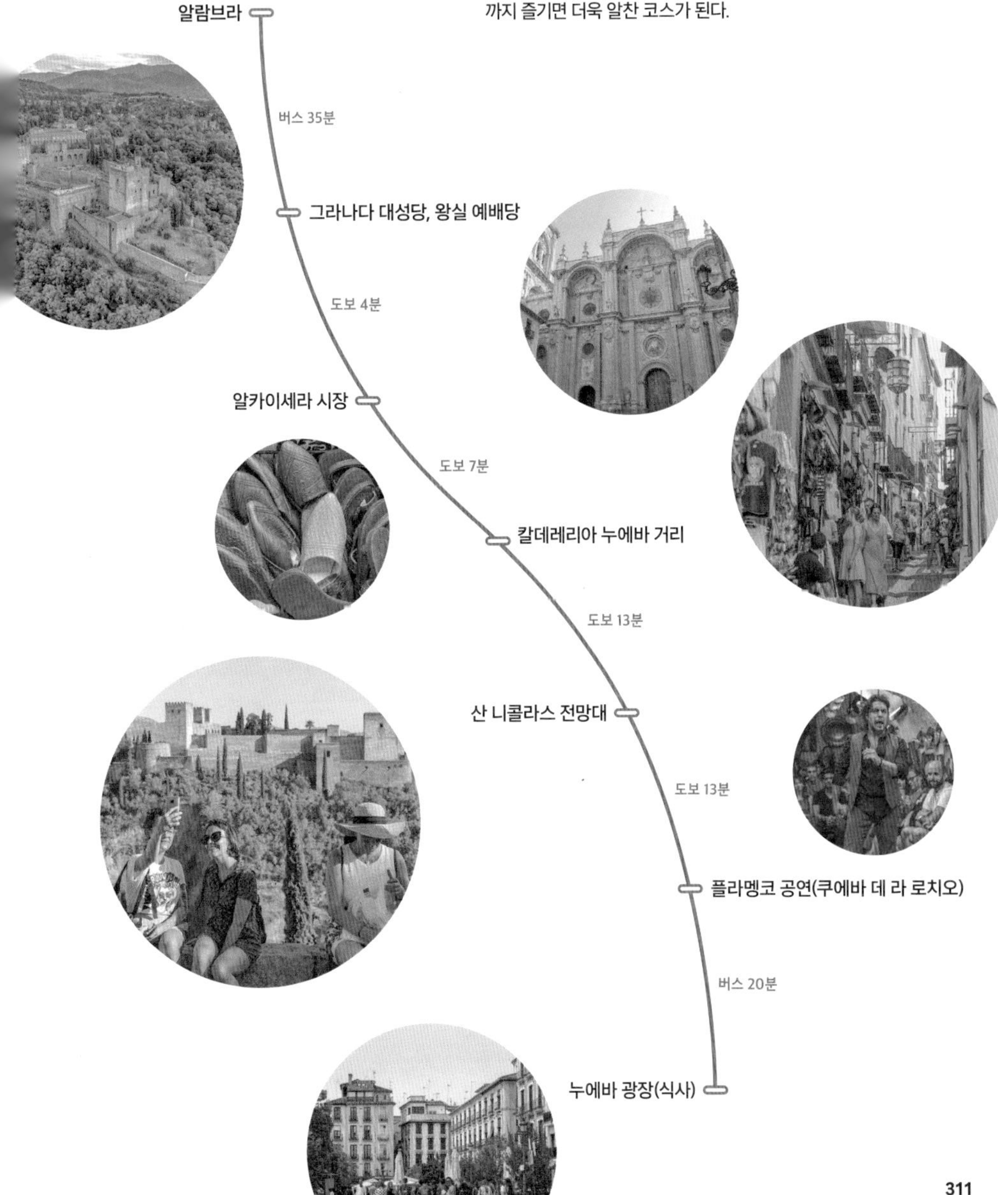

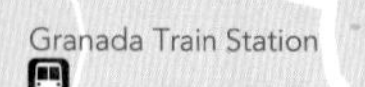

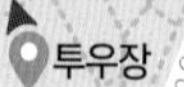

Calle Dr. Severo Ochoa

산 크리스토발 전망대

Cta. de Alhacaba

07 엘비라 문

Pl. del Triunfo

C. Elvira

C/ San Juan de Dios

05 산 제로니모 수도원

C. Cruz de Quirós

08 아바코

C. Gran Capitán

칼데레리아 누에바 거리 06

산 아구스틴 마켓 04

C. Gran Vía de Colón

보데가스 카스타녜다

라 비노테카 01

팔라시오 안탈루스 03

C. Cárcel Baja

로마니아 광장

02 그라나다 대성당

누에바 광장

03 왕실 예배당

Pl. Nueva

라 핀카 커피 07

라 추레리아 06

카사 훌리오

로스 디아만테스

C. Colegio Catalino

C. Mesones

C. Alhóndiga

알카이세이라 시장 04

de Bib-Rambla

Reyes Católicos

05 그란 카페 비브 람블라

C. San Matías

02 알라메다

나바스 거리

C. Ángel Ganivet

C. Acera del Darro

캄피요 광장

아빌라 2호점

C. San Isidro

로스 틴토스

아빌라 1호점

C. Verónica de la Virgen

그라나다 상세 지도

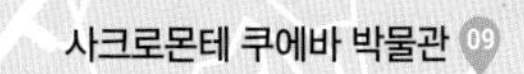

쿠에바 데 라 로치오

Cam. del Sacromonte

08 산 니콜라스 전망대

알바이신

Cjón. Atarazana

Cjón. de las Tomasas

로스 트리스테스 산책길

P.º del Padre Manjón

Carrera del Darro

10 엘 바뉴엘로

쿠에바 플라멩카 라 코미노

01 알람브라

P.º Bosque de la Alhambra

Cjón. Niño del Royo

알람브라 팰리스 호텔

C. Antequeruela Baja

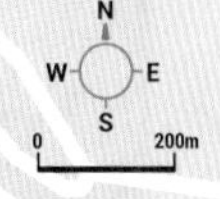

그라나다를
가야만 하는 이유! ······ ①

알람브라 Alhambra

1238년 나스르 왕조를 세운 무함마드 1세가 군사 요새를 목적으로 지었으나 이후 왕실의 거처로 바뀌었다. 여러 대에 걸쳐 증축되었고 현재의 모습은 14세기 유수프 1세와 그의 아들 무함마드 5세 재위 당시 갖춰졌다. 붉은 철이 함유된 흙으로 벽을 지어 성벽이 붉게 보이기 때문에 붉은 성을 뜻하는 아랍어 '알람브라'로 명명되었다. 가톨릭 세력이 국토를 회복한 후 사라질 위기에 처했으나 1429년 이사벨 1세와 페르난도 2세 국왕 부부가 이곳을 궁전으로 사용하면서 기적적으로 보존되었다. 약 800년간 지배를 한 이슬람 왕국에서 만들어 낸 최고의 걸작이라고 할 수 있다. 유럽의 여느 궁전들처럼 거창하진 않지만, 무어인들의 혼과 기예를 갈아 넣은 이슬람 건축의 정수를 보여준다. 한때 전쟁을 겪으면서 버려지는 시기도 있었지만, 미국인 작가 워싱턴 어빙이 〈알람브라 이야기〉를 집필하면서 재조명되어 유네스코 세계문화유산으로도 등재되었다. 지금은 스페인에서 가장 사랑받는 명소이자 유럽 땅에 남겨진 최고의 아랍 건축물로 손꼽힌다. 나스르 궁전, 카를로스 5세 궁전, 알카사바, 헤네랄리페가 대표 볼거리다.

누에바 광장에서 C30, C32번 버스 이용, 또는 도보 20분 · C. Real de la Alhambra, s/n · +34 958 027 971 · **주간** 10/15~3/31 08:30~18:00, 4/1~10/14 8:30~20:00, **야간** 10/15~3/31 20:00~21:30, 4/1~10/14 22:00~23:30 · 1/1, 12/25 · 일반 입장권(나스르 궁전, 헤네랄리페, 알카사바) €18(온라인 구입 시 €19.09) · alhambra-patronato.es

알람브라 입장권 구매 방법

① **공식 홈페이지** 알람브라 티켓을 구매하는데 가장 좋은 방법이다. 현장 매표소에서 구매할 때보다 6%의 추가 수수료 붙긴 하지만, 원하는 날짜와 시간에 방문할 수 있다. 인원 제한이 있어서 성수기엔 예약이 일찍 마감될 수 있으므로 그라나다 여행 일정을 잡으면서 티켓 확인을 꼭 해봐야 한다. 3~11세 어린이의 경우 무료입장이지만, 동반하는 성인과 함께 티켓을 예약해야 하며, 0~2세의 경우 현장 매표소에서 티켓을 받아야 한다.

② **현장 구입** 현장 판매분으로 배정된 티켓은 당일 아침 매표소에서 판매한다. 오전 8시부터 문을 열지만, 그보다 훨씬 이른 시간부터 와서 대기하는 사람들이 많아 새벽에 일찍 가더라도 티켓을 구할 수 있다는 보장이 없어 추천하진 않는다.

- **그라나다 카드** 알람브라 외에 그라나다의 다른 명소들을 함께 돌아볼 수 있는 카드로 나스르 궁전 입장 시간을 지정해 판매한다. 운이 좋다면 의외로 가까운 날의 티켓도 구할 수 있으므로 차선책으로 고려해 볼 만하다. 단, 통합 입장권이라 가격은 더 비싸다는 점을 감안해야 한다.

③ **일일 투어** 그라나다를 가는 가장 큰 이유인 알람브라를 티켓이 없어서 보지 못하고 온다는 건 있을 수 없는 일. 이럴 땐 티켓까지 포함된 일일 투어를 이용하는 방법도 있다. 물론 제일 많은 돈을 지불해야 하지만, 원하는 일정에 방문할 수 있고 숙련된 가이드의 설명까지 들을 수 있어서 좀 더 깊이 있게 돌아볼 수 있다.

알람브라 입장권 종류

입장권	요금	온라인 예약 시 요금	관람 범위	운영 시간
일반 입장권 Alhambra General	€18	€19.09	나스르 궁전, 헤네랄리페, 알카사바	08:30~20:00(10/15~3/31 ~18:00)
정원 입장권 Jardines, Generalife y Alcazaba	€10	€10.61	헤네랄리페, 알카사바	08:30~20:00(10/15~3/31 ~18:00)
나스르 궁전 야간 입장권 Visita Nocturna a Palacios Nazaries	€10	€10.61	나스르 궁전	4/1~10/14 화~토요일 22:00~23:30 10/15~3/31 금~토요일 20:00~21:30
정원 야간 입장권 Visita Nocturna a Jardines y Generalife	€7	€7.42	헤네랄리페, 알카사바	
체험 입장권 Alhambra Experiencias	€18	€19.09	나스르 궁전(야간), 헤네랄리페 & 알카사바(다음 날)	**4/1~10/14** 나스르 궁전 화~토요일 22:00~23:30 헤네랄리페 & 알카사바 08:30~20:00 **10/15~3/31** 나스르 궁전 금~토요일 20:00~21:30 헤네랄리페 & 알카사바 08:30~18:00

알람브라 안내도

알람브라 관람 Tip

- 나스르 궁전의 경우 입장 제한이 있어서 원하는 날짜와 시간에 방문하려면 예약 필수. 특히 7~8월 성수기에 방문 예정이라면 더욱 서둘러야 한다.
- 나스르 궁전은 입장권에 기록된 시간에서 30분 이내에만 입장할 수 있다. 곳곳에서 입장권을 확인하니 끝까지 잘 소지해야 한다.
- 나스르 궁전, 카를로스 5세 궁전, 알카사바는 모여 있지만, 헤네랄리페는 도보로 12분 정도 소요된다. 헤네랄리페를 처음이나 마지막으로 놓고 관람 순서를 계획하면 된다. 알카사바→카를로스 5세 궁전→나스르 궁전→헤네랄리페 순으로 돌아보는 것이 효율적이다.
- 티켓을 예약하지 못했다면 현장에서 구매하거나 그라나다 카드 구입 또는 가이드 투어를 이용하면 된다.

알람브라의 하이라이트

이슬람 건축의 정수
나스르 궁전 Palacios Nazaríes

이슬람 건축물의 결정체라고 할 수 있는 나스르 궁전은 약 100년에 걸쳐 증, 개축을 반복하여 완성된 복합형 궁전이다. 방, 정원, 파티오, 탑 등이 있으며 아라비아 문양의 화려한 타일과 우아한 아치, 석회 세공 장식이 아름답다. 연못이 있는 코마레스 궁, 코마레스 탑, 대사의 방, 사자의 중정 등 공간마다 다른 특징들이 있는데 한국어 오디오가이드를 이용하면 자세한 설명을 들을 수 있다.

알람브라에서 가장 이질적인 건축물
카를로세 5세 궁전 Palacio de Carlos V

이슬람 시대가 끝난 후 카를로스 5세는 스페인 제국의 상징이 될 건축물을 만들고 싶었다. 당시 유행하던 르네상스 양식으로 짓기 시작했지만, 자금난 등의 이유로 건설이 중단되었고 18세기가 되어서야 완성이 되었다. 직사각형 건물 안에 원형 중정이 있으며 중정을 둘러싼 회랑은 1층은 도리아식 기둥, 2층은 이오니아식 기둥으로 세워졌다. 중정까진 무료 관람이 가능하나 1층 알람브라 박물관과 2층 그라나다 미술관은 유료로 운영된다.

알람브라에서 가장 역사가 깊은 요새

알카사바 Alcazaba

그라나다를 차지한 나스르 왕조가 가톨릭 군으로부터 도시를 지키기 위해 가장 먼저 지은 곳으로 알람브라에서 가장 오래된 건물이다. 전성기 때는 24개의 탑과 군인들을 위한 숙소, 창고, 터널과 목욕탕까지 갖춘 견고한 성채였지만 현재는 성벽 일부와 건물의 기초 등 흔적만 남아 있다. 성채 중앙의 벨라탑에 오르면 알바이신, 사크로몬테, 네바다 산맥까지 탁 트인 전망을 만날 수 있다.

아름다운 정원이 있는 왕의 피서지

헤네랄리페 Generalife

14세기에 세워진 왕가의 여름 별궁이자 왕이 더위를 피해 머물던 곳이다. 알람브라보다 50m 더 높은 언덕에 위치하여 사방을 조망할 수 있고, 알람브라와 달리 건축적인 요소보다는 수목과 물을 이용한 자연을 강조하고 있다. 시에라 네바다 산맥의 눈 녹은 물을 이용한 분수와 수로가 정원 곳곳에 있어 물의 정원이라고도 불린다. 회랑 너머로 펼쳐지는 멋진 풍광과 온갖 식물들로 가득한 정원 때문에 알람브라에서 가장 사랑스러운 분위기를 느낄 수 있다.

모스크가 있던 자리에 세워진 가톨릭 건물 ······ ②

그라나다 대성당 Catedral de Granada

그라나다 대성당은 흑사병 창궐로 인해 건축 기간이 길어져 180여 년 만인 1703년에 완성이 되었다. 하지만 탑은 아직도 미완인 상태다. 건설 초기에는 고딕 양식으로 시작되었으나 완성 시에는 르네상스 양식이 가미되었고, 성당 공사에 동원되었던 이슬람인들의 영향으로 무데하르 양식까지 더해진다. 식물을 형상화한 천장의 아라베스크 문양, 돔 천장의 별무늬가 무데하르 양식의 특징을 잘 나타낸다. 14개의 창을 장식한 스테인드글라스에는 신약성서의 내용을 주제로 한 그림이 그려져 있어 스페인 내에서도 가장 화려한 예배당으로 손꼽힌다. 무어인들의 시장이었던 '수크' 중심, 이슬람 모스크가 있던 자리에 가톨릭 성당을 세웠기 때문에 다른 지역의 대성당과 달리 넓은 광장 대신 좁은 골목과 시장들이 이어진다. 외부에서 볼 때와 달리 내부로 들어가면 더욱 웅장한 스케일에 놀라게 된다. 모바일앱을 통해 오디오가이드를 이용할 수 있고, 한국어 지원도 된다.

누에바 광장에서 도보 5분 Calle Gran Vía de Colón, 5 +34 958 222 959 월~토요일 10:00~18:15, 일요일 & 공휴일 15:00~18:15 성인 €6, 25세 이하 학생 €4.5(온라인 예매 시 €0.5 추가, 12세 이하 무료, 일요일 15:00~17:45 (사전 예약 필수), 그라나다 카드 소지자 무료입장) catedraldegranada.com

가톨릭 국왕 부부가 잠들어 있는 곳 ······ ③

왕실 예배당 Royal Chapel of Granada

왕실 예배당은 1504~1521년 르네상스 양식으로 대성당보다 먼저 지어진 건물이다. 그라나다에서 마지막 이슬람 왕조를 물리친 강력한 가톨릭 국왕 부부 페르난도 왕과 이사벨 여왕에 의해 1504년부터 건립하기 시작했지만, 준공 전에 둘 다 사망하기에 이른다. 다른 곳에 묻혔던 부부는 손자에 의해 왕실 예배당으로 옮겨졌고 왕실의 일원이 추가로 묻혔다. 왕실 예배당의 원래 목적은 모든 스페인 군주의 무덤을 모시는 것이지만 결국 이러한 역할은 마드리드 근교의 '엘 에스코리알'이 맡게 된다. 내부는 크게 지하 묘와 박물관으로 나뉘는데 박물관엔 이사벨 1세의 성물, 장신구, 제단화 등의 수집품들이 보관되어 있다. 아쉽게도 내부 촬영은 금지하고 있다.

그라나다 대성당에서 도보 2분
Calle Oficios, s/n +34 958 227 848
월~토요일 10:00~14:00, 15:00~19:00, 일요일 & 종교 행사 시 11:00~14:00, 15:00~19:00 성인 €6, 25세 이하 학생 €4.5 (온라인 예매 시 +€0.5 추가, 12세 이하 무료, 수요일 14:30~18:30(사전 예약 필수), 그라나다 카드 소지자 무료입장)
capillarealgranada.com

비단 직물 거래소의 대변신 ······ ④

알카이세이라 시장 Alcaicería Market

그라나다 대성당에서 멀지 않은 곳에서 위치한 알카이세이라 시장은 이슬람 지배 당시 비단 직물 거래소로 사용되었던 곳으로 오랜 역사와 전통을 자랑한다. 현재는 아랍풍의 각종 기념품, 가죽 공예품, 은 세공품, 향신료와 차 등을 판매한다. 좁은 문을 통과하는 순간 스페인에서 아랍의 어느 도시로 순간 이동을 한 듯한 분위기가 물씬 풍긴다.

그라나다 대성당에서 도보 3분 Calle Alcaiceria, 1, 3
+34 958 229 045 10:00~21:00 alcaiceria.com

그라나다 3대 수도원 중 하나 ······⑤

산 제로니모 수도원

Real Monasterio de San Jerónimo

1504년 지어진 그라나다 최초의 가톨릭 수도원으로 사크로몬테, 카르투하 수도원과 함께 3대 수도원으로 손꼽힌다. 가톨릭 성인 '산 제로니모'의 이름을 딴 수도원은 세계 최초로 성모 마리아 축일에 봉헌되었다. 19세기 프랑스와의 전쟁 동안 큰 피해를 입었는데 1910년대에 복원을 시작해 1989년 현재 모습을 갖췄다. 외관만 봤을 땐 단조로운 모습에 그냥 지나치기 쉽지만, 회랑으로 이어지는 오렌지 나무가 있는 중정, 내부의 황금빛 중앙 제단과 천장을 가득 채운 성화 장식까지 다양한 볼거리로 은은한 울림을 준다.

🚶 그라나다 대성당에서 도보 8분 📍 Calle Rector López Argüeta, 9 📞 +34 958 279 337 🕒 여름철 10:00~13:00, 16:00~19:00, 겨울철 10:00~13:00, 15:00~18:00 € 성인 €6, 25세 이하 학생 €4.5(온라인 예매 시 +€0.5 추가, 12세 이하 무료, 월요일 16:00 이후, 그라나다 카드 소지자 무료입장) 🏠 realmonasteriosanjeronimogranada.com

스페인에서 체험하는 이슬람 문화 ······⑥

칼데레리아 누에바 거리

Calle Caldereria Nueva

알바이신으로 올라가는 좁은 골목길이 칼데레리아 누에바 거리다. 언덕을 따라 작은 점포들이 자리하는데 아랍풍의 화려한 소품, 패션 잡화 등을 판매한다. 차와 디저트, 시사(물담배)를 체험할 수 있는 아랍식 카페들도 많아 스페인 속에 혼재된 이슬람 문화를 즐길 수 있다. 길이 좁은 데다 관광객과 호객행위를 하는 상인들로 늘 북적이기 때문에 개인 소지품을 특히 잘 챙겨야 한다.

🚶 누에바 광장에서 알바이신으로 올라가는 길

알바이신 지구를
오가는 관문 ······ ⑦

엘비라 문 Puerta de Elvira

엘비라 문은 누에바 광장에서 엘비라 길을 따라 걷다 보면 만나게 된다. 11세기에 아랍인들이 지은 것으로 추정되며 알바이신 지구로 오고 가는 관문 같은 역할을 해왔다. 이사벨 여왕과 페르난도 왕도 이 문을 통해 그라나다로 들어왔다고 한다. 현재는 엘비라 문 주변으로 많은 상점과 레스토랑들이 자리한다.

🚶 누에바 광장에서 도보 10분

그라나다 최고의 인기 전망대 ······ ⑧

산 니콜라스 전망대 Mirador de San Nicolás

언덕을 따라 하얀색 집들이 빼곡히 자리한 알바이신 지구엔 멋진 뷰 포인트가 많다. 그중 가장 유명한 곳이 산 니콜라스 전망대로 그 어떤 장애물 없이 시원하게 펼쳐지는 알람브라를 마주할 수 있다. 워낙 인기가 좋은 곳이라 자리 경쟁도 치열한 편이므로 일몰 1시간 전쯤 올라가는 걸 추천한다. 알바이신 지역의 골목길 탐방도 놓칠 수 없는데, 밤에는 어둡고 외진 곳도 많으니 주의해야 한다.

🚶 누에바 광장에서 도보 15분

옛 집시들의 동굴 집 ······ ⑨

사크로몬테 쿠에바 박물관

Museo Cuevas del Sacromonte

사크로몬테는 알바이신으로 가는 차피스 동쪽 일대의 언덕을 말한다. 프랑스를 지나 스페인 남부까지 내려온 집시들이 이 일대에 정착하면서 언덕의 경사면을 파고 동굴 주거 생활을 시작했고, 현재까지 그중 일부가 보존되어 박물관으로 사용되고 있다. 침실, 주방, 거실, 창고 등으로 구획된 10여 곳의 동굴을 돌아보며 당시 집시들의 생활상을 짐작해 볼 수 있다. 동굴 주택은 여름에는 덥고 습한 환경을 피해 시원하게 생활할 수 있다는 장점도 지니고 있다. 다만, 이 일대는 인적이 드문 곳이니 늦은 시간 방문은 피하는 것이 좋다.

누에바 광장에서 알람브라 버스 C34번 탑승, 8분 소요
Barranco de los Negros, s/n +34 958 215 120
10/15~3/14 10:00~18:00, 3/15~10/14 10:00~20:00
1/1, 12/25 €5 sacromontegranada.com

이슬람에서 빠질 수 없는
목욕탕 문화 ······ ⑩

엘 바뉴엘로 El Bañuelo

다로 강변에 있는 아랍식 건축물 중에 눈에 띄는 곳이 아랍 목욕탕인 엘 바뉴엘로다. 11세기 때부터 만들어지기 시작했으며 당시엔 '호두나무 목욕탕Banos del Nogal'로 불렸다. 이슬람 문화에선 목욕탕이 단순히 몸을 씻기 위한 공간이 아니라 종교적, 사회적인 역할을 하므로 역사적으로도 의미가 있다. 16세기 이후 다른 용도로 사용하다 1918년 스페인 문화유산으로 지정되어 원래의 모습으로 복원되었다. 내부 중앙엔 방과 사우나 역할을 하는 스팀룸, 냉수욕을 하는 곳과 분수, 불을 때는 공간 등이 남아 있다. 천장의 별 모양 구멍은 채광과 증기를 배출하는 역할을 했다. 채광창으로 들어오는 햇살이 실내 분위기를 더욱 특별하게 만든다.

다로 강변에 위치 Carrera del Darro, 31 9~4월 10:00~17:00, 5/1~9/14 09:00~14:30, 17:00~20:30 안달루시안 모뉴먼트 통합권 €7.42(그라나다 72시간 권 소지자 무료입장) lacarbonerialevies.blogspot.com.es

그라나다 여행의 필수 코스, 플라멩코 공연

그라나다는 훌륭한 플라멩코 공연을 볼 수 있는 곳들이 많다.
과거 집시들이 모여 살던 동굴 집을 개조해 만든 타블라오Tablao에서 진행되는
플라멩코는 공연자와 관객들이 매우 가까워 더욱 생생하다.

동굴 집을 개조한 그라나다 인기 타블라오

쿠에바 데 라 로치오 Cueva de la Rocio

1951년부터 이어져 온 전통 타블라오로 그라나다에서 가장 유명한 플라멩코 공연장 중 하나다. 옛 집시들의 터전이었던 사크로몬테의 동굴집을 개조해 만든 공연장이 특히 인상 깊다. 공연은 1시간 정도 진행되며 여러 명의 무희가 나오는 게 특징이다. 무대와 객석의 경계가 없고 매우 가까워 무희들의 움직임 하나하나, 땀방울, 숨소리까지 느낄 수 있다. 레스토랑과 함께 운영하고 있어 식사와 공연을 한 번에 즐길 수도 있다. 식사는 공연 1시간 전부터 할 수 있으며, 애피타이저, 두 가지의 메인 요리, 디저트, 음료가 코스로 제공된다. 공연장 일대가 밤이 되면 어둡고 오가는 사람이 많지 않으므로 대중교통을 이용하거나 주의를 기울여 이동해야 한다.

누에바 광장에서 알람브라 버스 C34번 탑승 후 6분 소요 Camino del Sacromonte, 70 +34 958 227 129
20:00, 21:00, 22:00, 23:00 성인 €28, 5~9세 €18, 공연 & 디너 성인 €60, 5~9세 €30 cuevalarocio.es

다로 강변 위치 좋은 동굴 타블라오

쿠에바 플라멩카 라 코미노

Cueva Flamenca La Comino

사크로몬테의 동굴 집을 개조한 쿠에바 데 라 로치오가 시내 중심에서 살짝 떨어져 있어 공연을 보기 위해 먼 거리를 오가는 게 번거로운 이라면 다로 강변, 엘 바뉴엘로 근처에 있는 쿠에바 플라멩카 라 코미노로 향하자. 매일 3회 공연이 열리며 접근성이 좋아 편하게 들를 수 있다. 기본 공연에 음료가 포함되어 있으며, 간단히 요기하고 싶다면 타파스가 포함된 옵션으로 선택하면 된다.

엘 바뉴엘로에서 도보 3분 Carrera del Darro 7 +34 602 568 052 18:30, 20:00, 21:30
공연 & 음료 €25~30, 공연 & 스낵 €39~42
cuevaflamencalacomino.com

메뉴 델 디아과 함께 와인을 마시기 좋은 곳 ……①

라 비노테카 La Vinoteca

한국인 관광객들에게 특히 인기가 좋은 타파스 레스토랑으로 저녁 시간 땐 테이블을 잡기 어려울 정도다. 평일 낮에는 €15이라는 합리적인 가격에 메뉴 델 디아를 주문할 수 있다. 애피타이저, 메인 메뉴, 디저트에 음료까지 한잔 포함되어 있어 저렴하게 코스 요리를 즐길 수 있다. '비노테카'란 이름답게 글라스로 주문할 수 있는 와인 종류도 많고 가격대도 부담 없어 저녁 식사를 하며 와인 페어링을 즐겨도 좋다.

🚶 그라나다 대성당에서 도보 3분
📍 Calle Almireceros 5 📞 +34 615 991 761
🕒 일~목요일 13:00~16:30, 19:30~23:30, 금~토요일 13:00~16:30, 19:30~00:00 € 메뉴 델 디아 €14.95, 그릴드 이베리안 포크 €13.9, 버섯 리조토 €11.5 🏠 lavinotecagranada.es

특별한 날이나 분위기 내고 싶을 땐 이곳! ……②

알라메다 Alameda

그라나다 타바스 바와 식당들은 대체로 소소하고 캐주얼한 분위기다. 하지만 여행 중 한 번쯤 분위기를 내고 싶다면 다년간 〈미쉐린 가이드〉에 이름을 올린 알라메다가 꽤 괜찮은 선택지가 될 듯하다. 럭셔리한 분위기의 레스토랑으로 코스 요리 및 단품 식사가 가능하다. 이베리코 돼지, 스테이크, 농이 요리 등이 유명하며 직원들의 서비스도 훌륭한 편이다. 홈페이지를 통해 예약하고 갈 것을 추천한다.

🚶 그라나다 대성당에서 도보 7분 📍 Calle Rector Morata 3
📞 +34 958 221 507 🕒 화~토요일 12:00-00:00, 일요일 12:00~17:30 ⊗ 월요일 € 단품 €15~40 🏠 alameda.com.es

에스파냐에서 만나는 이슬람의 맛 ······ ③

팔라시오 안탈루스 Palacio Andaluz

이슬람 색채가 유독 진하게 남아 있는 그라나다에선 이슬람 레스토랑이나 카페, 바도 심심치 않게 볼 수 있다. 조금은 낯설지만, 이색적인 맛과 향에 도전해 보고 싶다면 모로코 음식을 전문으로 하는 레스토랑인 팔라시오 안탈루스를 추천한다. 이슬람 국가에서 즐겨 먹는 음식 타진, 쿠스쿠스, 후무스 등을 맛볼 수 있다. 또한 민트차와 견과류를 듬뿍 넣은 달콤한 디저트도 종류가 다양해 이국적인 한 끼 식사가 가능하다.

그라나다 대성당에서 도보 1분 Calle San Jerónimo 5 +34 958 949 353
13:30~16:30, 19:00~23:00 비프 타진 €16.5, 치킨 쿠스쿠스 €1.5

해산물을 원하는 만큼,
조리법도 내 맘대로! ······ ④

산 아구스틴 마켓
Mercado de San Agustín

그라나다에서 저렴하게 신선한 해산물을 먹고 싶다면 산 아구스틴 마켓으로 가보자. 시내 중심에 있는 현대식 재래시장으로 원하는 해산물을 구입하면 마켓 내 레스토랑에서 약간의 조리비를 추가해 바로 먹을 수 있다. 맛조개, 새우, 홍합, 생선 등을 골라 구이, 찜, 튀김 등 원하는 방식으로 요청할 수 있어 취향 맞춤 식사가 가능하다. 시장 특유의 활기찬 분위기도 크게 한몫한다.

그라나다 대성당에서 도보 3분 Plaza de San Agustín, 2 +34 954 229 945
월~토요일 09:00~15:00 일요일 시가(무게로 책정), 조리비 €4
rinconesdegranada.com/mercado-san-agustin

초코라테 콘 추로스, 놓칠 수 없지! ······ ⑤

그란 카페 비브 람블라

Gran Cafe Bib Rambla

비브 람블라 광장에 위치한 유서 깊은 카페로 추로스가 유명하다. 카페 내부는 고풍스럽고 노천 테라스는 싱그러움 가득하다. 야외 테라스에서 먹으면 약간의 추가 요금이 붙지만, 날씨 좋은 날 유럽의 테라스는 포기하기 아깝다. 갓 튀겨낸 따끈한 추로스에 쌉싸름한 초코라테 한 잔으로 당 충전하며 쉬어가기 좋다. 이른 시간부터 문을 열어 아침 식사를 하러 오는 이들도 많다.

그라나다 대성당에서 도보 4분
Plaza de Bib-Rambla 3 +34 958 256 820
08:00~00:00 초코라테 콘 추로스 6개 €4.3~4.8, 3개 €3.7~4.2 cafebibrambla.com

담백하고 바삭한 추로스를 원해? ······ ⑥

라 추레리아 La Churrería

현지인들이 많이 찾는 추로스 맛집으로 추로스를 만드는 과정을 바로 눈앞에서 볼 수 있다. 다른 곳들에 비해 추로스가 얇아 더욱 담백하고 바삭한 게 특징이다. 기호에 따라 설탕을 뿌려 먹으면 더욱 맛있다. 초코라테 또는 착즙 오렌지주스도 별미다. 오후 1시까지만 문을 열기 때문에 오전에 서둘러 방문해야 한다.

그라나다 대성당에서 도보 2분 Plaza Pescadería 17 +34 676 415 355
월~토요일 08:30~13:00 일요일 커피 €1.2, 초코라테 €2, 추로스 €1.2
lacarbonerialevies.blogspot.com.es

그라나다에서 맛있는 커피가 생각날 때 ······ ⑦

라 핀카 커피 La Finca Coffee

그라나다 대성당 근처의 라 핀카 커피는 직접 로스팅한 원두를 사용하는 카페로 트렌디하고 깔끔한 분위기로 꾸며져 있다. 산미가 있는 원두를 사용해 우유를 넣은 라테인 플랫 화이트가 특히 맛있다. 원두는 포장 판매하고 있으며 주변 카페에서도 이곳 원두를 사용하는 곳들이 꽤 된다. 에그 베네딕트, 토스트 등의 메뉴도 있으니 대성당 가기 전후, 브런치를 즐기는 것도 괜찮은 코스다.

🚶 그라나다 대성당에서 도보 2분 📍 Calle Colegio Catalino 3 📞 +34 658 852 573 🕒 월~금요일 08:30~20:00, 토~일요일 09:30~20:00 € 아이스 아메리카노 €3, 플랫 화이트 €2.5, 에그 베네딕트 €7.5 🏠 lafincaroaster.com

전망 좋은 아랍식 카페에서의 티타임 ······ ⑧

아바코 테 Abaco Té

그라나다에는 아랍 스타일의 찻집들이 많다. 이국적인 분위기의 카페에서 아랍식 차와 달콤한 디저트, 시사(물담배) 등을 즐길 수 있다. 아바코 테는 알바이신의 골목에 위치해 찾아가기는 다소 어렵지만 루프 탑에서 만나는 멋진 전망으로 수고스러움을 충분히 보상받을 수 있다. 샐러드, 스낵, 버거도 주문할 수 있어서 요기도 가능하다.

🚶 그라나다 대성당에서 도보 8분
📍 Calle Álamo del Marqués 5 📞 +34 958 995 788
🕒 월~금요일 13:30~21:00 ⊗ 토, 일요일
€ 티 €3, 아이스티 €4, 돌체 €3.5~4.5, 수제 버거 €7.5
🏠 abacote.com

그라나다 타파스 바르 투어

그라나다에는 여행자라면 눈이 번쩍 뜨일 타파스 문화가 있다. 음료를 주문하면 타파스를 무료로 주는 것인데, 부담 없이 타파스 투어를 즐길 수 있다. 주인장이 임의로 주거나 메뉴판에서 원하는 타파스를 선택할 수 있는 곳도 있다. 타파스 바 2~3개 정도 돌면 저녁 식사까지 충분히 해결할 수 있다.

그라나다 No.1 하몽 아사도

아빌라 Ávila

아빌라 타파스 바는 음료를 주문할 때마다 원하는 타파스를 1개씩 주문할 수 있다. 취향대로 선택할 수 있어 주인장 임의대로 주는 타파스 바에 비해 훨씬 만족도가 높다. 몇 번이나 먹어도 아깝지 않은 이 집의 시그니처 메뉴는 하몽 아사도. 돼지고기 뒷다리를 통째로 꼬챙이에 꽂아 구운 후 얇게 저며서 내어주는데 야들야들한 식감에 기름기가 빠져 담백하다. 무료 타파스라고 하기엔 너무나 맛있어서 현지인들에게도 인기 만점이다. 덕분에 지척에 있는 1, 2호점 모두 늘 발 디딜 곳 없이 붐빈다.

🚶 캄피요 광장에서 도보 5분 📍 Calle Verónica de la Virgen, 16 🕓 월~토요일 12:00~17:00, 20:00~00:00 ⊗ 일요일 € 주류 €3~4, 새우튀김 €9,5, 크로케타 €8

역사 깊은 안달루시아 전통 바

보데가스 카스타녜다 Bodegas Castañeda

안달루시아 지역의 전형적인 타파스 바. 유서 깊은 곳이라 내부 인테리어에서도 세월의 흐름이 그대로 느껴진다. 오크통에서 따라주는 달큰하고 도수가 높은 하우스 와인, 칼리카사스는 이 집에서만 맛볼 수 있다. 음료를 주문할 때마다 하몽, 토르티야, 감자샐러드 등 다양한 타파스를 준다. 스페인의 전통 요리로 황소 꼬리로 만들어 만든 풍부하고 깊은 맛의 스튜인 라보 데 토르Rabo de Toro도 별미다.

🚶 그라나다 대성당에서 도보 4분 📍 Calle Almireceros, 1 📞 +34 958 215 464 🕓 11:30~다음 날 00:30 € 주류 €2.8~4, 라보 데 토르 €18.3

여러 지점을 운영하는 시푸드 타파스 맛집

로스 디아만테스 Los Diamantes

로스 디아만테스는 그라나다 주요 지역에 총 8개의 지점을 운영하고 있는데 누에바 광장과 나바스 거리, 비브 람블라 거리에 있는 매장이 여행자들에게 접근성이 특히 좋다. 나바스 거리에 있는 지점은 규모가 작은 편이라 자리를 잡기 더 힘드니 누에바 광장이나 비브 람블라 지점을 좀 더 추천한다. 각종 해산물 튀김을 전문으로 하는데 새우, 깔라마리, 카손 등 그 종류도 다양하다. 활기차고 왁자지껄한 분위기가 술맛을 한껏 높여준다.

누에바 광장 앞 Plaza Nueva 13 12:00~23:30 주류 €2.8~4, 해산물 1/2 €13~17 losdiamantes.es

현지 단골들에게 특히 인기 있는 곳

로스 틴토스 Los Tintos

아빌라 바로 근처에 있는 로스 틴토스는 현지인들에게 더욱 인기가 좋은 숨겨진 타파스 맛집 중 하나다. 음료를 주문할 때마다 원하는 타파스를 주문할 수 있으며 가지튀김과 하몽을 비롯해 다양한 고기 요리와 이색적인 달팽이 요리까지 있어 타파스 맛보는 재미에 자꾸 술을 주문하게 된다.

카피요 광장에서 도보 4분 Calle San Isidro 23 +34 722 223 990
화~토요일 13:00~17:00, 20:00~00:00, 일요일 12:00~17:00
월요일 주류 €2~4 lacarbonerialevies.blogspot.com.es

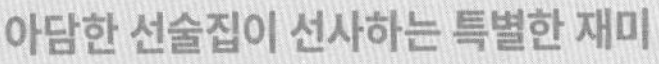

아담한 선술집이 선사하는 특별한 재미

카사 훌리오 Casa Julio

테이블 없이 바 테이블만 갖추고 있는 아담한 규모의 바. 친밀한 분위기가 느껴지는 곳으로 사람들과 바에 나란히 서서 맥주나 와인을 마시다 보면 자연스럽게 말을 트기도 한다. 꿀을 뿌려 먹는 가지튀김과 카손, 꼴뚜기, 오징어 등 다양한 해산물 튀김들을 알아서 내준다.

그라나다 대성당에서 도보 5분 Calle Hermosa 5 화~토요일 13:00~16:00, 20:30~23:00, 일요일 13:00~16:00 월요일 주류 €2~4 casajulio1947.com

그라나다 튀김 골목, 나바스 거리

시청 광장 주변의 나바스 거리에는 아담한 타파스 바르들이 모여 있다. 각종 해산물과 가지 등의 튀김을 다양하게 맛볼 수 있어 튀김 골목으로도 불린다. 좁은 골목 안으로 야외 테라스들이 빼곡히 자리하고 늘 많은 사람으로 붐빈다. 여러 바르를 돌면서 다양한 분위기와 다채로운 타파스를 즐겨보자.

CITY ····②

역사와 문화가 살아 숨 쉬는 플라멩코의 도시

세비야 Sevilla

#세비야 대성당 #알카사르 #플라멩코 #타파스 #투우

뜨거운 햇살 아래 오렌지 나무, 정열적인 플라멩코와 투우, 이슬람 양식이 혼재된 이국적인 건축물과 미로처럼 얽혀 있는 골목길, 거기에 가성비 좋은 타파스까지. 스페인에 대한 모든 것을 만날 수 있는 도시 세비야는 스페인 남부 안달루시아 지방의 중심 도시로 유구한 역사와 문화를 간직한 매력적인 곳이다. 과달키비르 강을 따라 펼쳐진 아름다운 풍경과 이슬람, 기독교 문화가 조화롭게 어우러진 건축물들이 특징인데, 특히 엄청난 규모로 보는 이들을 압도하는 세비야 대성당과 스페인 왕실이 세비야를 방문할 때 머물렀다는 알카사르는 빼놓지 말고 봐야 할 명소다.

세비야 가는 방법

항공

바르셀로나, 마드리드에서 부엘링, 라이언에어, 이베리아항공 등 저가 항공편이 매일 10여 회 운행된다. 시간대도 다양해 쉽게 여행을 계획할 수 있으며 바르셀로나에서는 1시간 40분, 마드리드에서는 1시간 10분 정도 소요된다. 그밖에 스페인 다른 지역과 유럽의 여러 도시에서도 많은 노선이 운행되므로 스페인 남부 여행을 시작하기에 좋다.

공항에서 시내 가는 법

세비야 공항은 시내에서 약 9km 떨어져 있는데 보통 공항버스(EA)나 택시를 타고 시내까지 갈 수 있다. EA 버스 탑승 시 플라사 데 아르마스 버스터미널까지 35분 정도 소요된다. 택시의 경우 20분가량 걸리며 시즌 및 시간에 따라 €24.98~34.79의 정액 요금제가 적용된다. 택시 앱을 이용하면 좀 더 저렴하다.

EA 버스 노선도(공항 → 플라사 데 아르마스 버스터미널)

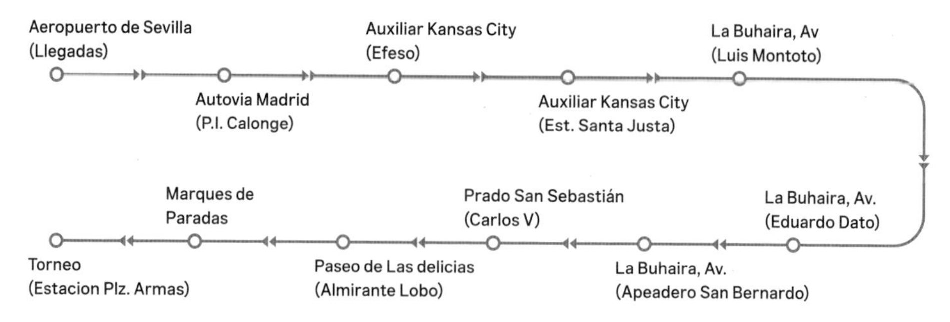

EA 버스 공항 출발 05:20~01:00, 플라사 데 아르마스 버스터미널 출발 04:30~00:05 / 배차 시간 15~30분 편도 €5(당일 왕복 시 €6) aeropuerto-sevilla.com

택시 월~금요일 07:00~21:00 €24.98, 월~금요일 21:00~07:00, 토, 일요일, 공휴일, 세마나 산타(07:00~21:00), 4월의 축제(07:00~20:00) €27.84, 세마나 산타 & 4월의 축제 (21:00~07:00) €34.79

기차

바르셀로나, 마드리드를 오갈 때 고속 기차를 이용하는 경우가 많다. 버스에 비해 가격은 비싸지만 소요 시간이 짧고 쾌적하다. 바르셀로나에서 세비야까지는 버스로 이동하기에 너무 멀기 때문에 항공 또는 기차를 이용해야 한다. 기차표는 예약하면 좀 더 저렴하게 이용할 수 있다. 세비야 산타 후스타역은 구시가에서 3km 떨어져 있으며 시내버스 21번, 32번을 이용하면 20분 정도면 갈 수 있다.

렌페 renfe.com

- **세비야 → 마드리드** 2시간 40분~3시간 10분 소요
- **세비야 → 바르셀로나** 6시간~6시간 50분 소요

버스

그라나다, 코르도바, 말라가 등의 안달루시아 근교 도시를 이동할 때 유용한 교통수단이다. 세비야엔 플라사 데 아르마스Plaza de Armas, 프라도 데 산 세바스티안Prado de San Sebastían 등 2개의 버스터미널이 있으니 출발 전에 터미널을 미리 확인할 필요가 있다. 구시가 서쪽에 있는 플라사 데 아르마스 버스터미널은 스페인 대부분 도시와 포르투갈을 오가는 국제 버스가 운행되며, 구시가 동남쪽에 있는 프라도 데 산 세바스티안 버스 터미널은 그라나다를 오가는 일부 버스, 세비야 근교 소도시를 운행하는 버스가 정차한다. 각 버스 터미널에서 구시가까지 이동할 땐 시내버스 C4를 탑승하면 된다.

플라사 데 아르마스 터미널

프라도 데 산 세바스티안 터미널

세비야행 버스 정보

도시	버스 회사	홈페이지
바르셀로나, 말라가, 그라나다, 코르도바	Alsa	alsa.com
마드리드	Socibus FlixBus	socibus.es flixbus.com
론다	Damas	damas-sa.es
카디스, 타리파	Comes	tgcomes.es

도시별 세비야 직행 버스 소요 시간 및 운행 횟수

- 마드리드 6시간 15분~7시간 10분 소요, 1일 5회 운행
- 그라나다 3시간 소요, 1일 8회 운행
- 말라가 2시간 45분~4시간 소요, 1일 11회 운행
- 론다 2시간~2시간 55분 소요, 1일 3~4회 운행
- 코르도바 1시간 45분~2시간 40분 소요, 1일 7회 운행
- 카디스 1시간 45분 소요, 1일 6~7회 운행

세비야 대중교통

세비야 시내 교통은 버스, 트램, 메트로 등이 있으며 여행자들이 주로 이용하는 버스와 트램은 티켓을 공통으로 사용할 수 있다. 티켓은 트램 정류장 앞 자동판매기에서 구입할 수 있으며 기사에게 직접 요금(€1.4)을 내도 된다. 세비야의 주요 볼거리는 구시가를 중심으로 모여 있어 대부분 도보 이동이 가능하며 버스와 트램은 주로 버스터미널, 기차역, 공항 등을 갈 때나 이용을 하는 편이다. 메트로는 1개의 노선이 운행되며 여행자들이 주로 가는 구간은 버스나 트램을 이용하는 것이 더 편해서 탑승할 일이 거의 없다.

트램 및 시내버스 정보 tussam.es

세비야 교통카드 & 여행자 카드

세비야의 볼거리가 대부분 구시가 중심에 모여 있어 공항이나 기차역을 오가는 걸 제외하곤 대중교통을 이용할 일이 많지 않다. 그래서 대부분 싱글 권을 이용하지만, 일정이 여유롭고 근교까지 두루두루 돌아볼 예정이라면 충전식 교통카드 또는 여행자 카드를 이용해 보자. 프라도 데 산 세바스티안 버스터미널 앞 판매소 및 지정 판매소, 메트로 자동판매기 등에서 구매와 충전 및 카드 반환을 할 수 있다.

교통카드 Tarjeta Multiviaje

€ 카드 보증금 €1.5, 최소 충전 €7, 요금 €0.69, 환승 포함(1시간 이내) €0.76

여행자 카드 1일권 & 3일권

Tarjeta turística de 1 o 3 días

€ 1일권 €5, 3일권 €10(보증금 €1.5 별도)

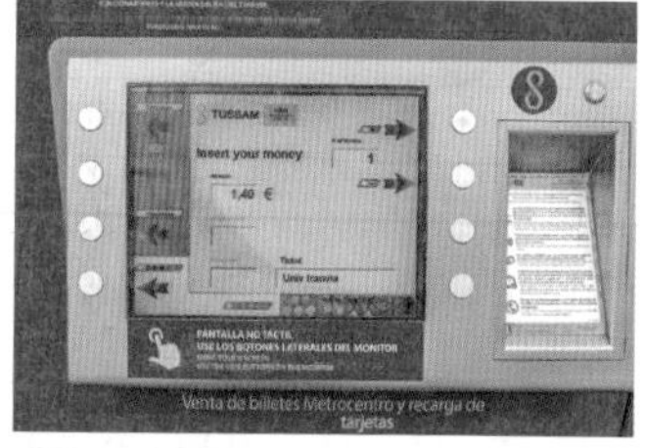

세비야 여행 방법

스페인 남부 인기 여행지답게 볼거리, 즐길 거리 또한 넘쳐난다. 세비야 대성당과 알카사르는 특히 방문객이 많으니 입장권은 미리 예약을 해두고 오전 중에 다녀오는 것이 좋다. 대부분은 도보로 움직일 수 있고 대각선으로 끝과 끝에 위치한 스페인 광장과 메트로폴 파라솔만 대중교통을 이용하면 된다. 두 곳은 놓칠 수 없는 야경 명소이기도 하니 시간대를 맞춰서 방문해 보자. 늦은 밤까지 영업하는 바르와 플라멩코 공연도 있어서 세비야에서만큼은 시간을 잊게 된다.

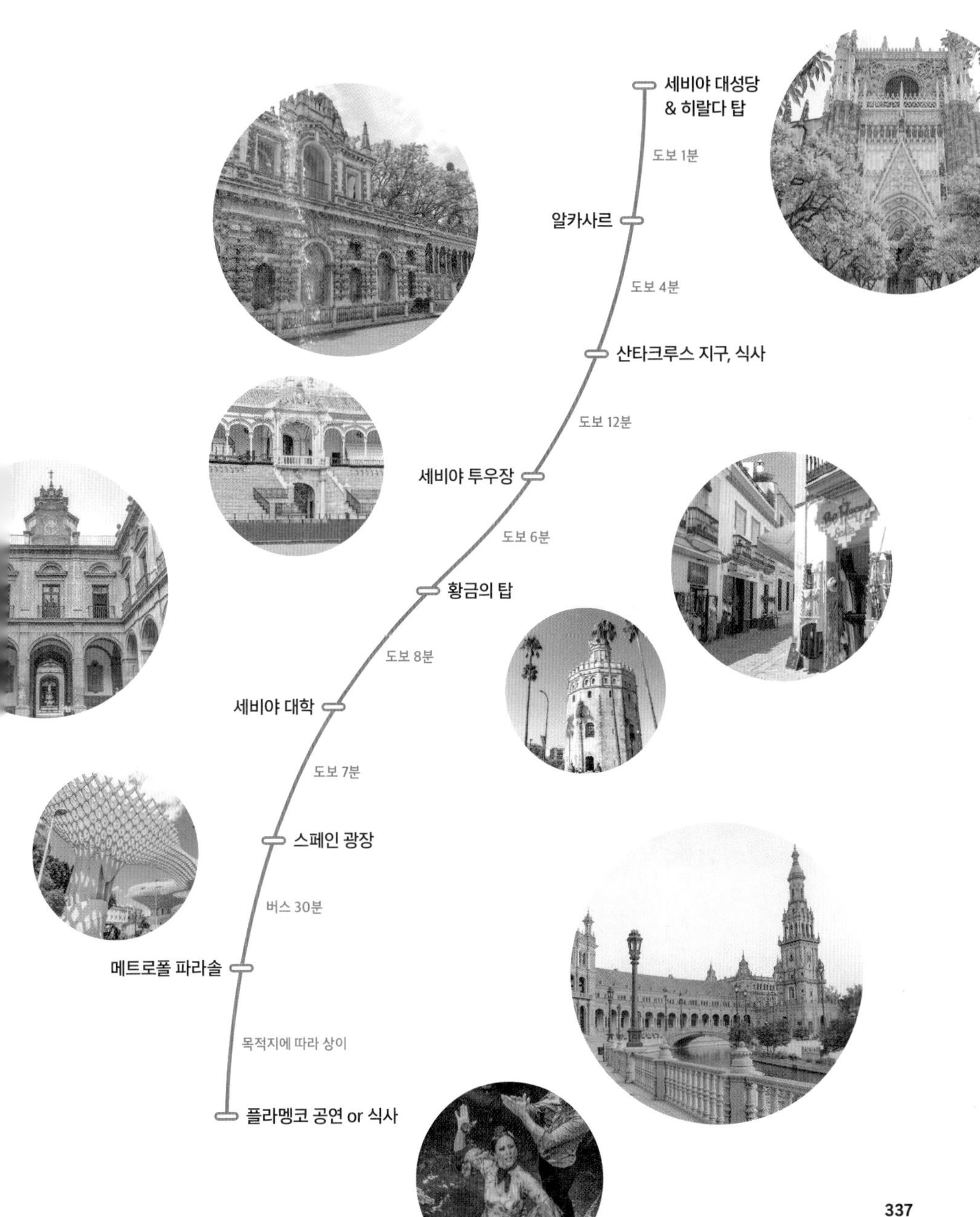

세비야 상세 지도

C. Tedosio
C/ de Sta. Clara
Sta. Ana
01 에슬라바
C. Gerona
C. Bustos Tavera
05 엘 링콘치요
05 메트로폴 파라솔
세비야 산타 후스타역
C. Alfonso XII
C. Imagen
C. Bailén
06 세비야 베아스 아르테스 미술관
C. Monsalves
플라사 데 아르마스(버스터미널)
09 엘 코메르씨오
C. Boteros
C. Trastámara
C. Carlos Cañal
04 플라멩코 박물관
C. de San Isidoro
C. Luis Montoto
C. Arjona
02 라 브루닐다
라 카르보네리아
12 메르카도 론하 델 바랑코
03 오베하스 네그라스
C. Aire
11 바르 핀숀
엘 아레날
10 라 테라사 델
C. Alemanes
04 보데가 산타 크루스
09 이사벨 2세 다리
06 라스 테레사스
세비야 대성당 01
11 세비야 투우장
03 산타크루스 지구
P.º de Cristóbal Colón
02 알카사르
Av. de Menéndez Pelayo
10 황금의 탑
07 타베르나 델 아레날
프라도 데 산 세바스티안
(버스터미널)
08 세비야 대학
C. Palos de la Frontera
08 제스터
Av. Portugal
N
W
E
S
0
200m
C. Virgen de Regla
Av. Isabel la Católica
07 스페인 광장

세비야인의 자존심으로 불리는 장소 ……①

세비야 대성당

Catedral de Sevilla

"다른 어떤 성당보다 아름답고 크게 지어 성당이 완공되면 사람들이 우리를 미쳤다고 생각하게 해야 한다." 세비야 대성당이 지어질 당시에 나온 발언이다. 결국 세비야 대성당은 유럽에서 3번째, 스페인에서는 최대 규모의 성당으로 우뚝 섰다. 유네스코 세계문화유산으로도 지정되었다. 세비야 대성당은 1402년 1세기에 걸쳐 완공되었다. 이슬람의 모스크가 있던 자리에 그대로 성당을 건설했기 때문에 다른 성당들에 비해 폭이 상당히 넓고, 오랜 세월 동안 지어져 고딕, 르네상스, 바로크, 네오고딕 등 다양한 건축 양식이 혼재되어 있다. 실내에도 수많은 유물과 장식품이 많은데, 가장 먼저 눈에 들어오는 것이 황금 제단으로 가운데 위치한 1.5톤의 황금 예수상도 놓칠 수 없다. 정교한 성가대석과 7,000여 개의 파이프로 연결된 거대한 오르간, 네 명의 왕이 떠받치고 있는 콜럼버스의 관까지 보물창고가 따로 없다. 원래의 이슬람 모스크 첨탑을 개조한 히랄다 탑의 나지막한 경사로를 따라 올라가면 탁 트인 도시 전망을 만날 수 있다.

알카사르에서 도보 3분 · Av. de la Constitución, s/n · +34 902 099 692 · 월~토요일 11:00~19:00, 일요일 12:00~19:00 · 1/1, 1/6, 12/25 · €13(히랄다 탑 입장료 포함), 25세 이하 학생, 65세 이상 €7(온라인 구입 시 €1 할인, 오디오가이드 €5, 13세 이하 무료, 월~금요일 14:00~15:00(온라인 예약 필수, 수수료 €1)) · catedraldesevilla.es

웨이팅 없이 티켓을 구입하려면?

온라인으로 예약하거나 살바도르 성당에서 현장 구입을 할 때 대기 없이 티켓을 살 수 있다.

세비야 대성당 필수 볼거리

80여 년에 걸쳐 제작한 나무 제단은 세계 최대 규모로 가운데 황금 예수상이 위치한다.

콜럼버스는 이사벨라 여왕이 죽은 후 스페인으로부터 철저히 외면당했고 “다시는 스페인 땅을 밟지 않겠다”라는 유언을 남기고 사망했다. 후에 스페인은 콜럼버스의 공을 인정해 세비야 대성당으로 유해를 가져왔고 그의 유언에 따라 관이 땅에 닿지 않도록 안치했다.

싱그러움 가득한 오렌지 정원은 과거 이슬람교도들이 예배드리기 전 손과 발을 씻었던 곳이다.

대성당 옆의 히랄다 탑. 이슬람 왕조의 권력이 최정점에 달했을 12세기에 세워진 탑은 완벽한 비례를 자랑하고 현재까지 보존이 잘 되어 있다. 탑에 올라서 바라보는 풍경은 그림, 그 자체!

알카사르 Real Alcázar de Sevilla

그라나다에 알람브라가 있다면 세비야엔 알카사르가 있다! 이슬람 양식이 돋보이는 아름다운 궁전 알카사르는 유네스코 세계문화유산으로 지정되었으며, 미드 〈왕좌의 게임〉 시즌 5의 촬영지로 등장해 더욱 많은 관심을 받고 있다. 원래 이곳은 712년 요새로 지어졌으나 9세기에 궁전으로 개조했고, 지금 남아 있는 알카사르 건물 대부분은 1364년 기독교 세력이 스페인을 되찾은 후 지어진 것이다. 그때 건축에 참여한 사람들은 스페인에 남아 있던 무어인으로 그라나다 알람브라를 건설한 장인들이었다. 그래서 가톨릭 군주를 위해 지어졌음에도 건축 양식엔 아랍풍이 강하게 느껴지는데 말발굽 모양의 아치, 화려한 패턴의 타일, 여러 개의 분수, 중정 등이 대표적인 특징이다. 한때 신세계를 향한 스페인의 탐험을 주관하는 왕실 기관으로도 쓰였는데, 콜럼버스가 여왕을 만나러 오기도 했었다. 여전히 세비야에 거주하는 스페인 왕실 가족들의 거처로 이용 중이다.

세비야 대성당에서 도보 3분 Casco Antiguo +34 954 502 324 10~3월 09:30~ 17:00, 4~9월 09:30~19:00, 야간 입장 10~3월 19:30, 20:00, 20:30, 21:00, 4~9월 21:00, 21:30, 22:00, 22:30(75분) 1/1, 1/6, 12/25, 성금요일 성인 €14.5, 14~30세 학생, 65세 이상 €6, 야간 입장 €14 (온라인 구입 시 €1 추가, 월요일 4~9월 18:00 ~19:00, 10~3월 16:00~17:00(온라인 예약 필수, 수수료 €1)) alcazarsevilla.org

현장에서 입장권을 구매하려면 줄을 서서 오래 기다릴 수 있으니, 온라인 예매를 추천한다. 여름철엔 뜨거운 햇볕으로 관람이 힘들 수 있으므로 한낮엔 입장을 피하는 것이 좋다.

세비야 알카사르 안내도

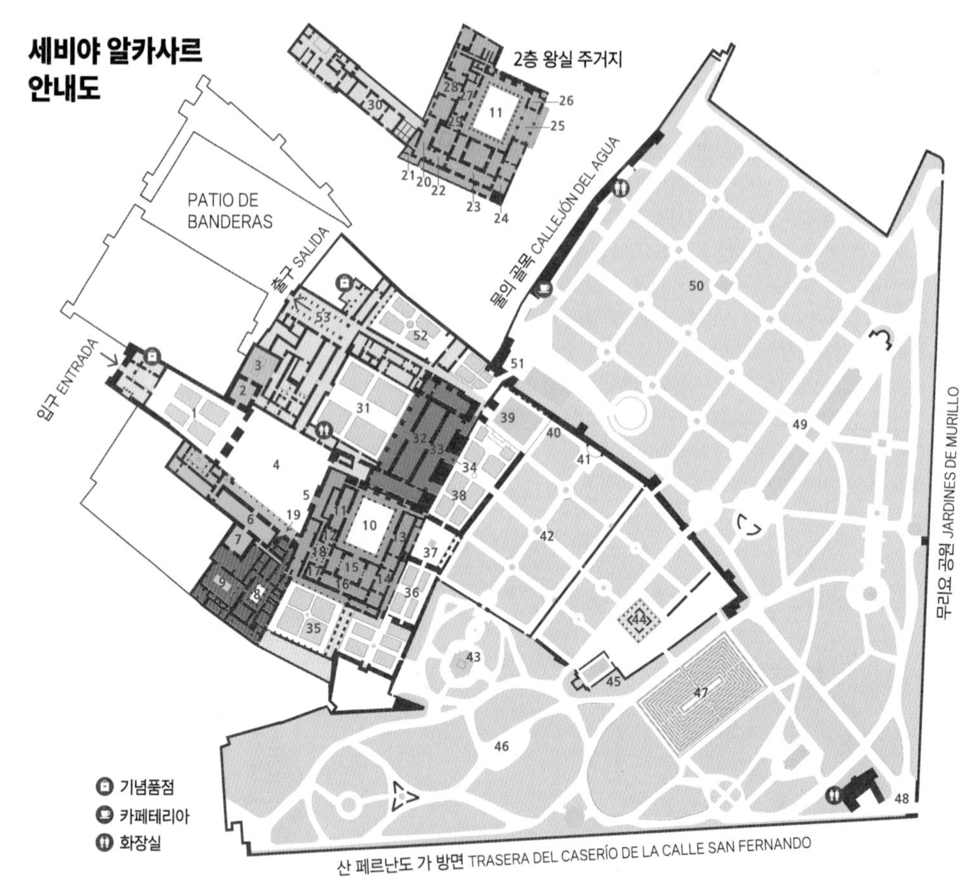

1 사자의 안뜰
Patio del León

■ 석고의 궁전
Palacio del Yeso

2 정의의 방
Sala de la Justicia

3 석고의 안뜰
Patio del Yeso

4 사냥의 안뜰
Patio de la Montería

5 돈 페드로 궁전 정면
del Rey Don Pedro

■ 교역의 집
Casa de la Contratación

6 제독의 방
Cuarto del Almirante

7 항해자의 성모 예배당
Capilla de la Virgen de los Navegantes

■ 하인의 집
Casa del Asistente

8 하인의 안뜰
Patio del Asistente

9 레비의 안뜰
Patio de Levíes

■ 돈페드로 궁전
Palacio del Rey Don Pedro

10 소녀의 정원
Patio de las Doncellas

11 왕의 침실
Alcoba Real

12 잃어버린 계단의 방
Salón de los Pasos Perdidos

13 카를로스 5세 지붕의 방
Salón del Techo de Carlos V

14 유아의 방
Sala de los Infantes

15 대사의 방
Salón de los Embajadores

16 펠리페 2세 지붕의 방
Salón del Techo de Felipe II

17 가톨릭 왕의 방
Sala de los Reyes Católicos

18 인형의 안뜰
Patio de las Muñecas

19 2층으로 가는 계단
Escalera al Cuarto Real Alto

■ 2층 왕실 주거지
Cuarto Real Alto

20 이사벨라 여왕의 침실
Dormitorio de Isabella Católica

21 이사벨라 여왕의 예배당
Capilla de Isabel la Católica

22 식당 대기실
Antecomedor

23 왕실 연회장(식당)
Comedor de Gala

24 흡연실
Sala de Fumar

25 발코니 전망대
Mirador de los Reyesb Católicos

26 페드로 1세의 침실
Dormitorio de Pedro I

28 알현실
Sala de Audiencias

29 당구장
Sala de Billar

30 타일 전시
Exposición Lozas y Azulejos de Triana. Colección Carranza

■ 고딕 궁전
Palacio Gótico

31 십자가의 안뜰
Patio del Crucero

32 태피스트리의 방과 예배당
Salón de los Tapices y Capilla

33 천장의 방
Sala de las Bóvedas

34 파디아의 목욕탕
Baños Doña María de Padilla

■ 정원
Jardines

35 왕자의 정원
Jardín del Príncipe

36 알 무타미드의 기둥
Columna de Al-Mutamid

37 트로이의 분수
Fuente de Troya

38 춤의 정원
Jardín de la Danza

39 머큐리의 연못
Estanque de Mercurio

40 그로테스크 갤러리
Galería del Grutesco

41 명예의 분수
Fuente de la Fama

42 넵튠의 분수
Fuente de Neptuno

43 술탄 왕비의 동굴
Gruta de las Sultanas

44 카를로스 5세의 정자
Pabellón de Carlos V

45 사자의 전망대
Cenador del León

46 영국 정원
Jardín Inglés

47 미로의 정원
Jardín del Laberinto

48 알코바의 문 입구
Entrada Puerta de la Alcob

49 시인의 정원
Jardín de los Poetas

50 베가 잉클란 후작의 정원
Jardín Marqués de la Vega Inclán

51 마르체나의 문
Puerta de Marchena

52 알쿠빌라 정원
Jardín de la Alcubilla

53 말 정류장
Apeadero

알카사르 필수 볼거리

사자의 문

알카사르 정문을 장식하는 사자의 문은 무데하르 양식의 정수를 보여주는 건축물로, 붉은 벽돌과 정교한 조각 그리고 문 위에 새겨진 사자의 문양이 인상적이다. 문을 통과하는 순간 마치 시간 여행을 떠나 중세 시대로 들어서는 듯한 착각에 빠지게 된다.

대사의 방

3개의 말발굽 모양 아치로 된 화려한 문을 지나면 돈 페드로 궁전 대사의 방으로 연결된다. 각국에서 방문한 대사들을 접견하던 곳으로 화려함의 극치를 볼 수 있다. 우주를 표현한 거대한 돔 형태의 화려한 천장은 '오렌지 반쪽의 방'이란 별명도 있다.

소녀의 정원

알카사르의 안뜰 중 하나로 좌우 대칭의 건물과 중앙을 가르는 수로, 화려한 문양의 아치형 복도가 알람브라 궁전을 떠올리게 한다. 미드 〈왕좌의 게임〉에서 도른의 배경지로 등장했다.

발길 닿는 대로 걸어도 좋은 골목길 ······③

산타크루스 지구

Barrio de Santa Cruz

알카사르에서 이어지는 산타크루스 지구는 중세 때부터 부유한 유대인이 주로 살던 곳으로 '유대인 지구'로도 불린다. 여름철 강한 햇살을 조금이라도 가리기 위해 좁은 골목을 따라 건물들을 다닥다닥 지었기 때문에 승용차 한 대가 지나가려면 지나가던 사람들이 벽으로 바짝 붙어야 할 정도다. 미로처럼 이어지는 거리 곳곳엔 오래된 바르와 카페, 음식점들이 아기자기하게 자리한다. 여기선 잠시 시간을 잊고 골목 구석구석을 탐방해 보자.

🚶 알카사르에서 도보 1분

본고장에서 즐기는 플라멩코의 모든 것 ······④

플라멩코 박물관 Museo del Baile Flamenco

플라멩코 본고장답게 세비야엔 수많은 플라멩코 공연장과 플라멩코 박물관이 있다. 세비야에서 가장 유명한 플라멩코 댄서인 크리스티나 오요스가 설립한 박물관엔 플라멩코 의상과 소품, 관련 사진과 그림, 영상들이 전시되어 있어 둘러볼 만하다. 또한 플라멩코 공연도 열리는데 짧지만 강렬한 무대를 선보인다.

🚶 세비야 대성당에서 도보 6분 📍 Calle Manuel Rojas Marcos, 3 📞 +34 954 340 311
🕒 박물관 11:00~18:00, 플라멩코 쇼 17:00, 19:00, 20:45 € 박물관 성인 €10, 학생 €8, 플라멩코 쇼 성인 €25, 학생 €18, 통합권 €29, 학생 €22 🏠 museodebaileflamenco.com

세비야에서 만나는 극 모더니즘 ······ ⑤

메트로폴 파라솔 Las setas de Sevilla

세비야에서 가장 트렌디한 랜드마크로 자리 잡은 메트로폴 파라솔. 독일 건축가인 위르겐 메이어에 의해 지어졌으며 약 3,400개의 목재를 결합해 완성했다. 뜨거운 햇살을 가려주는 파라솔 기능을 하는 세계 최대 목조 건축물로 독특한 외형을 자랑한다. 거대한 버섯 모양을 하고 있어 현지인들에겐 라스 세타스(Las Setas de Sevilla, 세비야의 버섯들)란 별칭으로 불린다. 1층엔 시장과 건축 당시 발견된 로마-이슬람 유적이 보존되어 있으며, 스카이라인에 오르면 360도로 펼쳐지는 도심의 경치를 만날 수 있다. 일몰 시각 30분에서 1시간 전쯤 올라가 야경까지 감상하면 더욱 좋다.

세비야 대성당에서 도보 10분 Pl. de la Encarnación, s/n +34 606 635 214 09:30~ 다음 날 01:00 성인 €15, 6~14세, 65세 이상 €12 setasdesevilla.com

전세 낸 듯 여유롭게 둘러보는 미술관 ······ ⑥

세비야 베야스 아르테스 미술관

Museo de Bellas Artes de Sevilla

17세기에 세워진 수도원을 현재 베야스 아르테스 주립 미술관으로 사용하고 있다. 내부엔 아름다운 파티오(중정)가 있으며 스페인 바로크 회화를 대표하는 명화들을 다수 소장하고 있다. 다른 미술관들에 비해 유명세가 높은 작품들이 많진 않지만, 관람객이 많지 않아 여유롭게 돌아보기 좋다. 입장료(€1.5)가 저렴하다는 것도 장점이다.

메트로폴 파라솔에서 도보 9분 Plaza del Museo, 9 +34 954 786 498 9~7월 화~토요일 09:00~21:00, 일요일, 공휴일 09:00~15:00, 8월 화~일요일, 공휴일 09:00~15:00 월요일, 1/1, 1/6, 5/1, 12/24, 12/25, 12/31 €1.5

스페인을 통틀어
가장 아름다운 광장 ⑦

스페인 광장
Plaza de España

🚶 세비야 대학에서 도보 5분
🕒 08:00~22:00

구시가에서 조금 떨어진 곳에 자리한 스페인 광장은 세비야뿐만 아니라 스페인을 통틀어 가장 아름다운 광장으로 손꼽힌다. 1929년에 개최된 세계 박람회를 위해 만들어졌다. 반달 모양의 광장에 3개의 건축물이 둘러싸고 있으며 작은 수로가 있어 운치를 더한다. 수로에선 작은 곤돌라를 타고 뱃놀이도 즐길 수 있다. 광장 쪽 건물 벽면에는 스페인 각지의 역사적 사건들이 담긴 타일 모자이크 장식이 있다. 어디서 찍어도 인생 사진을 남길 수 있어서 국내외 화보, CF, 웨딩 촬영지로도 인기다. 날씨가 좋은 날엔 환상적인 석양까지 만날 수 있으니 일몰 전에 가서 야경까지 감상해 볼 것을 추천한다. 광장 맞은편, 마리아 루이사 공원을 함께 돌아보는 것도 괜찮다.

오페라 〈카르멘〉
왕립 담배공장의 배경 ⑧

세비야 대학 Universidad de Sevilla

모차르트 〈돈 조반니〉, 비제의 〈카르멘〉, 로시니의 〈세비야의 이발사〉까지 전 세계적으로 유명한 오페라들이 세비야를 배경으로 하고 있다. 〈카르멘〉의 배경으로 등장하는 왕립 담배공장은 19세기에 유럽 전체 담배의 3/4을 생산하던 곳으로 담배를 만드는 여공이 무려 1만 명에 달했는데, 현재는 세비야 대학으로 사용되고 있다. 스페인 내에서도 유서 깊은 대학으로 손꼽히며 여행자들도 별다른 제약 없이 편하게 돌아볼 수 있다. 학교 앞 산 페르난도 거리에는 여느 대학가와 마찬가지로 가성비 좋은 음식과 음료를 판매하는 노천바, 카페들이 있어서 부담 없이 들르기 좋다.

🚶 알카사르에서 도보 1분 📍 Calle San Fernando, 4
📞 +34 954 551 000 🕒 월~금요일 08:00~21:00

과달키비르강에서 가장 매력적인 다리 ······⑨

이사벨 2세 다리 Puente de Isabel II

세비야 도심을 가르는 과달키비르강 위에 놓인 다리 중 가장 오래되고 상징적인 다리다. 1852년 완공되었으며 명칭은 당시 에스파냐를 통치하던 여왕 이사벨 2세의 이름에서 따왔다. 다리 주변에 산책로가 조성되어 있으며 강변을 따라 자리한 건물들도 알록달록 예쁘다. 아름다운 일몰과 야경도 만날 수 있다.

🚶 과달키비르 강변, 알카사르에서 도보 13분

멋진 전망을 만날 수 있는 해양 박물관 ······⑩

황금의 탑 Torre del Oro

과달키비르 강변에 있는 황금의 탑은 과거 이슬람교도들이 세운 건축물로 당시엔 적의 침입을 감시하기 위함이었다. 그 후 다양한 용도로 변경되다 1519년 마젤란이 세계 일주 항해를 떠난 것과 관련되어 현재 해양 박물관으로 자리 잡았다. '황금의 탑'이란 이름이 붙은 건 처음 탑을 지을 때 금으로 된 타일로 탑의 외관을 덮었기 때문이라는 것과 16~17세기에 신대륙에서 가져온 금을 이곳에 두었기 때문이라는 설이 있다. 아담한 규모에 볼거리가 많은 편은 아니지만, 전망대에 오르면 강과 어우러진 도심의 전망을 감상할 수 있다. 입장료도 저렴해 부담 없이 방문할 수 있다. 월요일은 무료입장이지만, 기부금 명목으로 금액을 내야 하므로 무료입장의 의미가 없다.

🚶 과달키비르 강변, 알카사르에서 도보 7분 📍 Pl. de la Encarnación, s/n 📞 +34 954 222 419 🕒 월~금요일 09:30~18:45, 토, 일요일 10:30~18:45 ✖ 공휴일 € €3(월요일 무료입장) 🏠 torredelorosevilla.com

스페인을 대표하는 투우장 중 하나 ······ ⑪

세비야 투우장 Plaza de toros de la Real Maestranza de caballería de Sevilla

론다와 함께 현대적 의미의 투우가 시작된 세비야에는 18세기에 지어져 지금도 실제 경기가 열리는 투우 경기장이 있다. 만 4,000명이 한꺼번에 관람할 수 있는 규모로 마드리드의 라벤타스 투우장과 쌍벽을 이룬다. 투우 경기는 4월에 열리는 '봄의 축제Feira de Abril' 기간에 가장 많이 열리며 경기가 없는 날엔 가이드 투어를 할 수 있다. 유명 투우사들이 입었던 의상과 장비, 실제 경기 사진 등이 전시된 박물관을 둘러보면 그 규모와 역사적인 의미를 알 수 있다. 투우 경기의 경우 관람석에 따라 입장료가 다른데 가장 앞쪽 좌석이 €150 내외다.

과달키비르 강변, 황금의 탑에서 도보 6분
Pl. de Cristóbal Colón, 12
+34 954 210 315 4~10월 09:30~21:30, 11~3월 09:30~19:30, 투우 경기일 09:30~15:00 성인 €10, 12~16세 & 17~25세 학생, 65세 이상 €6
visitaplazadetorosdesevilla.com

맛집이 모여 있는 쾌적하고 세련된 마켓 ······ ⑫

메르카도 론하 델 바랑코 Mercado Lonja del Barranco

스페인 곳곳엔 현대적으로 설계된 메르카도가 많은데 보통 식재료 판매점과 바르, 레스토랑이 함께 자리한다. 과달키비르 강변에 위치한 메르카도 론호 델 바랑코는 에펠탑 설계자로 유명한 구스타브 에펠이 설계한 시장으로 1883년 완공돼 1970년까지 수산시장으로 쓰이다 현재는 세련된 분위기의 푸드 마켓으로 개조되었다. 약 20개의 점포에서 판매하는 음식 종류는 파에야 등의 식사 메뉴부터 각종 타파스, 디저트까지 다양하며 야외 테이블도 있어 싱그러운 분위기 속에서 쉬어갈 수 있다. 신선한 크루스 캄포 생맥주를 파는 바르도 있다.

과달키비르 강변, 이사벨 2세 다리 근처
Calle Arjona, s/n +34 609 985 876
12:00~다음 날 01:00
mercadolonjabarranco.com

타파스 1등은 아무나 하나! ······ ①

에슬라바 Eslava

에슬라바는 세비야에서 유명한 레스토랑 중 하나로 타파스 대회에서 1등 수상 이력을 갖고 있다. 상을 받은 달걀노른자를 올린 비스코초, 담배 모양의 스프링롤은 필수로 먹어봐야 한다. 'Un Cigarro para Becque'란 이름의 타파스는 이름에서 알 수 있듯 담배 모양을 하고 있는데, 오징어 먹물과 베샤멜 소스, 갑오징어와 미역이 바삭한 페이스트리 안을 채우고 있다. 흔히 먹는 전통적인 타파스들에 비해 훨씬 창의적이며 하나하나 맛도 훌륭하다. 그 외에도 꿀 갈비, 맛조개 등의 해산물 요리까지 다양하다. 가격이 합리적인 편이지만 하나하나 맛보다 보면 꽤 많은 금액이 나올 수 있으니 주의하자. 3개월 전부터 예약할 수 있는데 실내 좌석만 가능하다.

세비야 대성당에서 도보 22분
Calle Eslava 3, 41002 Sevilla +34 954 906 568
화~토요일 12:30~00:00 일, 월요일
타파스 €3.8~5.8 espacioeslava.com

한국인 입맛에 찰떡인
인기 맛집 ……②

라 브루닐다 La Brunilda

한국인 관광객에게 특히 인기를 끌고 있는 라브루닐다는 테이블에 착석해서 먹는 깔끔한 분위기와 레스토랑으로 편안한 식사가 가능하다. 한글 메뉴판도 있으며, 대부분의 메뉴가 하프 사이즈로 주문할 수 있어 나 홀로 여행자도 부담 없이 여러 개의 음식을 주문해서 다채롭게 맛볼 수 있다. 버섯 리소토, 구운 문어 요리, 오리 콩피가 특히 인기가 많으며 2인이 식사할 경우 하프 사이즈 3~4개 정도가 적당하다. 인기가 많아 웨이팅할 수 있으므로 예약 후 방문할 것을 권한다.

세비야 대성당에서 도보 10분 Calle Galera 5, 41002 Sevilla
+34 954 220 481 13:30~16:30, 20:30~23:30
문어 요리 €11, 참치 타다키 €8.5, 오리 콩피 €7.5 labrunildatapas.com

창의적으로 해석한 퓨전 타파스 ……③

오베하스 네그라스 Ovejas Negras

트렌디한 분위기를 자랑하는 오베하스 네그라스는 〈미쉐린 가이드〉에 소개되었으며 구글과 트립 어드바이저 등에서도 높은 평을 받고 있다. 모던한 인테리어에 기존의 타파스를 창의적으로 해석한 퓨전 메뉴들이 많아 젊은 층에 더욱 인기를 끌고 있다. 스페인 스타일을 더한 버섯 리소토를 비롯해 타코와 교자 같은 다국적인 요리들도 맛볼 수 있다.

세비야 대성당에서 도보 4분 Calle Hernando Colón 8 +34 954 123 811
12:30~16:00, 20:00~23:30
참치 타다키 €12.5, 리소토 €9.5
ovejasnegrastapas.com

사람 냄새 나는 선술집을 좋아한다면, 여기! ······ ④

보데가 산타 크루스 Bodega Santa Cruz

전통 타파스 바를 경험하고 싶은 여행자들에게 가장 추천하고 싶은 곳이다. 전 세계 가이드북에 두루두루 소개된 곳이라 여행자들의 발길이 끊이질 않는다. 바와 테이블 좌석이 있으며 어디든 자리를 잡아도 좋다. 꿀을 뿌린 가지튀김과 각종 해산물 튀김, 명란 샐러드 등이 유명하다. 시원한 맥주나 상그리아에 타파스 한두 가지로 가볍게 요기하기도 제격이다. 항상 붐비긴 하지만, 음식도 빨리 나오고 연세가 지긋한 서버들의 전문적인 손님 응대로 회전율도 좋은 편이니 망설이지 말고 자리를 잡아보자.

세비야 대성당에서 도보 2분 · Calle Rodrigo Caro
일~목요일 08:00~00:00, 금, 토요일 08:00~다음 날 00:30
타파스 €2.5~3

세비야에서 제일 오래된 타파스 바 ······ ⑤

엘 링콘치요 El Rinconcillo

1670년부터 영업을 해온 세비야에서 제일 오래된 타파스 바로 300년이 훌쩍 넘는 세월 동안 한결같이 사랑받고 있다. 가게 문을 열고 들어가는 순간 타임머신을 타고 시간을 거슬러 올라간 느낌이 든다. 하몽, 이베리코 돼지구이, 각종 해산물을 타파스 혹은 다채로운 요리로 즐길 수 있다. 정식으로 식사하려면 테이블에, 타파스를 곁들여 술을 한잔하고자 한다면 바에 자리를 잡으면 된다.

메트로폴 파라솔에서 도보 5분
Calle Gerona 40 · +34 954 223 183
13:00~17:30, 20:00~다음 날 00:30
화요일 · 타파스 €3.5~, 솔로미요 €25, 조개 요리 €18 · elrinconcillo.es

시선을 사로잡는 주렁주렁 매달린 하몽 ······ ⑥

라스 테레사스 Las Teresas

150년의 전통을 지닌 오래된 타파스 바. 내부에 하몽이 주렁주렁 매달려 있어 들어가는 순간부터 천장에서 눈을 뗄 수가 없다. 이베리코 하몽, 소시지, 살라미 등을 전문으로 하고 있으며 위스키 소스로 졸인 등심뿐만 아니라 각종 해산물 타파스도 맛볼 수 있다. 타파Tape, 메디아Media, 라시온Ración 등으로 양을 선택할 수 있으며, 바에서 가볍게 한잔하기 좋다. 단골 현지인과 여행객들이 뒤섞여 왁자지껄 어울리는 분위기도 이곳의 매력 중 하나다.

알카사르에서 도보 6분 Calle Sta. Teresa 2 +34 954 213 069 월~목요일 10:00~00:00, 금요일 10:00~다음 날 01:00, 토요일 11:00~다음 날 01:00, 일요일 11:00~ 00:00 타파스 €4.25~5.25 lasteresas.es

강변의 노천 바에서 즐기는 로맨틱한 한 끼 ······ ⑦

타베르나 델 아레날 Taberna del Arenal

세비야 과달키비르 강변에 위치한 타베르나 델 아레날. 대부분 메뉴를 1인분, 1/2인분, 타파스로 나누어 주문할 수 있어 인원수에 따라 적절하게 주문해 먹기에 그만이다. 크림소스를 얹은 등심, 각종 튀김 요리가 인기 메뉴다. 해 질 무렵엔 강변을 물들이는 아름다운 석양도 만끽할 수 있다.

황금의 탑에서 도보 1분 Calle Almte. Lobo 2 +34 954 221 142 12:30~16:00, 20:30~00:00 솔로미오 카르보나라 €7.5 새우 & 오징어튀김 €3.2, 타파스 €2.8~ arengalia.es

서양식 아침 식사 또는 브런치가 생각날 때 ⑧

제스터 Jester

다양한 종류의 베이커리, 요거트, 신선한 주스를 전문으로 하는 카페다. 실내는 아담하지만 트렌디하게 꾸며져 있으며 직원들도 밝고 활기차다. 코르타도 한 잔에 크루아상이나 베이글 샌드위치, 신선한 과일을 더한 수제 요거트나 아사이베리 스무디를 더하면 아침 식사나 브런치로 제격이다. 세팅도 아기자기해 젊은 여성 손님들에게 특히 인기가 많다. 가격대는 일반 타파스 바르보다 좀 더 비싼 편이다.

🚶 알카사르에서 도보 8분 📍 Calle Puerta de la Carne 7a 📞 +34 657 52 28 50
🕒 월요일 08:00~14:00, 17:00~00:00
화~일요일 08:00~14:00, 17:00~21:00
€ 스무디 €4.7, 아사이볼 €7.9,
베이글 샌드위치 €6.5

초코라테 콘 추로스로
당 충전! ⑨

엘 코메르씨오 El Comercio

1904년에 오픈한 엘 코메르씨오는 세비야에서 추로스가 맛있는 곳으로 유명하다. 흔히 알고 있는 바삭한 추로스가 아닌 폭신폭신 공갈빵 같은 스타일인데, 엄밀히 말하면 추로스의 한 종류인 '포라스'다. 초코라테나 커피와 함께 먹으면 딱 좋다. 초코라테는 달지 않고 약간 쌉싸름하며 꾸덕꾸덕한 편이다. 술과 타파스, 음식을 함께 파는 선술집이라 약초를 넣어 만든 베르무트를 한잔 곁들여도 의외의 조합이 된다.

🚶 세비야 대성당에서 도보 10분 📍 Calle Lineros, 9 🕒 월~금요일 07:30~21:00,
토요일 08:00~21:00 ✖ 일요일 € 추로스 €2.5, 초코라테 €2.5

대성당 전경을 만끽할 수 있는
루프탑 레스토랑 ······ ⑩

라 테라사 델

EME La Terraza del EME-Bar panorámico

세비야 대성당 주변 호텔 중엔 루프탑에 레스토랑을 운영하는 곳들이 꽤 있다. 루프탑 레스토랑인 라 테라사 델은 일반 바르에 비해 가격이 비싼 편이지만 크게 부담스러운 정도는 아니니 한 번쯤 가볼 만하다. 대성당을 정면으로 바라보며 와인이나 맥주를 마시면서 특별한 인생 사진도 남겨보자.

세비야 대성당에서 도보 2분 · Calle Alemanes 27
+34 954 560 000 · 12:00~다음 날 01:00 · 맥주 €7, 와인 €8~11, 칵테일 €15~16 · emecatedralhotel.com

색다르게 즐기는 세비야의 나이트 라이프 ······ ⑪

바르 핀손 Bar Pinzón

과달키비르 강변에서 멀지 않은 곳에 힙한 분위기의 바가 모여 있는데, 그중 하나가 바르 핀손이다. 관광객뿐만 아니라 현지인들에게도 인기가 많아 야외 테이블은 자리를 잡기 힘들 정도다. 바 내부도 규모가 꽤 크고 신나는 음악이 흘러나오면 자연스럽게 춤을 추는 분위기로 이어진다. 답답한 클럽 대신 캐주얼하게 세비야의 밤을 즐기고 싶은 이에게 추천한다.

이사벨 2세 다리 근처 · Paseo de Cristóbal Colón 5 · +34 955 154 444
일~목요일 15:00~다음 날 02:00, 금, 토요일 15:00~다음 날 03:00 · 음료 €5~15

이슬람 문화 체험, 시사

강변의 바르에선 시사 체험도 가능하다. 시사는 이슬람 지역에서 주로 즐기는 물담배인데 과일이나 커피 등 다양한 향을 첨가해 즐길 수 있다. 일반적인 담배와는 전혀 다르니 이색적인 문화 체험이 될 것이다. 가격은 €15~20 정도이며 일행들과 함께 체험할 수 있다.

리얼 가이드

플라멩코의 본고장, 세비야

스페인 하면 먼저 떠오르는 이미지 중 하나가 강렬한 인상의 플라멩코 무희다.
플라멩코는 박해를 받던 집시들이 갖은 핍박을 견뎌내는 동안
그들의 한과 슬픔을 춤과 노래로 표현하면서 시작되었는데 그 본고장이 세비야다.
덕분에 플라멩코 박물관, 정통 타블라오, 일반 바르에서도 다양한 스타일의 공연을 만날 수 있다.

저렴한 가격으로 즐기는
수준 높은 플라멩코 공연

플라멩코 박물관

Museo del Baile Flamenco

플라멩코의 본 고장인 세비야에서 플라멩코가 갖는 의미는 특별해 전용 박물관이 있을 정도다. 크고 작은 공연장들이 많고 형식도 다양하지만, 가격 대비 수준 높은 공연을 볼 수 있는 곳도 바로 플라멩코 박물관이다. 1일 3회 정도 공연하는데, 시즌에 따라 스케줄이 달라질 수 있다. 앞좌석에 앉으면 무희들의 숨소리, 땀방울까지 날려 살짝 난감할 수 있지만 그만큼 그들의 열정을 온몸으로 느껴볼 수 있다.

세비야 대성당에서 도보 6분 Calle Manuel Rojas Marcos, 3 +34 954 340 311
17:00, 19:00, 20:45 플라멩코 공연 €25, 학생 €18 / 통합권(박물관 & 쇼) €29, 학생 €22
museodebaileflamenco.com

디너쇼로 즐기는 플라멩코

엘 아레날 El Arenal

일종의 디너쇼같이 플라멩코 공연과 저녁 식사를 함께할 수 있는 타블라오다. 디너, 타파스, 음료 등을 옵션으로 선택할 수 있으며 가장 비싼 요금이 €81로 가격대가 조금 높은 편이다. 하지만 애피타이저, 메인 요리, 디저트에 음료까지 포함된 코스 요리는 꽤 알찬 구성으로 되어 있으며 공연도 훌륭해 만족도가 높다. 공연 한 시간 전부터 오픈해 음료 및 식사를 즐길 수 있다.

황금의 탑에서 도보 5분 Calle Rodo 7 +34 954 216 492
19:00~20:00, 21:30~22:30 공연 & 음료 €42, 공연 & 타파스 €67, 공연 & 디너 €81 tablaoelarenal.com

플라멩코가 제일 좋은 안주!

라 카르보네리아 La Carbonería

전 세계 가이드북에 지주 소개되어 여행자들에게 명성이 자자한 곳이다. 다소 한적한 골목길에 있어 일부러 찾아가야 한다는 번거로움이 있지만, 늘 많은 사람들로 붐빈다. 입장료가 따로 없어 음료만 주문하면 자유롭게 공연을 관람할 수 있다. 야외 테라스에서도 공연이 열려 답답하지 않다는 것도 장점이다.

세비야 대성당에서 도보 9분
Calle Céspedes 21A +34 954 229 945
19:00~다음 날 01:00
lacarbonerialevies.blogspot.com.es

REAL PLUS ····①

카디스 Cádiz

카디스는 콜럼버스가 신대륙을 발견한 후 새로운 물자를
유럽으로 실어 날랐던 관문으로 도심의 곳곳엔 과거의 번영을 가늠해 볼 만한
웅장한 건축물들과 볼거리들이 자리한다. 눈부시게 푸르른 바다와
도심의 풍경이 그림같이 펼쳐진다. 사부작사부작 골목길을 탐방한 후 신선한
해산물 튀김을 맛보고 해수욕까지 즐기면 완벽한 당일치기 코스가 완성된다.

카디스 가는 방법

세비야에서 카디스까지 COMES 버스를 이용해 갈 수 있으며 1시간 45분 정도 소요된다. 프라도 데 산세바스티안 버스터미널에서 출발하며 여름철에는 오전 7시부터 2시간에 1대꼴로 운행한다(1일 7회, 시즌에 따라 변경). 왕복으로 티켓을 구입하면 좀 훨씬 더 저렴하다. 대성당이 있는 카디스 구시가에 가려면 종점에서 하차하면 된다.

세비야 프라도 데 산세바스티안 터미널 ↔ 카디스
1시간 45분 · 편도 €17.05, 왕복 €23.3 · tgcomes.es

카디스 여행 방법

뜨거운 여름 세비야를 더욱 핫하게 기억하려면, 아름다운 바다와 과거의 번영을 간직한 근교의 카디스가 정답이다. 여름 시즌에도 2시간에 1대꼴로 버스가 있어서 미리 스케줄을 확인해야 한다. 주요 볼거리는 카디스 대성당 주변에 모여 있어 지도 없이 돌아봐도 되고 해산물 요리를 잘하는 곳이 많아 간단히 요기를 하기도 좋다. 짧게나마 휴양지 무드를 즐기고 싶다면, 칼레타 해변에서 해수욕 타임!

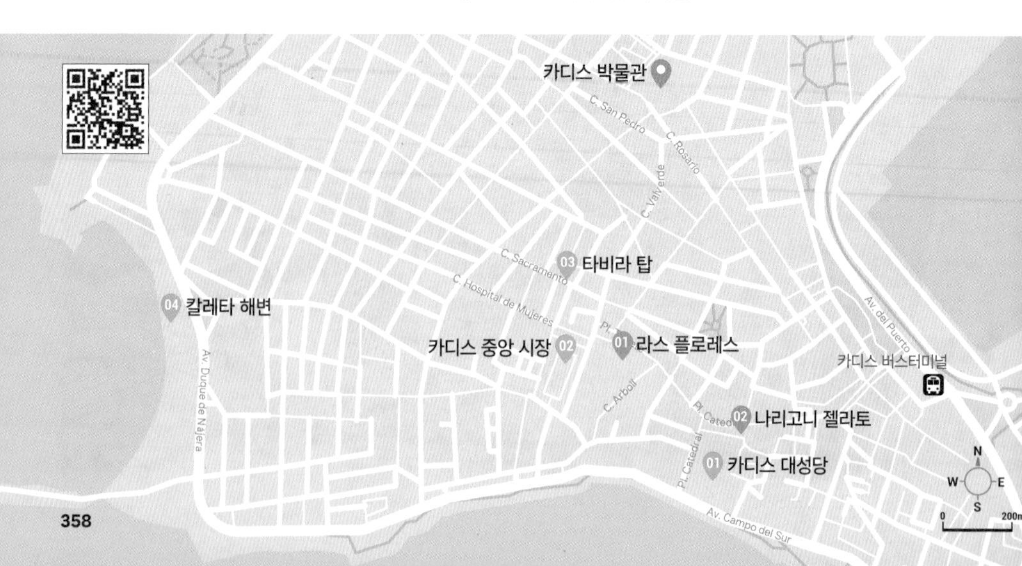

이국적인 분위기의
스페인 대성당 ······ ①

카디스 대성당

Catedral de Cádiz

바로크 양식의 카디스 대성당은 116년이라는 긴 시간에 걸쳐 완공되었는데 다른 주요 도시의 대성당들에 비하면 작고 소박한 편이다. 하지만 황금색 대형 돔과 종탑, 대규모 성가대석 등 건축적으로 뛰어난 부분이 많다. 내부에는 웅장한 예배당과 제단, 옛 수도원과 가톨릭교회에서 수집한 종교 유물도 전시되어 있다. 탑에 오르면 탁 트인 전망을 만날 수 있다. 푸른 하늘, 야자수 나무와 어우러진 풍경은 그 어떤 지역의 대성당보다 이국적인 분위기다. 매년 2~3월에는 사회적 이슈를 풍자하는 '카디스 카니발'이 대성당 앞 광장에서 열린다.

카디스 버스터미널에서 도보 7분
Pl. Catedral, s/n +34 956 286 154 **성당** 월~토요일 09:30~20:30, 일요일 13:30~20:30, **타워** 월~토요일 09:30~20:30, 일요일 12:00~15:00, 16:00~20:30 성인 €8, 13~25세 학생 €6, 65세 이상 €7
catedraldecadiz.com

소소한 볼거리가 가득한 마켓 ······ ②

카디스 중앙 시장

Mercado Central Cádiz

어떤 곳을 여행할 때 빼놓을 수 없는 즐거움 중의 하나가 시장 구경이다. 현지인들의 실생활을 가장 가까이에서 볼 수 있으며 각종 식재료와 먹거리가 많아 오감 만족을 할 수 있다. 카디스 중앙 시장은 구시가 중심에 위치해 접근성이 좋고 신선한 해산물 요리도 저렴하게 먹을 수 있다. 일요일엔 시장 앞에서 벼룩시장도 열려 구경하는 재미가 쏠쏠하다.

카디스 대성당에서 도보 6분 Pl. de la Libertad, S/N
+34 956 214 191 월~금요일 09:00~16:00, 20:00~00:00, 토요일 09:00~17:00, 20:00~다음 날 01:00
일요일 mercadosdecadiz.com

카디스에서 가장 멋진 전망을 만날 수 있는 곳 ······③

타비라 탑 Torre Tavira

카디스가 유럽에서 가장 부유하고 풍족한 도시 중 하나였던 시기에 감시탑으로 사용된 곳으로 상인들이 자신들의 상품을 실은 배가 잘 도착했는지 확인할 수 있는 역할을 했다. 카디스가 대륙 간 무역 요충지에서 입지가 낮아지면서 본연의 기능은 사라졌고, 현재는 전망대로 이용 중이다. 전망대에 오르는 순간 푸른 바다와 함께 어우러진 구시가의 모습에 감탄사가 절로 나온다.

카디스 중앙 시장에서 도보 4분 C. Marqués del Real Tesoro, 10
+34 956 212 910 10~4월 10:00~18:00, 5~9월 10:00~20:00
1/1, 1/6, 12/25 성인 €8, 학생 및 65세 이상 €6 torretavira.com

관광은 잠시 잊고 물놀이를 즐기자! ······④

칼레타 해변 Playa de la Caleta

카디스에서 가장 인기가 많은 해변이다. 시내 중심에서 가까워 도보로 갈 수 있으며 산 세바스티안 성채를 마주하며 해수욕을 즐길 수 있다. 여름철이면 동네 주민과 세비야에서 온 휴양객들로 모래사장에 발 디딜 틈이 없다. 간이 샤워장도 있으니 수영복, 비치 타월 정도만 챙겨도 충분히 즐길 수 있다.

카디스 대성당에서 도보 14분

가성비 최고의 해산물 튀김 맛집 ······ ①

라스 플로레스

Freiduria Marisquería Las Flores

바다를 끼고 있는 도시에서 해산물 요리는 늘 옳다. 카디스에선 해산물 튀김을 즐겨 먹는 데 기본적인 새우, 흰 살 생선 등을 비롯해 꼴뚜기, 오징어, 멸치까지 다양하다. 해산물 튀김인 타파로 주문하면 €2~2.2 정도로 저렴해 현지인들에게도 큰 인기를 얻고 있다. 덕분에 매장은 늘 인파로 북적이니 눈치껏 자리를 잘 잡아야 한다. 튀김만 주문하면 살짝 기름질 수 있으므로 문어나 명란 샐러드도 함께 주문해 보자.

🚶 카디스 중앙 시장에서 도보 2분 📍 Plaza Topete 4
📞 +34 678 082 012 🕒 11:00~00:00
€ 타파 €2~2.2, 새우(250g) €14, 풀포 €12.9

카디스에서 달콤함을 충천하기 좋은 곳 ······ ②

나리고니 젤라토 Narigoni Gelato

카디스 대성당 앞에 있는 젤라토 전문점. 100% 천연 재료를 사용해 만든 젤라토를 선보이며 과일 맛부터 초콜릿, 커피, 헤이즐넛까지 종류가 다양하다. 선뜻 어떤 맛을 고를지 고민이 된다면 직원의 추천을 받아도 좋다. 카디스에서 가장 맛있는 젤라토 가게로 평가받고 있다.

🚶 카디스 대성당 앞 📍 Pl. Catedral, 5 📞 +34 628 166 066 🕒 일~목요일 11:00~20:00, 금, 토요일 11:00~21:00 € 젤라토 스몰 €2.5, 라지 €4.25 🏠 narigoni.com

CITY ···· ③

이슬람 문화와 스페인 문화의 조화

코르도바 Cordoba

#메스키타 대성당 #알카사르 #꽃 축제 #파티오 #로마교

10세기 동로마 제국의 수도였던 콘스탄티노플과 더불어 유럽 최대의 도시로 성장했던 코르도바. 당시엔 인구 50만 명의 이슬람 왕국으로 700여 개에 달하는 사원과 7개의 대학이 있을 정도로 부흥했었다. 현재는 세비야와 그라나다에 밀려 조용한 소도시로 남았지만, 메스키타 대성당, 알카사르 등의 위대한 건축물들이 잘 보존되어 있어 과거 번영의 모습을 상상해 볼 수 있다.

코르도바
가는 방법

기차 & 버스

마드리드, 세비야, 말라가에서 출발할 경우 고속 기차를 이용하면 버스보다 절반 가량 시간을 단축할 수 있다. 하지만 그라나다 출발 편은 오전 시간대에 기차가 많지 않아 효율적인 이동을 위해 버스를 이용하는 것이 더 낫다. 안달루시아 내에서 버스 노선이 다양하고 가격도 저렴해 버스 여행을 하는 사람들이 좀 더 많다. 코르도바 기차역과 버스터미널은 도로 사이로 마주 보고 있으며 시내까지 3번 버스(€1.3)를 이용하면 15분 이내로 갈 수 있다.

기차 renfe.com

- **마드리드 → 코르도바 07:00~21:10**
  € €19~ ⏱ 배차 간격 25~50분, 1시간 47분~2시간 27분 소요
- **세비야 → 코르도바 05:50~21:36**
  € €7~ ⏱ 배차 간격 5~30분, 41분~1시간 31분 소요
- **말라가 → 코르도바 06:28~20:10**
  € €17.55~ ⏱ 배차 간격 10~12분, 49분-1시간 7분 소요
- **그라나다 → 코르도바 06:25~19:25**
  € €20.5~ ⏱ 배차 간격 15분~6시간, 1시간 32분~2시간 46분 소요

  * 시즌과 요일에 따라 운행 시간 및 요금이 바뀌므로 출발 전 홈페이지 확인 필요

버스 alsa.es

- **그라나다~코르도바** ⏱ 3시간 내외
- **세비야~코르도바** ⏱ 2시간 내외
- **말라가~코르도바** ⏱ 2시간 반 소요

시내버스 3번

- **운행 시간**
  기차역 → 시내(Fuensanta 방향) 평일 06:00~23:30, 토요일 06:40~23:00, 일요일 및 공휴일 06:47~23:00
  시내 → 기차역(Albaida 방향) 평일 06:30~23:00, 토요일 07:10~23:00, 일요일 및 공휴일 07:10~23:00
  € €1.3 ⏱ 배차 간격 평일 12~15분, 주말 및 공휴일 15~19분

코르도바
여행 방법

한때 유럽 최대의 도시, 이슬람 왕국으로 부흥했던 코르도바. 덕분에 그라나다와 함께 여느 스페인 도시들과는 다른 매력을 뽐낸다. 다만, 옛 명성에 비해 여행자가 둘러볼 관광지는 많지 않아 반나절만 있어도 충분하다. 메스키타와 종탑은 이른 아침에 가면 무료입장도 가능하니 최우선으로 돌아보자. 아기자기한 골목과 화려하게 꾸며진 파티오도 소소한 재미를 준다.

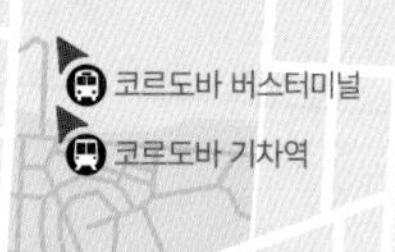

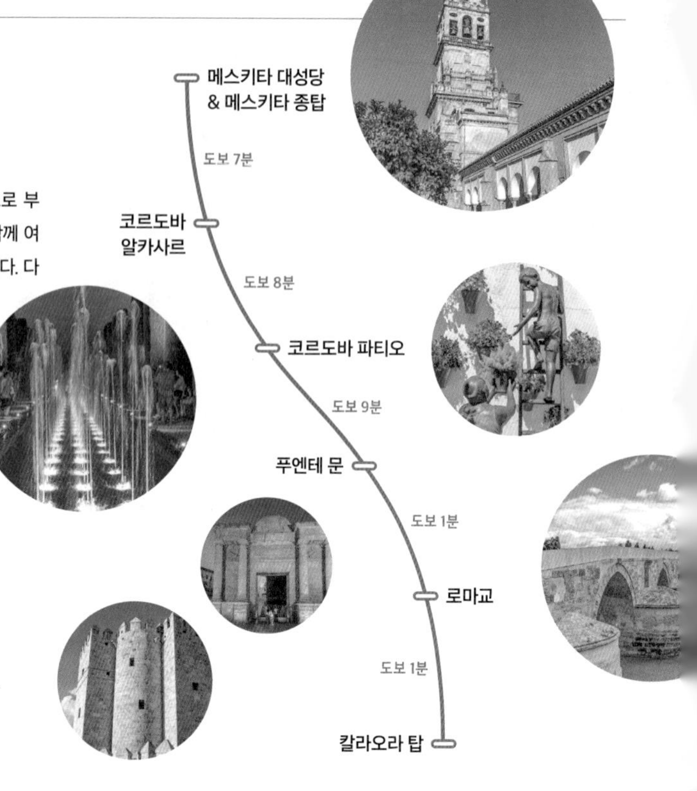

코르도바 상세 지도

모스크와 성당의 절묘한 만남 ······ ①

메스키타 대성당 Mezquita-catedral de Córdoba

'메스키타'는 스페인어로 '모스크'를 뜻하지만, 코르도바 성당을 가리키는 고유 명사로도 쓰인다. 이슬람이 침략한 후 784년 지어진 모스크는 이슬람 세계에서 두 번째 규모였다. 후에도 여러 사례 증축을 거쳐 남북 180m, 동서 130m 동시에 2만 5,000명이 예배를 볼 수 있는 이슬람 사원으로 완성되었다. 1236년 가톨릭 왕국이 세력을 잡은 후 모스크를 전부 부수고 새로 지으려 했지만, 이곳에 방문한 카를 5세가 메스키타의 아름다움에 감명받아 중앙 부분만을 철거하고 르네상스 양식으로 대성당을 짓도록 했다. 덕분에 가톨릭과 이슬람교가 공존하는 현재의 특별한 사원으로 거듭났다. 이후에도 "어디에서나 볼 수 있는 건물을 짓기 위해 어디에서도 볼 수 없는 건물을 파괴했다."라고 한탄했다니 원래의 모스크가 얼마나 대단했을지 상상하게 한다. 수많은 기둥, 붉은색, 흰색 줄무늬가 교차한 말발굽 모양 아치들이 인상적이다. 오랜 시간 동안 다양한 역사와 문화가 뒤섞여 만들어진 메스키타는 스페인의 그 어떤 건축물보다 독특하기 그지없다. 08:30~09:30에 무료입장이 가능하다.

코르도바역에서 3번 버스 탑승, 약 10분 이내 Calle Cardenal Herrero, 1
+34 957 470 512 월~토요일 10:00~19:00, 일요일 08:30~11:30, 15:00~19:00
성인 €13, 10~14세 €7, 65세 이상 €10 (월~토요일 08:30~09:30 무료입장)
mezquita-catedraldecordoba.es

코르도바 전망 맛집 ……②

메스키타 종탑 Bell Tower

도시의 전망을 한눈에 감상할 수 있는 전망 명소다. 09:30에 개장하며 30분 단위로 20명씩 입장 가능하다. 원하는 시간에 종탑에 오르려면 일찍 서둘러 티켓을 구매하는 게 좋다. 계단이 조금 많긴 하지만 수고스러움을 충분히 보상받을 만한 멋진 전망을 만나게 된다.

🚶 메스키타 대성당 옆 🕒 09:30, 10:00, 10:30, 11:00, 11:30, 12:00, 12:30, 13:00, 13:30, 14:00, 14:30(시즌에 따라 변동되므로 방문 전 확인 필요) € €3(월~토요일 08:30~09:30 무료입장)

이슬람과 가톨릭의 매력이 혼재된 곳 ······ ③

코르도바 알카사르

Alcázar de los Reyes Cristianos

코르도바가 이슬람 왕국의 수도였을 당시부터 왕궁의 요새였던 알카사르. 가톨릭 왕국이 이 땅을 되찾은 후 알폰소 11세에 의해 무데하르 양식(이슬람풍에 로마네스크와 고딕 양식이 섞인 스페인 고유의 기독교 건축 양식)인 현재의 알카사르가 완성되었다. 이후 스페인 최초의 종교 재판소, 마지막 이슬람 왕국이었던 그라나다 공략을 위한 본부, 나폴레옹 군대의 주둔지, 감옥 등 다양하게 사용되다 1950년대 관광지로 일반에게 공개되었다. 이슬람 스타일의 안뜰과 정원이 인상적이다.

메스키타 대성당에서 도보 6분 Calle Caballerizas Reales, s/n +34 957 485 001 9/16~6/14 화~금요일 08:15~20:00, 토요일 09:30~18:00, 일요일 및 공휴일 08:15~14:45 월요일, 6/15~9/15 화~일요일 08:15~14:45, 1/1, 1/6, 12/25 성인 €4.5, 학생 €2.25(온라인 예약 시 €0.41 추가, 14세 미만 & 65세 이상 무료)
cultura.cordoba.es

로마교

Puente Romano de Córdoba

메스키타 대성당에서 멀지 않은 푸엔테 문을 지나면 코르도바 과달키비르 강변에서 제일 유명한 로마교가 나온다. 1세기경 로마 시대에 지어진 길이 233m에 달하는 로마교는 16개의 아치로 이루어져 있으며 여러 차례 증, 개축을 거쳐 현재는 보행자 전용 도로로 이용 중이다. 다리 양쪽에는 푸엔테 문과 칼라오라 탑이 있다. 푸엔테 문은 다리를 건너 도시로 들어가는 관문, 반대쪽 다리 끝에 위치한 칼라오라 탑은 로마교와 알카사르를 지키기 위해 세워졌다. 탑에 오르면 도시의 전망이 파노라마로 펼쳐진다. 과달키비르강과 로마교는 미드 〈왕좌의 게임〉에 등장한 바 있다.

🚶 메스키타 대성당에서 도보 4분

꽃의 도시 최고의 파티오를 찾아서 ⑤

코르도바 파티오 Cordoba Patios

집 내부에 자리한 'ㅁ'자 모양의 내부 정원을 파티오라고 한다. 13세기부터 귀족들이 저택의 파티오를 꾸미기 시작해 지금까지 이어오고 있으며, 벽이 보이지 않을 정도로 많은 식물과 꽃으로 장식하고 작은 분수와 테라스를 두기도 한다. 매년 5월엔 파티오 축제와 경연 대회가 열리는데, 특히, 1918년부터 시작된 코르도바 파티오 축제는 100년이 넘는 역사를 자랑하며 2012년 유네스코 인류무형유산으로 지정되었다. 파티오는 보통 개인 소유의 집에 있지만, 축제 기간 동안은 대중들에게 무료로 개방한다. 하지만 축제 기간이 아니더라도 골목을 돌아다니다 보면 특색 있게 꾸민 파티오 구경을 할 수 있는 곳도 있다. 그리고 기본적으로 벽과 창틀 등 보이는 곳에는 대부분 예쁜 꽃장식이 달려 있어 직접 둘러보면 왜 코르도바를 '꽃의 도시'라 부르는지 고개가 절로 끄덕여질 것이다.

🚶 코르도바 알카사르 근처, San Basilio 일대
📍 C. San Basilio, 44, Centro
🏠 amigosdelospatioscordobeses.es

코르도바 전통 음식을 한 번에! ······ ①

타베르나 살리나스 Taberna Salinas

〈미쉐린 가이드〉를 비롯해 다양한 매체에서 맛집으로 인정받은 전통의 레스토랑이다. 실내 분위기도 전형적인 코르도바의 중정 스타일인데 할아버지 집에 방문한 느낌이랄까? 연세가 지긋한 웨이터들이 친절하게 맞이해 주며 오랜 내공의 서비스를 제공한다. 코르도바에서 즐겨 먹는 소꼬리 요리인 라보 데 토로Rabo de Toro와 시원하게 먹는 되직한 토마토수프인 살모레호Salmorejo가 대표 인기 메뉴다. 이색 음식에 도전해 보고 싶다면 화이트 가스파초, 아호 블랑코Ajo Blanco를 주문해 보자. 토마토 대신 아몬드를 사용하는데 여름철 건강식으로 그만이다. 하지만 호불호가 있을 수 있다.

메스키타 대성당에서 도보 12분 Calle Tundidores, 3 +34 957 482 950
월~금요일 12:30~16:00, 20:00~23:30, 토요일 12:30~16:00 일요일
살모레호 €10.25, 라보 데 토로 €16.75 tabernasalinas.com

코르도바 전통 요리

안달루시아 지역에서 즐겨 먹는 음식 대부분이 코르도바가 원조라는데 큰 자부심을 느끼고 있다. 소꼬리찜인 라보 데 토호, 차갑고 꾸덕꾸덕하게 즐기는 살모레호, 하몽과 치즈를 넣은 돼지고기 튀김 플라멩킨Flamenquín, 당밀 소스를 더한 가지튀김까지. 코르도바 전통 요리의 매력에 흠뻑 빠져보자.

아름다운 파티오를 갖춘 레스토랑 ······ ②

엘 링콘 데 카르멘 El Rincon De Carmen

코르도바에는 파티오를 예쁘게 꾸며 레스토랑이나 바, 상점 등으로 이용한 곳이 많다. 엘 린콘 데 카르멘은 예쁜 화분들과 담쟁이 식물들로 장식된 파티오를 만나볼 수 있는 레스토랑이다. 분위기는 물론 음식 맛도 훌륭한데 살모레호, 플라멩킨, 라보 데 토로 등 코르도바 대표 음식들이 인기를 끌고 있다. 예쁜 접시에 아기자기하게 세팅되어 나와 여러 개 주문해서 일행과 함께 나눠서 먹도록 하자. 해가 떨어지고 조명이 켜지면 더욱 로맨틱해진다.

메스키타 대성당에서 도보 4분
Calle Romero 4 +34 957 291 055
수~일요일 13:00~16:00, 20:00~23:30
월, 화요일 살모레호 타파 €4.4, 플라멩킨 €12.9, 라보 데 토로 €18.9
restauranterincondecarmen.es

합리적인 가격으로 즐기는 코스 만찬 ······ ③

레코미엔도 ReComiendo

〈미쉐린 가이드〉에 소개된 곳으로 셰프가 선보이는 창의적이고 고급스러운 코스 요리를 맛볼 수 있다. 2019년, 트립어드바이스의 '트래블러스 초이스 어워드'를 수상하기도 했으며 스페인에서 6위, 유럽에서 21위에 선정됐다. 10가지가 훌쩍 넘는 요리에 디저트까지 포함된 가장 저렴한 코스가 €72로 명성 대비 합리적이다. 셰프가 직접 각각의 메뉴에 대한 설명을 직접 해주며 직원들도 친절해 만족도가 상당히 높다. 운영시간이 짧고 현지인들에게도 인기가 좋은 곳이니 꼭 예약하고 방문하도록 하자.

구시가에서 12번 버스 탑승, 약 40분 소요 Calle Mirto 7 +34 957 107 351
화~토요일 14:00~16:00, 21:00~23:00 일, 월요일 코스 €72~99, 코스 & 와인 페어링 €115~135 recomiendopower.com

CITY ····④

깊은 협곡 위에 아찔하게 자리 잡은 도시

론다 Ronda

#누에보 다리 #투우의 발상지 #헤밍웨이

헤밍웨이는 론다를 '사랑하는 사람과 로맨틱한 시간을 보내기 좋은 곳'이라고 표현했다. 깎아지른 듯한 협곡과 그 사이로 세워진 누에보 다리, 절벽을 따라 그림처럼 자리한 마을의 풍경을 보면 그의 말에 절로 고개가 끄덕여진다. 웅장한 자연과 역사가 조화를 이루는 론다는 스페인 여행에서 꼭 한 번은 방문해야 할 곳이다. 스페인 남부 지역 여행을 계획 중이라면 반나절이나 하루 정도 시간을 내서 론다에 들러보자.

론다 가는 방법

버스

보통 말라가나 세비야에서 론다를 가는 경우가 많은데 기차보다는 버스가 소요 시간이 짧고 가격도 저렴해 유용하다. 말라가에서 론다를 운행하는 버스는 인테르부스와 아반사가 있지만 인테르부스가 운행 횟수가 많고 더 저렴하다. 세비야 플라사 데 아르마스 버스터미널에서 론다까지는 인테르부스를 이용하면 된다. 시즌과 요일에 따라 운행 횟수와 시간이 달라지며, 당일치기로 갈 경우엔 차편이 많지 않으니 왕복으로 예약하는 것이 좋다. 요금도 편도보다 왕복이 조금 저렴하다. 론다 버스터미널에서 누에보 다리까지는 도보 10분이면 갈 수 있고 짐 보관소도 있으니 무거운 짐들은 맡겨두고 움직일 수 있다.

- **세비야 플라사 데 아르마스 ↔ 론다** 소요 시간 2시간~2시간 55분
- **세비야 출발** 09:00~18:30(1일 4회) €14.66
- **론다 출발** 06:30~18:30(1일 4회) €14.66

damas-sa.es or interbus.es

- **말라가 ↔ 론다** 소요 시간 1시간 45분~2시간
- **말라가 출발** 08:30~20:30(1일 6회) €12.39
- **론다 출발** 06:30~18:30 (1일 6회) €12.39

damas-sa.es or interbus.es

기차

코르도바에서 론다를 오갈 때는 보통 기차를 이용한다. 직행편도 있지만 대부분 1회 경유를 해야 하는데 소요 시간은 2시간~2시간 20분 정도로 큰 차이가 없다. 기차는 예약하면 좀 더 저렴하다. 기차역에서 버스터미널까지는 400m 정도로 멀지 않고 누에보 다리까지 충분히 걸어갈 수 있다. 짐이 많다면 택시를 이용하면 된다. 요금은 €10~13.

renfe.com

론다
여행 방법

깎아지른 듯한 협곡 사이를 이어주는 누에보 다리를 보는 것만으로도 론다를 가는 이유는 충분하다. 일정이 짧다면, 숙박을 하지 않고 잠시 거쳐 가는 코스로도 괜찮다. 버스터미널에 짐 보관소가 있으니 캐리어 걱정은 안 해도 된다. 누에보 다리를 다양한 각도에서 볼 수 있는 뷰 포인트들이 곳곳에 있으니 한 바퀴 쭉 둘러보자. 다리 사이로 신시가와 구시가가 나뉘어져 있는 것도 흥미로운 포인트. 여유가 된다면 론다의 지역 명물 음식, 라보 데 토로는 꼭 먹어보자.

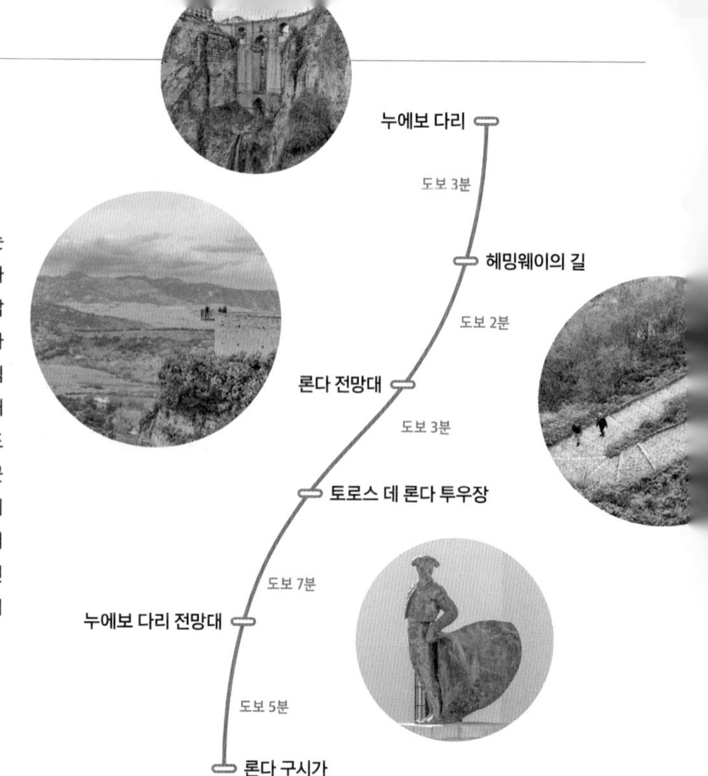

론다 상세 지도

론다를 가는 단 하나의 이유! ······ ①

누에보 다리 Puente Nuevo

론다의 구시가와 신시가를 연결해 주는 3개의 다리 중 하나로 새로운 다리란 뜻이다. 3개의 다리 중 가장 마지막에 완공된 것으로 기존 2개 다리의 불편함을 보완하기 위해 만들어졌다. 최초의 다리는 1735년 펠리페 5세에 의해 처음 제안되었다. 하지만 8개월이라는 짧은 기간 동안 지어진 후 6년 만에 무너지면서 50여 명의 사상자를 냈다. 현재의 다리는 1751년에 새로 짓기 시작해 42년 만에 완공되었다. 다리 길이는 30m밖에 안 되지만 높이가 무려 98m에 이른다. 여기 서서 120m 깊이의 협곡 아래로 흐르는 과달레빈강을 내려다보면 아찔함에 절로 눈을 감게 된다. 다리 중앙의 아치 모양 위에 있는 방은 감옥 및 스페인 내전 기간 중 고문 장소로도 사용되었으며 내부 관람이 가능하다. 스페인의 비경으로 많은 관광객과 사진작가들의 꾸준한 사랑을 받고 있으며 멋진 야경도 놓칠 수 없다.

론다 버스터미널에서 도보 10분
Pl. España, s/n +34 649 965 338
다리 내부 관람 화~금요일 09:30~20:00, 토, 월요일 10:00~14:00, 15:00~18:00, 일요일 10:00~15:00 성인 €2.5, 25세 이하 학생 €2(14세 이하 무료)
turismoderonda.es

시원스레 펼쳐지는
누에보 다리 ······②

론다 전망대 Mirador de Ronda

누에보 다리와 절벽 위에 자리한 하얀 마을을 한눈에 담을 수 있는 전망대다. 병풍처럼 둘러싸고 있는 험준한 산, 드넓은 구릉까지 360도 파노라마로 펼쳐진다. 발아래로 보이는 아찔한 협곡에 놀라지 않을 수 없다. 구시가에서 협곡 아래로 내려가는 길에 있는 누에보 다리 전망대에서는 다리를 정면으로 볼 수 있다.

🚶 누에보 다리에서 도보 3분

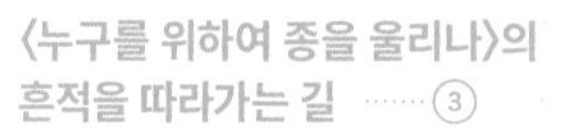

〈누구를 위하여 종을 울리나〉의
흔적을 따라가는 길 ······③

헤밍웨이의 길

Paseo de E.Hemingway

헤밍웨이에게 노벨상을 안겨준 〈누구를 위하여 종이 울리나〉를 집필하고 배경으로 삼은 곳이 바로 론다다. 오랜 종군 기자를 지낸 헤밍웨이는 그의 나이 37세에 스페인 내전 기자로 참전하게 되었고 그 경험을 바탕으로 글을 썼다. 그래서 론다에는 여전히 헤밍웨이의 흔적이 남아있는데 그가 살았던 집, 자주 걸었던 산책로가 대표적이다. 헤밍웨이의 발자취를 따라 걸으며 사색에 잠겨보는 것도 론다를 즐기는 좋은 방법이다.

🚶 누에보 다리에서 도보 3분

론다의 오래된 다리 ④

비에호 다리 Puente Viejo

론다의 과달레빈 강을 가로지르는 세 개의 다리 중 두 번째로 지어진 다리다. 비에호는 누에보와 반대로 '오래된' 이란 뜻이다. 1616년 높이 30m, 길이 120m로 건설되었고, 18세기 말 누에보 다리가 완성되기 전까지 구시가와 신시가를 이어주는 역할을 했다. 지금은 보행자 전용 다리로 이용되고 있으며 누에보 다리에 비해 규모는 작지만 나름의 매력이 있다. 이 다리를 지나면 필립 5세 아치, 아랍 목욕탕까지 이어진다.

🚶 누에보 다리에서 도보 5분

스페인에서 가장 오래된 투우장 ⑤

토로스 데 론다 투우장 Plaza de Toros de Ronda

론다는 근대 투우의 발상지로 1785년 건설된 투우장은 스페인에서 가장 오랜 역사를 사랑한나. 지름 66m의 원형 투우장으로 최대 수용 인원은 약 6,000명이다. 관중석은 2개 층으로 되어 있고, 관중석 앞쪽으로 원기둥이 일정한 간격으로 배치되어 있어 공간 자체는 남성적이라기보다 우아하다. 과거 왕족이 관람하던 로열박스는 아랍식 기와로 장식한 경사진 지붕으로 덮여 있다. 현재도 가끔 투우 경기가 열리며 경기가 없을 땐 투우장과 전설적인 투우사들의 사진과 복장들이 전시된 박물관을 돌아볼 수 있다.

🚶 누에보 다리에서 도보 4분 📍 Calle Virgen de la Paz, 15 📞 +34 952 874 132 🕓 11~2월 10:00~18:00, 4~9월 10:00~20:00, 3~10월 10:00~19:00 € €9(오디오가이드 포함 €10.5) 🏠 rmcr.org

과거로 떠나는 가장 쉬운 방법 ⑥

론다 구시가 La Ciudad

론다는 협곡을 사이에 두고 신시가와 구시가로 나뉘며 누에보 다리가 두 지역을 연결한다. 구시가엔 가톨릭 세력이 이 지역을 탈환하기 전, 과거의 주인이었던 이슬람 세력의 흔적들이 여전히 남아있다. 골목길은 붉은색, 노란색 등의 포인트 컬러가 들어간 하얀색 건물들로 아기자기함이 느껴진다. "거대한 절벽이 등에 작은 마을을 지고 있고, 뜨거운 열기에 마을은 더 하얘진다."란 시인 릴케의 표현이 100% 이해되는 순간이다. 마차를 타고 구시가를 돌아보는 투어도 인기다.

신시가에서 누에보 다리를 건너면 바로

보노 투리스코 Bono Turisco 로 구시가 여행하는 법

구시가를 좀 더 속속들이 돌아보고 싶다면, 론다 통합 입장권인 보노 투리스코를 고려해 볼 만하다. 몬드라곤 저택(론다 박물관), 호아킨 페이나도 미술관, 아랍 목욕탕, 누에보 다리 내부 관람, 카사 델 히간테, 산토도밍고 수도원 등 총 6곳을 방문할 수 있다. 입장권은 여행안내소 또는 홈페이지를 통해 구매할 수 있으며 요금은 성인 €17이다. 하지만 대부분의 명소가 한국인 여행자에게 인지도가 높지 않고, 짧은 일정으로 론다를 방문하는 분들이 대부분이라 이용객이 많은 편은 아니다.

성인 €17, 25세 이하 학생 €14 turismoderonda.es

호불호 없는 한국인 맞춤형 소꼬리찜 ······ ①

푸에르타 그란데 Puerta Grande

누에보 다리에서 멀지 않은 곳에 있는 레스토랑으로 소꼬리찜이 유명해 꾸준한 사랑을 받고 있다. 고기가 결대로 사르르 떨어질 정도로 부드럽고 소스도 한국식 갈비찜과 비슷하다. 카르보나라를 주문하면 테이블로 와서 달걀을 넣고 비벼 주는데 보는 재미도 있다. 직원들이 친절하고 한국말을 구사하는 직원도 있어서 편안한 식사가 가능하다. 그러다 보니 손님의 대다수가 한국인 여행자긴 하다.

누에보 다리에서 도보 2분 · Calle Nueva 10 · +34 952 879 200
월~금요일 12:00~15:00, 19:00~22:00 · 토, 일요일 · 라보 데 토로 €25, 가지튀김 €9, 카르보나라 €15 · puertagrandeweb.wixsite.com/carta

스페인식 소꼬리찜, 라보 데 토로 Rabo de Toro

론다는 투우의 발상지다. 투우 경기를 뛰는 소들은 안타깝게도 죽어야만 경기장을 벗어날 수 있다. 경기에서 죽은 소들은 그대로 소각해 버리는 경우가 많았는데 소꼬리만큼은 인근 고깃집과 레스토랑에서 요리로 판매되었다. 소꼬리를 오랫동안 끓여서 만든 라보 데 토로가 론다 전통 음식으로 특히 유명하다.

누에보 다리를 보며
와인 한잔하기 좋은 ······ ②

돈 미구엘 Don Miguel

누에보 다리 근처에 있는 곳으로 호텔과 레스토랑을 함께 운영하고 있다. 건물이 절벽 끝에 아슬아슬하게 자리 잡고 있어 야외 테라스에 자리를 잡으면 누에보 다리와 탁 트인 주변 풍경을 만끽할 수 있다. 음식에 대한 평은 호불호가 있으니 간단히 음료를 마시며 경치를 감상해 보자.

🚶 누에보 다리 앞 📍 Calle Rosario 6 📞 +34 952 877 722 🕓 08:00~00:00
€ 라보 데 토로 €19, 풀포 €18, 음료 €2.5~5 🏠 hoteldonmiguelronda.com

트립어드바이저에서 선정한 인기 맛집 ······ ③

트로피카나 Tropicana

세계적인 여행플랫폼 트립어드바이저에서 론다 최상위 맛집으로 꼽히는 곳이다. 요리 대회에서 수상했다는 크리스피 소꼬리Crispy Oxtail는 소꼬리찜을 넣은 스프링롤을 연상시키는 음식으로 조금 짜긴 하지만 애피타이저로 괜찮다. 그밖에 이베리코 돼지구이, 갈리시아 스타일의 문어 요리 등이 유명하다.

🚶 누에보 다리에서 도보 6분 📍 Calle Caballerizas Reales, s/n
📞 +34 952 878 985 🕓 금~월, 수요일 12:30~16:00, 20:00~22:00
✖ 화, 목요일 € 풀포 아사도 €21, 등심구이 €26

CITY ····⑤

스페인 남부의 매력적인 항구 도시

말라가 Málaga

#지중해 #휴양지 #해변 #피카소 미술관 #알카사바 #히브랄파로성

푸르른 지중해와 뜨거운 태양! 이 두 가지만으로도 충분히 사랑스러운 도시다. 아름다운 해변이 모여 있는 코스타 델 솔Costa del Sol의 첫 번째 관문으로 관광객 전용 아파트와 고급 리조트, 별장 등이 많아 유럽인들의 휴양지로 꾸준히 사랑받고 있다. 아담한 도시는 휴양지 분위기가 가득하고 1~2시간 내로 갈 수 있는 소도시들이 많아 더 매력적이다. 또한, 알카사바, 히브랄파로성, 말라가 대성당 등 역사적인 건축물들이 잘 보존되어 있고, 세계적인 예술가 피카소의 생가와 미술관도 있어 문화 예술의 도시로도 유명하다.

말라가 가는 방법

항공

마드리드, 바르셀로나, 빌바오에서 직항편을 운항한다. 유럽인들이 사랑하는 휴양지답게 로마, 베를린, 밀라노, 암스테르담 등 유럽의 대표 도시에서 출발하는 노선도 많은 편이다. 말라가 코스타 델 솔 공항은 시내에서 12km가량 떨어져 있으며 제3 터미널에서 버스나 기차를 이용하거나 택시로 이동할 수 있다.

aena.es

공항에서 시내 가는 법

말라가 코스타 델 솔 공항은 시내에서 서쪽으로 12km 떨어져 있는데 공항버스, 렌페 세르카니아스 또는 택시로 시내까지 갈 수 있다. 렌페 세르카니아스가 가장 저렴하긴 하지만, 캐리어를 들고 이동하기엔 공항버스가 더 편리하다.

공항버스(A번)

도착 로비 밖으로 나가면 시내 행 공항버스 정류장이 있다. 요금은 기사에게 직접 낼 수 있으며 카드 결제도 가능하다.

- **운행 시간** 공항 출발 기준 07:00~다음 날 01:10, 시내 출발(Paseo del Parque) 06:25~다음 날 00:26 / 요금 €4 / 배차 간격 20~25분 / 15~25분 소요
- **주요 노선** 공항 → 말라가 마리아 삼브라노역 남쪽 → 말라가 버스터미널 → 알라메다 대로 → 파르케 대로

렌페 세르카니아스(C1)

제3 터미널 도착 로비 밖으로 나간 후 'Railway' 이정표를 따라 아에로푸에르토 Aeropuerto역으로 가면 된다. 자동판매기에서 티켓을 구매하면 된다. 알라메다 역까지 12분 만에 갈 수 있다.

- **운행 시간** 공항 출발 기준 06:44~00:54, 시내 출발(Alameda) 05:20~23:30 / 요금 편도 €1.8 / 배차 간격 20~40분 / 12분 소요

택시

미터기 요금에 수하물과 공항 출입 비(€5.5)가 추가된다. 시내까지는 15~20분 정도 걸리며 요금은 €20~30선이다.

버스

안달루시아 지역을 오갈 땐 운행 횟수도 많고 요금도 저렴한 버스를 많이 이용한다. 세비야, 론다, 코르도바에서 말라가까진 3시간 내외, 그라나다에서는 2시간대에 이동할 수 있다. 미하스, 네르하, 마르베야 등의 남부 해안 소도시를 갈 때도 버스를 이용하면 된다. 시내 중심 마리나 광장 근처 터미널에서도 일부 버스가 정차한다. 말라가 버스터미널에서 시내까진 시내버스 4, 19번을 이용하면 10분 만에 갈 수 있다. 요금은 1회권 €1.3.

• **버스터미널에서 시내까지 가는 법** 시내버스 4, 19번 이용, 약 10분 소요

기차

스페인 주요 도시에서 오가는 고속 기차, 일반 기차와 말라가 근교 도시를 연결하는 렌페 세르카니아스가 말라가 마리아 삼브라노Málaga María Zambrano역에서 출발한다. 기차역은 버스터미널 맞은편에 위치하며 쇼핑몰과 연결되어 다양한 브랜드 매장, 레스토랑, 카페, 슈퍼마켓 등의 편의 시설을 갖추고 있다. 시내까지 가는 법은 버스터미널과 동일하다.

말라가 대중교통

말라가의 관광지 대부분은 도보로 다닐 수 있어서 버스터미널, 기차역을 오갈 때만 버스를 이용하는 정도다. 버스 정류장도 촘촘하게 있는 편이고 환경도 매우 쾌적하다. 요금은 버스 기사에게 직접 내면 되는데 €10 이하의 지폐나 동전을 준비해야 한다. 신용카드 결제도 가능하다. 충전할 수 있는 교통 카드의 경우 10회 이용권이 €4.2로 저렴하며, 1시간 내 다른 노선의 버스 환승도 가능해 가성비가 좋다. 또한, 여러 명이 함께 사용할 수도 있어 편리하다.

€ **버스 요금** 1회권 €1.4, 10회권 €4.2
🏠 **말라가 시내버스** emtmalaga.es

말라가 여행 방법

세비야, 그라나다에 비해 볼거리가 많은 편은 아니지만 안달루시아 특유의 여유와 휴양지의 낭만을 느낄 수 있어 일정이 여유롭다면, 거점을 두고 근교 소도시들을 둘러보기 좋다. 대부분의 볼거리는 구시가에 모여 있어서 도보로 다닐 수 있는데 햇살 아래 반짝반짝 빛나는 돌바닥과 건축물들이 상당히 세련된 분위기를 연출한다. 피카소 미술관과 피카소 생가 박물관, 세련된 현대 미술을 만날 수 있는 퐁피두 센터도 색다른 재미다. 일 년 내내 온화해 해변을 즐기기도 최적이다.

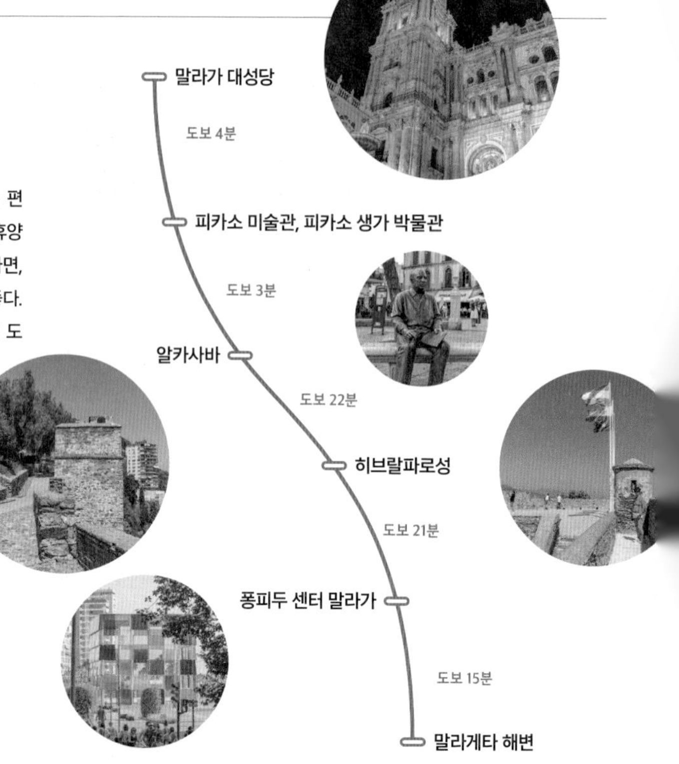

우아한 외팔이 대성당 ······ ①

말라가 대성당 Cathedral of Malaga

말라가 대성당은 이슬람 사원이 있던 자리에 짓기 시작해 약 250여 년에 걸쳐 완성되었다. 디에고 데 실로에의 설계를 바탕으로 1528년에 건축한 이래 여러 건축가가 대를 이어 참여했기 때문에 다양한 건축 양식이 혼재되어 있지만 르네상스 양식이 주축을 이룬다. 설계 당시에는 2개의 탑으로 계획됐으나 자금 부족으로 한 개의 탑만 완성이 되어 '하나의 팔을 가진 여인'이란 뜻의 '라 만키타La Manquita'란 별명으로 불리기도 한다. 완성된 북쪽 탑은 높이가 84m에 달해 세비야 히랄다탑에 이어 안달루시아에서 두 번째로 높다. 성당 내에서 눈여겨봐야 할 것은 성가대석으로 코르도바, 톨레도 대성당과 함께 스페인 3대 성가대석 중 하나로 손꼽힌다.

🚶 알카사바에서 도보 2분 📍 Calle Molina Lario, 9 📞 +34 617 500 582
🕓 **성당** 월~금요일 10:00~20:00, 토요일, 공휴일 전날 10:00~18:00, 일요일 14:00~16:00, **루프** 월~토요일 11:00, 12:00, 13:00, 14:00, 16:00, 17:00, 18:00, 일요일 16:00, 17:00, 18:00 € **성당** 성인 €10, 18~25세 학생 €7, 65세 이상 €9 (월~토요일 08:30-09:00, 일요일 08:30~09:30 무료입장), **루프** 성인 €8, 18~25세 학생 €6, 65세 이상 €7.5, 성당+루프 성인 €12, 18~25세 학생 €9, 65세 이상 €11
🏠 malagacatedral.com

말라가 대성당 루프 올라가기

대성당의 루프는 정해진 시간에만 가이드와 함께 돌아볼 수 있다. 전망대에 오르면 독특한 모양의 대성당 지붕, 알카사바, 히브랄파로성을 비롯해 푸르른 해변까지 말라가의 모든 것을 한눈에 담을 수 있다. 계절이나 요일에 따라 투어가 진행되는 시간이 달라지니 매표소에서 미리 확인하자.

스페인에서 가장 보존이 잘 된 요새 ······ ②

알카사바 Alcazaba

말라가에서 가장 인기 좋은 관광지인 알카사바는 거주 공간인 궁전과 군사용 방어 시설이 결합한 요새다. 8세기에 건설을 시작해 지지부진하게 이어가다 11세기 중엽 그라나다를 통치하던 이슬람 군주 바디스왕에 의해 완성되었다. 로마 원형극장 뒤편 언덕을 따라 위치하며 방어벽이 안쪽의 궁전을 감싸는 이중 구조로 되어 있다. 이슬람 양식 궁전에서 흔히 볼 수 있는 직사각형의 안뜰, 연못이 있는 정원에서 그라나다의 알람브라가 자연스럽게 떠올려진다. 스페인의 알카사바 가운데 보존 상태가 가장 좋은 편에 속한다. 성벽 너머로 펼쳐지는 풍경도 말라가 여행 중 놓칠 수 없는 포인트다.

말라가 대성당에서 도보 2분. 로마 원형 극장 뒤편 Calle Alcazabilla, 2 4~10월 09:00~20:00, 11~3월 09:00~18:00 알카사바 €3.5, 알카사바+히브랄파로성 €5.5(일요일 14:00 이후, 2/28, 5/18, 9/27 무료입장) alcazabaygibralfaro.malaga.eu

> 알카사르Alcazar는 8세기에서 15세기 사이 이슬람 통치 시기에 지어진 궁전, 알카사바는 왕궁을 지키고 방어하는 요새를 의미한다. 안달루시아 지역의 대표적인 알카사르는 세비아와 코르도바에, 알카사바는 그라나다 알람브라와 말라가에 있다.

말라가 최고의 전망대 ······ ③

히브랄파로성

Castillo de Gibralfaro

아랍어로 '산에 있는 등대'란 뜻의 히브랄파로성은 해발 130m의 언덕 위에 지어져 360도 파노라마처럼 펼쳐지는 전망을 만끽할 수 있는 곳이다. 알람브라를 지은 나스르 왕조의 유수프 1세기 말라가 항구를 방어하기 위해 지은 곳으로 이슬람 왕조의 역사가 깊게 남아 있다. 이베리아반도에서 유명한 난공불락의 성채로 스페인 내에서도 가장 온전한 형태로 남아 있어 중세 성채의 분위기를 고스란히 느껴볼 수 있다. 현재는 말라가 최고의 전망대로 걸어 올라갈 경우 꽤 많은 시간과 체력이 소모되니 버스를 타고 성 앞까지 가서 알카사바로 내려오는 코스를 추천한다.

알카사바에서 도보 30분, 35번 버스 탑승 후 Camino de Gibralfaro 하차 Camino de Gibralfaro, 11 4~10월 09:00~20:00, 11~3월 09:00~18:00 알카사바 €3.5, 알카사바+히브랄파로성 €5.5(일요일 14:00 이후, 2/28, 5/18, 9/27 무료입장)
alcazabaygibralfaro.malaga.eu

거장의 초창기 작품들을
만나볼 수 있는 ······ ④

피카소 미술관 Museo Picasso Málaga

2003년 피카소의 고향, 말라가에 오픈한 미술관엔 피카소의 장남인 폴의 아내와 손자가 기증한 155점에 어린 시절의 습작부터 말년의 미완성품까지 더해 230여 개의 작품이 전시되어 있다. 덕분에 전 세계 곳곳에 있는 다른 피카소 미술관에 비해 가족과 관련된 작품들이 많고 입체주의로 접어들기 전 사실주의 화풍으로 그린 초창기 작품들을 만날 수 있다. 16세기에 지어진 부에나 비스타 궁전을 개조한 미술관은 르네상스 양식과 무데하르 양식이 조화를 이뤄 건축적으로도 의미가 크다. 그 과정에 발견된 페니키아 로마 유적 또한 지하 전시실에서 확인할 수 있다.

말라가 대성당에서 도보 4분 Palacio de Buenavista, C. San Agustín, 8 +34 952 127 600 3~6월, 9~10월 10:00~19:00, 7~8월 10:00~20:00, 11~2월 10:00~18:00 상설전 & 기획전 성인 €12, 26세 이하 학생 €9 (오디오가이드 €1, 일요일 종료 전 2시간까지, 2/28, 5/18, 9/27 무료입장) museopicassomalaga.org

거장의 삶에 한 발짝 가까이! ······ ⑤

피카소 생가 박물관

Museo Casa Natal de Picasso

말라가는 피카소의 고향으로 그가 어릴 적 살았던 집이 피카소 생가 박물관으로 사용되고 있다. 어린 시절의 피카소가 사용했던 소품들과 사진 자료, 친필 글, 그의 가족 일대기를 만날 수 있다. 피카소의 인생에 좀 더 초점이 맞춰진 곳이니 작품 위주의 감상을 원한다면 근처의 피카소 미술관을 방문해 볼 것을 추천한다.

피카소 미술관에서 도보 5분 Pl. de la Merced, 15 +34 951 926 060 09:30~20:00 1/1, 12/25 상설전+오디오가이드 €3, 26세 이하 및 65세 이상 €2 fundacionpicasso.malaga.eu

말라가에서 만나는 현대 미술 ⑥

폼피두 센터 말라가 Centre Pompidou Malaga

말라가 항구 옆 산책로 끝자락에 자리한 퐁피두 센터는 파리의 퐁피두 센터 분관으로 다양한 현대 미술 작품들을 만날 수 있다. 알록달록한 컬러 배색이 된 외관은 멀리서도 눈에 확 들어온다. 샤갈, 호안 미로, 피카소 등의 유명 작품 외 실험적인 작품들도 많다. 일요일 오후 4시 이후엔 무료로 입장할 수 있다.

말라가 대성당에서 도보 13분
Pje. del Dr. Carrillo Casaux, s/n
+34 951 926 200 수~월요일 09:30~20:00 화요일, 1/1, 12/25
성인 €9, 26세 이하 학생 및 65세 이상 €5.5(일요일 16:00 이후, 5/18, 9/27)
centrepompidou-malaga.eu

지중해 바다에 풍덩! ⑦

말라게타 해변

Playa de la Malagueta

말라가 시내에서 가까운 말라게타 비치는 현지인들과 관광객들의 사랑을 한 몸에 받는 곳이다. 파라솔, 비치타월 하나만 챙겨 가면 언제든 해수욕과 태닝을 즐길 수 있다. 주변에 분위기 좋은 노천 바와 레스토랑들도 많아 하루 이틀쯤 지중해 바다에서 해수욕을 즐기며 여유로운 시간을 보내면 말라가의 매력에 더욱 깊이 빠지게 된다.

말라가 대성당에서 도보 20분

달콤하게 하루를 시작할 수 있는 카페 ······ ①

카사 아란다 Casa Aranda

1932년에 문을 연 온 카사 아란다는 말라가를 대표하는 카페 중 하나다. 규모도 점점 커져 카페가 한 골목을 거의 다 차지할 정도다. 갓 튀겨낸 추로스에 초코라테 혹은 카페 콘 레체를 곁들여 아침 식사를 하는 사람들이 특히 많다. 토마토를 뭉근하게 짓이겨 올리브유를 두른 소스를 빵 위에 얹어 먹는 판 콘 토마테와 즉석에서 착즙해 내오는 오렌지 주스 조합도 추천한다.

말라가 대성당에서 도보 6분 Calle Herrería del Rey, 2
+34 952 222 812 월~토요일 08:30~12:45, 17:00~20:15
일요일 초코라테 €1.95, 추로스 €0.6, 판 콘 토마테 €2
casa-aranda.net

뛰어난 전망을 보유한 레스토랑 ······ ②

엘 핌피 El Pimpi

알카사바 근처에 있는 유명한 타파스 바. 밤이 되고 조명이 켜지면 노천 테이블에서 근사한 식사를 만끽할 수 있다. 위치는 물론 분위기도 좋아서 저녁 시간에는 자리를 잡기가 쉽지 않다. 각종 해산물 요리가 유명한데 그중에서도 단연 인기는 부드러운 식감의 문어 요리인 폴포Pulpo다. 한국식 문어와 달리 부드러운 식감으로 익혀 올리브유, 바질 페스토만으로 재료 본연의 맛을 살렸다. 파에야와 타파스 종류도 다양하게 갖추고 있다.

피카소 미술관에서 도보 1분
Calle Granada 62 +34 952 225 403
12:00~다음 날 01:00 그릴드 옥토퍼스 €26, 시푸드 블랙 라이스 €20(2인분 이상 주문 가능), 맥주 €2.6 elpimpi.com

숯불에 바로 구워주는 꼬치가 별미 ······ ③

코르티호 데 페페 Cortijo de Pepe

메르세드 광장에 위치한 오래된 타파스 바인 코르티호 데 페페는 피카소 생가 박물관에서 멀지 않은 곳에 있다. 바 위에 세팅된 음식들을 직접 보고 선택할 수 있으며 주문 즉시 숯불에 구워주는 꼬치도 별미다. 특히 이베리코 꼬치는 맥주나 와인 안주로 그만이다. 가격도 저렴하고 직원들도 친절해 언제 방문해도 만족도가 높은 편이다.

말라가 대성당에서 도보 6분 Plaza de la Merced 2 +34 952 224 071
13:00~00:00 타파스 €2.7~5.5, 하우스 와인 €3.2 cortijodepepe.com

늘 관광객으로 넘쳐나는 인기 맛집 ······ ④

카사 롤라 Casa Lola

관광지 중심에 위치해 뛰어난 접근성을 자랑한다. 전 세계 여행자들에게 인기가 많아 시간에 상관없이 늘 사람들로 붐빈다. 돼지 내장을 넣은 전통 스튜와 간단히 먹기 좋은 타파스 메뉴들이 주를 이룬다. 한두 입이면 끝낼 수 있는 핀초 종류도 많아 혼자 가더라도 다양하게 맛볼 수 있다. 가격이 저렴해 이것저것 주문하다 보면 예상을 뛰어넘는 계산서를 받을 수 있다는 게 흠이라면 흠이다.

피카소 미술관에서 도보 1분 Calle Granada 46
+34 952 223 814 12:30~23:30 타파스 €2.5~5, 갈리시안 스타일 옥토퍼스 €16.5

아지트 삼고 싶은 현지인들의 사랑방 ······⑤

라 트란카 La Tranca

피카소 생가 박물관에서 멀지 않지만, 관광지 중심에서 살짝 떨어져 있어 일부러 찾아오는 여행자가 많지 않은 곳이다. 하지만 이 동네 아는 사람들은 아는 인기 선술집이라 동네 사랑방처럼 드나드는 현지 단골손님들이 많다. 타파스 종류가 다양하고 가격 또한 저렴하다. 오크통에 담긴 말라가 지역 와인, 베르무트를 맛보는 즐거움도 있으니 진정한 로컬 분위기를 즐기고 싶은 여행자들에게 더욱 추천한다.

피카소 생가 박물관에서 도보 6분 Calle Carretería, 92 +34 615 029 669 일~금요일 12:00~다음 날 01:00, 토요일 12:00~00:00 새우 꼬치 €3.5, 크로케타 €7, 몬타디토 €2.5

지친 입맛을 달래주는 한식과
일식 전문 레스토랑 ······⑥

우리 스시 Uri Sushi

아무리 맛있는 현지 음식이 많아도 한식이 그리워지는 순간이 찾아온다. 다행히 말라가엔 한국과 일본 음식을 전문으로 하는 우리 스시라는 레스토랑이 있어 그런 갈증을 해소할 수 있다. 김치찌개, 제육 볶음 등 대표적인 한식뿐만 아니라 스시, 롤, 회덮밥, 야키소바 등의 일식까지 다양하다. 특히 회덮밥은 가격이 좀 비싸긴 하지만 도톰한 회가 푸짐하게 들어가 만족도가 높은 편이다.

피카소 생가 박물관에서 도보 3분 Calle Madre de Dios 31 +34 952 813 523 화~일요일 12:00~15:30, 19:00~23:30 월요일 김치찌개 €13, 비빔밥 €12, 회덮밥 €18

맛있는 커피 한 잔의 여유 ······ ⑦

미아 커피 Mia Coffee

말라가에서 맛있는 커피를 즐기고자 한다면 미아 커피만 한 곳이 없다. 골목 안에 자리한 아담한 규모의 카페로 아기자기하게 꾸며져 있다. 필터 커피, 콜드 브루 등 커피 종류를 다양하게 갖추고 있으며 훌륭한 맛과 저렴한 가격으로 늘 인기다. 수제 케이크도 선보이고 있어 여행 중 잠시 쉬어가기 좋다.

메트로 L1 Atarazanas역에서 도보 3분 Calle Vendeja, 9 +34 671 447 679
+34 671 447 679 일요일 코르타도 €2, 에스프레소 토닉 €3.2

신선한 착즙 주스와 스무디로 에너지 업! ······ ⑧

엘 울티모 모노 El Último Mono

구시가 좁은 골목 안에 자리한 곳으로 맛있는 커피와 신선한 주스를 먹기 위해 찾아오는 사람들로 늘 붐빈다. 다양한 과일과 채소에 생강이나 꿀 등을 넣어 그 자리에서 착즙해 내오는 신선한 주스는 건강한 아침을 시작하기에 제격이다. 남녀노소 모두의 입맛을 사로잡는 스무디도 추천한다.

말라가 대성당에서 도보 6분 Calle Duende, 6 월~토요일 09:00~19:30 일요일 착즙 주스 €3.9, 스무디 €4.5, 카페라테 €2

피카소의 흔적을 따라 와인 한잔! ······ ⑨

안티구아 카사 데 과르디아

Antigua Casa de Guardia

피카소의 단골 술집이었다는 안티구아 카사 데 과르디아는 1845년에 처음 문을 열어 지금까지 영업해 오고 있다. 가게에 발을 들여놓는 순간 바 뒤편에 쌓여 있는 오크통의 오래된 나무 냄새와 달큰하고 진득한 와인의 향이 어우러져 절로 분위기에 취한다. 일반 와인에 비해 알코올 도수가 높고 달콤한 말라가 와인에 간단한 주전부리를 곁들이기 좋다. 테이블에 분필로 끄적이는 이들만의 계산서도 참 정겹다.

메트로 L1 Atarazanas역에서 도보 1분 Alameda Principal 18 +34 952 214 680 월~목요일 11:15~22:00, 금, 토요일 11:15~22:45, 일요일 11:30~15:00 와인 €1.4~2 antiguacasadeguardia.com

> 말라가에서는 페드로 시메네스, 모스카텔 등을 주요 품종으로 스위트 와인을 만든다. 햇빛에 말린 포도를 사용해 만든 와인은 좀 더 당도가 높고 진득한 맛을 낸다. 알코올을 첨가해 도수를 올린 주정 강화 와인들도 맛은 의외로 달콤해 홀짝홀짝 마시다 보면 흠뻑 취해버릴 수 있으니 주의!

트렌디하게 즐기는 수제 맥주 ······ ⑩

라 파브리카 La Fábrica

크루스캄포는 스페인 남부 지역에서 즐겨 먹는 로컬 맥주다. 말라가 소호 지역에 문을 연 라 파브리카에서는 다양한 종류의 크래프트 맥주를 직접 양조해 판매한다. 최대 450명가량 수용할 수 있는 거대한 규모의 내부가 힙한 분위기로 꾸며져 있다. 늦은 저녁 시간에는 라이브 공연도 열린다. 맥주를 사랑하는 이라면 꼭 한번 들러볼 만하다.

메트로 L1 Atarazanas역에서 도보 3분 Calle Trinidad Grund 29 +34 952 123 904 일~수요일 12:30~다음 날 01:00, 목요일 12:30~다음 날 01:30, 금, 토요일 12:30~다음 날 02:00 맥주 €2.8~5.5, 엠파나다 €4, 맥주 치킨 €12 lafabricadecerveza.com

REAL
PLUS ····②

네르하 Nerja

지브롤터에서 그라나다 주까지 185km 정도 이어지는
지중해 해안을 코스타 델 솔Costa del Sol이라고 한다.
네르하는 15개가 넘는 코스타 델 솔 해안 마을 중 한 곳으로
아름다운 바다와 동화 같은 마을 풍경으로 꾸준한 사랑을 받고 있다.
휴양과 힐링이 필요한 사람들에겐 지상낙원이 따로 없다.

네르하 가는 방법

네르하는 보통 말라가나 그라나다에서 당일치기로 많이 다녀온다. 각 도시의 버스터미널에서 네르하행 버스를 이용하면 된다. 시즌과 요일에 따라 운행 시간과 버스 요금이 다르므로 홈페이지를 통해 확인하고 계획을 세우는 것이 좋다. 네르하 버스 정류장이 있는 칸타레로 광장에서 여행의 시작이 되는 발콘 데 에우로파까지 도보 10분이 걸린다.

말라가 → 네르하 ⓒ 1시간~1시간 반 소요(급행, 완행)
그라나다 → 네르하 ⓒ 2시간~2시간 반 소요(급행, 완행)
알사 버스 alsa.es

네르하 여행 방법

말라가의 인기 근교 여행지 네르하. 현지인들은 며칠씩 숙소를 잡고 지중해 해안 마을을 즐기지만, 한국인 여행자는 보통 당일치기로 다녀온다. 말라가 버스터미널에서 직행버스를 이용하면 1시간 정도면 갈 수 있어서 부담도 없다. 버스정류장 근처의 칸타레로 광장부터 센트로, '유럽의 발코니'라 불리는 전망대를 거쳐 부리아나 해변까지 모두 도보로 이동할 수 있어 편하게 둘러볼 수 있다. 여름철이라면 바닷가에서 해수욕을 즐겨도 좋고, 시간 여유가 되면 버스로 15분 정도 걸리는 프리힐리아나도 함께 둘러보자. 네르하보다 좀 더 아기자기하고 조용한 마을이라 돌아보는데 1시간 내외면 된다. 단, 프리힐리아나에서 네르하로 나오는 버스 시간은 미리 체크해 둘 것.

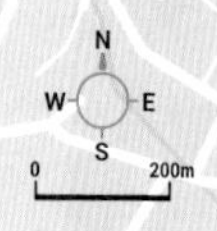

아요
03 부리아나 해변
Paseo Burriana
Carr. de Burriana
Av. de la Constitución
04 네르하 벼룩시장

01
네르하 센트로 02
C. Pintada
Carr. de Almería
칸타레로 광장
C. San Miguel

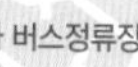

유럽에서 가장 아름다운 발코니 ······ ①

발콘 데 에우로파 Balcón de Europa

1884년 네르하 일대에 큰 지진이 발생해 피해를 보았을 때 상황 확인차 방문했던 스페인 국왕 알폰소 12세가 이곳의 아름다움에 반해 '유럽의 발코니'로 부르기 시작했다. 그는 동상으로 남아 여전히 지중해를 바라보고 있다. 9세기엔 이 자리에 망루가 있어서 무어인들이 해안을 드나드는 선박들을 감시하고 밀수꾼으로부터 해안을 방어하는 목적으로 사용했다. 해안 절벽 앞으로 뻗어 나온 중앙 광장에 서면 진짜 거대한 발코니에 서 있는 듯한 느낌이 든다. 근처의 깔라온다, 살론 비치 두 곳 모두 100m가 채 안 되는 작은 해변이지만 절벽이 병풍처럼 감싸고 있어 독특한 절경을 자랑한다.

🚶 네르하 버스정류장에서 도보 14분

네르하 센트로 Nerja Centro

칸타네로 광장에서 유럽의 발코니 사이, 시내 골목을 따라 펼쳐지는 풍경들이 그림같이 다가온다. 흰색으로 칠해진 나지막한 건물과 돌바닥, 예쁜 색감의 문과 창틀, 테라스의 꽃장식까지 너무나 사랑스럽다. 곳곳에 노천 바르와 레스토랑, 기념품을 판매하는 상점들이 있으니 사부작사부작 동네 한 바퀴 돌아보자.

🚶 네르하 버스정류장에서 발콘 데 에우로파 방향 도보 10분

네르하의 보석으로 불리는 해변 ······ ③

부리아나 해변 Nerja Playa Burriana

800m에 달하는 긴 모래사장이 펼쳐지고 환상적인 물빛을 자랑하는 부리아나 해변은 네르하의 보석으로 불린다. 유니크한 파라솔들이 휴양지 분위기를 더욱 고조시킨다. 물놀이를 즐기거나 카누를 타기도 하고, 파라솔이나 비치타월에 누워 태닝을 즐기는 사람들로 늘 붐빈다. 바닷가엔 분위기 좋은 바와 레스토랑, 숍이 자리하며 주변 언덕을 따라 여행자들을 위한 숙소들이 많다.

🚶 발콘 데 에우로파에서 도보 18분, 자동차 8분

거대한 팬에서 아낌없이 떠주는 파에야

아요 Ayo

50년 가까이 영업을 이어오고 있는 아요는 부리아나 해변에서 가장 인기 있는 레스토랑 중 하나다. 엄청난 크기의 팬에서 대량으로 만드는 파에야가 이곳의 시그니처 메뉴인데, 한 번에 만들어지는 양이 200인분이 훨씬 넘는다. 딱 봐도 내공이 느껴지는 직원이 국자만 한 스푼으로 파에야를 뒤적이고, 무심하게 접시에 퍼준다. 해산물과 치킨이 들어간 파에야는 단돈 €10이며, 한 번의 무료 리필까지 포함되어 있어 줄 서서 먹어야 할 정도로 인기다.

🚶 부리아나 해변 앞 📍 Paseo Burriana, 15 📞 +34 952 522 289 🕐 19:00~01:00 € 파에야 €10, 감바스 €14.5, 오징어튀김 €12 🏠 ayonerja.com

일요일이라면 잠시 구경하고 가볼까? ······ ④

네르하 벼룩시장

많은 유럽의 도시에선 주말마다 벼룩시장이 열린다. 네르하에선 메르카디요 Mercadillo 길 앞에서 일요일마다 제일 큰 중고 마켓을 연다. 가구, 의류, 전자 제품, 액세서리, 도서, 음반 등 다양한 제품들을 판매한다. 하얀 집들과 푸르른 바다로 둘러싸인 네르하 벼룩시장은 어느 유럽의 시장들보다 이국적인 풍경을 자랑한다. 시즌에 따라 운영 시간이 달라질 수 있으니 참고하자.

칸타레로 광장에서 도보 15분 · 일요일 10:00~14:00

리얼 가이드

새하얀 동화 속 마을 **프리힐리아나**

네르하에서 버스로 15분이면 갈 수 있는 프리힐리아나Frigiliana는 하얀색 집들이 모여 있는 아담한 마을로 그리스의 미코노스나 산토리니를 닮았다. 골목마다 이어지는 하얀 집들이 집 주인의 취향대로 아기자기하게 꾸며져 있다. 특별한 볼걸좁은 골목길을 천천히 걸으며 예쁜 사진도 찍어보고 소소하게 동네 분위기를 즐기는데 1~2시간이면 충분하다.

프리힐리아나 가는 방법

네르하 칸타레로 광장의 정류장에 알사 버스 매표소가 있다. 매표소가 있는 도로변 버스 정류장에서 프리힐리아나행 버스에 탑승하면 된다. 소요 시간은 15분. 버스 시간이 바뀔 수 있으므로 당일치기로 프리힐리아나를 다녀오고자 한다면 홈페이지나 정류장에 붙여진 타임 테이블을 잘 확인해야 한다.

네르하 → 프리힐리아나 약 15분 편도 €1.3

버스 시간표

- **네르하 → 프리힐리아나** **월~토요일** 07:20, 09:45, 10:30, 11:10, 12:10, 13:30, 15:15, 16:00, 17:10, 19:00, 20:30, 21:30(7, 8월), **일요일 & 공휴일** 09:30, 12:00, 13:00, 16:15, 17:30, 20:00, 20:50
- **프리힐리아나 → 네르하** **월~토요일** 07:00, 08:00, 10:10, 10:50, 11:40, 12:45, 14:00, 15:30, 16:30, 17:35, 19:30, 21:00, 22:00(7, 8월), **일 & 공휴일** 09:50, 12:20, 13:30, 17:00, 18:00, 20:30, 21:10

andalucia.com/province/malaga/frigiliana/bus-service

REAL
PLUS ····③

미하스 Mijas

태양의 해변, 코스타 델 솔에 속한 인기 휴양지 중 하나인 미하스.
아름다운 자연은 물론 안달루시아 특유의 하얀 집들이
언덕을 따라 가득하다. 아기자기함 가득한 골목길,
당나귀가 오가는 모습이 그리스의 섬의 모습을 떠올리게 한다.
휴양지의 낭만과 여유, 소도시의 매력을 즐기고 싶은 여행자에게 딱 맞는 곳이다.

미하스 가는 방법

말라가 버스터미널에서 아반사Avanza에서 운영하는 M-112번 직행버스를 이용하는 것이 가장 편하다. 버스가 많은 편은 아니니 온라인으로 시간을 확인하고 돌아오는 티켓도 미리 구입을 해두는 게 좋다. 1시간 10분~1시간 30분 정도 소요되며 요금은 편도 €2.4다. 시간대를 맞추기 어렵다면, 렌페 세르카니아스 C1 노선을 이용해 푸엔히롤라Fuengirola까지 가서 M-122번 버스를 타면 된다. 환승을 해야 해서 복잡할 순 있지만 운행 편수가 많아 시간 제약을 덜 받는다. 미하스는 아담한 곳이라 마을 내에서는 모두 도보로 이동할 수 있다.

언덕 위에 자리한 하얀 마을, 미하스에선 예전부터 당나귀가 중요한 교통수단이었다. 이젠 미하스의 마스코트로 여행자들은 직접 당나귀를 타거나 마차를 이용해 볼 수 있다. 요금은 €15~20이다. 화려하게 장식한 당나귀와 함께 기념사진도 남길 수 있다.

미하스 버스 ctmam.es

M-112번 직행버스

€2.4 1시간 10분~1시간 30분 소요

- **말라가 → 미하스** 평일 06:35, 09:50, 13:00, 21:00. 주말 & 공휴일 15:25
- **미하스 → 말라가** 평일 07:45, 11:30, 19:25, 22:20, 주말 & 공휴일 11:20

- **렌페 세르카니아스 C1** €2.7 45분 소요 + M-122번 버스(€1.55) 25분 소요
- **렌페 세르카니아스 C1** 말라가 ↔ 푸엔히롤라 05:20~23:30, 20~30분 간격 운행

M-122번 버스

- **푸엔히롤라 → 미하스** 평일 07:20~21:30, 주말 08:00~21:30, 30분~1시간 간격 운행
- **미하스→ 푸엔히롤라** 평일 07:45~22:00, 주말 08:30~22:00, 30분-1시간 간격 운행

미하스 여행 방법

아담한 마을이라 반나절이면 충분히 다녀올 수 있는 미하스. 다만 직행 버스는 운행횟수가 적고, 환승 루트도 배차 간격이 있어서 교통편을 잘 따져보고 움직이는 게 좋다. 절벽을 따라 오르락내리락 해야 하지만 난이도가 높진 않고, 어디서든 멋진 뷰를 만날 수 있어 안구 정화가 확실하다. 특별한 계획도 필요 없고, 산책하듯 다니면 된다.

미하스 버스터미널
미하스 여행안내소
Ctra. Circunvelación Mijas
02 라 페냐 성모 예배당
Av. del Compás
후안 안토니오 고메즈 알라르콘 전망대
04
01 산세바스티안 거리
C. del Pilar
C. Canteras
C. Casas Nuevas
Cuevas de la Antigua Fragua
C. Bo. de Santana
N
W
E
S
0
100m
P.º de la Muralla
03 요새 공원

로맨틱한 안달루시아의 하얀 마을 ······ ①

산 세바스티안 거리

C. San Sebastián

안달루시아 지역엔 유독 하얀 벽으로 된 전통 집들이 모여 있는 마을들이 많은데 이런 곳들을 하얀 마을이란 뜻의 '푸에블로 블랑코Pueblo Blanco'라 부른다. 프리힐리아나, 마르베야, 미하스 등이 대표적인 푸에블로 블랑코이다. 절벽을 따라 늘어선 하얀색 나지막한 건물들, 꽃 화분으로 장식한 테라스와 담벼락. 햇살이 내리쬐는 미하스의 골목길은 어떻게 둘러봐도 그림 같다. 아담한 동네라 발길 닿는 대로 다녀도 문제 될 게 없다. 아기자기한 레스토랑과 기념품 가게가 모여 있는 산 세바스티안 거리는 미하스의 매력을 집약적으로 보여준다.

🚶 미하스 버스정류장에서 도보 5분

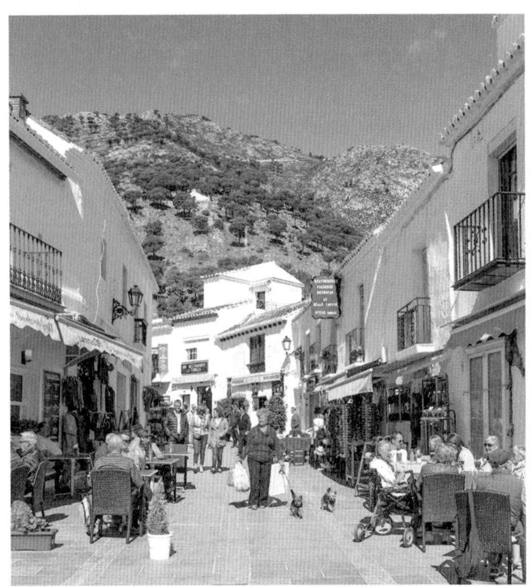

멋진 전망을 감상할 수 있는 동굴 같은 성당 ······ ②

라 페냐 성모 예배당 Ermita de la Virgen de la Peña

마을의 동쪽 끝 절벽에 자리한 작은 예배당으로 미하스의 수호 성녀 페냐를 모시고 있다. 1586년 어린 목동들이 이곳을 산책하다 비둘기 형상의 성모 마리아로 만났다는 전설을 바탕으로 예배당이 지어졌다. 바위를 뚫어 만들어서 동굴 같은 분위기다. 예배당보다는 외부 전망대에서 바라보는 마을의 전망이 훨씬 더 인상적이다.

🚶 미하스 여행안내소에서 도보 2분 📍 Av. del Compás, 7

요새의 대변신!! ······ ③

요새 공원 Parque La Muralla

옛 요새의 일부를 전망대를 갖춘 공원으로 꾸몄다. 저 멀리 마을 건너편까지 한눈에 담을 수 있다. 전망대 사이의 아찔한 절벽에선 암벽 등반을 즐기기도 한다. 과거 아랍인들이 지배하던 시대에 지어진 요새를 개조하여 조성된 곳으로, 지중해를 한눈에 바라볼 수 있는 탁월한 전망과 함께 다양한 볼거리를 만나볼 수 있다.

🚶 미하스 여행안내소에서 도보 6분 📍 P.º de la Muralla

후안 안토니오 고메즈 알라르콘 전망대 Mirador Juan Antonio Gómez Alarcon

미하스 마을을 한눈에 담기 가장 좋은 곳. 오르막길에 계단도 좀 있지만 끊임없이 마주하는 아름다운 풍경에 전혀 힘들지 않다. 산과 바다, 언덕을 따라 차곡차곡 들어선 하얀색 집들이 파노라마로 펼쳐지고 맑은 날엔 지브롤터 해협 너머 모로코 해안까지 볼 수 있다. 원래 이름은 시에라 전망대였지만, 2010년 실종된 산악인 청년을 기리기 위해 2021년 현재의 이름으로 변경되었다.

🚶 미하스 여행안내소에서 도보 8분

스페인 북부

산티아고 순례길은 익히 들어서 알지만, 스페인 북부에 대해서는 생소해하는 여행자들이 많다. 마치 보이지 않는 경계가 있는 듯, 마드리드 위쪽 세상은 기후를 비롯해 도시 분위기도 다르고 도시마다 개성도 뚜렷하다. 지중해와 면한 바르셀로나, 발렌시아와 달리 대서양을 마주하는 스페인 북부의 해변은 더욱 강렬하고, 드넓은 목초지도 펼쳐지므로 좀 더 와일드한 자연을 만날 수 있다. 또한 바스크, 아스투리아스, 갈리시아 지역의 음식은 맛이 뛰어난 것으로 평가되며 스페인을 대표하는 와인 산지 리오하, 리베라 델 두에로까지 여기 있으니, 미식의 도시로써 모든 것을 갖췄다고 할 수 있다. 이토록 매력적인 스페인 북부, 놓치면 손해다.

* 버스 소요시간 기준
(빌바오와 산 세바스티안, 부르고스 구간은 버스 소요시간 기준)

IBERDROLA

ESPAÑA
Burgos
BURGOS
CAMINO DE SANTIAGO
AQUÍ VIVE UNA PEREGRINA
BURGOS

arkeologi MUSEOA
bbk

CITY ····①

현대 미술과 역사의 아름다운 조화

빌바오 Bilbao

#구겐하임 미술관 #카스코 비에호 #항구 도시 #스페인 북부

20세기 전후, 건축계에서는 '빌바오 효과'라는 말이 심심치 않게 등장했다. 스페인 북부의 가장 큰 항구로 무역과 철강 산업으로 큰 부를 쌓았던 도시가 쇠퇴하고 바스크 분리주의자의 테러 활동까지 겹치면서 골칫덩이가 된 빌바오에 구겐하임 미술관이 들어서면서 세계적인 관광 도시로 역전됐다. 영국 건축가 노만 포스터의 획기적인 지하철 시스템, 산티아고 칼라트라바의 주비주리 다리 등 혁신적이고 다양한 프로젝트가 추가되며 디자인 도시로 입지를 다졌다. 또한 산 세바스티안 못지않게 핀초 맛집이 수두룩해 빌바오는 바스크 지역 오감 만족 여행지라고 할 수 있다

빌바오 가는 방법

항공

스페인 북부의 관문으로 국내선 운항 편수가 많은 편이다. 바르셀로나, 마드리드를 비롯해 세비야, 말라가에서도 직항편이 있어 북부 여행의 시작과 끝으로 계획하기 좋다. 특히 마드리드와 바르셀로나에선 하루에 10회 정도 운항하며 예약 후 이용하면 기차나 버스보다 가격이 오히려 더 저렴할 때도 있다. 그래서 빌바오 공항으로 가서 버스를 타고 산 세바스티안으로 가는 루트를 이용하는 여행자도 많다.

- **마드리드 → 빌바오** 1시간 5분 소요
- **바르셀로나 → 빌바오** 1시간 20분 소요

* 빌바오 공항 → 산 세바스티안 버스 정보는 산 세바스티안 파트 P.431 표기

공항에서 시내 가는 법

빌바오 공항은 시내에서 약 9km 떨어져 있으며 비스카이부스Bizkaibus를 이용해 시내까지 15~25분 정도면 갈 수 있다. 공항 밖 정류장 근처의 매표소에서 티켓 구입을 할 수 있으며 구겐하임 미술관, 센트로를 거쳐 버스터미널까지 운행된다. 택시를 타면 시내까지 요금이 €25~30 정도 나온다.

비스카이부스 A3247번

- **요금** €3(바릭 카드 이용 시 €1.14)
- **운행 시간** 공항 → 시내 06:00~24:00(15~30분 간격), 시내 → 공항 05:00~22:00(15~30분 간격)
- **소요 시간** 구겐하임 미술관 약 15분, 버스터미널 약 25분
- **노선**
  ① 공항 → 구겐하임 미술관(Alameda Recalde 14) → Gran Via 46 → Gran Via 76 → 빌바오 버스터미널(Bilbao Intermodal)
  ② 빌바오 버스터미널 → Gran Via 79 → 모유아 광장(Moyua Plaza) → 구겐하임 미술관 → 공항

🏠 bizkaia.eus

기차

마드리드와 바르셀로나에서 빌바오까지 운행되는 직행 기차 편은 많지 않다. 마드리드 차마르틴역에서 1일 2회, 바르셀로나 산츠역에서 1일 1회 운행하며 각각 4시간 40분, 6시간 50분 정도 걸린다. 빌바오 시내에 2개의 기차역이 있는데, 동남부를 오가는 기차는 주로 아반도Abando역에서 정차한다. 기차역에는 바스크 지역의 특징을 담은 높이 15m의 스테인드글라스가 방문객을 강렬하게 환영해 준다. 아반도역에서 시내 중심인 모유아 광장까지는 도보로 약 10분, 구겐하임 미술관까지는 트램을 타면 세 정거장 만에 갈 수 있다.

버스

마드리드 바하라스 공항 T4 또는 아메리카 대로 버스터미널Intercambiador de Avenida de América에서 알사 버스에 탑승하면 4시간 반 만에 갈 수 있다. 바르셀로나에서는 8시간가량 걸리고 운행 횟수도 많지 않아 야간 버스를 탈 게 아니라면 비행기를 이용하는 게 일반적이다. 산 세바스티안의 경우 알사 버스보다 페사 버스가 운행 횟수가 많은데 예약 시기에 따라 가격 차이가 있으므로 비교 후 선택하면 된다. 성수기 땐 특히 이용객이 많은 구간이니 예약을 서두르는 게 좋다.

버스터미널 지하 통로에서 연결된 산 마메스San Mamés역에서 메트로를 타고 모유아 광장이나 카스코 비에호로, 외부에 있는 산 마메스San Mamés 트램역에서 구겐하임 미술관까지 네 정거장이면 갈 수 있다.

알사 버스 alsa.es
페사 버스 pesa.net

빌바오 충전식 교통카드, 바릭 카드 Barik Card

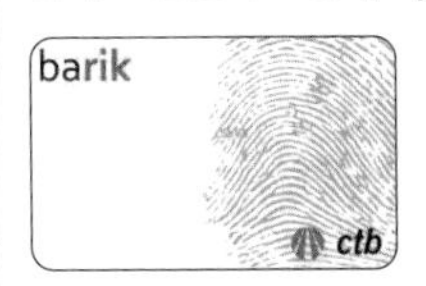

바릭 카드는 빌바오의 모든 교통수단을 이용할 수 있는 충전식 교통카드다. 시내버스, 메트로, 렌페 세르카니아스, 트램, 아르찬다 푸니쿨라, 비스카야교 곤돌라뿐만 아니라 산 세바스티안에서도 이용할 수 있어 바스크 지역을 여행할 때 아주 유용하다.

바릭 카드는 메트로역 또는 아반도역 앞 여행 안내소에 설치된 자동판매기를 통해 구매할 수 있으며 카드 발급비는 €3다. 최소 충전 비용은 €5인데 1회권으로 따로 구매할 때보다 훨씬 저렴한 가격으로 이용할 수 있다. 개찰 후 45분 이내에 다른 교통수단으로 환승 시 20% 추가 할인받을 수 있으며 최대 10명까지 함께 사용할 수 있다. 단, 카드 발급비와 충전 잔액은 환급받을 수 없다는 점은 감안해서 구입 여부를 결정해야 한다.

	1회 요금	바릭 카드 차감 요금
빌보부스	€1.35	€0.66
비스카이부스(A3247)	€3	€1.14
메트로	€1.7	€0.96(1존)
트램	€1.5	€0.73
렌페 세르카니아스	€1.8	€1.06(1존)
아르찬다 푸니쿨라	€2.5	€0.65
비스카야교 곤돌라	€0.5	€0.5

빌바오 대중교통

메트로

메트로는 총 3개의 라인, 3개의 존으로 나뉘며 빌바오 시내에서만 움직일 예정이라면 1존권이면 충분하다. 여행자가 주로 이용하는 '산 마메스-인다우트스Indautxu-모유아-아반도- 카스코 비에호 노선'은 1, 2호선이 동일하게 운행해 편리하다.

메트로 운행 정보

€ 1존 €1.7, 2존 €1.9, 3존 €1.95 / 바릭 카드 이용 시 1존 €0.96, 2존 €1.13, 3존 €1.23
🕓 06:00~23:00(노선과 방향에 따라 상이)

메트로 운행 정보

주요 명소	메트로역	트램역
버스터미널	산 마메스San Mamés	산 마메스San Mamés
모유아 광장	모유아Moyúa	-
구겐하임 미술관	-	구겐하임Guggengeim
아반도 기차역	아반도Abando	아반도Abando
카스코 비에호(구시가)	카스코 비에호Casco Viejo	아리아가Arriaga

눈여겨봐야 할 빌바오 메트로역

도심 곳곳에서 발견되는 독특한 디자인의 곡면 유리 건축물을 보면 '대체 뭘까?' 싶은 의문이 들곤 한다. 바로 디자인 도시, 빌바오의 흔한 메트로 역사다. 국제적 공모를 통해 선정된 영국 건축가 노먼 포스터의 작품으로 지하는 노출 콘크리트, 지상은 곡면 유리 지붕으로 만들어 마치 비행기나 우주선에 탑승하는 기분이 든다. 외관은 현대적이고 예술적이되 내부는 단순하고 직관적으로 설계가 되어 사용성도 놓치지 않았다. 참고로 노먼 포스터는 런던의 랜드마크인 시청과 30 세인트 메리 액스를 설계했다.

트램

노신이 비록 1개뿐이지만 시내 중심을 오가는 트램은 버스와는 또 다른 매력이 있다. 정류장에 있는 자동판매기에서 티켓(1회권 €1.5) 구입 후 탑승 전 개찰구에서 승차권을 개찰하고 탑승해야 한다. 티켓이 있더라도 개찰하지 않으면 벌금을 낼 수 있으니 유의하자.

시내버스

시내를 구석구석 연결해 주는 빨간색 빌보부스Bilbobus, 시내와 근교 지역을 운행하는 초록색 비스카이부스Bizkaibus 두 종류가 있다. 메트로나 트램에 비해 노선이 복잡한 편이라 보통은 공항에서 시내를 오가는 A3274번 비스카이부스만 이용한다.

빌보부스 1회권 € €1.35(바릭 카드 이용 시 €0.66) 🏠 bilbobus.com
비스카이부스 1회권 € 1존 €1.35, 2존(공항) €3(바릭 카드 이용 시 €1.14) 🏠 bizkaia.eus

빌바오
여행 방법

빌바오의 꽃, 구겐하임 미술관을 시작으로 강변을 따라 동남쪽으로 이동하는 코스로 다니면 좋다. 만약 기차역 부근에서 출발을 한다면 카스코 비에호를 시작으로 반대로 돌아도 무관하다. 아르찬다 언덕은 동선 때문에 중간에 넣었으나, 일몰 명소로 유명한 곳이니 선셋과 야경을 보고 싶은 이라면 시간대를 맞춰서 방문해 보자. 누에바 광장 일대에 핀초 바가 많아 식사 한 끼 정도는 여기서! 모든 스폿을 도보로 다니긴 어려우니 현지 교통 카드, 바릭 카드 구입도 고려해 볼 만하다.

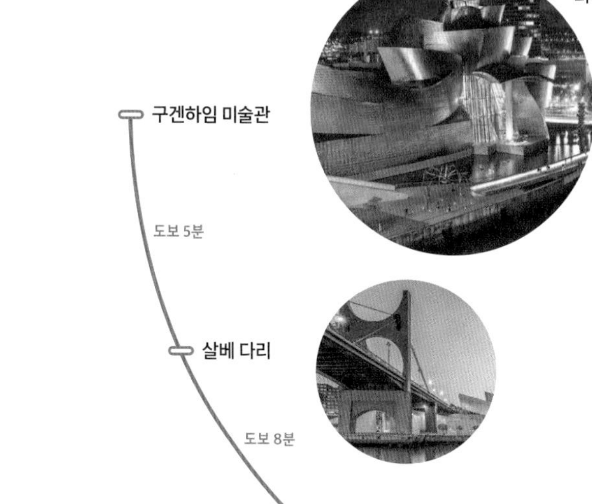

구겐하임 미술관

도보 5분

살베 다리

도보 8분

주비주리 다리

도보 & 푸니쿨라 20분

아르찬다 언덕 * 일몰 시기에 방문하면 좋음

푸니쿨라 & 메트로 또는 버스 30분

카스코 비에호, 누에바 광장(식사)

빌바오 상세 지도

Madariaga Etorbidea
Deustu(메트로)
Iruña Kalea
Guggenheim(트램)
구겐하임 미술관
Euskalduna Zubia
에우스칼두나 다리
Abandoibarra Etorb.
빌바오 해양박물관
Euskalduna(트램)
빌바오 미술관
Olabeaga Kaia
Henao Kalea
Elcano K.
Rodriguez Arias K.
Sabino Arana(트램)
Moyua(
모유아 광장
San Mamés(메트로)
Urkixo Zumarkalea
Rodriguez Arias K.
Sabino Arana Etorbidea
빌바오 버스터미널
Luis Briñas K.
Gurtubay Kalea
Indautxu(메트로)
Hospital/Ospitalea(트램)
Areilza Doktorearen Zumarkalea
San Mames Zumarkalea
Ctra. Nacional 634
La Casilla(트램)

빌바오 공항
아르찬다 언덕 05
아르찬다 푸니쿨라역(상부)
Enekuri Artxanda Errepidea
03 살베 다리
Salbeko Zubia
아르찬다 푸니쿨라역(하부)
Matiko-Bilbao(메트로)
Castaños Kalea
Campo de Volantín Pasealekua
Uribarri(메트로)
Trauko Kalea
02 주비주리 다리
Uribitarte Pasealekua
Pío Baroja(트램)
Uribitarte Zubia
에체바리 공원
Zumalacárregui Etorb.
04 라 비냐 델 엔산체
Gran Vía de Don Diego López de Haro
Abando(메트로)
Abando(트램)
빌바오 아반도역
Areatzako Zubia
Epaltzaren Alargunaren Kalea
Zazpikaleak Casco Viejo(메트로)
카스코 비에호 04
Arriaga(트램)
Erribera Kalea
03 소르힌술로
누에바 광장
Hurtado de Amezaga Kalea
Kapelagile Kalea
02 이린치
01 추켈라
산티아고 데 빌바오 대성당
Julian Etxebarria "Kamarot" Kantoia
Erribera Kalea
N
W
E
S
0
300m

쇠퇴하던 도시를 일으켜 세운 빌바오의 명소 ······ ①

구겐하임 미술관 Guggenheim Bilbao Museoa

한때 공업도시로 부흥기를 보낸 빌바오는 1980년대 들어 철강 산업이 쇠퇴하고 바스크 분리주의자들의 테러가 계속되며 도시는 침체가 이어지고 있었다. 이때 도시의 몰락을 막기 위한 유일한 방법이 문화산업이라 판단해 1억 달러를 들여 구겐하임 미술관을 유치한 게 신의 한 수로 작용했다. 세계적인 건축가 프랭크 게리가 설계를 맡았으며 3만 장이 넘는 티타늄 강판을 사용해 물고기 형상을 한 50m 높이의 거대한 작품이 완성되어 '미술품보다 더 유명한 미술관'을 보기 위해 빌바오를 찾는 사람들도 많다. 미술관 내부 작품들뿐 아니라 외부 설치 작품들도 매우 유명하다. 제프 쿤스의 〈퍼피〉와 〈튤립〉, 루이스 부르주아의 거대 거미 〈마망〉 등이 있다. 1997년 개관 후 10주년을 기념해 만든 빨간색 아치를 설치한 '라 살베교Puente de La Salve'와 함께 어우러진 풍경도 장관이다. 밤에 조명이 켜지면 미래 도시 같은 분위기가 펼쳐져 야경도 놓치기 아쉽다.

트램 Guggenheim역에서 도보 3분 · Abandoibarra Etorb. 2 · +34 944 359 080
여름철(6/17~9/22) 10:00~20:00, 겨울철 화~일요일 10:00~19:00 · 월요일(3/25, 4/1, 6/17~9/22, 12/23, 12/30 제외), 12/25, 1/1 · 성인 €18, 18~26세 학생 & 65세 이상 €9
guggenheim-bilbao.eus

대표적인 설치미술 작품

마망 • 루이즈 부르주아

프랑스로 '엄마'란 뜻의 거대한 거미 조형물이다. 작가의 불행한 가정환경과 어머니의 강한 모성애를 가느다란 다리로 버티고 서서 알을 품고 있는 거미로 형상화했다. 〈마망〉은 총 6개의 에디션이 있는데 그중 6번째 작품이 한국의 용인 호암미술관에 전시돼 있다.

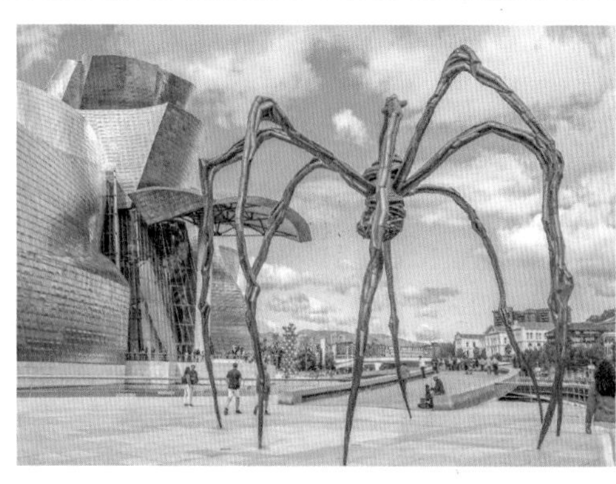

퍼피 • 제프 쿤스

높이 13m에 달하는 거대한 작품으로 이집드 피라미드 앞의 스핑크스처럼 구겐하임 미술관 앞을 떡 버티고 서있다. 〈퍼피〉의 인기가 상당해 미술관을 '개집'이라고 칭하는 사람들도 있다. 약 2만 개의 화분으로 장식하고 시기마다 화분을 교체해 도시의 마스코트답게 다채로운 모습을 선사한다.

튤립 • 제프 쿤스

미술관 외부에 〈퍼피〉가 있다면, 내부에는 〈튤립〉이 있다! 둘 다 미국의 현대 미술가 제프 쿤스의 작품이다. 크롬 스테인리스 스틸이라는 차갑고 매끄러운 소재를 썼지만, 알록달록한 색감과 부드러운 형태가 선물용 사탕 꾸러미 같은 느낌을 선사한다.

시간의 문제 • 리처드 세라

구겐하임 미술관의 최대 규모의 전시품이자 유일한 영구 전시품이다. 전체 무게가 1,000톤 이상인 어마어마한 철판을 마치 종이를 잘라 돌돌 말았다가 세운 것처럼 휘어진 곡면과 불규칙하게 기울어진 나선형으로 만들었다. 관람객이 부정형의 공간을 걸으며 자신의 움직임과 감각, 시간의 흐름을 느낄 수 있게 해준다. 리처드 세라가 '철의 시인'이라 불리는 이유가 여기에 있다.

디자인 도시를 돋보이게 하는 다리 ······②

주비주리 다리 Zubizuri Bridge

바스크어로 '하얀 다리'를 뜻하는 주비주리 다리는 미국 허핑턴포스트에서 선정한 '세계에서 가장 아름다운 다리 20선'에 포함되어 있다. 발렌시아의 '예술 과학도시'를 설계한 스페인을 대표하는 건축가 산티아고 칼라트라바의 작품으로 나선형의 철제 구조물을 조금 더 비틀어 놓은 모양이다. 스페인 다른 지역에 있었더라면 이질적인 느낌도 들었을 것 같지만 구겐하임 미술관의 곡선 외관과 잘 어우러져 디자인 도시의 면모를 보여준다. 보행자 전용 다리이므로 도보로 네르비온강을 건너볼 수 있다.

🚶 구겐하임 미술관에서 도보 12분

강렬한 빨간색이
인상적인 다리 ······ ③

살베 다리 La Salve Bridge

1970년대 초 도시의 중심과 교외를 연결하기 위해 지어진 살베 다리는 현재 구겐하임 미술관과도 연결되어 있다. 케이블로 하중을 지지하는 스페인 최초의 사장교로 원래의 명칭은 '스페인의 왕자들Puente Príncipes de España'이었지만, 바다에서 빌바오로 돌아오던 선원들이 이 다리가 보이기 시작하면 무사히 돌아온 걸 감사하며 '라 살베(성모찬송)'라는 기도문을 외우거나 노래를 불렀다고 하여 '살베 다리'로 불리게 되었다. 빨간색의 살베 다리는 구겐하임 미술관 개관 10주년 기념으로 설치가 되었으며 다리 위에서 보는 미술관의 모습도 근사하다.

🚶 구겐하임 미술관에서 도보 6분

빌바오 번영의 시작점 ······④

카스코 비에호 Casco Viejo

오로지 구겐하임 미술관을 보기 위해 빌바오를 오는 사람들도 많지만 사실 제대로 된 매력은 구겐하임 미술관을 앞세운 초현대 스타일과 중세풍 건축물이 꽉꽉 채우고 있는 옛 도시의 앙상블이 아닐까 싶다. 구시가의 중심인 카스코 비에호는 19세기 말까지 중심부를 벽으로 둘러싸고 평행한 3개의 거리로 조성되었다. 이후 벽을 허물고 강을 따라 4개의 거리가 더 추가되어 현재는 7개가 되었다. 1979년부터는 보행자 전용 구역으로 되어 수많은 바와 레스토랑, 상점들이 자리한다. 아리아가 극장 앞의 아리아가 광장, 핀초 바들이 많이 모여 있는 누에바 광장 일대에 특히 많은 인파가 몰린다.

🚶 트램 Arriaga역, 메트로 Zazpikaleak Casco Viejo역 일대

빌바오 최고의 전망 포인트 ······ ⑤

아르찬다 언덕 Mount Artxanda

침체된 도시를 되살리기 위한 프로젝트로 구겐하임 미술관을 짓기 위해 건축가 프랭크 게리는 아르찬다 언덕에 올랐다. 도시를 한눈에 내려다보며 미술관의 위치를 점 찍었고, 빌바오의 운명을 바꾸게 될 역사가 그렇게 시작되었다. 1915년부터 운행해 100년이 훌쩍 넘은 오랜 역사의 푸니쿨라를 타면 단 3분 만에 도착하는 언덕에는 최고의 전망을 자랑하는 뷰 포인트와 호텔, 레스토랑, 공원, 스포츠 콤플렉스 등이 자리한다. 도시를 가로지르는 네르비온강, 미래 도시를 연상케 하는 스틸 건축물과 고풍스러운 유럽풍 건축물이 어우러진 풍경이 그 어떤 스페인의 도시보다 이국적인 모습을 선사한다. 일몰 무렵에 올라가면 더욱 아름다운 풍경을 만날 수 있다.

🚶 주비주리 다리에서 도보 6분 거리에 있는 아르찬다 푸니쿨라역에서 푸니쿨라 이용. 상부역까지 약 3분 소요 📍 Enekuri Artxanda Errepidea, 70 🕓 푸니쿨라 10~5월 월~토요일 07:15~22:00, 일요일 & 공휴일 08:15~22:00, 6~9월 월~목요일 07:15~22:00, 금, 토요일 & 공휴일 전날 07:15~23:00, 일요일 & 공휴일 08:15~22:00(배차간격 10~15분)
€ 편도 €2.5, 왕복 €4.3, 바릭 카드 이용 시 €0.65
🏠 www.bilbao.net/funicularartxanda

〈미쉐린 가이드〉에 여러 번 소개된 전통 맛집 ……①

추켈라 Xukela

여러 해 〈미쉐린 가이드〉에 이름을 올린, 오래된 바인 추켈라는 소박한 선술집 분위기가 가득하다. 바와 실내외 테이블이 있는데 워낙 인기라 핀초에 차콜리 또는 베르무트 등을 한 잔씩 들고 서서 먹는 사람들도 많다. 바게트 위에 다채로운 재료를 올린 핀초 외에도 오징어튀김, 바스크식 소시지 치스토라Chistorra, 바칼라우 등의 타파스 요리들도 있다. 주변에 핀초 바들이 많으니 한 곳에서 너무 많이 먹지 말고 2~3곳씩 옮겨 다니면서 미식 투어를 즐기는 것도 좋은 방법이다.

트램 Arriaga역에서 도보 5분 Txakur Kalea, 2 +34 944 159 772 월~금요일 10:00~00:00, 토, 일요일 10:00~다음 날 01:00 핀초 €2.2~3, 풀포 €18, 크로케타 €8.5

스페인에서 만나는 이색적인 일본 감성의 핀초 바 ……②

이린치 Irrintzi

바스크 지역은 스페인 다른 곳에 비해 유난히 일본 관광객이 많은 곳이다. 주인장의 취향인지, 많은 일본 관광객을 대상으로 한 건지 알 수 없지만, 바에 들어가는 순간 일본 애니메이션 캐릭터들이 눈에 가장 먼저 들어온다. 먼 이국땅에서 만나는 일본 감성에 한 번 놀라고 그만큼 개성 넘치는 핀초스 요리에 두 번 놀라게 된다. 채 썬 파와 튀긴 엔초비, 설탕에 졸인 사과와 참치, 튀긴 문어에 소스 등 이색 조합 핀초들이 색다른 즐거움을 준다.

트램 Arriaga역에서 도보 2분
Andra Maria Kalea, 8 +34 944 167 616 월~목요일 09:30~15:00, 19:00~22:30, 금요일 09:30~15:00, 19:00~23:30, 토요일 11:30~23:30, 일요일 12:00~16:00
핀초 €2.5~4 irrintzi.es

누에바 광장의 인기 핀초 바 ······ ③

소르힌술로 Sorgínzulo

빌바오 구시가, 카스코 비에호의 누에바 광장을 둘러싸고 있는 핀초 바 중에서도 발 디딜 틈이 없을 정도로 늘 붐비는 곳이다. 이 집에서 특히 인기 있는 메뉴는 푸아그라와 양젖으로 만든 치즈 브리오슈인데, 양질의 재료를 사용하여 풍미 뛰어나다. 바게트뿐만 아니라 핀초와 번, 파이와 함께 조합된 핀초들도 많아 더욱 다채로운 맛을 느낄 수 있다. 새우 크림이 가득한 크로케타, 바스크 소시지 치스토라, 스페인식 오믈렛도 추천한다.

L1,2 Zazpikaleak Casco Viejo역에서 도보 1분 Pl. Nueva, 12 +34 944 150 564 월~토요일 09:30~22:30, 일요일 10:00~15:30 핀초 €2.9~, 푸아그라 브리오슈 €7.75, 오징어튀김 €10.5 sorginzulo.com

하나하나 놓칠 수 없는 맛의 향연 ······ ④

라 비냐 델 엔산체 La Viña del Ensanche

빌바오에서 체류하는 시간이 짧아 진짜 맛있는 한 끼를 먹어야만 한다면 이곳만 한 곳이 없다. 캐주얼한 분위기의 타파스 바지만 음식 퀄리티만큼은 〈미쉐린 가이드〉 스타 레스토랑 못지않다. 시그니처 메뉴로 손꼽힐만한 것들이 많아 테이스팅 메뉴(1인 €45)를 주문해 코스요리를 즐겨보는 것도 괜찮다. 단품으로 주문한다면 미니 프라이팬에 담아 내오는 푸아그라, 달걀, 메쉬드 포테이토 조합의 타파스를 비롯해 이베리코 목살 조림, 하몽 등을 주문해 보자. 정성 들여 따라주는 작은 사이즈의 생맥주인 수리토Zurrito도 잊지 말고 맛보자!

모유아 광장에서 도보 4분 Diputazio Kalea, 10 +34 944 155 615 화~금요일 10:00~22:30, 토요일 13:00~22:30 일요일 타파스 €6~, 이베리코 요리 €12~18 lavinadelensanche.com

CITY ····②

스페인 미식의 중심지이자
아름다운 해변 도시
산 세바스티안 San Sebastián

#라콘차 해변 #산 세바스티안 대성당 #미식의 도시 #핀초

스페인어로는 '산 세바스티안'이지만, 같은 나라라고 보기엔 이방인이 봐도 다른 구석이 많은 바스크 지역인지라 '도노스티아Donostia'라는 바스크어로 불러줘야 더 환영받는다. 비스케이만 연안에 위치해 옛날부터 왕실의 휴양지로 유명했는데, 지금도 스페인 현지인들에게 큰 사랑을 받고 있다. 단위 면적당 미슐랭 스타가 가장 많은 미식의 도시로 이쑤시개 같은 꼬치에 재료를 꿰어 만든 핀초Pincho를 전문으로 하는 바들이 많아 식도락 여행지로도 제격이다.

산 세바스티안 가는 방법

항공

바르셀로나와 마드리드에서는 부엘링항공과 이베리아항공이 1일 2회 직항편을 운항하며 각각 1시간 25분, 1시간 10분 정도씩 소요된다. 마드리드에서는 버스나 기차로도 5~6시간 정도면 갈 수 있지만, 바르셀로나에선 고속 열차를 제외하면 10시간가량 소요되기 때문에 항공편을 이용하는 사람들이 훨씬 많다.

공항에서 시내 가는 법

산 세바스티안 이룬 공항(EAS)은 시내에서 약 22km 떨어져 있다. 제1터미널 A승강장에서 루랄데부스Lurraldebus E21번 버스에 탑승하면 구시가 중심인 기푸스코아 광장까지 약 40분, 반대로 시내에서 공항까지는 25분 정도 걸린다. 버스 요금은 €2.75로 버스에 탑승해 기사에게 직접 지불하면 된다. 배차 간격은 1시간~1시간 반 정도이며 홈페이지를 통해 미리 운행 시간을 확인해 보는 것이 좋다

🏠 lurraldebus.eus

기차

마드리드 차마르틴, 아토차역에서 출발하는 기차가 있으며 직행 또는 1회 환승 노선이 있으므로 출발지와 환승 여부를 잘 확인하고 예매해야 한다. 인터시티Intercity 직행을 탑승하면 5시간이 채 걸리지 않는다. 바르셀로나에서는 산츠역에서 출발하는 직행 편이 1일 1회 운행하며 약 5시간 45분 소요된다. 시간대가 애매해 이동하면서 하루를 보내는 셈이라 여행 일정이 짧다면 항공편을 이용하는 게 낫다. 산 세바스티안 기차역은 기푸스코아 광장에서 1km 떨어져 있어서 도보로 15분이면 이동할 수 있다.

🏠 renfe.com

버스

마드리드, 바르셀로나에서는 알사 버스를 이용하면 된다. 마드리드 바하라스 공항 T4 또는 아메리카 대로 버스터미널Intercambiador de Avenida de América에서 탑승하면 5시간~6시간 30분 정도 걸린다. 바르셀로나 북부 버스터미널에서는 1일 3회 운행되며, 10~11시간 정도 소요되므로 이용객이 많은 편은 아니다. 야간 버스를 타면 시간도 아끼고 숙박비도 절약할 수 있다.

항공편 수가 더 많은 빌바오 공항을 이용한다면 공항에서 산 세바스티안 행 페사Pesa 버스 DO04번을 타고 1시간 20분 만에 갈 수 있다. 배차 간격은 30~60분이다. 빌바오 시내 버스터미널에선 DO01번 버스를 이용하면 된다. 산 세바스티안 버스터미널과 기차역이 인근에 자리하며, 시내까지 도보로 10~15분 정도면 갈 수 있다.

빌바오 공항 → 산 세바스티안 버스터미널

- DO04번 🕓 06:15, 07:15, 07:45~22:45(30분 간격 운행) € €12.9
- DO44G번 🕓 23:15, 00:00 € €13.9

빌바오 버스터미널 → 산 세바스티안 버스터미널

- DO01번 🕓 월~금요일 06:30~10:00(30분 간격 운행) 10:00~13:00(60분 간격 운행), 13:00~21:00(30분 간격 운행), 22:30, 토요일 07:30, 09:00~21:00(60분 간격 운행), 22:30, 일요일 및 공휴일 09:00~17:00(60분 간격 운행), 17:00~21:00(30분 간격 운행), 22:30
  € 데이 €12.9, 나이트 €13.9

산 세바스티안 대중교통

버스

산 세바스티안의 시내버스는 '데 부스D·BUS'라고 불린다. 버스터미널, 기차역에서 시내까지도 멀지 않고 주요 명소들이 대부분 모여 있어 대중교통을 이용할 일이 많지 않다. 단, 몬테 이겔도는 센트로에서 6km 정도 떨어져 있어서 16번 버스를 타고 가는 게 좋다. 1회 요금은 €1.85로 버스에 탑승해 기사에게 현금을 내거나 컨택트리스 신용카드로 태그해도 된다. 빌바오에서 바릭 카드를 구입했다면, 산 세바스티안에서도 이용할 수 있다.

데 부스 16번

🕓 월~금요일 07:05~22:05 토요일 07:05~00:00, 일요일 및 공휴일 08:35~00:00 (6/23-8/31 매일 자정까지 운행)/배차 간격: 20~30분

€ 1회권 €1.85, 현금 또는 캔택트리스 신용카드, 빌바오 바릭 카드 이용 시 €0.96

시티투어 열차

2층으로 된 시티투어 버스는 어딜 가나 있지만, 열차는 흔치 않다. 앙증맞게 생긴 빨간색 열차를 타고 라 콘차 해변 주변의 명소들을 한 바퀴 둘러볼 수 있는데 중간에 타고 내릴 수 없어 요금이 저렴한 편이다. 티켓은 출발 지점, 여행 안내소, 홈페이지를 통해 구입할 수 있다. 출발 지점은 수리올라 다리 근처 우레펠Urepel 레스토랑 앞쪽에 위치한다. 한국어 오디오가이드는 제공되지 않는다.

시티투어 열차 운행 정보

🕓 10:15~17:15(약 40분 운행, 여름 성수기 연장 운행) 🏠 sansebastian.city-tour.com/es

산 세바스티안 여행 방법

공항과 몬테 이겔도 전망대를 제외하면 산 세바스티안의 기차역, 버스터미널과 주요 볼거리는 도보로 둘러볼 수 있다. 산 세바스티안은 스페인 현지인, 유럽인들이 사랑하는 휴양지로 관광보다는 휴양과 미식 탐방에 최적화된 곳이라 스폿에 연연해 다닐 필요가 없다. 해변을 즐기고 핀초 골목, 마음에 드는 바르에 들러 핀초에 사콜리 한잔하면 충분하다. 몬테 이겔도 전망대는 멋진 뷰는 보장하지만 오고 가는 시간이 많이 걸리니 몬테 우르굴로 대신해도 괜찮다.

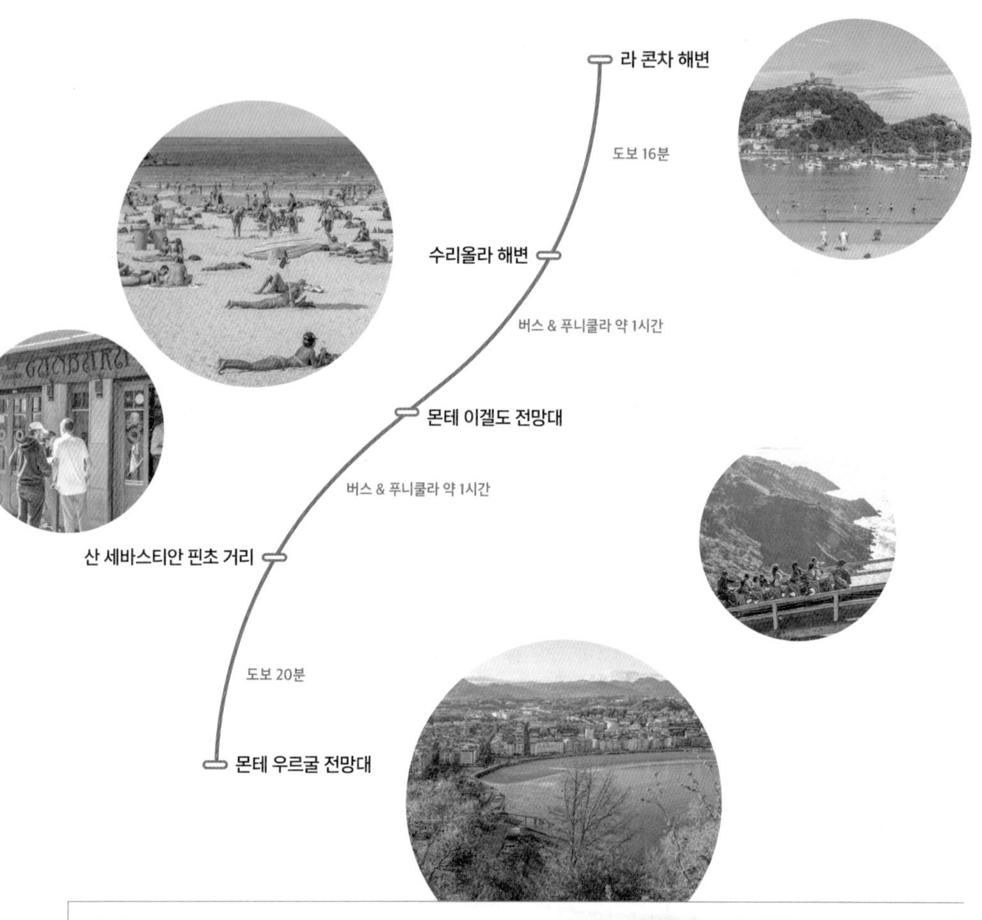

여행안내소 San Sebastian Turismoa

시청 근처에 있는 여행안내소에 가면 산 세바스티안의 다양한 로컬 여행 정보와 지도 등을 얻을 수 있다. 올드 타운으로 들어가는 길목에 위치하고 있어, 본격적으로 골목 산책을 즐기기 전에 들르면 좋다.

산 세바스티안 시청에서 도보 3분 · Alameda del Blvd., 8
+34 943 481 166 · 09:00~20:00, 일요일 10:00~19:00
www.sansebastianturismoa.eus

산 세바스티안 상세 지도

Paseaieku Berria
04 몬테 우르굴 전망대
Gaztelubide Kalea
해양 박물관
Andere E.Zipitria Kalea
성모 마리아 대성당
05 간다리아스
01 라 비냐
몬테 이겔도 전망대
Funicular Monte Igueldo
Juan de Bilbao Kalea
Aldamar Kalea
02 간바라
04 바 네스토르
산 세바스티안 핀초 거리
03 바르 스포르트
수리올라 해변 02
Ijentea Kalea
여행안내소(San Sebastian Turismoa)
산 세바스티안 시청
Zurriola Hiribidea
Gipuzkoa Plaza
Okendo Kalea
매리어트 호텔
이룬공항
01 라 콘차 해변
Askatasunaren Hiribidea
Kontxa Pasealekua
San Martzial Kalea
Fnac 백화점
Urbieta Kalea
03 산 세바스티안 대성당
산 세바스티안 버스터미널
Frantzia Pasealekua
산 세바스티안 기차역
N
W
E
S
0
200m

산 세바스티안을 대표하는
도심형 해변 ······ ①

라 콘차 해변

Playa de la Concha

도심 가운데로 깊이 들어온 완만한 포물선 모양의 해변은 높은 언덕에서 내려다보면 조개를 닮아있다. 그래서 조개란 뜻의 '라 콘차'란 애칭이 해변의 이름이 되었다. 시청과 광장 앞으로 해변이 바로 펼쳐지며 해변을 따라 걷기 좋은 산책로가 조성되어 있어 도시와 해변이 어우러진 바르셀로나가 연상되기도 한다. 과거 알폰소 12세의 아내 마리아 크리스티나 왕비가 해마다 여름을 보내던 곳이라 '왕실의 여름 휴양지'라는 명성도 얻었는데, 지금은 스페인 현지인과 유럽인들의 휴양지로 사랑받고 있다. 여름엔 해수욕을 즐기고, 저녁이 되면 아름다운 선셋을 만날 수 있어 늘 많은 인파가 모인다. 70년이 넘는 역사의 산 세바스티안 영화제도 매년 가을에서 열리며 영화제의 트로피도 라 콘차 모양으로 되어 있다.

🚶 산 세바스티안 시청 앞

거센 파도가 반겨주는 전 세계 서퍼들의 성지 ······ ②

수리올라 해변 Playa de Zurriola

산 세바스티안 해변의 양대 산맥 중 하나인 수리올라 해변은 라 콘차 해변에서 도보 10분 내외면 갈 수 있지만, 상당히 다른 특징을 갖고 있다. 파도가 가볍게 넘실대는 라 콘차와 달리 거침없이 몰려드는 파도가 역동적이라 전 세계에서 서퍼들이 모여든다. 그래서 산 세바스티안 현지인들은 서핑을 일상 스포츠로 즐기기도 한다. 때때로 강한 파도는 방파제를 너머 수리올라 다리까지 침범하기도 한다. 모래사장도 넓고 물놀이도 가능해서 여름철이면 인파로 붐빈다.

🚶 산 세바스티안 시청에서 도보 12분

기푸스코아주에서 가장 큰 종교 건축물 ······ ③

산 세바스티안 대성당

Artzain Onaren Katedrala

스페인 바스크 지역, 기푸스코아주에서 가장 큰 종교 건축물인 산 세바스티안 대성당은 네오고딕 건축 양식으로 지어졌다. 1888년 공사를 시작해 단 9년 만에 완공되었다. 스페인 다른 지역의 대성당에 비해 관광적인 요소보다는 실제 미사를 보는 종교적인 장소로써 더 큰 역할을 하고 있다. 매일 미사가 4~6회 진행되며 관광객도 무료로 입장해 내부를 돌아볼 수 있다. 다만, 종교 행사가 있을 시 입장 제한이 있을 수 있다.

산 세바스티안 기차역에서 도보 6분
Urdaneta Kalea, 12 +34 943 464 516
07:30~14:00, 16:00~20:00 무료
catedralbuenpastor.org

몬테 우르굴 전망대 Monte Urgull

라 콘차 해변의 끝자락 항구 뒤쪽으로 이어진 경사로를 따라 올라가면 산 세바스티안 최고의 전망 포인트로 손꼽히는 몬테 우르굴 전망대가 나온다. 경사도가 높지 않아 걸어서 올라가는 데 크게 무리가 없으며 중간중간 전망대도 있어 해변과 어우러진 도시 전망을 끊임없이 만날 수 있다. 산 정상에 자리한 모타 성은 12세기에 처음 지어졌는데 도시 방어를 위한 요새로도 쓰이면서 19세기까지 여러 차례 복원 및 보강이 되었다. 1950년 도시와 바다의 평안을 기원하며 세워진 높이 12m의 예수상도 볼 수 있다. 조개 모양의 라 콘차 해변과 바다 중간에 떠 있는 산타클라라 섬, 건너편의 몬테 이겔도까지 한눈에 담긴다. 선셋 포인트로도 유명하니 날씨가 좋은 날엔 일몰 시간대에 맞춰 방문해 보자.

🚶 산 세바스티안 시청에서 도보 20~30분

푸니쿨라를 타고 갈 수 있는 전망 포인트 ······⑤

몬테 이겔도 전망대 Monte Igueldo

라 콘차 해변을 사이에 두고 몬테 우르굴과 마주하고 있는 몬테 이겔도는 산 세바스티안을 대표하는 전망 포인트다. 도보로 가긴 힘들어 버스와 푸니쿨라를 이용해야 하지만, 100년이 넘은 바스크 지역에서 가장 오래된 푸니쿨라를 타고 올라가는 과정부터가 색다른 매력이다. 푸니쿨라 요금에 전망대와 테마파크 입장료도 포함되어 있어서 부담 없이 방문할 수 있다. 시리도록 푸르른 비스케만을 발아래 두고 주변 풍광들을 둘러보면 절로 안구 정화가 된다. 또한 푸니쿨라 종착역 부근에 있는 놀이공원에서 어트랙션도 즐겨볼 수 있다. 그중 전망대 절벽을 따라 돌아보는 기차인 더 스위스 마운틴이 특히 인기다. 어트랙션 가격은 대부분 1개에 €3 이하다.

🚶 16번 버스 탑승 Urbieta6 하차, 푸니쿨라 환승 후 종점 하차 📞 +34 943 213 525
🕓 **전망대** 11~2월 10:00~18:00, 3·10월 10:00~19:00, 7월 10:00~21:00, 8월 10:00~22:00, **푸니쿨라** 11:00~20:00(15분 간격으로 운행, 시즌 및 요일에 따라 운행 시간 상이) € 전망대 €2.5, 푸니쿨라 왕복 & 전망대 €4.5, 푸니쿨라 편도 & 전망대 €3.05 🏠 monteigueldo.es

바스크 치즈 케이크 원조가 여기! ······①

라 비냐 La Viña

한때 한국에서도 크게 붐을 일으켰던 바스크 치즈 케이크를 만든 원조 집이 산 세바스티안에 있다는 사실! 바스크 지역에서 흔히 먹는 케이크는 이 지역 일대의 수많은 바에서 판매하고 있지만 최초로 개발한 라 비냐의 맛은 역시 따라갈 수 없다. 덕분에 이곳은 늘 많은 인파로 붐빈다. 무심하게 잘라서 접시에 내어주는 케이크는 세워지지 않을 정도로 부드러운 질감이라 스푼으로 떠먹어야 하는데, 그야말로 입에서 사르륵 녹는다. 지역 와인인 차콜리Txakoli나 레드 와인과도 궁합이 잘 맞는다. 케이크 외 다른 타파스, 핀초 메뉴들도 많다.

산 세바스티안 핀초 거리에 위치 · 31 de Agosto Kalea, 3 · +34 943 427 495 · 화~일요일 10:30~15:45, 19:00~23:00 · 월요일 · 치즈 케이크 €6, 차콜리 €2.5, 토르티야 €2.8 · lavinarestaurante.com

차콜리

바스크 지역에서 생산되는 화이트 와인으로 로컬 품종인 온다라비 졸리와 온다라비 벨차 포도로 만들어진다. 레몬이나 라임 등의 시트러스, 은은하게 퍼지는 풋사과의 향이 어우러지며 적당한 산미도 있어 특히 여름철, 해산물 요리와 잘 어울린다. 그래서 바스크 지역에선 핀초스 바에서 차콜리를 즐겨 마시는데 가격도 저렴한 편이니 꼭 한 번 맛보도록 하자. 병을 높이 들어 와인 잔에 졸졸 따라주는 것도 특별한 볼거리다.

〈미쉐린 가이드〉에서 인정한 산 세바스티안의 맛집 ⋯⋯ ②

간바라 Ganbara

산 세바스티안은 인구 밀도당 〈미쉐린 가이드〉에서 스타를 받은 레스토랑이 가장 많은 미식의 도시다. 〈미쉐린 가이드〉에 이름을 올린 레스토랑도 상당한데 간바라도 그중 하나로 사람들의 발길이 끊이질 않는다. 주변의 다른 바들과 달리 내부 바를 좌석제로 운영하고 있어서 좀 더 편안하게 음식과 와인을 즐길 수 있다. 구운 버섯에 달걀노른자를 곁들여 먹는 요리가 시그니처 메뉴. 안을 게살로 채운 크랩 타르트를 비롯해 푸아그라 구이, 토마토 샐러드 등 다양한 의 핀초를 맛볼 수 있다.

산 세바스티안 핀초 거리에 위치 · C. de San Jerónimo, 21
+34 943 422 575 · 화~토요일 12:30~15:30, 19:00~23:00
일, 월요일 · 푸아그라 구이 €6.5, 버섯 요리 €22, 크랩 타르트 €3.2
ganbarajatetxea.com

언제 가도 발 디딜 틈 없이 붐비는 곳 ⋯⋯ ③

바르 스포르트 Bar Sport

tvN 예능 프로그램 〈장사천재 백사장 2〉에서 산 세바스티안 핀초 골목의 최고 매출 레스토랑으로 소개된 바르 스포르트는 직접 가보면 그 인기를 절로 실감하게 된다. 브레이크 타임 없이 운영되는데 언제 가더라도 가게 안이 발 디딜 틈이 없이 붐빈다. 직원들의 주문 대응 속도가 다른 유럽 도시에서 찾아보기 힘들 정도로 거침이 없고 빠르다. 다양한 종류의 핀초 중 바다의 향이 가득 느껴지는 에리소(Erizo, 성게알)와 등심구이, 새우 꼬치, 오징어구이 등이 특히 인기가 많다.

산 세바스티안 핀초 거리에 위치 · Fermin Calbeton Kalea, 10 · +34 943 246 888 · 월~금요일 09:00~00:00, 토요일 10:00~00:00, 일요일 11:00~00:00 · 에리소 €4.3, 등심구이 €4.5, 차콜리 €2.7

한정 수량으로 판매되는
토르티야 데 파타타 ······ ④

바 네스토르 Bar Nestor

산 세바스티안에서 감자 오믈렛인 토르티야 데 파타타 Tortilla de Patata가 맛있는 집으로 소문이 자자한 바 네스토르는 엄청난 인기에 좌석을 잡기가 쉽지 않다. 점심과 저녁에 각각 2시간 반 동안만 영업하는데 밀려드는 손님으로 인해 매장 밖으로도 줄이 엄청나다. 하루에 두 판밖에 판매하지 않는 토르티야 데 파타타는 자르면 속 재료가 뭉근하게 흘러내리는데 다른 어떤 곳에서도 맛볼 수 없는 극강의 부드러움과 고소함을 느낄 수 있다. 하지만 이걸 놓치더라도 기가 막힌 출레톤과 토마토 샐러드도 주문할 수 있으니 걱정할 필요 없다. 완벽한 굽기의 맛있는 스테이크를 맛보는 순간 대기한 시간이 아깝지 않게 느껴질 것이다.

산 세바스티안 핀초 거리에 위치 · Arrandegi Kalea, 11 · 화~토요일 13:00~15:30, 20:00~22:30, 일요일 13:00~15:30 · 월요일 · 토마테 €8, 토르티야 €3, 출레톤 €59

여기가 진정한 핀초 뷔페! ······ ⑤

간다리아스 Gandarias

핀초 골목에 있는 바 중에서도 제법 규모가 있는 곳으로 캐주얼하게 즐길 수 있는 바와 좀 더 격식 있게 식사를 할 수 있는 레스토랑이 나란히 붙어 있다. 기다란 바를 따라 여러 종류의 핀초가 세팅되어 있어 눈으로 보고 고를 수 있다는 게 장점이다. 하지만 미리 만들어 놓은 핀초보다는 메뉴판에 있는 것들을 주문하는 게 퀄리티가 더 좋다. 철판에 구운 새우 꼬치, 등심 & 파드론(고추) 구이, 이베리코 구이 등 어떤 걸 주문해도 평균 이상이다. 이것저것 주문해 먹다 보면 계산할 때 레스토랑 못지않은 금액이 나올 수 있다.

산 세바스티안 핀초 거리에 위치 · 31 de Agosto Kalea, 23 · 11:00~00:00 · 핀초 €3.3~14 · restaurantegandarias.com

CITY ····③

중세 유럽의 웅장함을 고스란히 간직한 도시

부르고스 Burgos

#부르고스 대성당 #유네스코 세계문화유산 #미식의 도시 #모르시야 #핀초

옛 카스티야 왕국의 수도로 중세 시대에 지은 성당과 수도원 같은 역사 유적이 즐비한 도시다. 과거부터 수많은 전쟁을 겪었는데, 무어인들과의 전쟁에서 승리한 군사 지도자 엘시드가 이곳에서 성장한 것으로도 유명하다. 산티아고 순례길 중간 기착지 가운데 가장 큰 도시로 스페인 북부의 교통 요지다. 스페인 내에서 미식의 도시로 손꼽히며 순대와 흡사한 모르시야, 양유로 만든 치즈는 꼭 먹어봐야 한다

부르고스 가는 방법

마드리드에서 북쪽으로 250km 떨어진 부르고스는 빌바오로 가는 길목에 위치한다. 공항이 있긴 하지만 정기 항공편을 운항하지 않아 비행기로 갈 방법은 없다. 스페인 북부 도시에서 운행되는 버스 노선이 많고 가격도 저렴해 버스를 많이 이용한다.

기차

마드리드 차마르틴 기차역에서 부르고스까지는 2시간 이내면 갈 수 있다. 바르셀로나 산츠역에서는 6시간 반 정도 걸리는데 직행은 1일 1회밖에 없으므로 차편을 미리 확인하는 게 좋다. 기차역에서 시내 중심까지는 6km 정도 떨어져 있어 버스나 택시를 이용해야 한다. 에스파냐 광장까지 가는 23번 버스는 1시간에 1대밖에 다니지 않으며 정차하는 정류장이 많아 30~40분 정도 걸린다. 요금은 €1.2. 더욱 자세한 버스 정보는 'Burgos al Movil' 앱을 다운로드해서 확인할 수 있다.

버스

마드리드 아메리카 대로 버스터미널에서 알사 버스에 탑승하면 부르고스까지 2시간 40분 정도 걸린다. 기차보다 시간은 좀 더 걸리지만 부르고스 버스터미널이 시내 중심에 있어 이를 감안하면 총 소요 시간은 기차와 거의 비슷하다. 게다가 버스 요금이 기차보다 저렴하다. 바르셀로나에선 8시간 가까이 걸리니 야간 버스를 이용하는 것도 괜찮다. 빌바오 등 스페인 북부에서도 버스 노선이 잘 되어 있다.

부르고스 여행 방법

시내에서 멀리 떨어진 기차역에 비해 버스터미널은 구시가 바로 옆에 자리 잡고 있다. 그래서 부르고스를 여행할 때는 버스가 편리하다. 부르고스의 볼거리는 구시가에 모여 있어서 부르고스 대성당을 시작으로 발길 닿는 대로 다녀도 괜찮다. 관광지 내부 관람을 하지 않는다면 1~2시간 정도면 충분하다. 골목골목 크고 작은 타파스 바르가 많아 타페오를 즐기기도 좋다.

부르고스 상세 지도

에스파냐 광장
여행안내소
부르고스 기차역
C. San Juan
04 라 프리아 델 코얄
C. de Fernán González
03 부르고스 공립 알베르게
산 에스테반 박물관
C. del Cardenal Segura
Pl. Huerto del Rey
Carr. del Castillo
02 부르고스 전망대
03 라 쿠에바 델 참피뇽
마요르 광장
C. Paloma
C. San Esteban
부르고스 대성당 01
C. de Fernán González
02 라 메히요네라
St. Mary's Bridge

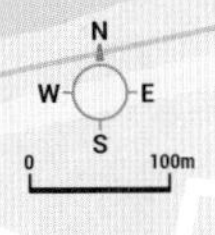

C. Merced
C. Calera
C. San Pablo
두 번째 소풍 01
Pl. Vega
C. Miranda

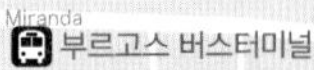

스페인 3대 성당 중 하나 ······ ①

부르고스 대성당

Catedral de Burgos

1221년 카스티야 왕국의 페르난도 3세 통치 기간에 공사를 시작해 1293년 중요한 첫 단계 공사가 완성되었다. 이후 오랫동안 중단되었다가 15세기 중반에 재개되었고, 100년이 훌쩍 넘은 1567년에 완공되었다. 뛰어난 건축 구조와 성화, 성가대석, 스테인드글라스, 제단 장식 등 높은 예술성과 다양한 소장품으로 고딕 예술의 정수로 불린다. 근처의 레온 지역 대성당과 함께 카스티야를 대표하는 고딕 대성당으로 쌍벽을 이룬다. 레콘키스타(이슬람교도에게 점령당한 이베리아반도 지역을 탈환하기 위한 기독교도의 국토 회복 운동)의 영웅, 로드리고 디아스 데 비바르(엘 시드라는 별칭으로도 불린다)와 그의 아내, 성당 건설에 주도적인 역할을 한 주교들과 초기 카스티야 왕족의 묘가 이곳에 있다. 스페인 3대 성당으로 손꼽히며 1984년 유네스코 세계문화유산으로 등재되었다. 순례자 여권(크레덴시알)을 소지하면 입장권 50% 할인 혜택을 받을 수 있으며, 산 에스테반 박물관, 산 힐까지 방문하는 통합권으로 3곳을 모두 돌아보는 것도 괜찮다.

🚶 부르고스 버스터미널에서 도보 6분
📍 Pl. Sta. María, s/n 📞 +34 947 204 712
🕒 11월~3/18 10:00~19:00, 3/19~10월 09:30~19:30(폐장 1시간 전 입장 마감)
€ 통합권 €11, 대성당 €10, 15~28세 학생 €5, 순례자(증명서 지참) €5
🏠 catedraldeburgos.es

큰 고생 없이 멋진 전망을 만날 수 있는 곳 ······ ②

부르고스 전망대 Mirador del Castillo

부르고스 대성당의 뒤쪽으로 야트막한 언덕이 이어진다. 산 니콜라스 성당을 지나 계단과 경사로를 따라 조금만 더 걸으면 성벽 아래쪽으로 테라스 같은 전망대가 등장한다. 불과 10분 정도밖에 걸리지 않는데 대성당과 저 멀리 푸른 초원까지 탁 트인 전망이 펼쳐져 횡재를 한 기분이 든다. 부르고스를 찾는 사람들이 대부분 산티아고 순례길을 걷는 이라 걷는 데는 이골이 나 있겠지만, 공립 알베르게에서는 단 6분이면 갈 수 있으니 놓치지 않았으면 하는 바람이다.

🚶 부르고스 대성당에서 도보 9분 📍 C. San Esteban, 24

순례자들을 위한 안식처 ······ ③

부르고스 공립 알베르게 Albergue de peregrinos Casa del Cubo de Burgos

산티아고 순례길 '프랑스 길'의 중간 기착지인 부르고스. 깔끔하고 현대적인 공립 알베르게가 있어 순례자들에게 편안한 휴식처가 되어준다. 순례자 여권 소지자라면 1박에 €10으로 도미토리를 이용할 수 있다. 단, 처음부터 연박으로 이용이 불가능하므로 체크아웃 후 다시 침대를 배정받아야 한다. 1층 리셉션에서 순례자 여권을 발급받을 수 있으며 여권을 소지해야 한다.

🚶 부르고스 대성당에서 도보 4분 📍 C. de Fernán González, 2
📞 +34 947 460 922 € 1박 €10(순례자 여권 발급비 €3)
🏠 caminosantiagoburgos.com/albergues

부르고스 최초의 한식당 ······①

두 번째 소풍 2° Sopung

부르고스에 처음 생긴 한식당으로 스페인에서 오랫동안 거주한 여성 오너가 운영한다. 산티아고 순례길을 걷다 지친 여행자들을 위한 따뜻한 집밥 같은 음식을 맛볼 수 있어 오픈한 지 얼마 안 되었는데도 알음알음 많은 이들이 찾아온다.

뭐니 뭐니해도 김치찌개가 가장 인기 메뉴인데 직접 담근 김치로 만들어 깊은 맛을 낸다. 제육볶음, 떡볶이, 잡채, 비빔밥 등 다양한 메뉴도 주문할 수 있다. K-푸드 인기에 힘입어 현지인들에게도 인기라 예약하고 방문할 것을 추천한다.

부르고스 대성당에서 도보 8분 C. Calera, 31 +34 947 090 395 화~목요일 12:00~16:00, 금~토요일 12:00~16:00, 19:00~23:00 일, 월요일 김치찌개 €14.5, 비빔밥 €14.5, 제육볶음 €14.5 ganbarajatetxea.com

찰떡궁합을 이루는 홍합과 오징어튀김 ······②

라 메히요네라 La Mejillonera

부르고스 구시가에서 늘 많은 인파로 붐비는 홍합 전문점이다. 일자로 된 바 테이블에 사람들이 어깨를 나란히 하고 서서 홍합 요리에 맥주나 와인을 마신다. 홍합 위에 다양한 소스를 올려서 주는데 하나하나 까먹는 재미가 쏠쏠하다. 오징어튀김, 파타타스 브라바스도 작은 크기로 판매해서 간단히 요기하기 좋다. 왁자지껄한 선술집 분위기를 좋아하는 이에게 추천한다.

부르고스 대성당에서 도보 1분 C. Paloma, 33 +34 947 202 134 월~금요일 11:30~14:45, 18:30~23:00, 토요일 11:30~15:00, 18:30~23:45, 일요일 11:30~15:00, 18:30~23:00 홍합 €4.75, 칼라마리 €9.95, 파타타스 브라바스 €4.2

은은한 버섯 향이 매력적인 타파스 ······ ③

라 쿠에바 델 참피뇽

La Cueva del Champinon

전 세계 어디든 단일 메뉴로 영업하는 곳은 진짜 맛집이다. 스페인 대부분의 타파스 바는 다양한 메뉴를 판매하는데 부르고스에서 단일 메뉴 하나로 승부하는 곳이 바로 라 쿠에바 델 참피뇽이다. 산티아고 순례길에 있는 마을인 로그로뇨에서 유명한 버섯 타파스를 이곳에서도 즐길 수 있다. 양송이버섯을 올리브유로 구운 후 꼬치에 꽂아 주는데 채수가 가득하고 은은한 버섯 향이 매력적이다. 삼겹살 먹을 때 구워 먹는 버섯의 스페인 버전이라 할 수 있다.

부르고스 대성당에서 도보 2분 C. Paloma, 4 +34 947 090 395 일~목요일 12:30~15:30, 19:30~23:00, 금요일 12:30~15:00, 19:30~00:00, 토요일 12:30~15:30, 19:30~00:00 참피뇽 €2

스페인식 순대인 모르시아가 맛있는 곳 ······ ④

라 프리야 델 로얄

La Parrilla del Royal

스페인식 순대 모르시아Morcilla는 스페인 전 지역에서 먹는 전통 음식이지만 부르고스 지역이 제일 유명하다. 돼지 창자에 양념한 쌀과 돼지 피를 넣어 만든 일종의 소시지로 적당한 크기로 썰어 프라이팬에 살짝 튀겨 먹거나 스튜나 콩 요리의 재료로도 쓰인다. 모양은 물론 맛도 한국식 피순대와 비슷하다. 모르시아 이에도 뼈 등심 스테이크인 출레톤과 삼겹살 튀김인 판체타 등 다양한 육류 메뉴들이 있어 산티아노 순례길을 걸으며 방전된 체력을 충전하기 좋다.

부르고스 대성당에서 도보 5분 Pl. Huerto del Rey, 18 +34 947 207 426 일~목요일 12:30~00:00, 금, 토요일 12:30~다음 날 00:30 모르시아 €7.2, 판체타 €6.7, 출레톤 €50/1kg laparrilladelroyal.com

나만 알고 싶은 매력적인 스페인 북부 여행지

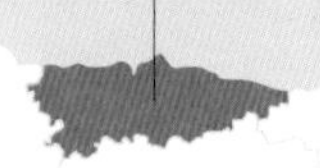

바르셀로나와 스페인 남부는 좀 식상하고, 산티아고 순례길을 걸을 자신은 없지만 새로운 스페인 여행지를 찾고 있는 이들에게 추천하는 곳이 아스투리아스Asturias 지역이다. 스페인 북서쪽, 산티아고 순례길 북쪽 길 루트에 포함되어 있으며 드넓은 목초지가 있어 스위스 분위기가 물씬 풍기며 비스케이 만과 면해 아름다운 해변도 만날 수 있다. 여름 평균 기온이 중남부 지역에 비해 낮아 더위를 피해 떠나오는 현지인들의 여름 피서지로 인기다. 관광보다는 휴양, 대도시 보다 소도시의 잔잔한 매력을 선호하거나 식도락 여행을 추구한다면 특히 추천한다.

스페인의 미식 여행지로 꼽히는 **아스투리아스의 대표 음식**

스페인 내에서도 아스투리아스는 음식으로 정평이 나 있다. 산악지대에 푸른 목초지와 석회암 동굴이 많아 육류와 치즈가 특히 유명하고 이러한 재료들로 만든 지역 음식들은 스페인 다른 지역의 음식들과의 차별화가 뚜렷하다. 4계절 평균 기온이 낮은 편이고 겨울이 길고 눈까지 많이 내리는 탓에 고열량의 육류, 치즈 요리는 선택이 아닌 필수였을지 모른다. 파바다, 카초포, 카브랄레스 치즈, 시드라 등 아스투리아스를 대표하는 음식 네 가지는 꼭 맛보자.

파바다 Fabada

한국에 부대찌개가 있다면, 아스투리아스 지역엔 파바다가 있다. 흰 강낭콩 파베스Fabes를 넣고 끓인 스튜로 초리조와 모르시야, 염장한 삼겹살 등을 함께 넣어 만든다. 재료 자체에서 나오는 양념과 육류의 풍미가 어우러져 눅진한 국물 맛을 낸다. 고기 냄새가 다소 진하게 나지만 평소 순대국밥과 내장탕을 좋아한다면 충분히 즐길 수 있을 것이다.

카초포 Cachopo

산이 많은 아스투리아스에서 낙농업이 발달한 건 당연한 일. 그 어떤 지역보다 맛있는 소고기로 특히 유명한데 스테이크는 말할 것 없고, 송아지 우둔살로 돈가스처럼 튀겨낸 카초포도 지역 음식으로 흔히 먹는다. 얇게 편 고기 안에 하몽과 치즈를 넣고 바싹하게 튀겨내는데 어마어마한 크기에 놀라게 된다.

카브랄레스 치즈 Cabrales Cheese

보통 소젖으로 만들지만 양, 염소젖을 혼합해 만들기도 한다. 저온 살균을 거치치 않은 원유로 만든 치즈를 석회암 동굴에서 약 4개월 정도 숙성한 강렬한 향의 블루치즈다. 일반 블루치즈와 달리 껍질이 두껍고 딱딱하며 곰팡이 마블링이 더욱 선명하다. 풀과 건초, 가죽과 과실, 초콜릿과 고기까지 다양한 향미가 복합적으로 느껴져 최고의 치즈로 손꼽힌다. 2019년 '카브랄레스 치즈 대회'에서 기록된 경매가는 세계에서 가장 비싼 치즈로 기네스북에 등재되기도 했다.

시드라 Sidra

프랑스에선 시드르Cidre, 영국에선 사이다Cider, 스페인에선 시드라. 이 모두 것이 사과를 발효시켜 만든 술을 의미한다. 지역마다 스타일이 다른데 아스투리아스식 시드라는 발효 숙성 기간을 길게 잡고 산화 발효시켜 단맛이 거의 없고 시큼한 게 특징이다. 탄산도 거의 없고 필터링하지 않아 색도 뿌옇다. 시드라 전문점인 시드레리아에선 직원이 시드라 병을 머리 위까지 올리고 잔은 허리 아래에 놓아 가늘게 떨어뜨려 주는데, 이는 공기와 마찰을 크게 하고 기포를 살리기 위함이다. 시드라 맛 자체는 호불호가 있을 수 있지만, 잔을 채워주는 퍼포먼스는 포기할 수 없는 볼거리다.

아스투리아스에서 가볼 만한 도시

우디 앨런이 사랑한 도시
오비에도 Oviedo

스페인을 배경으로 한 우디 앨런 감독의 영화로 한국에서는 〈내 남자의 아내도 좋아〉라는 다소 자극적인 제목으로 개봉한 〈비키, 크리스티나, 바르셀로나〉. 영화의 내용보다는 두 친구가 여행을 떠난 바르셀로나와 '오비에도'란 낯선 도시가 더 매력적으로 다가온다. 비록 영화 속에서 오비에도는 많이 등장하진 않았지만, 영화의 흥행과 함께 관광객이 많이 늘었다는 후문이다. 덕분에 실제로 광장 한가운데 실제 크기의 우디 앨런 동상이 세워졌다.

가난한 북부 산간 지대였던 아스투리아스 지역에는 720년까지 사람이 거의 살지 않았다. 이후 서고트족 귀족인 펠라기우스가 왕국을 수립하고 알폰소 1세가 아스투리아스 왕조를 창건하며 1037년까지 존속했다. 알폰소 1세 왕은 교회에서 왕궁까지 대부분을 구축했다. 당시 톨레도와 유사한 도시를 건설하려 했지만, 건축물은 오히려 로마제국 말기 양식에 가깝다. 알폰소 3세 이후 궁정이 레온으로 옮겨지면서 레온이 곧 오비에도를 능가하는 도시가 되었다. 12~16세기까지 진행된 개발로 오늘날 도시의 윤곽이 완성되었다. 8~9세기에 지어진 초기 중세 건축물들이 즐비하나 당시 지어진 4개의 교회는 흔적이 거의 남아 있지 않다. 옛 성당 위에 지어진 산살바도르 대성당 남쪽에 있는 카마라 산타는 유네스코 세계문화유산으로 등재되어 있으며 알폰소 3세의 '승리의 십자가' 등 기독교 보물들이 다수 보관되어 있다. 도시가 크진 않아 대성당 광장을 시작으로 발길 닿는 대로 돌아봐도 좋다. 유명한 볼거리가 있는 것은 아니니 가볍게 둘러보고 아스투리아스 지역에만 흔한 '시드레리아'에 들러 시드라 한 잔에 지역 음식을 먹으며 미식의 세계에 빠져보는 것이 오비에도를 즐기는 좋은 방법이다.

로컬들이 사랑하는 여름 휴양지

히혼 Gijon

아스투리아스 수도 오비에도에서 북동쪽으로 24km 떨어져 있는 히혼은 비스케 만에 접해 있는 자치 지역 내 가장 큰 도시다. 해양성 기후로 여름은 시원하고 겨울은 온난해 스페인 남부에서 피서를 오는 사람들이 많다. 비가 많이 내리고 흐린 날이 많은 편이지만, 매일 뜨거운 햇살 아래 사는 사람들에겐 크게 문제가 되지 않는 듯하다. 40도에 육박하는 더위만 피할 수 있다면야 어디든 좋다고 여기는 게 아닐까 싶다.

히혼엔 도심 한가운데 초승달 모양으로 길게 이어지는 산로렌소 해변Playa de San Lorenzo과 크고 작은 해변들이 있어서 산 세바스티안 못지않는 휴양지 분위기를 느낄 수 있다. 3km에 달하는 산로렌소 해변은 파도가 적당히 있어서 서핑이나 윈드서핑도 즐길 수 있다. 비치 끝자락에 있는 산 페드로 성당부터 마요르 광장으로 이어지는 센트로 일대는 도보로 충분히 돌아볼 수 있다.

PART 4

실전에 강한 여행 준비

한눈에 보는 여행 준비

STEP 1 항공권 예약

장거리 노선 항공권의 가격은 여행 시기, 예약 시기에 따라 천차만별이니 최소 1개월 전, 성수기에는 최소 3개월 전에 항공권부터 예약해두는 것이 좋다. 인천에서 직항편이 운항되는 바르셀로나와 마드리드는 IN, OUT을 다르게 예약하면 좀 더 효율적인 일정으로 다닐 수 있다.

STEP 2 숙소 예약

다양한 숙소 타입이 있어 예산과 취향에 따라 고르면 된다. 특히 대도시의 경우 성수기와 비수기 숙소 요금이 차이가 크게 나는 편이므로 성수기에 가성비 좋은 숙소를 예약하려면 최소 3개월 전부터 서두르는 것이 좋다. 다만, 만일에 대비해 환불할 수 있는 규정을 옵션으로 선택하는 것이 좋다.

STEP 3 현지 교통편 예약

도시 간 이동을 할 때 비행기와 기차를 이용할 예정이라면 예약하는 게 저렴하다. 특히 국내선 항공의 경우 예약 시기에 따라 가격 차이가 꽤 큰 편이다. 성수기 또는 장거리 노선이 아니라면 기차와 버스는 현지에서 그때그때 예약해도 괜찮으니 일정이 확정되기 전에 서두를 필요는 없다.

STEP 4 현지 투어 및 입장권 예약

스페인은 4계절 내내 관광객의 발길이 끊이질 않고 유명한 관광지가 많아 입장권이나 투어도 미리 준비해야 한다. 특히 그라나다 알람브라의 경우 입장 제한이 있어 성수기엔 티켓 확보가 어려우니 일정이 정해짐과 동시에 예약 필수다.

STEP 5 각종 증명서 준비 및 여행자 보험 가입

필요에 따라 국제학생증, 유스호스텔 회원증, 국제운전면허증 등을 발급받는다. 해외 결제가 가능한 신용카드 및 체크카드를 준비하고 장기리 여행인 만큼 여행자 보험도 꼭 가입하는 게 좋다. 출국일 이후엔 보험 가입이 안 되니 미리 해 둘 것!

STEP 6 여행 예산 고려 및 환전

공항이나 시내 은행에서 유로로 쉽게 환전할 수 있다. 은행 모바일앱을 통해 환전 신청하고 공항에서 찾으면 번거로움이 덜하다. 스페인에선 웬만한 곳에서 소액 결제까지 카드로 할 수 있어서 현금보다는 트래블 카드나 신용카드, 애플 페이를 사용하는 게 편리하다.

STEP 7 짐 꾸리기

짐은 최대한 간소하게 챙기는 것이 좋다. 현지에서 쇼핑하게 된다면 무조건 짐이 늘어나기 때문에 생필품들은 소분하거나 일회용품으로 준비해 소진하고 올 것! 스페인 내에 도시 간 이동을 항공편으로 할 예정이라면 해당 수하물 규정도 고려해야 한다.

STEP 8 출국

출국 당일엔 최소 2시간 전에 공항에 도착해야 한다. 공항이 붐비는 성수기이거나 공항 환전소 이용 및 인도받을 면세품이 있다면 좀 더 여유롭게 가야 한다.

STEP 1
항공권 예약

항공권 예약은 여행의 시작이자 가장 설레는 과정이다. 하지만 여행 경비에서 큰 부분을 차지하고 있는 만큼 어떤 항공사를 선택해야 할지, 어떤 날짜에 예약해야 저렴한지 가장 고민이 되는 순간이기도 하다. 여행을 떠나기 전 알아두면 좋은 항공권 예약 팁을 소개한다.

최적의 예약 시기 찾기

가장 저렴하게 항공권을 구입할 수 있는 시기는 일반적으로 3~6개월 전이다. 다만, 여름 방학이나 명절, 장기 공휴일 등 성수기에는 시기와 상관없이 비싼 경우가 많다. 대략적인 일정을 정한 후 출발일과 도착일을 조금 유동적으로 설정하면 더 저렴한 항공권을 찾을 수 있다. 또한, 항공권 가격은 수시로 변동되므로 원하는 노선을 체크해두고 알림 설정을 해서 지속적으로 확인하는 것이 좋다.

항공 예약 플랫폼 활용

대략적인 여행 시기를 결정했다면 스카이스캐너, 카약닷컴, 네이버항공, 구글항공 등 다양한 항공 예약 플랫폼을 이용해 요금을 확인한 후 예약하면 된다. 단, 각각의 플랫폼마다 가격과 조건이 다르기 때문에 여러 곳을 비교한 후 가장 합리적인 요금과 조건이 좋은 항공권을 찾는 것이 좋다.

항공권 가격 비교 사이트

스카이스캐너 skyscanner.com

- **광범위한 검색 범위** 전 세계 항공사와 여행사의 항공권을 한 번에 비교할 수 있다.
- **유연한 검색 옵션** 날짜, 공항, 가격 범위 등 다양한 조건으로 검색 가능. '어디든지 검색' 기능을 통해 최저가 노선도 쉽게 찾을 수 있다.

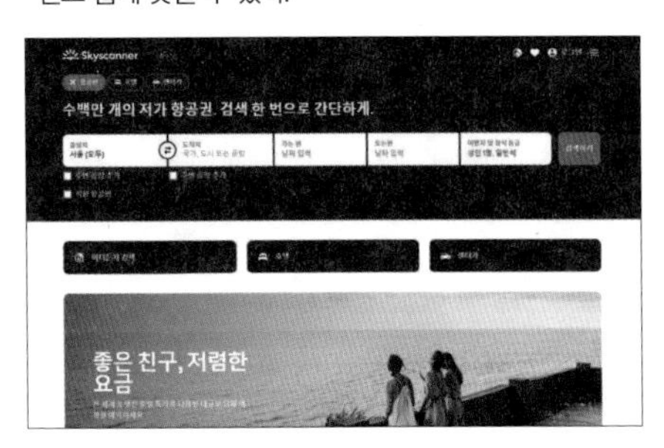

카약닷컴 kayak.com

- **다양한 여행 상품 비교** 항공권뿐만 아니라 호텔, 렌터카 등 다양한 여행 상품을 한 화면에서 편하게 비교할 수 있다.
- **가격 변동 알림 기능** 원하는 항공권 가격이 변동될 때 알림을 받을 수 있어 유용

네이버항공 flight.naver.com

- **국내 이용자에게 친숙한 인터페이스** 네이버 포털 사이트와 통합되어 있어 국내 이용자들이 편리하게 이용할 수 있다.
- **다양한 결제 수단** 신용카드, 간편결제, 계좌이체 등 다양한 결제 수단 지원

직항편 VS 경유 편 장단점

시간과 체력을 아끼고 싶다면, 당연히 직항편이다. 인천에서 바르셀로나, 마드리드 두 도시까지 직항편이 운행되므로 여행 일정에 따라 IN, OUT을 다르게 할 수 있다. 기격은 경유 편에 비해 비싼 편이다.

1회 이상 경유하는 항공편은 루프트한자, KLM, 에어프랑스, 터키항공, 에미레이트항공, 카타르항공 등에서 다양한 노선을 운행히고 있어 환승 시간, 경유지 등을 꼼꼼하게 따져보고 고르면 된다. 항공권에 따라 경유지에서 스톱 오버, 레이 오버도 가능하며 다른 나라와 묶어서 여행을 계획할 수 있다. 하지만 2회 이상 경유는 여러모로 비효율적이라 가급적 피하는 것이 좋다.

마일리지 활용

대한항공과 아시아나항공의 경우 마일리지로도 예약할 수 있는데, 프레스티지석은 할당 좌석이 많지 않아 서둘러 좌석을 확보해야 한다.

항공권 예약 시 주의 사항

① 출발지/도착지 확인 ② 여권의 영문 이름과 동일하게 예약 ③ 항공권 유효기간 확인 ④ 변경 및 취소 규정 확인 ⑤ 충분한 환승 시간(경유 편) ⑥ 운임 요금에 따른 마일리지 적립 여부 ⑦ 도착 시각 및 시내까지 이동 시간 고려

STEP 2
숙소 예약

항공권과 함께 여행을 준비하면서 가장 많이 신경을 쓰게 되는 부분이 숙소다. 여행 일정을 계획한 후, 본인의 예산, 취향에 맞는 숙소 옵션을 정해야 한다. 어떤 숙소를 선택하던 위치와 주변의 대중교통은 꼭 미리 체크해야 한다.

어느 지역에 숙소를 잡는 게 좋을까?

- **바르셀로나** 교통의 중심지인 카탈루냐 광장 주변이나 깔끔한 호텔들이 많은 에이샴플레 지역이 가장 좋다. 카탈루냐 광장에서 멀지 않은 람블라스 거리 주변까진 괜찮지만, 라발이나 고딕 안쪽으로는 밤에 치안이 좋지 않으니 피해야 한다. 특히 라발 지구는 낮에도 소매치기가 많아 귀중품 관리에 각별히 신경을 써야 한다.
- **마드리드** 마드리드는 구역이 넓긴 하지만 여행자들이 즐겨 찾는 관광지는 솔 광장 일대와 프라도 미술관 일대에 모여 있다. 숙소를 솔 광장, 마요르 광장, 그란 비아 거리 일대에 잡으면 공항이나 기차역, 버스 터미널 이동이 편리하고 웬만한 주요 관광지는 모두 도보로 다닐 수 있어 편리하다.
- **그 밖의 지역** 여행자를 위한 볼거리가 대부분 구시가 대성당을 중심으로 자리하므로 구시가 또는 기차역이나 버스 터미널에서 가까운 곳에 숙소를 정하면 된다.

파라도르

특별한 곳에 묵어보고 싶다면 여기! 파라도르는 역사적인 건물, 성 수도원 등을 개조해 만든 숙박 시설로 전통적인 스페인 양식과 문화적 특성을 가진다. 정부에서 운영하고 있으며 지역 곳곳에 97개의 파라도르가 있다. 알람브라 내에 있는 그라나다 파라도르, 산티아고 데 콤포스텔라 대성당 인근에 있는 파라도르, 멋진 전망을 자랑하는 론다 파라도르가 여행자들에게 특히 인기를 끌고 있다.

파라도르 paradores.es

스페인 숙소 종류

호텔

세계적으로 인기가 많은 관광 대국답게 도시마다 다양한 등급과 스타일의 호텔들이 있다. 오래된 건물을 개조한 고풍스러운 호텔부터 트렌디한 부티크 호텔까지 선택의 폭이 넓다. 깔끔한 위생 상태, 안전성, 프라이빗함을 원하는 여행자들에겐 가장 좋은 옵션이다.

아고다 agoda.com
부킹닷컴 booking.com
익스피디아 expedia.com

아파트먼트

현지인들의 집에 숙박하면서 그들의 생활, 문화를 직접 체험해볼 수 있어 인기다. 유럽엔 오래된 집들이 많아 호텔에 비해선 시설이 낡긴 하지만, 예상치 못한 전망이나 분위기를 느낄 수 있다. 대부분 주방 시설, 세탁 시설을 갖추고 있어 내 집처럼 편하게 머물 수 있다. 일주일 이상 장기로 묵는 여행자들이 특히 선호한다. 하지만 체크인과 체크아웃이 체계적이지 않고 문제가 생겼을 때 대응이 어려울 수 있어서 초보 여행자에겐 그다지 추천하지 않는다.

에어비앤비 airbnb.com

호스텔

가장 저렴하게 이용할 수 있는 숙소. 개인실부터 6~12명이 함께 묵을 수 있는 도미토리까지 다양한 옵션이 있다. 요즘엔 깔끔한 시설에 프라이빗한 개인 침대, 수영장, 게임장 등의 공용 시설까지 갖춘 트렌디한 호스텔도 늘어나는 추세다. 대부분 위치도 좋은 편이다. 스페인 전역에 여러 지점을 운영하는 TOC, 제너레이터, 오아시스 호스텔이 특히 인기다.

TOC 호스텔 tochostels.com
제너레이터 호스텔 staygenerator.com
오아시스 호스텔 oasisbackpackershostels.com

한인 민박

하루 한 끼라도 꼭 한식을 먹어야 하는 사람들에겐 한인 민박이 최선이다. 아침 식사를 한식으로 제공하는 곳들이 많아 한식에 대한 갈증을 해결할 수 있다. 실용적인 여행 정보나 동행도 구할 수 있으며 투숙객들과 쉽게 친구가 되기도 한다. 현재 바르셀로나에는 정부의 제재로 한인 민박이 없어졌으나 마드리드 외 다른 지역에선 여전히 운영 중이다.

STEP 3
현지 교통편 예약

프랑스에 이어 세계 2위의 관광 대국, 스페인. 바르셀로나, 마드리드 외에도 남북으로 가볼 만한 도시가 많이 있어 스페인만 여행해도 일정이 늘 부족하게 느껴진다. 스페인 내 지역을 오갈 때 유용한 교통수단들을 알아보자.

항공

스페인 국적기인 부엘링, 이베리아항공을 비롯해 라이언에어, 이지젯 등의 저가 항공이 스페인 국내외를 연결한다. 특히 부엘링의 경우 스페인 국내 노선만 25여 개에 달하며 바르셀로나 또는 마드리드에서 남부 도시를 오갈 때 많이 이용한다. 수하물과 기내식이 모두 불포함되어 있어 추가 요금을 내야 하지만 그래도 고속 기차보다 더 저렴할 때가 있다. 온라인 체크인이 필수이며 수하물 규정이 국제선보다 까다로우니 무게를 잘 맞춰서 짐을 챙기는 게 중요하다.

부엘링 vueling.com **이베리아항공** Iberia.com
라이언에어 ryanair.com **이지젯** easyjet.com

기차

스페인 국영 철도 회사 렌페Renfe에서 운영하는 기차가 스페인 주요 도시를 연결한다. 중장거리 이동에 적합한 고속 기차의 정상 요금은 다소 비싼 편이지만 프로모션 티켓을 구입하면 훨씬 저렴하게 이용할 수 있다. 보통 약 3개월 전부터 예매할 수 있으며 13세 이하 어린이는 40%의 할인 혜택도 주어진다. 예약 시 직행 또는 경유 편인지 잘 확인해야 하는데 좌석 등급은 큰 차이가 없으니 가장 저렴한 옵션으로 선택해도 괜찮다. 스페인 내에서만 이동할 예정이라면 굳이 유레일패스를 구입할 필요가 없다.

렌페 좌석 등급

- **Turista** 일반석, 4열 좌석
- **Turista Plus** 우등석, 3열 좌석
- **Preferente** 일등석, 3열 좌석, 식사 서비스 제공

렌페 renfe.com

버스

스페인에서 가장 많은 버스 노선을 운행 중인 알사Alsa. 다른 교통수단에 비해 소요 시간이 다소 길긴 하지만 가격이 저렴하고 내부 환경도 쾌적한 편이라 부담 없이 이용하기 좋다. 예약하거나 비인기 시간대의 노선을 선택하면 가격은 더욱 다운된다. 인터넷 예약 시 수수료가 붙는데, 회원 가입을 하면 2회차부터는 수수료가 면제된다.

알사 alsa.com

- 저가 항공, 렌페, 알사의 모바일앱을 다운받으면 예약 및 일정 관리가 더욱 편하다.
- 한국에서 예약 시 홈페이지 연결이 안 될 경우 VPN을 이용해 접속하고 결제는 페이팔로 하는 것이 가장 오류가 적다. 해외에서 사용할 수 있는 신용카드로 결제할 수 있으나 결제 단계에서 오류가 있을 수 있다.
- 모든 교통수단은 예약 시 저렴한 가격에 티켓을 구입할 확률이 높다.
- 모두 모바일 티켓으로 탑승할 수 있다.
- 오미오omio 홈페이지에서 이용할 수 있는 모든 교통수단을 알아보고 가격 비교, 예약까지 할 수 있다. 한글 지원도 되어 편리하긴 하지만 요금이 더 비싸므로 예약은 공식 홈페이지에서 하는 것을 추천한다.

오미오 omio.com

STEP 4

현지 투어 및 입장권 예약

유명 관광지와 가볼 만한 근교 여행지가 넘쳐나는 스페인. 그만큼 다국적 여행자를 위한 글로벌 투어나 한국인 가이드와 함께하는 투어들이 많아 다양한 플랫폼을 통해 예약할 수 있다. 여름 방학 시즌이나 명절, 장기 휴일이 껴 있는 성수기엔 인원이 몰릴 수 있으니 원하는 투어나 관광지 입장권 예약을 서두를 필요가 있다.

바르셀로나 가우디 투어

시간적 여유가 있다면 개별적으로도 충분히 돌아볼 수 있지만, 짧은 일정 동안 최적의 동선으로 가우디 건축물을 둘러보기엔 투어가 제격이다. 흩어져 있는 각각의 명소를 힘들게 찾아다닐 필요가 없고 자세한 설명까지 들을 수 있어 더욱 흥미롭다. 구엘 공원, 사그라다 파밀리아 성당 등 관광지 내부에 입장하려면 입장료를 별도로 내야 한다.

바르셀로나 근교 몬세라트 & 시체스 투어

바르셀로나 근교 여행지 중 가장 인기가 많은 투어다. 몬세라트의 경우 가는 방법이 복잡해 여행 초보자들에겐 난이도가 다소 높은 편이고 교통비도 €30 정도 든다. 그럴 바엔 좀 더 비용을 들여 시체스까지 다녀오는 투어를 이용하는 것도 괜찮다. 소규모 그룹 투어도 있다.

마드리드 미술관 투어

세계 3대 미술관으로 손꼽히는 마드리드의 프라도 미술관은 어마어마한 규모에 방대한 컬렉션이 소장되어 있다. 스페인 3대 화가 엘 그레코, 벨라스케스, 고야의 작품도 상당수라 그냥 둘러만 보기 아쉽다. 그래서 전문가와 2~3시간 정도 짧고 굵게 돌아보는 미술관 투어가 인기다. 설명과 함께 작품을 보면 감동이 배가 된다.

스페인 투어 예약 플랫폼

- **클룩** klook.com
- **케이케이데이** kkday.com
- **마이리얼트립** myrealtrip.com
- **와그** waug.com

STEP 5
각종 증명서 준비 및 해외여행자 보험 가입

모든 여행객이 필요하진 않지만, 각자의 상황에 따라 필요한 증명서가 있다. 여행자 보험은 해외에서 발생할 수 있는 신체 사고나 배상책임을 위해 가입을 권장한다.

국제학생증 ISIC, ISEC

학생의 경우 입장료나 대중교통 이용 시 할인 혜택을 받을 수 있는데 이를 위해서 신분을 증명하기 위한 국제학생증이 필요하다. 학생증은 ISIC와 ISEC 두 종류가 있으며 유럽에서는 ISIC가 조금 더 활용도가 높다. 단, 비용이 발생하니 발급 전에 이득인지를 따져볼 필요가 있다. ISIC는 유효기간이 1년이며 발급비는 19,000원이다.

🏠 www.isic.co.kr

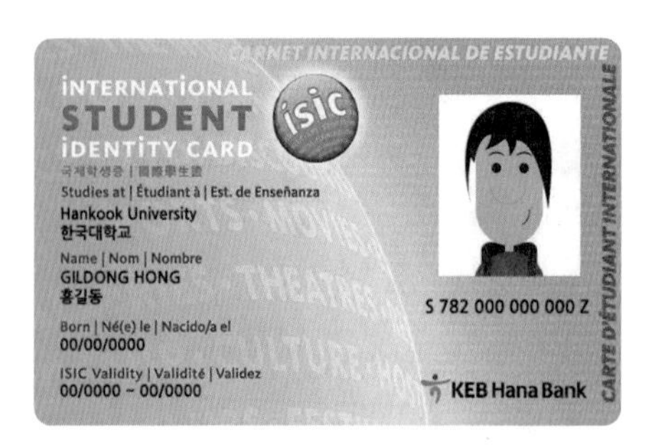

국제운전면허증

스페인에서 차량을 렌트할 때, 국제운전면허증, 대한민국 면허증, 여권, 신용카드를 함께 소지해야 한다. 국제운전면허증은 전국 운전면허시험장과 경찰서, 인천공항 국제운전면허 발급센터에서 신청할 수 있으며 온라인 발급도 된다. 국제운전면허증 유효기간은 1년이며 발급비는 9,000원이다.

🏠 www.safedriving.or.kr

여행자 보험

여행 중에 발생할 수 있는 사고나 도난에 대비해 가입하는 보험이다. 비용이 많이 들지 않으니 만약의 경우를 대비해 가입하는 것이 좋다. 대부분 휴대품 도난의 보상 한도는 낮은 편이라 귀중품 도난 시 큰 도움이 되지 않지만, 현지에서의 불의의 사고나 질병으로 병원을 이용하는 등 큰 비용이 발생했을 때 개인 부담을 덜 수 있다. 단, 출국 이후엔 가입할 수 없으므로 꼭 미리 가입하도록 하자.

STEP 6
여행 예산 및 환전

여행 예산을 세우고 환전하는 것은 즐거운 여행을 위한 필수적인 과정이다. 예산을 초과하지 않고 원하는 만큼 여행을 즐기기 위해서는 신중한 계획이 필요하다.

여행 예산

항공권+숙박비+1일 경비(입장료+식비+교통비+잡비)×여행 일수+도시 간 이동 비용+쇼핑 비용+비상금)

전체 여행 예산에서 예약이 필요한 항공료와 숙박료, 도시 간 이동 요금을 제외하면 현지에서 필요한 대략적인 예산이 잡힌다. 개인적인 취향과 경제적인 상황에 따라 1일 경비가 천차만별이겠지만, 평균적으로 입장료 €20~40, 식비 €40~60, 교통비 및 잡비 €20 정도를 잡으면 대략 €80~120선이다. 스페인은 웬만한 곳에서 카드 결제가 가능하고, 오히려 현금을 받지 않는 경우도 있으니 현금 비중을 줄이고, 트래블 카드나 신용카드를 준비하는 게 좋다.

현금

대략적인 예산을 산정해 일부는 한국에서 유로로 환전해야 한다. 이때 은행의 모바일앱을 사용하면 최대 90%까지 환전 우대받을 수 있으며, 출국 전 시내 은행이나 공항에서 찾으면 된다.

• **환전 모바일앱** 신한은행 쏠 편한 환전, KEB하나은행 환전지갑, 우리은행 환전 주머니 기업은행 One할 때 환전, 국민은행 외화 머니 박스

해외에서 사용할 수 있는 신용카드

스페인에도 카드 결제가 보편화되어 있어서 Visa, Mater, AMEX 등 해외 사용이 가능한 신용카드를 준비해 가자. 사용 시 현지 통화로 결제해야 추가 수수료가 빠져나가지 않는다. 만일에 대비해, '카드 이용 문자 알림'과 '해외 원화 결제 차단 서비스'를 신청해 두면 좋다.

해외에서 사용할 수 있는 체크카드

추가 현금이 필요한 경우엔 해외 사용할 수 있는 체크카드를 이용해 현지 ATM 기기에서 출금하면 된다. 카드마다 수수료 차이가 있으니 미리 비교해 보고 발급받자. 스페인 ATM 기기도 은행마다 수수료가 다른데 이베르카하iberCaja, 베베우베아BBVA 순으로 수수료가 낮다. 여기저기 흔히 보이는 유로넷Euronet ATM 기기는 수수료 폭탄을 맞을 수 있으므로 피하는 게 좋다. 출금할 때마다 수수료가 발생하니 예산을 잘 정해서 출금 횟수를 최대한 줄이는 게 좋다.

여행의 필수품, 트래블 카드

모바일앱로 환전해 사용할 수 있는 외화 충전식 트래블 카드가 요즘의 해외여행 필수 아이템으로 자리를 잡았다. 환율이 저렴할 때 외화를 미리 환전해 두거나 필요할 때마다 수시로 충전해 현지에서 카드로 결제하거나 ATM에서 인출해 사용할 수 있다. 환전뿐만 아니라 인출, 결제 수수료도 없어서 일반 신용카드나 체크카드에 비해 경제적이다. 하나은행의 트래블 로그, 트래블 월렛을 시작으로 대부분의 은행에서 트래블 카드를 출시했으니 혜택을 따져보고 발급을 받으면 되겠다. 단 인출 수수료 면제 조건이라도 현지 ATM 업체 수수료가 부과될 수 있다.

여행 경비를 절약하는 방법

스페인의 물가는 다른 서유럽에 비해 대체로 저렴한 편이지만, 관광지 입장료만큼은 그렇지 않다. 특히 바르셀로나의 일부 가우디 건축물은 입장료가 €20을 훌쩍 넘고 매년 무섭게 인상된다. 입장료를 아껴 여행 경비를 줄여보자.

• 만약 학생이라면, 국제학생증을 발급해 학생 할인 혜택
• 일부 관광지는 홈페이지를 통해 예약할 경우 할인, 방문 전 확인할 것
• 특정 요일, 특정 시간에 무료입장할 수 있는 곳을 활용할 것

STEP 7
짐 꾸리기

일주일에서 열흘 정도의 여행이라면 24인치 정도의 캐리어가 적당하다. 에스컬레이터, 엘리베이터가 없는 곳도 많고 울퉁불퉁 돌바닥도 있어서 대형 캐리어를 가져가면 짐 옮기다 에너지가 다 방전될 수 있다. 산티아고 순례길로 떠난다면 튼튼한 배낭이 필수다.

저가 항공을 이용한다면 수하물 규정 체크

모든 항공사에는 기내 수하물과 위탁 수하물에 대한 규정이 있다. 유럽 내 저가 항공은 수하물 규정이 까다롭고 수시로 체크해 초과요금을 부과시키니 애초에 한국에서 짐을 챙길 때부터 해당 항공사 기준에 맞춰 짐을 챙겨야 한다.

스페인 여행 시 꼭 필요한 아이템

스페인은 자외선이 매우 강하기 때문에 자외선 차단제, 선글라스, 모자는 꼭 챙기는 게 좋다. 그리고 소매치기가 많으니 복대를 준비해 여권이나 현금, 중요한 서류 등을 안전하게 보관할 것.

비상약은 한국에서 준비

감기약, 두통약, 해열제 등은 현지 약국에서도 쉽게 구할 수 있지만 의사소통도 어렵고 가격도 한국에 비해 비싼 편이니 상비약은 미리 준비해 가는 것이 좋다. 급하게 약국을 가야 한다면 구글 맵에서 현재 위치 기준 'Farmacia(약국)'를 검색하면 된다.

멀티 어댑터 말고 멀티탭!

스페인은 전원은 230V, 50Hz로 우리나라의 220V, 60Hz와 거의 유사하고 콘센트 모양도 같아 별도의 어댑터는 필요하지 않다. 하지만 핸드폰, 카메라, 태블릿, 보조배터리 등 충전할 제품이 많다면 멀티탭을 챙기면 유용하다.

소소하지만 있으면 유용한 것들

여행 중간에 숙소나 빨래방에서 세탁할 때 쓸 세탁 세제, 속옷이나 수건 등 손빨래 후 말릴 때 필요한 옷걸이나 빨랫줄도 챙기면 요긴하다. 호텔에 일회용 슬리퍼를 제공하지 않는 경우가 많아 가벼운 실내 전용 슬리퍼도 있으면 좋다. 또한 호스텔이나 알베르게 등의 다인실 숙소를 사용할 예정이라면 개인 수건과 자물쇠도 잊지 말자.

체크 리스트

기본
- ☐ 여권과 사본
- ☐ 전자 항공권(e-티켓)과 사본
- ☐ 여행 경비
- ☐ 신용카드, 체크카드
- ☐ 각종 증명서
- ☐ 가이드북
- ☐ 예약 관련 바우처(교통, 공연 등)
- ☐ 복대

의류 및 액세서리
- ☐ 의류
- ☐ 속옷
- ☐ 양말
- ☐ 모자
- ☐ 실내용 슬리퍼
- ☐ 선글라스
- ☐ 세탁용 세제
- ☐ 옷걸이

전자 기기
- ☐ 카메라
- ☐ 메모리카드
- ☐ 각종 충전기
- ☐ 보조배터리
- ☐ 멀티탭

기타
- ☐ 세면도구
- ☐ 화장품(자외선 차단제 등)
- ☐ 상비약
- ☐ 여성용품
- ☐ 우산
- ☐ 자물쇠
- ☐ 물티슈
- ☐ 지퍼백, 여분 비닐
- ☐ 동전 지갑

STEP 8

출국 및 입국하기

인천국제공항에 도착하는 순간 스페인 여행이 시작된다. 탑승수속부터 출국 그리고 스페인에 입국하기까지의 과정을 정리했다.

인천국제공항에서 출국하기

① 터미널 도착

출발 2시간 전에 여유 있게 도착하는 것이 좋다. 공항이 복잡한 성수기에는 3시간 전에 도착하는 것이 안전하다.

출발 터미널

- **1터미널** 아시아나항공, 에어프레미아, 티웨이
- **2터미널** 대한항공

② 탑승수속

공항 도착 후 해당 항공사 체크인 카운터에서 여권과 전자항공권(e-티켓) 제시 후 탑승권을 발권하고 수하물을 위탁한다. 이때 보조배터리는 위탁 수하물에 넣으면 안 된다.

수하물 제한

항공사마다 다르지만 보통 이코노미석 23kg 1개, 비즈니스석 32kg 2개까지 제한이 있다. 기내 수하물은 세 변의 합이 115cm 이내 사이즈의 휴대용 가방과 개인 소지품이 허용된다.

웹·모바일 체크인 & 셀프 체크인

웹·모바일 체크인은 빠른 탑승수속을 위해 사전에 직접 체크인하는 방법이다. 원하는 좌석을 선점하기 위해선 서두르는 게 좋다. 출국장에 설치되어 있는 전용 키오스크를 통해 셀프 체크인을 해도 되며 후에 위탁 수하물을 부치면 된다.

웹·모바일 체크인 이용 시간 🕓 **대한항공, 아시아나항공** 출발 48시간~1시간 전까지 / **에어프레미아** 예매 직후~출발 90분 전까지 / **티웨이** 출발 24시간~30분 전까지

③ 보안 검색

출국장 입장 시 여권과 탑승권 제시한 후 보안 검색대를 통과한다. 기내 반입이 금지된 물품이 있는지 미리 체크하자.

④ 출국 심사

출국 심사대에서 여권을 제시한다. 만 19세 이상 대한민국 국민은 사전등록 절차 없이 자동 출입국심사가 가능하다. 면세 지역으로 진입하면 일반지역으로 되돌아 나올 수 없다.

⑤ 게이트 이동 및 탑승

탑승권의 게이트 번호와 위치 확인 후 면세점이나 라운지를 이용하면 된다. 탑승권에 적힌 보딩 시간보다 조금 일찍 게이트에 도착하는 게 좋다.

스페인 공항 입국하기

① 터미널 도착

도착 후 입국 심사를 위해 'Passport Control' 표지판을 따라 이동한다.

② 입국 심사

'Non EU Citizen' 심사대에 줄을 서며, 입국 신고서는 따로 작성하지 않는다. 심사 시 방문 목적, 체류 기간, 일정, 숙소 정도로 간단한 질문을 하거나 아예 묻지 않는 경우도 있으니 부담가질 필요는 없다.

* 스페인을 포함한 유럽 26개 국가가 가입한 셍겐 협약에 의해 한국인은 180일 내 90일 동안 셍겐 지역에서 무비자로 체류할 수 있다. 다른 셍겐 지역을 거쳐 왔다면 입국 심사가 생략된다.

③ 수하물 찾기

입국 심사를 마치고 'Baggage Claim'으로 이동한다. 안내 전광판에서 수하물 수취대 번호를 확인한 후 짐을 찾는다. 만약 파손이나 분실되었다면 분실 신고 센터에 접수한다.

수하물이 도착하지 않았다면

가끔 수하물에 도착하지 않는 경우가 생긴다. 'Baggage Service'로 가서 체크인 시에 받았던 수하물 택을 보여주고 신고서를 작성한다. 보통 1~2일이면 숙소로 배달해 준다. 수하물이 도착하기 전에 구입한 기본 생필품에 대한 영수증은 잘 챙겨서 항공사 또는 여행자 보험사에 청구할 수 있다.

④ 세관 신고

입국 시 따로 신고해야 할 품목이 있다면 'Goods to Declare', 없다면 'Nothing to Declare'를 거쳐 가면 된다.

스페인 입국 시 허용 면세 범위

- 담배 200개비
- 주류 도수 22% 이상은 1L, 도수 22% 미만 2L, 와인 4L, 맥주 16L 이하
- 현금 €10,000

스페인에서 출국 시 세금 환급하는 방법

유럽에 거주하지 않는 여행자들은 EU 내에서 구입한 상품들에 대한 부가세 일부를 환급받을 수 있다. 스페인은 부가세가 최대 21%로 높은 편이고 구입 금액에도 제한이 없어서 다른 나라에 비해 세금 환급률이 높은 편이다.

세금 환급 가능 조건

Global Blue, TAX Free Shopping 등 로고가 붙은 매장에서 상품을 구매 후 계산 시 세금 환급 서류와 영수증을 받아야 한다. 이때 실물 여권이 꼭 필요하다. 세금 환급은 EU에 속한 유럽 국가의 마지막 출국지에서 받을 수 있다. 스페인에서 연결 편을 이용해 한국으로 간다면, 다른 도시를 경유하더라도 스페인에서 환급 절차를 밟으면 된다.

세금 환급 발급 절차

① 탑승권 발급

출국 당일 항공사 카운터에서 탑승권을 발권한다. 세금 환급받아야 하는 물건들을 세관에서 확인하는 경우도 있으니 위탁 수하물을 부치는 건 잠시 보류해둔다. 티케팅을 하면서 창구에 이야기하면 된다. e-티켓이 있다면 바로 세관VAT Office으로 가면 된다.

② 세관

여권, 탑승권, 세금 환급 서류, 영수증과 쇼핑한 물품을 가지고 출국장의 세관 사무소에 방문하여 서류에 도장을 받는다. 이때 세금 환급 서류에 개인정보를 미리 적어둘 것. 카드로 환급받을 경우 여권과 신용카드 이름이 동일해야 한다. 성수기엔 대기하는 인원이 많아 출발 4시간 전에는 도착하는 것이 안전하다.

'DIVA'가 적힌 세금 환급 서류는 세관원에게 도장을 받는 대신 세관 사무소 근처의 DIVA 전용 키오스크에서 바코드를 스캔 후, 해당 대행사에서 바로 환급받으면 된다.

세관 사무소 위치

- **마드리드 공항** 제1 터미널 출발 층 체크인 카운터 173번 옆
- **마드리드 공항** 제4 터미널 출발 층 보안 검색대 옆
- **바르셀로나 공항** 제1 터미널 출발 층 체크인 카운터 264번 옆

③ 수하물 위탁

다시 항공사 카운터로 이동해 수하물을 위탁한다.

④ 현금·카드 환급

현금 환급은 공항의 세금 환급 대행사에서 바로 수령할 수 있으며, 카드 환급은 세금 환급 서류를 봉투에 넣어 글로벌 블루Global Blue는 파란색 전용 메일 박스에, 그 외 회사는 노란색 우체통에 넣으면 된다.

현금은 창구에서 바로 받을 수 있지만 수수료가 높은 편이다. 환율까지 따지면 유로, 달러, 원화 순이라 유로로 받는 것이 낫다. 신용카드로 환급 시 수수료는 없지만, 환급까지 꽤 시간이 소요되고 종종 누락되는 경우도 있다.

시내에서 세금 환급받기

세금 환급 대행사에 따라 시내에서 환급해 주는 부스를 별도로 운영하기도 한다. 이 경우 바로 세금을 돌려받아 여행 경비에 보탤 수 있다는 장점은 있지만, 출국할 때 공항에서 세관 도장을 받아 우편으로 보내야 하는 번거로움은 똑같다. 게다가 환급 후 21일 이내에 서류가 대행사에 도착하지 않으면 무효가 되기 때문에 우편 처리 기간을 고려해 출국 전 14일 이내일 때만 시내 환급받는 것이 좋다. 수수료도 높은 편이니 공항 환급과 비교해 보고 결정할 것.

현지에서 어떤 앱이 필요할까?

구글맵 Google Maps 현재 위치, 원하는 목적지까지 가는 다양한 방법을 알려주기 때문에 여행 중 구글맵이 없으면 바로 미아가 될 수 있다. 렌터카로 움직일 때도 내비게이션 역할을 해준다. 또한 숙소나 레스토랑, 상점 등의 평점과 리뷰를 통해 생생한 현지 정보를 얻을 수 있고 레스토랑 예약도 가능하다.

파파고 & 구글번역 Papago & Google Translate 요즘엔 번역 앱이 너무 똑똑해서 어딜 가든 의사소통을 할 수 있다. 음성뿐만 아니라 이미지 번역도 되니 대화할 때나 메뉴판 또는 안내문 등을 파악할 때도 큰 도움이 된다. AI 번역 기능이 탑재된 최신 스마트폰은 이런 앱도 필요 없다.

오미오, 렌페, 알사 Omio, Renfe, Alsa 대중교통을 이용해 스페인의 여러 도시를 여행할 경우, 렌페 기차나 알사 버스를 이용해야 한다. 오미오 앱을 통해 원하는 목적지까지의 최적의 교통수단을 찾아 가격 비교해보고 기차나 버스를 예약하면 된다. 홈페이지보다는 앱이 더 직관적이고 결제 오류도 적으며 앱에 있는 티켓으로 탑승까지 할 수 있다.

볼트, 프리나우, 카비파이, 우버
Bolt, Free Now, Cabify, Uber
스페인에서도 스마트폰을 기반으로 한 차량 호출 서비스를 많이 이용한다. 전 세계적으로 많이 사용하는 우버, 볼트도 있지만 스페인 현지에선 가격대가 좀 더 저렴한 프리나우, 카비파이를 즐겨 쓴다. 다만, 지역에 따라 커버가 되지 않는 서비스도 있고 상황에 따라 가격 차이도 있으니 여러 개의 앱을 미리 다운로드한 후 가격 비교를 하는 게 좋다. 카비파이는 현지 번호로만 인증받을 수 있다.

아큐웨더 AccuWeather 상세한 일기 예보를 알고 싶을 때 유용하다. 현재 위치를 기반으로 실시간 날씨를 알려준다.

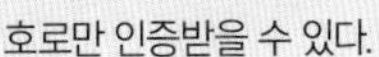

왓챕 Whats App 스페인뿐 아니라 유럽에선 왓챕을 메신저로 가장 많이 사용한다. 에어비앤비 숙소 호스트, 호텔, 투어 예약을 했을 때 현지 담당자와도 왓챕으로 연락을 주고받는 경우가 많다. 여행지에서 현지 친구를 사귈 때도 필수다.

인터넷 사용하기

이젠 스마트폰 없는 여행은 상상할 수 없다. 지도를 봐야 하고 여행 정보도 찾아야 하니까 말이다. 데이터 사용 방법은 크게 3가지! 데이터 로밍, 포켓 와이파이 대여 아니면 현지에서 사용할 수 있는 유심 또는 이심을 구입하면 된다. 각각의 장단점이 있으니 본인에게 맞는 방법을 선택해 보자. 현지 유심 또는 이심은 국내에서 미리 구입하거나 시내 곳곳에 있는 보다폰Vodafone, 오랑헤Orange 등의 통신사에서 구입할 수 있다. 가격은 한 달에 €10~15 정도며 여권을 소지하고 방문해야 한다.

	장점	단점	이럴 때 추천!
데이터 로밍	·별도의 준비 없이 국내에서 사용하던 유심 그대로 이용 가능 ·전화 및 문자 수신 가능	·**높은 요금** 데이터 사용량에 따라 요금이 비싸질 수 있음 ·**속도 저하** 해외망 이용 시 속도가 느려질 수 있음 ·데이터 무제한 상품이 드물어 데이터 소진 시 추가 요금 발생 가능	·짧은 기간 여행 ·가끔씩 인터넷 사용 ·한국과 수시로 전화 및 문자 수신이 필요한 경우
포켓 와이파이	·여러 기기 동시 연결 가능 ·안정적인 와이파이 환경 제공 ·데이터 무제한 상품 선택 가능	·추가 장비 휴대 필요 ·배터리 소모가 빠름 ·분실 시 비용 발생	·여러 명이 함께 여행 ·안정적인 와이파이 환경이 필요한 경우 ·노트북 등 여러 기기를 연결해야 하는 경우
유심	·저렴한 요금 ·현지 통신망 사용으로 빠른 속도	·유심 교체 필요 ·한국 번호 사용 불가 ·국내 통화, 문자 수신 불가 ·분실 시 불편	·장기간 여행 ·현지 통신망을 자주 이용하는 경우 ·저렴한 요금으로 데이터를 많이 사용하고 싶은 경우
이심	·물리적인 유심 교체 없이 스마트폰 설정만으로 사용 가능 ·여러 개의 eSIM을 동시에 사용 가능 ·저렴한 요금	·지원 기기 제한적 ·아직 모든 국가에서 사용 가능하지 않음	·최신 스마트폰 사용자 ·장기간 여행 ·현지 통신망을 자주 이용하는 경우 ·저렴한 요금으로 데이터를 많이 사용하고 싶은 경우

*** 유심, 이심 이용 시 주의 사항**

심 카드를 교체하면 한국에서 사용하던 번호가 아닌 새로운 현지 전화번호가 부여된다. 그래서 기존 번호로는 통화 및 문자 수신이 어려우니 휴대전화로 인증 받아야 하는 웹이나 모바일 앱은 꼭 출국 전 준비를 해두는 게 좋다. 카카오톡, 네이버 등 인터넷 서비스는 그대로 사용할 수 있다.

보다폰 vodafone.es
오랑헤 orange.com

찾아보기

바르셀로나와 주변 도시

바르셀로나

명소

맛집

찾아보기

찾아보기